三菱FX系列PLC原理、应用与实训

张　还　李胜多　主　编
姜元志　刘惠敏　张　健　副主编

机械工业出版社

本书主要以三菱公司 FX_{2N} 系列小型 PLC 作为目标机型，结合作者多年的教学与工程实践的经验，引用典型的工程实例详细地介绍了基于 PLC 的新型控制技术，内容涵盖了三菱 PLC 的硬件与工作原理、指令系统、编程设计方法、编程器与编程软件、变频器与人机界面技术、通信网络技术、特殊功能模块、PLC 控制系统开发应用实例及 PLC 控制系统设计开发实训等。

本书深入浅出、内容简明、结构严谨、实例丰富，注重工程背景，密切联系实际，工程性、理论性和实践性较强。力求向读者介绍 PLC 控制系统设计、开发中具有普遍性的知识，使读者在学习后能够收到举一反三的效果，自如地运用 PLC 相关技术方法和理论设计出符合要求的 PLC 自动控制系统。

本书可作为工程技术人员培训和自学 PLC 的教材，也可作为各类大中专院校自动化、电气工程及其自动化、机电一体化、机械制造及其自动化、计算机科学与技术、电子科学与技术和电子信息工程等相关专业的教学用书，对 PLC 用户具有较大的参考价值。

图书在版编目(CIP)数据

三菱 FX 系列 PLC 原理、应用与实训/张还，李胜多主编. —2 版.
—北京：机械工业出版社，2016.10（2023.8 重印）
ISBN 978-7-111-55016-7

Ⅰ. ①三… Ⅱ. ①张… ②李… Ⅲ. ①plc 技术 Ⅳ. ①TM571.6

中国版本图书馆 CIP 数据核字（2016）第 238190 号

机械工业出版社（北京市百万庄大街 22 号　邮政编码 100037）
策划编辑：张俊红　责任编辑：闾洪庆　责任校对：陈　越
封面设计：路恩中　责任印制：郜　敏
中煤（北京）印务有限公司印刷
2023 年 8 月第 2 版第 4 次印刷
184mm×260mm · 17 印张 · 440 千字
标准书号：ISBN 978-7-111-55016-7
定价：50.00 元

凡购本书，如有缺页、倒页、脱页，由本社发行部调换

电话服务
服务咨询热线：010-88361066
读者购书热线：010-68326294
010-88379203

网络服务
机 工 官 网：www.cmpbook.com
机 工 官 博：weibo.com/cmp1952
金 书 网：www.golden-book.com
教育服务网：www.cmpedu.com

封面无防伪标均为盗版

前　言

可编程序控制器（PLC），是以微处理器为核心的特殊的工业控制计算机，被誉为现代工业生产自动化的三大支柱之一。PLC具有控制功能强、可靠性高、使用灵活方便、易于扩展、兼容性强等一系列优点。它不仅可以取代继电器控制系统，而且可以应用于复杂的自动控制系统和组成多层次的工业自动化网络。因此，学习和掌握PLC应用技术已成为工程技术人员和工科有关专业学生的基本要求和紧迫任务。

本书是在2009年初版的基础上修订而成。书中仍以三菱FX_{2N}系列小型PLC作为目标机型进行介绍，对网络通信技术、变频器和人机界面技术在PLC控制系统中的应用均有简明的介绍。本版的内容结构与初版相比基本保持不变，但对章节顺序做了适当的调整，并对其中部分内容进行了删减、改写和充实，主要是补充了PLC控制系统设计实例及实验与实训题目，并增加了电子版的各章练习和思考题（购书后可索取）。全书共分10章，包括：第1章绪论，第2章PLC的硬件结构与工作原理，第3章PLC编程语言与基本逻辑指令，第4章应用指令和步进梯形指令简介，第5章三菱PLC的编程软件，第6章PLC梯形图程序设计方法，第7章三菱FX系列特殊功能模块，第8章网络通信基础与三菱PLC通信，第9章变频器和人机界面技术，第10章PLC控制系统设计实例。附录中给出了PLC控制系统实验与实训及FX系列PLC应用指令简表。

本书可作为自动控制、电气、机电等行业技术人员的培训教材和自学用书，也可作为各类大中专院校自动化、电气工程及其自动化、机电一体化、机械制造及其自动化、计算机科学与技术、电子科学与技术和电子信息工程等相关专业的教材和教学参考书。

本书由张还、李胜多任主编，姜元志、刘惠敏和张健任副主编。其中，李胜多编写了第9.2节及部分习题，姜元志、刘惠敏和张健编写了附录A的部分实验与实训，其余部分均由张还编写并最后统稿。参加本书部分内容编写和资料收集整理工作的，还有青岛威尔博自动化有限公司、青岛海尔特种电器有限公司的张年辉、刘学良工程师，以及刘志平、张后国、唐菊兰、亢志超等多位同志。本书在编写过程中得到了张还主编所在单位领导和许多老师的指导和帮助，刘立山教授给出了许多中肯和宝贵的意见，提供了有价值的工程技术资料。同时，本书的编写也参考了其他相关文献、教材及有关厂家与网上的技术资料，在此一并表示衷心的感谢！另外，为便于各位老师的教学工作，本书专门配备了电子课件及习题与解答。凡选用本书30册及以上作为教材的授课教师，我们核实后都会免费赠送上述电子文件，联系的电子信箱是buptzjh@163.com。

由于编者水平有限及时间仓促，书中难免有疏漏和不足之处，恳请读者批评指正。

编　者

目 录 »

第1章 »

绪论

本章内容提要 可编程序控制器（Programmable Controller）简称PLC或PC，是以微处理器为核心的工业自动化控制装置，被誉为现代工业生产自动化的三大支柱之一（PLC、机器人、CAD/CAM）。PLC从诞生至今已将近50年，随着计算机技术、电子技术和通信技术的发展，其应用领域逐步扩大，发展前景十分广阔，已经成为实现工厂自动化强有力的工具。本章主要介绍了PLC的历史、特点、应用领域和发展趋势等。

1.1 PLC的发展历史和定义

1. PLC的诞生

继电器控制系统的产生已有上百年的历史，它是用弱电信号控制强电系统的控制装置。在复杂的继电器控制系统中，故障的查找、排除困难，花费时间长，严重地影响了工业生产的高效进行。在工艺要求发生变化的情况下，控制柜内的元件和接线需要做相应的变动，改造工期长、费用高，以至于用户宁愿选择另外制作一台新的控制柜。1968年，美国最大的汽车制造商通用汽车公司（GM）为了适应生产工艺不断更新的需要，要求寻找一种比继电器控制更可靠、功能更齐全、响应速度更快的新型工业控制器，并从用户角度提出了新一代控制器应具备的十大条件，主要内容是：①编程简单，可在现场修改程序；②维护方便，最好是插件式；③可靠性高于继电器控制柜；④体积小于继电器控制柜；⑤可将数据直接送入管理计算机；⑥在成本上可与继电器控制柜竞争；⑦输入可以是交流115V（即美国的电网电压）；⑧输出为交流115V、2A以上，能直接驱动电磁阀；⑨在扩展时，原有系统只需要很小的变更；⑩用户程序存储器容量至少能扩展到4KB。

GM提出上述条件后，立即引起了开发的热潮。1969年，美国数字设备公司（DEC）研制出了世界上公认的第一台PLC，并应用于通用汽车公司的自动装配线上。控制器当时叫作可编程序逻辑控制器（Programmable Logic Controller，PLC），目的是取代继电器控制系统，以执行逻辑判断、定时、计数等顺序控制功能。紧接着美国Modicon公司也开发出同名的控制器。1971年，日本从美国引进了这项新技术，很快研制成了日本第一台PLC。1973年，西欧国家也研制出他们的第一台PLC。

我国从1974年也开始研制PLC，1977年开始工业应用。最初是在引进设备中大量使用了PLC，后来在各类企业生产设备和产品中不断扩大PLC的应用范围。我国在20世纪80年代已经能够设计和制造中小型PLC。

由于PLC当初主要用于逻辑控制、顺序控制，故称为可编程序逻辑控制器，简称PLC。随着半导体技术，尤其是微处理器和微型计算机技术的发展，到20世纪70年代中期以后，特别是进入80年代以来，PLC已广泛地使用16位甚至32位微处理器作为中央处理器，输入/输出模块和外围电路也都采用了中、大规模甚至超大规模的集成电路，使PLC在概念、设计、性能价格比以及应用方面都有了新的突破。这时的PLC已不仅仅是逻辑判断功能，还同时具有数据处理、PID调节和数据通信功能，称之为可编程序控制器（Programmable Controller）更为合适，应该简称为PC，但是为了与个人计算机（Personal Computer）的简称PC区别，一般还是习惯将其简称为PLC。

2. PLC技术发展概况

限于当时的元器件条件及计算机发展水平，早期的PLC主要由分立元件和中小规模集成电路组成，可以完成简单的逻辑控制及定时、计数功能。20世纪70年代初出现了微处理器，人们很快将其引入PLC中，使PLC增加了运算、数据传送及处理等功能，实现了真正具有计算机特征的工业控制装置。为了方便熟悉继电器、接触器系统的工程技术人员使用，PLC采用和继电器电路图类似的梯形图作为主要编程语言，并将参加运算及处理的计算机存储元件都以继电器命名。此时的PLC为微机技术和继电器常规控制概念相结合的产物。

20世纪70年代中末期，PLC进入实用化发展阶段，计算机技术已全面引入PLC中，使其功能发生了飞跃。更高的运算速度、超小型体积、更可靠的工业抗干扰设计、模拟量运算、PID功能和极高的性价比奠定了它在现代工业中的地位。20世纪80年代初，PLC在先进工业国家中已获得广泛应用。这个时期PLC发展的特点是大规模、高速度、高性能、产品系列化。这个阶段的另一个特点是世界上生产PLC的国家日益增多，产量日益上升。这标志着PLC已步入成熟阶段。

20世纪末期，PLC的发展特点是更加适应于现代工业的需要。从控制规模上来说，这个时期发展了大型机和超小型机；从控制能力上来说，诞生了各种各样的特殊功能单元，用于压力、温度、转速、位移等各式各样的控制场合；从产品的配套能力来说，生产了各种人机界面单元、通信单元，使应用PLC的工业控制设备的配套更加容易。目前，PLC在机械制造、石油化工、冶金钢铁、汽车、轻工业等领域的应用都得到了长足的发展。PLC还大量地应用于楼宇自动化、家庭自动化、商业、公用事业、测试设备和农业等领域，并涌现出大批应用PLC的新型设备。掌握PLC的工作原理，具备设计、调试和维护PLC控制系统的能力，已经成为现代工业对电气技术人员和工科学生的基本要求。

3. PLC的定义

国际电工委员会（IEC）于1982年11月颁发了PLC标准草案第一稿，1985年1月发表了第二稿，1987年2月又颁发了第三稿。在草案中对PLC定义如下："PLC是一种数字运算操作的电子系统，专为在工业环境下应用而设计。它采用了可编程序的存储器，用来在其内部存储和执行逻辑运算、顺序控制、定时、计数和算术运算等操作命令，并通过数字式和模拟式的输入和输出，控制各种类型的机械或生产过程。PLC及其有关外围设备，都按易于与工业系统联成一个整体、易于扩充其功能的原则设计。"

从IEC对PLC的定义中，可以从以下几个方面对其进行界定或者加以理解：

1）PLC的本质是"数字运算操作的电子系统"，目前已经是"微计算机系统"，是一种用

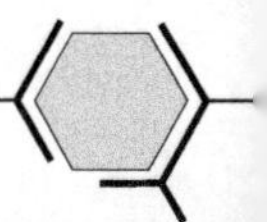

程序来改变控制功能的工业控制计算机，除了能完成各种各样的控制功能外，还有与其他计算机通信联网的功能。定义还强调了 PLC 可直接应用于工业环境，它需具有很强的抗干扰能力、广泛的适应能力和应用范围。这也是区别于一般微机控制系统的一个重要特征。

2）这种工业计算机采用“面向用户的指令”，因此编程方便。它能完成逻辑运算、顺序控制、定时、计数和算术操作，它还具有“数字量和模拟量输入/输出控制”的能力，并且非常容易与“工业控制系统联成一体”，易于“扩充”。PLC 用于取代传统的继电器系统，是一种无触点设备，其编程的思想来源于继电器电路图，因此它又属于电气控制的范畴。

3）从应用领域来看，PLC 用于“控制各种类型的机械或生产过程”，改变程序即可改变生产工艺，因此可在初步设计阶段选用 PLC，可以使得设计和调试变得简单容易。在实施阶段再确定工艺过程，从制造生产 PLC 的厂商角度看，在制造阶段不需要根据用户的订货要求专门设计控制器，适合批量生产。PLC 是一种通用的自动化装置，其初衷是工业自动化控制，现在的应用已经发展到控制领域的各个方面。

应该强调的是，PLC 与以往所讲的顺序控制器在“可编程序”方面有质的区别。PLC 引入了微处理器及半导体存储器等新一代电子器件，并用规定的指令进行编程，能灵活地修改，即用软件方式来实现“可编程序”的目的。

PLC 是微机技术与传统的继电器控制技术相结合的产物，其基本设计思想是把计算机功能完善、灵活、通用等优点和继电器控制系统简单易懂、操作方便、价格便宜等优点结合起来，控制器的硬件是标准的、通用的。根据实际应用对象将控制内容编成软件写入控制器的用户程序存储器内。PLC 克服了继电器控制系统中接线复杂、可靠性低、功耗高、通用性和灵活性差等缺点，充分利用微处理器的优点，并将控制器和被控对象方便地连接起来。由于这些特点，PLC 问世以后很快受到工业控制界的欢迎，并得到迅速的发展。目前，PLC 已成为工厂自动化的强有力工具，得到了广泛的应用，在工厂里被称为“蓝领计算机”。

1.2 PLC 的特点和应用领域

1.2.1 PLC 的特点 ★★★

PLC 具有控制功能强、可靠性高、使用灵活方便、易于扩展、兼容性强等一系列优点。

1. 可靠性高，抗干扰能力强

高可靠性是电气控制设备的关键性能。PLC 由于采用现代大规模集成电路技术，采用严格的生产工艺制造，内部电路采取了先进的抗干扰技术，具有很高的可靠性。从 PLC 的机外电路来说，使用 PLC 构成控制系统和同等规模的继电接触器系统相比，电气接线及开关触点已减少到数百分之一甚至数千分之一，故障也就大大降低。此外，PLC 带有硬件故障自检测功能，出现故障时可及时发出警报信息。在应用软件中，还可以编写外围器件的故障自诊断程序，使系统中除 PLC 以外的电路及设备也获得故障自诊断保护。这样，整个系统具有极高的可靠性也就不足为怪了。

为实现高可靠性在硬件方面采取的主要措施是：①隔离——PLC 的输入/输出接口电路一般都采用光耦合器来传递信号，这种光电隔离措施使外部电路与 PLC 内部之间完全避免了电的联系，有效地抑制了外部干扰源对 PLC 的影响，还可防止外部强电窜入 PLC 内部；②滤

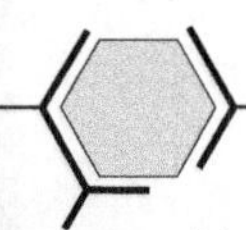

波——在PLC电源电路和输入/输出（I/O）接口电路中设置多种滤波电路，可有效地抑制高频干扰信号；③在PLC内部对CPU供电电源采取屏蔽、稳压、保护等措施，防止干扰信号通过供电电源进入PLC内部，另外各个输入/输出（I/O）接口电路的电源彼此独立，以避免电源之间的互相干扰；④内部设置联锁、环境检测与诊断等电路，一旦发生故障，立即报警；⑤外部采用密封、防尘、抗振的外壳封装结构，以适应恶劣的工作环境。

同时，在软件方面采取的主要措施是：①设置故障检测与诊断程序，每次扫描都对系统状态、用户程序、工作环境和故障进行检测与诊断，发现出错后可立即自动做出相应的处理，如报警、保护数据和输出封锁等；②对用户程序及动态数据进行电池后备，以保障停电后有关状态及信息不会因此而丢失。

采用以上抗干扰措施后，一般PLC的抗电平干扰强度可达峰值1000V，脉宽为10μs。三菱公司早期生产的F系列PLC平均无故障时间（MTBF）高达30万h以上，而一些使用冗余CPU的PLC平均无故障工作时间则更长。

2. 配套齐全，功能完善，适用性强

PLC发展到今天，已经形成了大、中、小各种规模的系列化产品，可以用于各种规模的工业控制场合。除了逻辑处理功能以外，现代PLC大多具有完善的数据运算能力，可用于各种数字控制领域。近年来PLC的各种功能单元大量涌现，使PLC渗透到了位置控制、温度控制、CNC等各种工业控制中。加上PLC通信能力的增强及人机界面技术的发展，使用PLC组成各种控制系统变得非常容易。

3. 易学易用，深受工程技术人员欢迎

PLC作为通用工业控制计算机，是面向工矿企业的工控设备。它的接口容易，编程语言易于为工程技术人员接受。梯形图编程语言的图形符号、表达方式和继电器电路图相当接近，只用PLC少量的开关量逻辑控制指令就可以方便地实现继电器电路的功能。为不熟悉电子电路、不懂计算机原理和汇编语言的人使用计算机从事工业控制打开了方便之门。

4. 系统的设计、建造工作量小，维护方便，容易改造

PLC用存储逻辑代替接线逻辑，大大减少了控制设备外部的接线，使控制系统设计及建造的周期大为缩短，同时维护也变得容易起来。更重要的是使同一设备通过改变程序就可改变生产过程成为可能。这很适合多品种、小批量的生产场合。

5. 体积小，质量轻，能耗低

以超小型PLC为例，新近出产的品种底部尺寸小于100mm，质量小于150g，功耗仅有数瓦。由于体积小，很容易装入机械内部，是实现机电一体化的理想控制设备。

1.2.2 PLC的应用领域 ★★★

目前，PLC已广泛应用于钢铁、石油、化工、电力、建材、机械制造、汽车、轻纺、交通运输、环保及文化娱乐等各个行业。现代PLC已经不仅仅具有逻辑判断和顺序控制功能，还同时具有数据处理、PID调节和通信联网等功能。PLC的应用领域大体上可归纳为如下的几类。

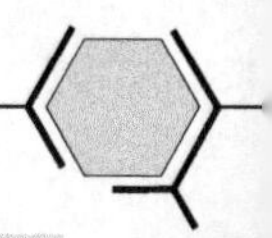

1. 开关量逻辑控制

开关量逻辑控制是 PLC 最基本、最广泛的应用领域。它取代传统的继电器电路，实现逻辑控制、顺序控制，既可用于单台设备的控制，也可用于多机群控及自动化流水线，如注塑机、印刷机、食品机械、组合机床、磨床、包装生产线、电镀流水线等。

2. 过程控制

过程控制是指对温度、压力、流量和物位等慢速连续模拟量的闭环控制。为了使 PLC 处理模拟量，必须实现模拟量（Analog）和数字量（Digital）之间的 A-D 转换及 D-A 转换。PLC 厂商都生产配套的 A-D 和 D-A 转换模块，使 PLC 可用于控制模拟量。作为工业控制计算机，PLC 能编制各种各样的控制算法程序，完成闭环控制。PID 调节是一般闭环控制系统中用得较多的调节方法，大中型 PLC 都有 PID 模块，目前许多小型 PLC 也具有了这种功能模块。PID 运算处理一般是 PLC 内部运行专用的 PID 子程序。过程控制在冶金、化工、热处理、锅炉控制等场合有着非常广泛的应用。

3. 运动控制

PLC 可以用于圆周运动或直线运动的控制。从控制机构配置来说，早期直接用于开关量 I/O 模块连接位置传感器和执行机构，现在一般使用专用的运动控制模块，如可驱动步进电动机或伺服电动机的单轴或多轴位置控制模块。世界上各主要 PLC 厂商的产品几乎都有运动控制功能，广泛用于各种运动机械、机床、机器人和电梯等控制场合。

4. 数据处理

现代 PLC 具有数学运算（含矩阵运算、函数运算、逻辑运算）、数据传送、数据转换、排序、查表、位操作等功能，可以完成数据的采集、分析及处理。这些数据可以与存储在存储器中的参考值比较，完成一定的控制操作，也可以利用通信功能传送到别的智能装置，或将它们打印制表。数据处理一般用于大型控制系统，如无人控制的柔性制造系统，也可用于过程控制系统，如造纸、冶金和食品工业中的一些大型控制系统。

5. 通信联网

PLC 通信包括 PLC 间的通信及 PLC 与其他智能设备间的通信。随着计算机控制的发展，工厂自动化网络发展迅猛，各 PLC 厂商都十分重视 PLC 的通信功能，纷纷推出各自的网络系统。新生产的 PLC 都具有通信网络接口，通信非常方便。

1.3 PLC 的市场现状和发展趋势

1.3.1 国内外 PLC 市场现状 ★★★

PLC 自问世以来，经数十年的发展，在工业发达国家（如美国、日本、德国等）已成为重要的产业之一，生产厂商不断涌现，PLC 的品种多达几百种。

国内的应用始于20 世纪80 年代。一些大中型工程项目引进的生产流水线上采用了 PLC 控制系统，使用后取得了明显的经济效益，从而促进了国内 PLC 的发展和应用。目前国内 PLC

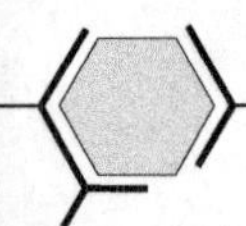

的应用已取得了许多成功的经验和成果，证明了PLC是大有发展前途的工业控制装置，它与DCS、SCADA、计算机网络系统相互集成、互相补充而形成的综合系统将得到更加广泛的应用。

我国PLC的生产厂商主要是从20世纪80年代涌现出来的，当时靠技术引进、转让、合资等方式进行生产。目前国内PLC生产厂商有影响的大概十家左右，品种也只有几十种，主要集中在小型PLC品种上，中型PLC的生产较少，大型的则更少，生产和销售规模比较有限。生产厂商主要有我国大陆地区的无锡信捷、上海正航、杭州和利时、厦门海为、深圳合信和我国台湾地区的台达、永宏、丰炜等。国产PLC的质量和技术性能与发达国家相比还有较大的差距，不能满足国内日益增长的市场需要，故需依赖进口，尤其是大中型PLC，更基本上是国外产品。但是，可以预期随着我国现代化进程的深入，PLC在我国将有更加广阔的天地。

国内流行的PLC多是国外产品，主要是日本的欧姆龙（OMRON）、三菱、日立、松下、东芝、富士、安川、横河、光洋（Koyo）等公司，美国的AB（Allen Bradley）、GE Fanuc（通用电气发那科）、Rockwell、GOULD、Square D、西屋（Westing House）、德州仪器（Texas Instruments）等公司，德国的西门子（Siemens）、AEG等公司，法国的Schneider、TE（Telemecanique）和瑞士的ABB等公司。其中，美国的AB和GE Fanuc、德国的西门子、法国的TE、日本的三菱和欧姆龙等公司，在所有PLC制造商中占有主导地位。这几家公司占有了全世界PLC市场半数以上的份额，它们的系列产品有其技术广度和深度，从售价为100美元左右的微型PLC到有数千个I/O点的大型PLC应有尽有。日本各厂商生产的小型PLC市场份额最大，其结构形式的优点也较为突出，故其他国家小型PLC的结构形式也都向日本看齐。当今，大、中型PLC市场份额的绝大部分被美国、日本、欧洲占领，呈现出三足鼎立之势。

1.3.2 PLC的发展趋势 ★★★

21世纪PLC将会有更大的发展。从技术上看，计算机技术的新成果会更多地应用于PLC的设计和制造上，会有运算速度更快、存储容量更大、功能更强的品种出现；从产品规模上看，会进一步向超小型及超大型方向发展；从产品的配套性上看，产品的品种会更丰富、规格更齐全，完美的人机界面、完备的通信设备会更好地适应各种工业控制场合的需求；从市场上看，各国各自生产多品种产品的情况会随着国际竞争的加剧而打破，会出现少数几个品牌垄断国际市场的局面，会出现国际通用的编程语言；从网络的发展情况来看，PLC和其他工业控制计算机组网构成大型的控制系统，是PLC技术的一个发展方向。现代PLC的发展趋势主要表现在以下几个方面。

1. 向小型化发展

在提高系统可靠性的基础上，PLC产品的体积越来越小、速度加快、功能越来越强而价格降低。从整体结构向小型模块化方向发展，增加了配置的灵活性，更加广泛地取代常规的继电器控制。

2. 向大型化方向发展

目前大中型PLC的CPU已经从早期的1位、8位、16位朝32位、64位发展，时钟频率已经达到几百MHz，运算速度大大提高，部分PLC从单CPU处理向多CPU的并行处理发展，速度可以达到0.2ms/千步，存储器容量也成倍地增加，同时具有高可靠性、网络化和智能化的特点。

3. 编程语言和编程工具的多样化、高级化和标准化

PLC 系统结构不断向前发展的同时，编程工具和编程语言也随着硬件和软件的发展而不断发展。目前 PLC 编程语言占主导地位的有标准的梯形图逻辑、指令表、顺序功能图和功能块图等。另外新的编程语言不断出现，现在有部分 PLC 已经采用高级语言（如 BASIC 和 C 等）。为了统一 PLC 的编程，国际电工委员会（IEC）1993 年发布了 IEC 61131 标准，其中 IEC 61131-3 是 PLC 标准编程语言，它总共规定了 5 种编程语言。IEC 并不要求每个产品都运行上述的全部 5 种语言，可以只运行其中一种或者几种，但是必须符合标准。以往各个 PLC 生产厂商的产品互相不开放，而且各个厂商的硬件各异，其编程方法也是各不相同，用户每使用一种 PLC 时，不但要重新了解其硬件结构，同时必须重新学习编程方法及其规定。国际标准 IEC 61131 的推出和实施，打破了以前的各个 PLC 生产厂商的产品相互不兼容的局限性。近期生产的 PLC 大都兼容 IEC 61131-3 标准，加速了 PLC 的应用和开发。

4. 发展智能模块

智能输入/输出模块具有自己的 CPU 与 RAM 等，可以和 PLC 的 CPU 并行工作，提高了 PLC 的速度和效率。各种智能模块不断地推出，如高速计数模块、PID 回路控制模块、远程 I/O模块、通信和人机接口模块、专用数控模块等，使 PLC 的高速计数、过程控制、通信等功能大大加强，在可靠性、适应性、扫描速度和控制精度等方面使 PLC 有了很大的提升。

5. 通信联网的简单易用

加强 PLC 的联网能力成为 PLC 的主要发展趋势。PLC 的联网包括 PLC 之间、PLC 和计算机与其他智能设备之间的联网。PLC 的生产厂商都在使自己的产品与制造自动化通信协议标准（MAP）兼容，从而使不同的 PLC 之间可以相互通信，PLC 与计算机之间的联网能进一步实现计算机辅助制造（CAM）和计算机辅助设计（CAD）。现代大型 PLC 都具有强大的通信联网功能，通过专用的或者开放的通信协议（如已经得到广泛应用的三菱公司的 CC-Link、西门子公司的 PROFIBUS、AB 公司的 DeviceNet 现场总线等），可以将 PLC 系统的控制功能和信息管理功能融为一体，使之能对大规模、复杂系统进行综合性的自动控制。同时 PLC 开始向过程控制和计算机数控（CNC）渗透和发展，使得 PLC 和 DCS、CNC 之间已经没有明确的界限。PLC 的通信联网功能使它能与个人计算机和其他智能控制设备交换数字信息，使系统形成一个统一的整体，便于实现分散控制和集中管理。

6. 组态软件在上位机与 PLC 通信中的应用

相当多的大中型控制系统都采用 PC（上位计算机）加 PLC 的方案，通过串行通信接口或网络通信模块交换数据信息，以实现分散控制和集中管理。上位计算机主要完成数据通信、网络管理、人机界面（HMI）和数据处理的功能。数据的采集和设备的控制一般由 PLC 等现场设备完成。

使用 DOS 操作系统时，设计一个美观漂亮、使用方便的人机界面是非常困难和费时的。在 Windows 操作系统下，使用 VC、VB、Delphi 等可视化编程软件，可以用较少的时间设计出较理想的人机界面。但是与种类繁多的现场设备的通信仍然比较麻烦，另外实现人机界面与现场设备互动的程序设计也比较复杂。为了解决上述问题，用于工业控制的组态软件应运而生。

国际上比较著名的组态软件有 InTouch 和 iFIX 等，国内也涌现出了组态王、MCGS 和力控等一批组态软件。有的 PLC 厂商也推出了自己的组态软件，如西门子的 WinCC 和 GE Fanuc 公司的 CIMPLICITY 等。组态软件预装了计算机与各主要厂商 PLC 通信的程序，用户只需做少量的设置就可以实现 PLC 与计算机的通信。用户可以快速地生成与 PLC 交换信息的、美观漂亮的人机界面（包括复杂的画面、动画、表格和曲线等），画面上可以设置各种按钮、指示灯显示或输入数字、字符的元件。还可以用按钮、开关、选择仪表、棒图等形象的元件来设置或显示 PLC 中的数据。通过设置，这些显示和输入元件可以很容易地与 PLC 中的编程元件联系起来。使用组态软件可以大量地减少设计上位计算机程序的工作量，缩短开发周期，提高系统的可靠性。

7. 新型和专用 PLC 产品的出现

近年来随着计算机软件和硬件技术的迅速发展，推动了自动控制技术一系列新的发展，产生了基于 PC 的 PLC、嵌入式 PLC 和 PAC 等。有许多工业控制产品、机电一体化产品，开始转向以 PC 为平台的控制方式，有的公司推出的 PLC 产品已采用 Windows 作为编程和操作的平台，PLC 结构从整机和模块式发展到直接使用高性能工业控制机实现软逻辑 PLC。嵌入式 PLC 也已经面世并应用于工业控制领域，它在 PLC 系统中使用实时嵌入式操作系统（Real-time Embedded Operation System），如 Window CE、RTLinux 等。为了突破 PLC 在操作平台、互操作性、灵活性上的一些限制，提出了 PAC（Programmable Automation Controller，可编程自动化控制器）的概念并已有产品面世，如罗克韦尔自动化公司的 ControlLogix 和 GE Fanuc 公司的 PACSystems RX3i 等。

此外，一些专门用途的 PLC 也大量出现，如专用于数控机床、加工中心外围电气控制的 PMC（Programmable Machine Controller，可编程机床控制器）等。

8. PLC 与 DCS 和现场总线

目前，在工业控制中按控制系统的体系结构来划分主要有三大控制系统，即 PLC 控制系统、集散控制系统（Distributed Control System，DCS）和现场总线控制系统（Fieldbus Control System，FCS）。这三种控制系统可以互相融合，PLC 能够实现 DCS 和 FCS，而在 DCS 和 FCS 中也常常会有 PLC 的应用。

第 2 章 »

PLC的硬件结构与工作原理

本章内容提要　本章主要介绍了 PLC 硬件的技术指标、分类、基本结构和工作原理等内容。对三菱 FX 系列小型 PLC 的主要性能、基本单元、硬件规格以及编程器与编程软件等进行了简单的介绍。

2.1　PLC 的主要技术指标和分类

2.1.1　PLC 的主要技术指标 ★★★

PLC 的种类很多，用户可以根据控制系统的具体要求选择不同技术性能指标的 PLC。PLC 的技术性能指标主要有以下几个方面。

1.　输入/输出点数（I/O 点数）

PLC 的 I/O 点数是指外部输入和输出端子数量的总和，它是描述 PLC 控制规模大小的一个重要的技术指标。通常小型 PLC 的 I/O 点有几十点，中型 PLC 的 I/O 点有几百点，大型 PLC 的 I/O 点会超过千点。

2.　存储容量

PLC 的存储器由系统程序存储器、用户程序存储器和数据存储器组成。PLC 存储容量通常指用户程序存储器，它表征系统提供给用户的可用资源，是系统性能的一项重要技术指标。在日本三菱公司生产的 PLC 中，程序指令是按“步”存储的。一步占用一个地址单元，一条指令有的往往不止一“步”，一个地址单元一般占用 2 个字节（16 位二进制数为一个字，即 2 个字节）。如果一个内存容量为 4K（1K = 1024）步的 PLC，其内存为 8KB。

而在欧美生产的 PLC 中，通常用千字（KW）或千字节（KB）来表示，也有的 PLC 直接用所能存放的程序量表示。

3.　扫描速度

PLC 采用循环扫描方式工作，完成一次扫描所需的时间叫作扫描周期。这里指扫描一步指令的时间，如 μs/步。有时也可用扫描 1K 步用户程序所需要的时间，如以 ms/千步为单位。影响扫描速度的主要因素有用户程序的长度和 PLC 产品的类型。PLC 中 CPU 的类型、机器字长等直接影响 PLC 运算精度和运行速度。

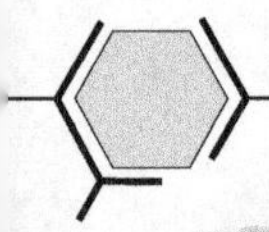

4. 指令系统

指令系统是指 PLC 所有指令的总和，在三菱 FX 系列 PLC 指令系统中包括基本指令和应用指令。PLC 的编程指令条数和种类越多，其软件功能就越强，但掌握其应用也相对较复杂。用户应根据实际控制要求选择合适指令功能的 PLC。

5. 软元件（编程软件）的种类和数量

软元件一般指输入继电器、输出继电器、辅助继电器、定时器、计数器、通用寄存器、数据寄存器和特殊功能继电器等，其种类和数量的多少直接关系到编程是否方便灵活，也是衡量 PLC 功能强弱的一个重要技术指标。

6. 通信功能

通信包括 PLC 之间的通信和 PLC 与其他设备之间的通信。通信主要涉及通信模块、通信接口、通信协议和通信指令等内容。PLC 的联网和通信能力也已成为 PLC 产品水平的重要衡量指标之一。

7. 特殊功能模块

特殊功能模块（单元）种类的多少与功能的强弱也是衡量 PLC 产品的一个重要指标。近年来各 PLC 厂商非常重视特殊功能模块（单元）的开发，特殊功能（单元）种类日益增多，功能越来越强，使 PLC 的控制功能日益扩大。

此外，厂商的产品手册上还提供 PLC 的负载能力、外形尺寸、质量、保护等级、适用的安装和使用环境，如温度、湿度等性能指标参数，以供用户参考。

2.1.2 PLC 的分类 ★★★

PLC 的产品种类繁多，其功能、产地、结构、规模也各不相同。一般按照下面的几种标准进行分类。

1. 根据 I/O 点数分类

根据 PLC 的 I/O 点数的不同，可将 PLC 分为小型、中型和大型三类。

（1）小型 PLC

I/O 点数小于 256 点的 PLC 称为小型 PLC。小型 PLC 以开关量控制为主，具有体积小、价格低的优点。可用于开关量的逻辑控制、定时与计数控制、顺序控制及少量模拟量的控制场合，可代替继电器接触器控制在单机或小规模生产过程中使用。

（2）中型 PLC

I/O 点数大于 256 点、小于 2048 点的 PLC 称为中型 PLC。中型 PLC 功能比较丰富，兼有开关量和模拟量的控制能力，适用于较复杂系统的逻辑控制和闭环模拟量的过程控制。

（3）大型 PLC

I/O 点数大于 2048 点的 PLC 称为大型 PLC。大型 PLC 用于大规模过程控制、集散式控制和工厂自动化网络中。

2. 根据硬件结构形式分类

根据硬件结构形式的不同，主要分为整体式和模块式等。

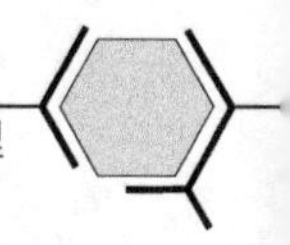

(1) 整体式 PLC

整体式 PLC 又称为单元式 PLC 或箱体式 PLC。它是把电源、CPU、I/O 接口等部件都集中装在一个箱体内，它具有结构紧凑、体积小、质量轻、价格低的优点。整体式 PLC 又分为基本单元（又称主机）和扩展单元。二者的区别是前者内部有 CPU 模块而后者没有 CPU 模块。当需要进行扩展时，只需用扁平电缆将基本单元和一定数量的扩展单元连接起来即可。这种类型 PLC 的典型产品有三菱公司早期的 F_1、F_2 系列与欧姆龙公司的 CPM、CQM 系列等。

(2) 模块式 PLC

模块式 PLC 是由机架（或导轨）和模块组成，可根据需要选配不同的模块，如电源模块、CPU 模块、I/O 模块以及各种功能模块，只需将模块插入模块插座上即可。各部件独立封装成模块，各模块通过总线连接，安装在机架或导轨上。这种结构配置非常灵活方便，通常大型、中型 PLC 多采用此种结构。模块式 PLC 的产品典型的有三菱公司的 Q 系列、A-B 公司的 PLC-5 系列与西门子公司的 S7-300、S7-400 系列等。三菱 Q 系列 PLC 的外形如图 2-1 所示。

图 2-1　三菱模块式 PLC

三菱公司的 FX_{2N}、FX_{3G} 和 FX_{3U} 系列等小型 PLC 采用了所谓的叠装式结构。叠装式结构是整体式和模块式有机结合的产物。电源也可做成独立的，不使用模块式 PLC 中的母板，采用电缆连接各个单元，在控制设备中安装时可以一层层地叠装。三菱 FX_{2N} 系列 PLC 的外形如图 2-2 所示。

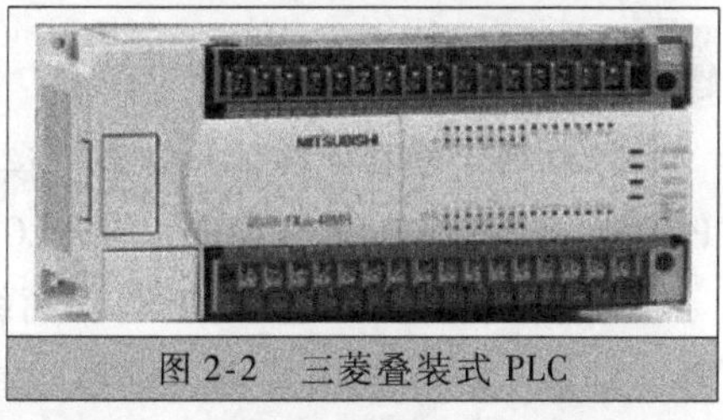

图 2-2　三菱叠装式 PLC

无论哪种结构类型的 PLC，都可根据用户需要进行配置与组合。尽管整体式（或叠装式）与模块式 PLC 的结构不太一样，但各部分的功能作用是基本相同的。整体式 PLC 一般用于规模较小、输入/输出点数固定且以后也少有扩展的场合；模块式 PLC 一般用于规模较大、输入/输出点数较多且比例比较灵活的场合。

根据 PLC 具有控制功能不同，还可将 PLC 分为低档、中档和高档三类。

2.2　PLC 的基本结构

PLC 硬件的基本结构主要由中央处理器（CPU）、存储器、输入/输出（I/O）接口电路（或称为输入/输出模块）、通信接口、扩展接口和电源等部分组成。其中，CPU 是 PLC 的核心，输入/输出接口电路是连接现场输入/输出设备与 CPU 之间的桥梁，通信接口用于与编程器、上位计算机等外设连接。PLC 的基本结构如图 2-3 所示。

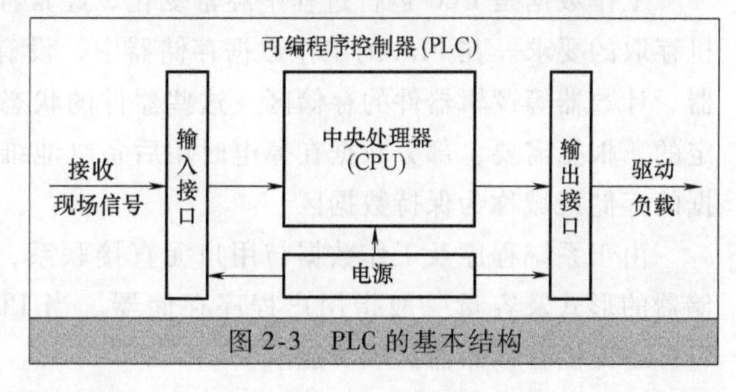

图 2-3　PLC 的基本结构

下面对 PLC 各主要组成部分逐一进行简单介绍。

1. 中央处理器（CPU）

同一般的微机一样，CPU 是 PLC 的核心。PLC 中所配置的 CPU 随机型不同而不同，常用的

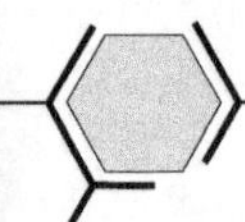

有三类：通用微处理器（如 Z80、8086、80286 等）、单片微处理器（如 8031、8096 等）和位片式微处理器（如 AMD29W 等）。小型 PLC 大多采用 8 位通用微处理器和单片微处理器，中型 PLC 大多采用 16 位通用微处理器或单片微处理器，大型 PLC 大多采用高速位片式微处理器。

目前，小型 PLC 为单 CPU 系统，而中、大型 PLC 则大多为双 CPU 系统，甚至有些 PLC 中多达 8 个 CPU。对于双 CPU 系统，一般一个为字处理器，多采用 8 位或 16 位处理器；另一个为位处理器，采用由各厂商设计制造的专用芯片。字处理器为主处理器，用于执行编程器接口功能，监视内部定时器，监视扫描时间，处理字节指令以及对系统总线和位处理器进行控制等。位处理器为从处理器，主要用于处理位操作指令和实现 PLC 编程语言向机器语言的转换。位处理器的采用提高了 PLC 的速度，使 PLC 更好地满足实时控制要求。

在 PLC 中 CPU 按系统程序赋予的功能，指挥 PLC 有条不紊地进行工作，归纳起来主要有以下几个方面：①接收从编程器输入的用户程序和数据；②诊断电源、PLC 内部电路的工作故障和编程中的语法错误等；③通过输入接口接收现场的状态或数据，并存入输入映像寄存器或数据寄存器中；④从存储器逐条读取用户程序，经过解释后执行；⑤根据执行的结果，更新有关标志位的状态和输出映像寄存器的内容，通过输出单元实现输出控制。有些 PLC 还具有制表打印或数据通信等功能。

2. 存储器

存储器主要有两种，一种是可读/写操作的随机存储器 RAM，另一种是只读存储器 ROM、PROM、EPROM 和 EEPROM。在 PLC 中存储器主要用于存放系统程序、用户程序及工作数据等。

系统程序是由 PLC 的制造厂商编写的、与 PLC 的硬件组成有关，完成系统诊断、命令解释、功能子程序调用管理、逻辑运算、通信及各种参数设定等功能，提供 PLC 运行的平台。系统程序关系到 PLC 的性能，而且在 PLC 使用过程中不会变动，所以是由制造厂商直接固化在只读存储器 ROM、PROM 或 EPROM 中，用户不能访问和修改。

用户程序是随 PLC 的控制对象而定的，由用户根据对象生产工艺的控制要求而编制的应用程序。为了便于读出、检查和修改，用户程序一般存于 CMOS 静态 RAM 中，用锂电池作为后备电源，以保证掉电时不会丢失信息。为了防止干扰对 RAM 中程序的破坏，当用户程序经过运行正常不需要改变时，可将其固化在只读存储器 EPROM 中。现在有许多 PLC 直接采用 EEPROM 或 Flash ROM 作为用户存储器。

工作数据是 PLC 运行过程中经常变化、经常存取的一些数据，它存放在 RAM 中以适应随机存取的要求。在 PLC 的工作数据存储器中，设有存放输入/输出继电器、辅助继电器、定时器、计数器等逻辑器件的存储区，这些器件的状态都是由用户程序的初始设置和运行情况而确定的。根据需要，部分数据在掉电时用后备电池维持其现有的状态，这部分在掉电时可保存数据的存储区域称为保持数据区。

由于系统程序及工作数据与用户无直接联系，所以在 PLC 产品样本或使用手册中所列存储器的形式及容量一般指用户程序存储器。当 PLC 提供的用户存储器容量不够用时，许多 PLC 还提供有存储器扩展功能。

3. 输入/输出接口电路

输入/输出接口电路通常也称为 I/O 单元或输入/输出模块，是 PLC 与工业生产现场之间的连接部件。PLC 通过输入接口可以检测被控对象的各种数据，以这些数据作为 PLC 对被控制对象

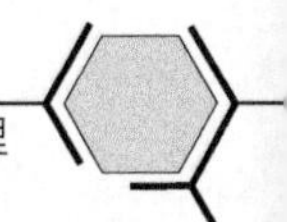

进行控制的依据。同时 PLC 又通过输出接口将处理结果送给被控制对象，以实现控制目的。

由于外部输入设备和输出设备所需的信号电平是多种多样的，而 PLC 内部 CPU 处理的信息只能是标准电平，所以 I/O 接口可以实现这种转换。I/O 接口一般都具有光电隔离和滤波功能，以提高 PLC 的抗干扰能力。另外，I/O 接口上通常还有状态指示，工作状况直观，便于维护。

PLC 提供了多种操作电平和驱动能力的 I/O 接口，有各种各样功能的 I/O 接口供用户选用。I/O 接口（模块）的主要类型有开关量（数字量）输入、开关量输出和模拟量输入、模拟量输出等。其中，模拟量输入/输出模块属于三菱 PLC 的特殊功能模块，如不特别说明，I/O 接口指的是开关量输入/输出接口。

常用的开关量输入接口按其使用的电源不同有三种类型：直流输入接口、交流输入接口和交/直流输入接口。这三种开关量输入接口电路原理图如图 2-4 所示。

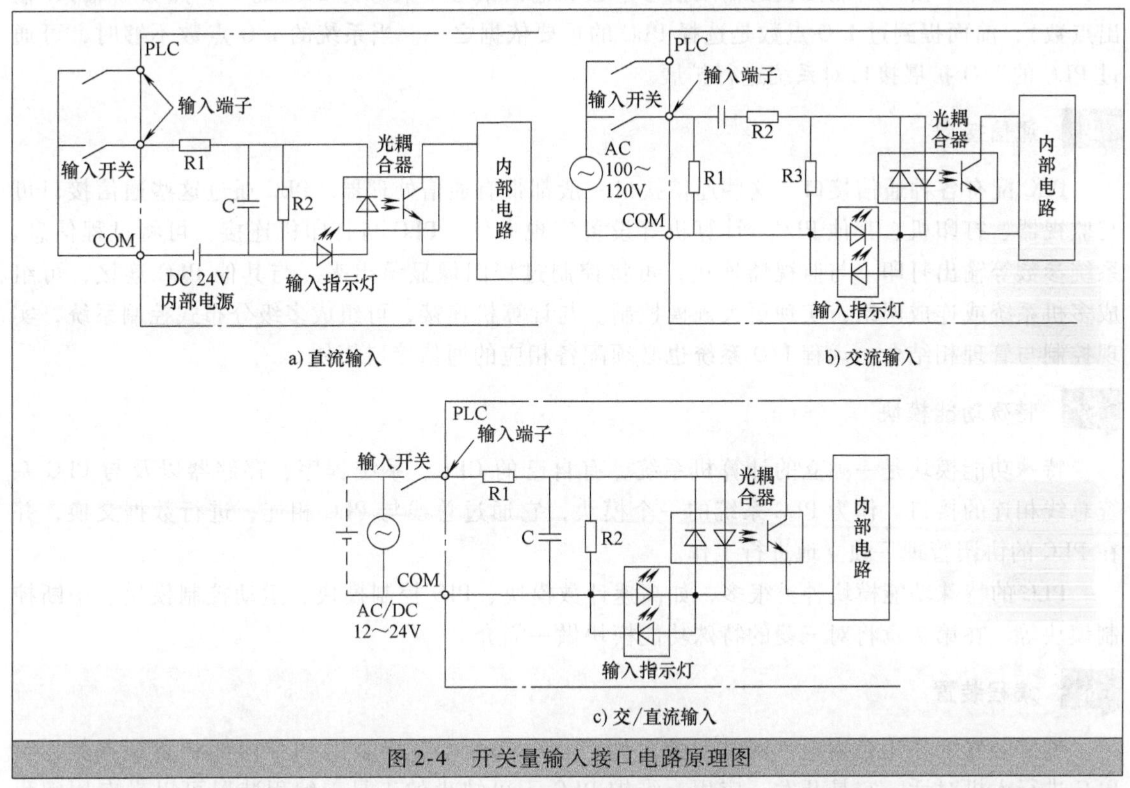

图 2-4　开关量输入接口电路原理图

常用的开关量输出接口按其输出开关功率器件有三种类型：继电器输出、晶体管输出和双向晶闸管输出。这三种开关量输出接口电路原理图如图 2-5 所示。

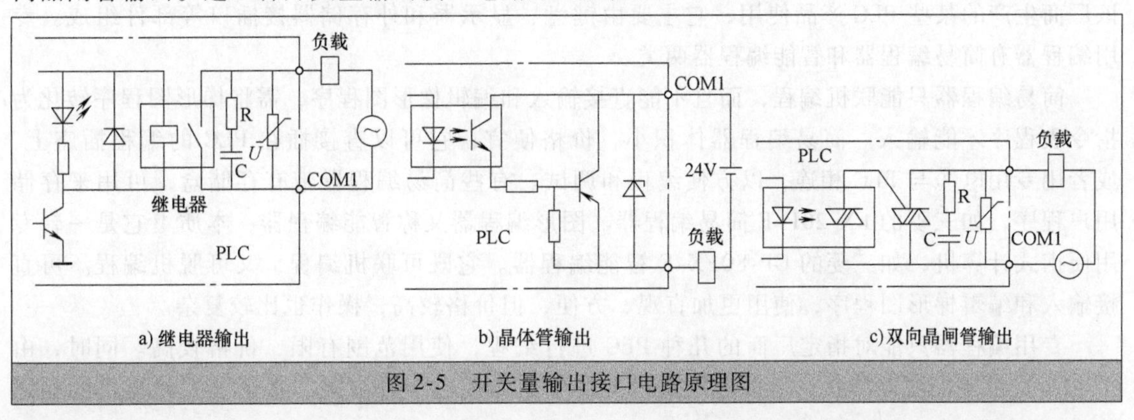

图 2-5　开关量输出接口电路原理图

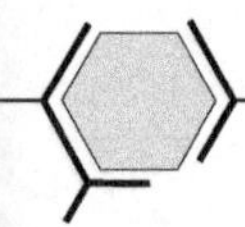

图 2-5a 所示为继电器输出电路，继电器同时起隔离和功放的作用。与继电器的触点并联的 R、C 和压敏电阻在触点断开时起消弧作用。继电器输出电路可驱动交流或直流负载，但其响应时间长，动作频率低。图 2-5b 所示为晶体管输出电路，晶体管的饱和导通和截止相当于触点的接通和关断。稳压二级管用来抑制过电压，起保护晶体管作用。晶体管输出电路的响应速度快，动作频率高，只能用于驱动直流负载。图 2-5c 所示为双向晶闸管输出电路，光电晶闸管起隔离、功放作用。R、C 和压敏电阻用来抑制关断时产生的过电压和外部浪涌电流。双向晶闸管输出接口的响应速度快，只能用于驱动交流负载。

上面三种输出接口电路最大通断电流的能力大小依次为继电器、晶闸管和晶体管。而通断响应时间的快慢则刚好相反。使用时应根据以上特性选择不同的输出型式。

PLC 的 I/O 接口所能接收的输入信号个数和输出信号个数称为 PLC 的 I/O 点数（输入/输出点数），前面提到过 I/O 点数是选择 PLC 的重要依据之一。当系统的 I/O 点数不够时，可通过 PLC 的 I/O 扩展接口对系统进行扩展。

4. 通信接口

PLC 配有各种通信接口，这些通信接口一般都带有通信处理器。PLC 通过这些通信接口可与监视器、打印机、其他 PLC、计算机等设备实现通信。PLC 与打印机连接，可将过程信息、系统参数等输出打印。与监视器连接，可将控制过程图像显示出来。与其他 PLC 连接，可组成多机系统或连成网络，实现更大规模控制。与计算机连接，可组成多级分布式控制系统，实现控制与管理相结合。远程 I/O 系统也必须配备相应的通信接口模块。

5. 特殊功能模块

特殊功能模块是一独立的计算机系统，有自己的 CPU、系统程序、存储器以及与 PLC 系统总线相连的接口。作为 PLC 系统的一个模块，它通过总线与 PLC 相连，进行数据交换，并在 PLC 的协调管理下独立地进行工作。

PLC 的特殊功能模块种类很多，如高速计数模块、PID 控制模块、运动控制模块、中断控制模块等。在第 7 章将对三菱的特殊功能模块做一简介。

6. 编程装置

编程装置的作用是编辑、调试、输入用户程序，也可在线监控 PLC 内部状态和参数，与 PLC 进行人机对话。它是开发、应用、维护 PLC 不可缺少的工具。编程装置可以是专用编程器，也可以是配有专用编程软件包的通用计算机系统。专用编程器是由 PLC 厂商生产，专供该厂商生产的某些 PLC 产品使用，它主要由键盘、显示器和外存储器接插口等部件组成。专用编程器有简易编程器和智能编程器两类。

简易编程器只能联机编程，而且不能直接输入和编辑梯形图程序，需将梯形图程序转化为指令表程序才能输入。简易编程器体积小、价格便宜，它可以直接插在 PLC 的编程插座上，或者用专用电缆与 PLC 相连，以方便编程和调试。有些简易编程器带有存储盒，可用来存储用户程序，如三菱的 FX-20P-E 简易编程器。图形编程器又称智能编程器，本质上它是一台专用便携式计算机，如三菱的 GP-80FX-E 智能编程器。它既可联机编程，又可脱机编程。可直接输入和编辑梯形图程序，使用更加直观、方便，但价格较高，操作也比较复杂。

专用编程器只能对指定厂商的几种 PLC 进行编程，使用范围有限，价格较高。同时，由于 PLC 产品不断更新换代，所以专用编程器的生命周期也十分有限。基于个人计算机的程序

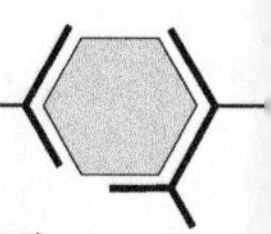

开发系统功能强大。它既可以编制、修改 PLC 的梯形图程序，又可以监视系统运行、打印文件、系统仿真等。配上相应的软件还可实现数据采集和分析等许多功能。因此，现在的趋势是使用以个人计算机为基础的编程装置，用户只要购买 PLC 厂商提供的编程软件和相应的编程电缆。这样用户只用较少的投资即可得到高性能的 PLC 程序开发系统。

7. 电源

PLC 配有开关电源，以供内部电路使用。与普通电源相比，PLC 电源的稳定性好、抗干扰能力强。对电网提供的电源稳定度要求不高，一般允许电源电压在其额定值 ±15% 的范围内波动。许多 PLC 还向外提供直流 24V 稳压电源，用于对外部传感器供电。

8. 其他外部设备

除了以上所述的部件和设备外，PLC 还有许多外部设备，如 EPROM 写入器、外存储器、人机接口装置等。

EPROM 写入器是用来将用户程序固化到 EPROM 存储器中的一种 PLC 外部设备。为了使调试好的用户程序不易丢失，经常用 EPROM 写入器将 PLC 内 RAM 数据保存到 EPROM 中。PLC 内部的半导体存储器称为内存储器。有时可用外部的磁带、磁盘和用半导体存储器制作成的存储盒等来存储 PLC 的用户程序，这些存储器件称为外存储器。外存储器一般是通过编程器或其他智能模块提供的接口，实现与内存储器之间相互传送用户程序。

人机接口是用来实现操作人员与 PLC 控制系统的对话、交互功能。最简单、最普遍的人机接口装置由安装在控制台上的按钮、转换开关、拨码开关、指示灯、LED 显示器、声光报警器等器件构成。对于 PLC 系统，现在普遍采用半智能型人机接口装置和智能型终端人机接口装置，如三菱的图形操作终端（GOT），即触摸屏。图形操作终端作为人机接口有自己的微处理器和存储器，能够与操作人员快速交换信息，并通过通信接口与 PLC 相连，也可作为独立的节点接入 PLC 网络。在第 9 章将对三菱的触摸屏进行简单的介绍。

2.3 PLC 的工作原理

2.3.1 PLC 的扫描工作方式和分时处理 ★★★

在前面已经介绍了 PLC 的组成结构，这样理解 PLC 的工作原理就会容易多了。PLC 有两种基本的工作状态，即运行（RUN）状态和停止（STOP）状态。运行状态是执行应用程序的状态。停止状态一般用于程序的编写、修改和下载。为了使 PLC 的输出能够及时地响应可能随时变化的输入信号，用户程序不是只执行一次，而是反复不断地重复执行，直至 PLC 停机或切换到停止状态，因此 PLC 采用的是周期循环扫描的工作方式。在运行和停止两种状态下，PLC 不同的扫描过程如图 2-6 所示。

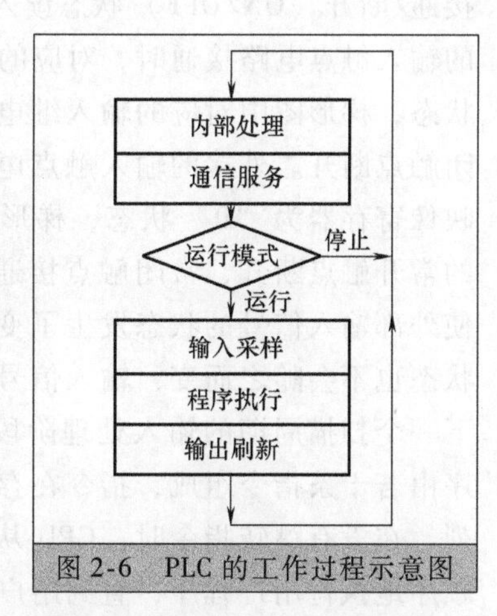

图 2-6 PLC 的工作过程示意图

由图 2-6 可见，在这两个不同的工作状态中，扫描过程所要完成的任务是不完全相同的。PLC 在运行状态下扫描一次所需的时间定为一个扫描周期。输入与输出的状态要经历一个周期方可发生变化。PLC 一个扫描周期可分为以下五个阶段：内部处理阶段、通信服务阶段、输入采样阶段、程序执行阶段和输出刷新阶段。CPU 对用户程序的执行过程是 CPU 的循环扫描过程，并采用周期性地集中输入采样、集中输出刷新的方式来完成。

1）内部处理阶段。CPU 对 PLC 内部的硬件进行故障检查，复位监控定时器（WDT）等。

2）通信服务阶段。这是扫描周期的信息处理阶段，PLC 与外围设备、编程器、网络设备等进行通信，CPU 处理从通信端口接收到的信息。

当 PLC 处于停止（STOP）状态时，只执行以上两个阶段的操作。当 PLC 处于运行（RUN）状态时，还要完成另外输入采样、程序执行和输出刷新阶段的操作。

在 PLC 存储器中，设置了一片区域用来存放输入信号和输出信号的状态，它们分别称为输入映像寄存器和输出映像寄存器。PLC 梯形图中别的编程元件也有对应的映像存储区，它们统称为元件映像寄存器。

3）输入采样（输入处理）阶段。每次扫描周期的开始，先读取输入端子的当前值，然后写到输入映像寄存器区域。在随后的用户程序执行的过程中，CPU 访问输入映像寄存器区域，而并非读取输入端子的状态。输入信号的变化并不会影响到输入映像寄存器的状态，通常要求输入信号有足够的脉冲宽度才能被响应。

4）程序执行阶段。用户程序执行阶段，PLC 按照梯形图的顺序，自左而右、自上而下地逐行扫描，在这一阶段 CPU 从用户程序的第一条指令开始执行直到最后一条指令结束，程序运行结果放入输出映像寄存器区域。CPU 逐条解释并执行用户程序。在此阶段，允许对数字量输入/输出指令和不设置数字滤波的模拟量输入/输出指令进行处理，在扫描周期的各个部分，均可对中断事件进行响应。

5）输出刷新（输出处理）阶段。每个扫描周期的结束，CPU 把存在输出映像寄存器中的数据写入输出锁存器中再输出到数字量输出端子，以更新输出状态。然后 PLC 进入下一个循环周期，重新执行输入采样阶段，周而复始。

以上这三个阶段的执行过程如图 2-7 所示。

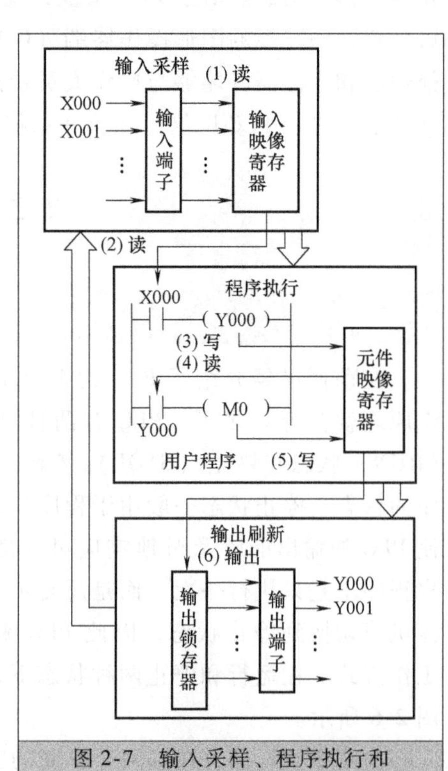

图 2-7　输入采样、程序执行和输出刷新执行过程

可见在输入处理阶段，PLC 把所有外部输入电路的接通/断开（ON/OFF）状态读入输入映像寄存器。外接的输入触点电路接通时，对应的输入映像寄存器为“1”状态，梯形图中对应的输入继电器的常开触点接通，常闭触点断开。外接的输入触点电路断开时，对应的输入映像寄存器为“0”状态，梯形图中对应的输入继电器的常开触点断开，常闭触点接通。在程序执行阶段，即使外部输入信号的状态发生了变化，输入映像寄存器的状态也不会随之而变，输入信号变化了的状态只可能在下一个扫描周期的输入处理阶段被读入。PLC 的用户程序由若干条指令组成，指令在存储器中按步序号顺序排列。在没有跳转指令时，CPU 从第一条指令开始，逐条顺序地执行用户程序，直到用户程序结束之处。在执行

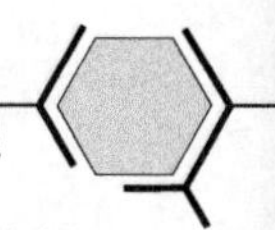

指令时，从输入映像寄存器或别的元件映像寄存器中将有关编程元件的0/1状态读出来，并根据指令的要求执行相应的逻辑运算，运算的结果写入到对应的元件映像寄存器中。因此，各编程元件的映像寄存器（输入映像寄存器除外）的内容随着程序的执行而变化。在输出处理阶段，CPU将输出映像寄存器的0/1状态传送到输出锁存器。某一编程元件（如输入继电器、输出继电器）对应的映像寄存器为“1”状态时称该编程元件为ON，元件映像寄存器为“0”状态时称该编程元件为OFF。梯形图中某一输出继电器的线圈“通电”时，对应的输出映像寄存器为“1”状态。信号经输出模块隔离和功率放大后，继电器型输出模块中对应的硬件继电器的线圈通电，其常开触点闭合，使外部负载通电工作。如果梯形图中输出继电器的线圈“断电”，对应的输出映像寄存器为“0”状态。在输出刷新阶段之后，继电器型输出模块中对应的硬件继电器的线圈断电，其常开触点断开，外部负载断电停止工作。PLC的运行过程如图2-8所示。

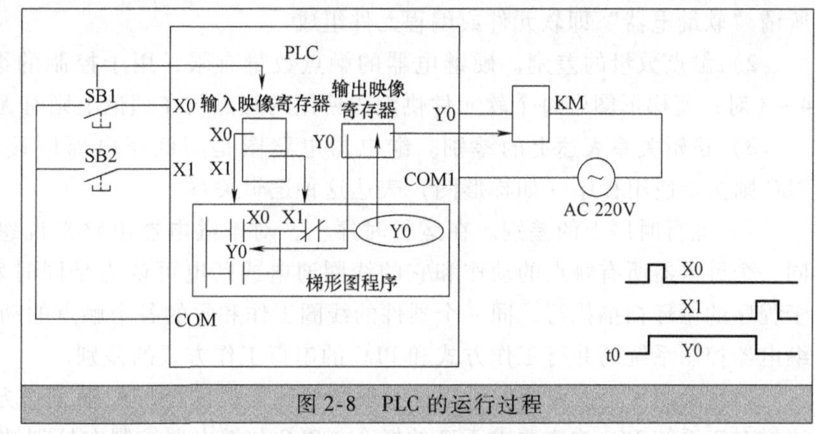

图2-8　PLC的运行过程

需注意的是，如果程序中使用了中断，中断事件出现会立即执行中断程序，中断程序可以在扫描周期的任意点被执行。如果程序中使用了输入/输出刷新（REF）指令，可以直接存取I/O点。用输入/输出刷新（REF）指令读输入点值时，相应的输入映像寄存器的值未被修改，用输入/输出刷新（REF）指令写输出点值时，相应的输出映像寄存器的值被修改。

2.3.2　输入/输出滞后时间 ★★★

输入/输出滞后时间又称为系统响应时间，是指从PLC外部输入信号发生变化的时刻起至它控制的有关外部输出信号发生变化的时刻止之间的间隔。这个时间由输入电路的滤波时间、输出模块的滞后时间和因扫描工作方式产生的滞后时间三部分组成。

输入模块的RC滤波电路用来滤除由输入端引入的干扰噪声，消除因外接输入触点动作时产生抖动引起的不良影响。滤波时间常数决定了输入滤波时间的长短，其典型值为10ms左右。

输出模块的滞后时间与输出模块开关器件的类型有关。若是继电器输出电路，负载由导通到断开时的最大滞后时间为10ms；双向晶闸管输出电路的滞后时间约为1ms，可适应高频动作；晶体管输出电路的滞后时间一般在1ms以下，开关频率最高。

扫描工作方式引起的滞后时间，最长可达两个多扫描周期。扫描周期是PLC的一个重要指标，它的长短主要取决于程序的长短。扫描周期越长，响应速度越慢。每条指令（或每步）的扫描周期为3~60μs。小型PLC的扫描周期一般为十到几十毫秒，即每秒可扫描几十次以上。对被控对象的输入和输出来说，PLC的扫描过程几乎是瞬时完成的。毫秒级的扫描时间对于一般工业设备通常是足够了，这一点响应滞后不仅对控制系统的影响微乎其微，并且可以增强系统的抗干扰能力，避免执行机构频繁动作而引起的工艺过程波动。

PLC总的响应延迟时间一般只有几十毫秒，对于一般的系统是无关紧要的。但对于某些控制时间要求严格、要求I/O响应迅速的设备或系统，可以选用扫描速度快的CPU或在软件及硬件上采取适当的措施，如采用REF指令、设置中断优先级、采用高速计数模块、改变滤波电路的时间常数等。

2.3.3 PLC与继电器控制系统工作原理的差别 ★★★

PLC与继电器控制系统工作原理的差别主要有下列几点：

1）组成元件的差别。继电器控制电路由许多真正的硬件继电器组成，而梯形图则由许多所谓“软继电器”即软元件或编程元件组成。

2）触点数量的差别。硬继电器的触点数量有限，用于控制的继电器的触点数一般只有4~8对；而梯形图中每个软元件供编程使用的触点数在理论上则有无限对。

3）逻辑关系表达上的差别。继电器电路图是用低压电器硬接线表达逻辑控制关系的，PLC则主要使用程序（如梯形图）表达这种逻辑关系。

4）运行时序上的差别。在运行时序上，对于继电器电路来说忽略电磁滞后及机械滞后，同一个继电器所有触点的动作和它的线圈通电或断电可认为是同时发生的。但在PLC中，由于程序的循环扫描执行，同一个器件的线圈工作和它的各个触点的动作并不同时发生。这就是继电器控制系统的并行工作方式和PLC的串行工作方式的差别。

PLC采用了上面介绍的不同于一般微型计算机的循环扫描工作方式，但其扫描速度极快，这样对于系统I/O响应要求不高的场合，PLC与继电器控制在处理结果上就没有什么区别了。

2.3.4 PLC与单片机控制系统的主要差别 ★★★

有些控制系统既可以用PLC实现，也可以用单片机系统实现。但是，PLC控制主要用于电气控制，而单片机控制主要用于仪器仪表测量。PLC与单片机在控制应用上的主要差别如下：

1）PLC适合用于集成控制系统。

2）单片机适合用于开发批量生产的控制装置和产品。

3）开发同一系统采用单片机方案成本较低，但开发周期较长，成功率相对较低。

4）开发同一系统采用PLC方案成本较高，但开发周期较短，成功率相对较高。

2.4 FX_{2N}系列PLC主要性能和硬件规格

2.4.1 FX系列PLC概况 ★★★

三菱PLC以其优越的性能、适中的价格、丰富的系列型号广泛应用于工控行业的各个领域，可以满足各个行业、不同用户的需要。目前，FX系列PLC是我国销量最多的小型PLC。三菱电机公司的PLC产品主要有以下几个系列：Q系列、AnS系列、QnA系列、A系列和FX系列。FX系列PLC根据输入/输出点数及功能划分为多个不同的子系列，主要有FX_{1S}、FX_{1N}、FX_{2N}、FX_{2NC}和FX_{1NC}这几个子系列，以及后来推出的FX_{3U}、FX_{3UC}、FX_{3GS}和FX_{3GA}等高性能小型PLC。

三菱FX_{1S}系列PLC是一种集成型小型单元式PLC，输入/输出点数在30点以内，具有完备的性能和通信功能，如果考虑安装空间和成本，是一种理想的选择。三菱FX_{1N}系列PLC是三菱推出的功能强大的普及型PLC，输入/输出点数在128点以内，具有扩展输入/输出、模拟

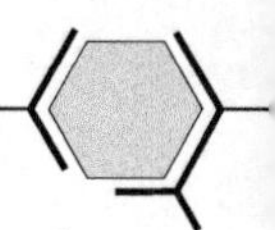

量控制、通信和链接扩展等功能。FX_{1N}系列是一款广泛应用于一般顺序控制的PLC。FX_{2N}系列是三菱FX家族中较先进的系列，输入/输出点数在256点以内，具有高速处理及可以扩展大量满足特殊需要的特殊功能模块等特点与很大的灵活性和控制能力。FX_{3U}是三菱电机公司推出的第三代PLC，是小型机中功能最强的产品。其基本性能大幅提升，CPU的处理速度达到了0.065μs/基本指令，内置了64K步的RAM存储器，提供200多条应用指令，大幅度增加了内部软元件的数量。晶体管输出型的基本单元内置了3轴独立最高100kHz的定位功能，并且增加了新的定位指令，从而使三菱FX_{3U}系列PLC的定位控制功能更加强大，使用更为方便。三菱FX_{1NC}、FX_{2NC}、FX_{3UC}系列PLC，在保持了原有强大功能的基础上实现了极为可观的规模缩小，I/O型接线接口降低了接线成本，并大大节省了接线时间。

一般情况下，FX系列PLC控制系统可由基本单元（主机）、扩展单元、扩展模块和特殊功能模块等组成，如图2-9所示。其中，基本单元是一个控制系统必选的，而其余的单元、模块和扩展板是根据系统的控制规模和要求进行选择的。本书主要以FX_{2N}这一子系列作为目标机型进行介绍。

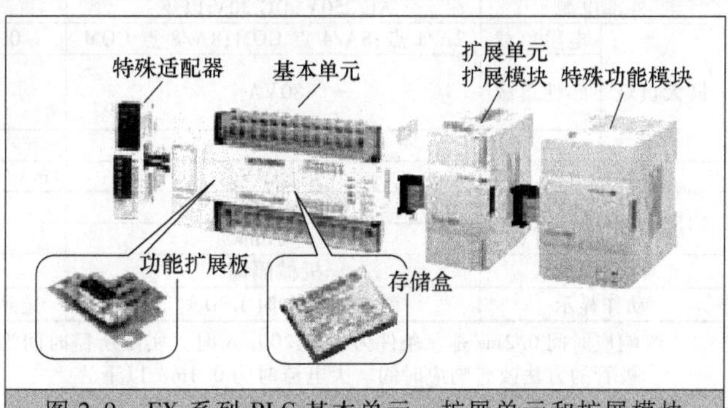

图2-9 FX系列PLC基本单元、扩展单元和扩展模块

2.4.2 FX_{2N}系列PLC的性能指标 ★★★

FX_{2N}具有丰富的软元件资源，有3072点辅助继电器，提供了多种特殊功能模块，可实现过程控制和定位控制。有多种RS-232C/RS-422/RS-485串行通信模块或扩展板以支持网络通信。FX_{2N}具有较强的数学指令集，使用32位处理浮点数，具有平方根和三角几何指令，满足数学功能要求很高的数据处理。FX_{2N}主要有以下特点：基本单元（16~128点），最多可扩展到256点。有继电器输出、双向晶闸管输出和晶体管输出三种输出方式；内置有8K步RAM（最多可扩展到16K步），比FX_2大4倍，可选用存储卡盒，有RAM、EPROM和EEPROM三种类型；超高速的运算速度（0.08μs/基本指令），比FX_2的0.48μs快6倍；机体小型化，比FX_2小50%；兼容FX_2的编程设计，备有多种不同的FX_{2N}扩展单元及特殊模块，低成本的IC模板；兼用FX_{0N}的扩展单元及特殊功能模块。FX_{2N}系列的一般技术指标、输入与输出技术指标和主要性能指标见表2-1~表2-4。

表2-1 FX_{2N}一般技术指标

项目	内容	
环境温度	使用时:0~55℃,存储时:-20~+70℃	
环境湿度	35%~89% RH时(不结露)使用	
抗振	JIS C0911标准10~55Hz 0.5mm(最大2g)3轴方向各2h(但用DIN导轨安装时0.5g)	
抗冲击	JIS C0912标准10g在3轴方向各3次	
抗噪声干扰	在用噪声仿真器产生电压为1000V_{P-P}、噪声脉冲宽度为1μs、周期为30~100Hz的噪声干扰时工作正常	
耐压	AC 1500V 1min	所有端子与接地端之间
绝缘电阻	5MΩ以上(DC 500V绝缘电阻表)	所有端子与接地端之间
接地	第三种接地,不能接地时也可浮空	
使用环境	无腐蚀性气体,无尘埃	

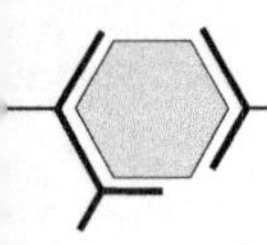

表 2-2　FX_{2N}输入技术指标

项目	内　容		项目	内　容	
输入电压	DC 24V		输入 OFF 电流	其余输入点	≤1.5mA
输入电流	X0～X7	7mA	输入阻抗	X0～X7	3.3kΩ
	其余输入点	5mA		其余输入点	4.3kΩ
输入 ON 电流	X0～X7	4.5mA	输入隔离	光电绝缘	
	X10 以内	3.5mA	输入响应时间	0～60ms 可变	
输入 OFF 电流	X0～X7	≤1.5mA			

表 2-3　FX_{2N}输出技术指标

项　目		继电器输出	双向晶闸管输出	晶体管输出
外部电源		AC 250V，DC 30V 以下	AC 85～242V	DC 5～30V
最大负载	电阻负载	2A/1 点；8A/4 点 COM；8A/8 点 COM	0.3A/1 点；0.8A/4 点	0.5A/1 点；0.8A/4 点
	感性负载	80VA	15VA/AC 100V 30VA/AC 200V	12W/DC 24V
	灯负载	100W	30W	1.5W/DC 24V
开路漏电流		无	1mA/AC 100V；2mA/AC 200V	0.1mA 以下/ DC30V
响应时间	OFF 到 ON	约 10ms	1ms 以下	0.2ms 以下
	ON 到 OFF	约 10ms	最大 10ms	0.2ms 以下①
电路隔离		机械隔离	光晶闸管隔离	光耦合器隔离
动作显示		继电器通电时 LED 灯亮	光晶闸管驱动时 LED 灯亮	光耦合器隔离驱动时 LED 灯亮

① 响应时间 0.2ms 是在条件为 24V/200mA 时，实际所需时间为电路切断负载电流到电流为 0 的时间，可用并接续流二极管的方法改善响应时间。大电流时为 0.4mA 以下。

表 2-4　FX_{2N}主要性能指标

项　目		内　容	
运算控制方式		存储程序反复扫描运算方法，有中断指令	
输入/输出控制方式		批处理方式（在执行 END 指令时），有输入/输出刷新指令	
运算处理速度	基本指令	0.08μs/指令	
	应用指令	（1.52μs～数百微秒）/指令	
程序语言		逻辑梯形图，指令表，步进梯形指令（可用 SFC 表示）	
程序容量存储器形式		内置 8K 步 RAM，最大为 16K 步（可选 RAM、EPROM、EEPROM 存储卡盒）	
指令数	基本、步进指令	基本（顺控）指令 27 条，步进指令 2 条	
	应用指令	132 种 309 条	
输入继电器（扩展合用时）		X000～X267（八进制编号）184 点	合计最大 256 点
输出继电器（扩展合用时）		Y000～Y267（八进制编号）184 点	

2.4.3　FX_{2N}系列的基本单元和 I/O 扩展单元（模块）★★★

FX_{2N}系列 PLC 的硬件包括基本单元、扩展单元、扩展模块、模拟量输入/输出模块、各种特殊功能模块和外部设备等。

1.　FX_{2N}系列的基本单元

FX_{2N}基本单位有 16/32/48/64/80/128 点，六个基本 FX_{2N}单元中的每一个单元都可以通过 I/O 扩展单元扩展为 256 个 I/O 点。各基本单元的情况见表 2-5。

表 2-5　FX_{2N}系列的基本单元

型号			输入点数	输出点数	扩展模块可用点数
继电器输出	双向晶闸管输出	晶体管输出			
FX_{2N}-16MR-001	FX_{2N}-16MS	FX_{2N}-16MT	8	8	24～32
FX_{2N}-32MR-001	FX_{2N}-32MS	FX_{2N}-32MT	16	16	24～32
FX_{2N}-48MR-001	FX_{2N}-48MS	FX_{2N}-48MT	24	24	48～64
FX_{2N}-64MR-001	FX_{2N}-64MS	FX_{2N}-64MT	32	32	48～64
FX_{2N}-80MR-001	FX_{2N}-80MS	FX_{2N}-80MT	40	40	48～64
FX_{2N}-128MR-001	—	FX_{2N}-128MT	64	64	48～64

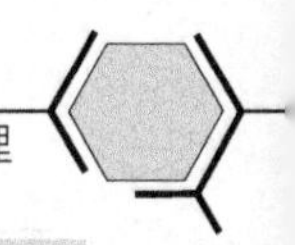

2. FX_{2N}系列的 I/O 扩展单元和扩展模块

FX_{2N}系列具有较为灵活的 I/O 扩展功能，可利用扩展单元及扩展模块实现 I/O 的扩展。FX_{2N}系列主要的扩展单元和扩展模块分别见表 2-6 和表 2-7。

表 2-6 FX_{2N}的扩展单元

型号	I/O 总数	输入			输出	
		数目	电压	类型	数目	类型
FX_{2N}-32ER	32	16	24V 直流	漏型	16	继电器
FX_{2N}-32ET	32	16	24V 直流	漏型	16	晶体管
FX_{2N}-48ER	48	24	24V 直流	漏型	24	继电器
FX_{2N}-48ET	48	24	24V 直流	漏型	24	晶体管
FX_{2N}-48ER-D	48	24	24V 直流	漏型	24	继电器(直流)
FX_{2N}-48ET-D	48	24	24V 直流	漏型	24	继电器(直流)

表 2-7 FX_{2N}的扩展模块

型号	I/O 总数	输入			输出	
		数目	电压	类型	数目	类型
FX_{2N}-16EX	16	16	24V 直流	漏型	—	—
FX_{2N}-16EYT	16	—	—	—	16	晶体管
FX_{2N}-16EYR	16	—	—	—	16	继电器

此外，FX_{2N}系列还可将一块功能扩展板安装在基本单元内，无须外部的安装空间。例如，FX_{2N}-4EX-BD 就是可用来扩展 4 个输入点的扩展板。

3. FX_{2N}系列 PLC 特殊功能模块和功能扩展板

（1）特殊功能模块

FX_{2N}系列 PLC 的特殊功能模块主要有 2 通道模拟量输入 1 通道模拟量输出模块 FX_{0N}-3A、M-NET/MINI 网络模块 FX_{0N}-16NT（双绞线）、4 通道模拟量输入模块 FX_{2N}-4AD、4 通道模拟量输出模块 FX_{2N}-4DA、4 通道温度传感器模拟量输入模块 FX_{2N}-4AD-PT（铂电阻 PT100）、4 通道温度传感器模拟量输入模块 FX_{2N}-4AD-TC（热电偶）、两相 50kHz 高速计数器模块 FX_{2N}-1HC、脉冲发生模块 FX_{2N}-1PG（100kP/s）和 RS-232 通信接口模块 FX_{2N}-232IF 等。

（2）功能扩展板

PLC 与计算机、PLC 与外部设备、PLC 与 PLC 之间的信息交换称为 PLC 通信。PLC 通信的目的是通过共同约定的通信协议和通信方式传输和处理交换的信息。PLC 的通信主要通过异步串行通信接口。FX_{2N}系列 PLC 的功能扩展板主要包括各种通信接口的通信功能扩展板、容量适配器和适配器连接板（FX_{2N}-CNV-BD）等。FX_{2N}通信功能扩展板主要有以下几种：RS-232 通信扩展板 FX_{2N}-232-BD、RS-485 通信扩展板 FX_{2N}-485-BD、RS-422 通信扩展板 FX_{2N}-422-BD 和 FX_{0N}通信模块适配器 FX_{2N}-CNV-BD。当 FX_{2N}加装上 FX_{2N}-485-BD 后，便能进行简单的 8 台 PLC 的联网通信。FX_{2N}也可以与连接了 RS-485 模块的 FX_2、FX_{0N}和 A 系列进行联网通信。FX_{2N}系列 PLC 同时也可以使用 FX_{0N}的特殊功能扩展模块。

（3）扩展规则

基本单元的右侧 A 部可接 FX_{2N}系列用的扩展单元、扩展模块。此外，还可接 FX_{0N}、FX_1、FX_{2N}系列等多台扩展设备。各个系列的扩展设备组合如下：

1）A 种扩展方式。A 种扩展方式如图 2-10 所示。

FX_{2N} 基本单元	A 种扩展方式： FX_{2N}用扩展单元、扩展模块、特殊模块 FX_{0N}用扩展模块、特殊模块 （不能接 FX_{0N} 用的扩展单元）

图 2-10　A 种扩展方式

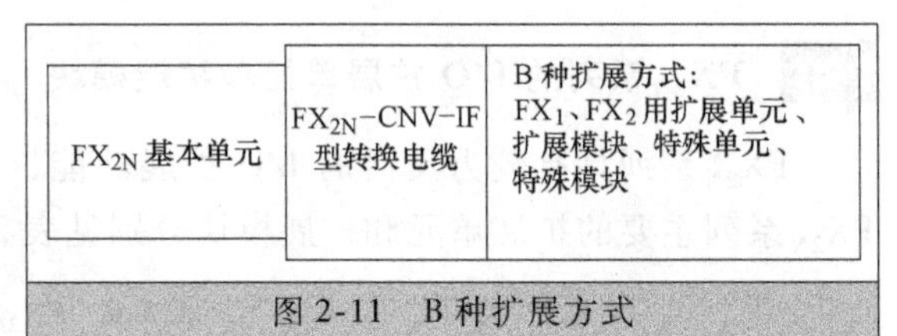

图 2-11　B 种扩展方式

2）B 种扩展方式。B 种扩展方式如图 2-11 所示。

FX_{2N}基本单元的右侧，可以按“A 种扩展方式”或“B 种扩展方式”进行扩展。但是，用“B 种扩展方式”时，一定要用 FX_{2N}-CNV-IF 型转换电缆，而且一旦用了“B 种扩展方式”之后，就不能再用“A 种扩展方式”的扩展设备。

2.4.4　三菱 FX 系列 PLC 型号命名 ★★★

FX 系列 PLC 型号命名如图 2-12 所示。

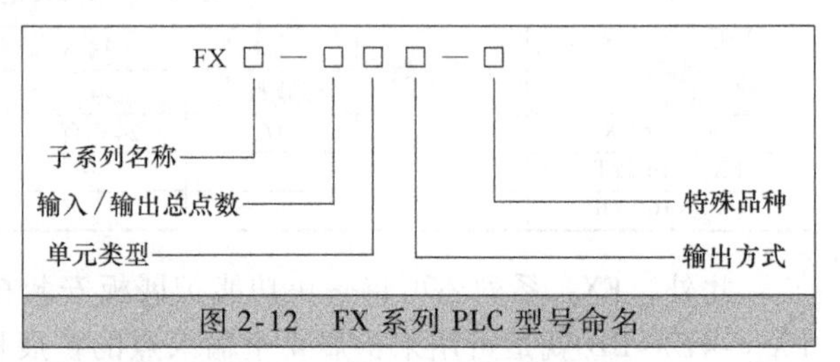

图 2-12　FX 系列 PLC 型号命名

在图 2-12 中，子系列名称具体可以是如下的几种子系列之一：0、2、0S、1S、0N、1N、2N 和 2NC 等。单元类型具体如下：M—基本单元；E—输入/输出混合扩展单元；EX—扩展输入模块；EY—扩展输出模块。

输出方式的具体类型如下：R—继电器输出；S—晶闸管输出；T—晶体管输出。

特殊品种的类型如下：D—DC 电源，DC 输出；A1—AC 电源，AC（AC100～120V）输入或 AC 输出模块；H—大电流输出扩展模块；V—立式端子排的扩展模块；C—接插口输入/输出方式；F—输入滤波时间常数为 1ms 的扩展模块。

如果特殊品种一项无符号，则为 AC 电源、DC 输入、横式端子排、标准输出。例如，FX_{2N}-32MT-D 表示 FX_{2N}系列，基本单元，总共 32 个 I/O 点，晶体管输出，使用直流电源，24V 直流输出型。

2.4.5　FX 系列 PLC 编程器和编程软件 ★★★

（1）手持编程器

全部的三菱 PLC 使用相同的编程语言，FX 全系列的编程器是兼容的。FX 系列 PLC 可使用 FX-10P-E 或 FX-20P-E 型手持编程器来编程，FX-10P-E 为两行 LCD 显示，FX-20P-E 为四行 LCD 显示。

（2）基于 PC 的编程开发系统

当代 PLC 以每隔几年一代的速度不断地更新换代，因此专用编程器的使用寿命有限，价格一般也较高。现在的趋势是使用以基于 PC 的编程系统，由 PLC 的厂商向用户提供编程软件。

三菱公司 PLC 的编程软件是 SWOPC-FXGP/WIN 和 GX Developer。SWOPC-FXGP/WIN 为 Windows 环境下使用的编程软件，支持全系列的 FX 系列 PLC，还有 SFC 编程功能。其中，SWOPC-FXGP/WIN-C 为简体中文版，SWOPC-FXGP/WIN-E 为英文版；GX Developer 或 GT Works 是三菱公司设计在 Windows 环境下使用的全系列 PLC 的编程软件，支持当前三菱所有系列（Q 系列、AnS 系列、QnA 系列、A 系列和 FX 系列）PLC 的编程软件，在第 5 章将会介绍三菱 PLC 的编程软件的操作和使用。

第3章 PLC编程语言与基本逻辑指令

本章内容提要　本章首先对PLC常用的5种编程语言（梯形图、指令表、功能块图、结构文本和顺序功能图等）进行了简介。然后，详细地介绍了三菱FX_{2N}系列PLC内部的软元件、基本逻辑指令、梯形图的基本编程规则以及梯形图的基本电路。

3.1 PLC编程语言简介

国际电工委员会（IEC）1993年发布的PLC标准（IEC 61131-3）规定了5种PLC标准编程语言，即梯形图（Ladder Digram，LD）、顺序功能图（Sequential Function Chart，SFC）、功能块图（Function Block Diagram，FBD）、指令表（Instruction List，IL）和结构文本（Structured Text，ST）。

1. 梯形图

梯形图是由原来的继电器控制系统演变而来，与继电器控制电气原理图非常相似。梯形图是一种图形化的编程语言，具有形象、直观实用的特点，为广大电气技术人员所熟知。它是PLC的主要编程语言，绝大多数PLC（特别是中、小型PLC）均具有这种编程语言，只是一些符号的规定有所不同而已。使用三菱编程软件编写的一行梯形图程序如图3-1所示。

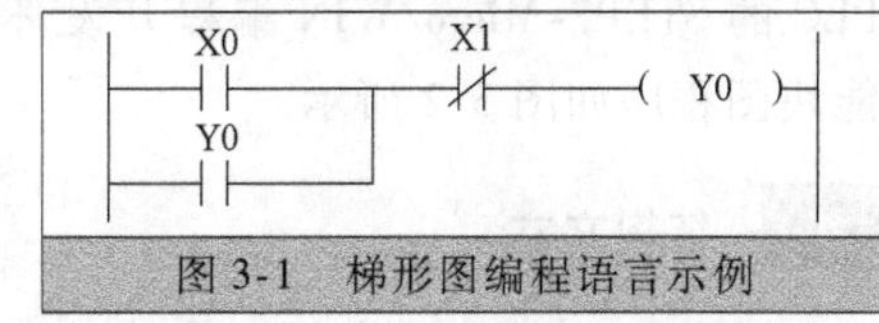

图3-1　梯形图编程语言示例

2. 指令表

指令表也称助记符（有的型号的PLC又称为语句表），它与计算机的汇编语言很相似，但比汇编语言要简单一些。PLC简易编程器没有梯形图编程功能，因此必须把梯形图转换成指令表后才能再输入到PLC中。指令表也是一种使用得较多的编程语言之一。

指令表是用若干个容易记忆的字符来代表PLC的某种操作功能。各个PLC生产厂商使用的指令表不尽相同。表3-1列出了三种型号PLC常见的指令表指令名称。

表3-1　三种型号PLC指令表常用指令举例

指令名称		三菱FX系列	西门子S7-200系列	OMRON CPM1A系列
与左母线相连	常开触点	LD	LD	LD
	常闭触点	LDI	LDN	LD NOT
与		AND	A	AND
与非		ANI	AN	AND NOT

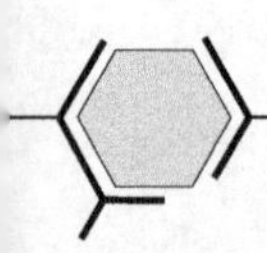

（续）

指令名称	三菱 FX 系列	西门子 S7-200 系列	OMRON CPM1A 系列
或	OR	O	OR
或非	ORI	ON	OR NOT
输出	OUT	=	OUT
电路块与	ANB	ALD	AND LD
电路块或	ORB	OLD	OR LD
置位	SET	S	SET
复位	RST	R	RESET
进栈	MPS	LPS	OUT TRn(n:0～7)
读栈	MRD	LRD	LD TRn
出栈	MPP	LPP	LD TRn

对应于图 3-1 所示梯形图使用指令表编程语言编写的程序如下：

```
LD   X0
OR   Y0
ANI  X1
OUT  Y0
```

3. 功能块图

功能块图是一种建立在布尔逻辑表达式上的编程语言，其实质是一种将逻辑表达式用类似于“与”、“或”、“非”等逻辑电路结构图表达出来的图形化的编程语言。与数字电路中逻辑图一样，它能够清楚地表现条件与结果之间的逻辑功能，具有数字电路基础的电气技术人员较容易掌握这种编程语言。这种编程语言只有一部分 PLC 机型使用，例如使用西门子公司 S7-200 系列 PLC 的 STEP7-Micro/WIN 编程开发环境编写的功能块图程序如图 3-2 所示。

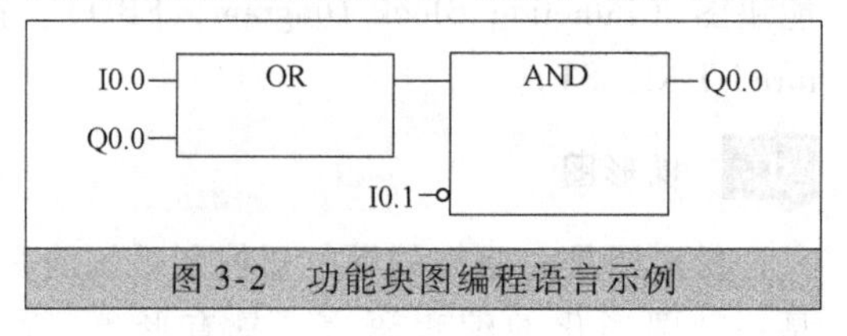

图 3-2　功能块图编程语言示例

4. 结构文本

随着 PLC 的飞速发展，许多高级功能如果还是用梯形图来表示会很不方便。为了增强 PLC 的运算、数据处理及通信等功能，以上几种编程语言已经不能满足要求。为了方便用户的使用，大中型 PLC 都配备了 Pascal、C 和 Basic 等高级编程语言，这种编程方式叫作结构文本。结构文本能实现复杂的数学运算，编写的程序非常简洁和紧凑。

5. 顺序功能图

对于较复杂的控制系统用梯形图作程序设计，存在如下问题：设计方法很难掌握且设计周期长；装置投运后维护、修改困难。但如果使用顺序功能图设计 PLC 的程序，则可以有效地解决上述问题，有资料称可以使设计时间减少 2/3。

顺序功能图也称为功能表图，或者状态转移图。这种编程语言最早于 20 世纪 80 年代初由法国科技人员根据 Petri 网理论提出，是一种功能说明性语言。具体地说，顺序功能图是描述控制系统的控制过程、功能、特性的一种图形（最初是一种工艺性的流程图），它并不涉及所描述的控制功能的具体技术，是一种通用的技术语言，可用于进一步的设计和不同专业的技术人员之间进行技术交流。后来先后成为法国、德国的国家标准，IEC 也于 1988 年公布了类似

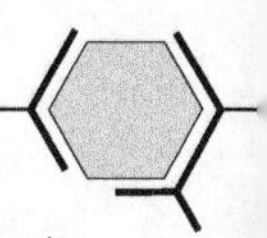

的标准（IEC 848），我国也于1986年颁布了顺序功能图的国家标准（GB 6988.6—1986）。这种编程语言是位于上述四种编程语言之上的一种图形语言，用来编制较为复杂的顺序控制程序。这种编程语言很容易被初学者接受。对有一定经验的技术人员，也会提高设计效率，程序的设计、调试、修改和阅读也很容易。

顺序功能图在PLC编程过程中主要有以下两种用法：

1）用顺序功能图描述PLC所要完成的控制功能（即作为工艺说明语言使用），然后再据此利用一定编程方式或规则画出梯形图。这种用法因为顺序功能图具有易学易懂、描述简单清楚、设计时间少等优点，成为使用梯形图设计程序的一种先期手段，是当前PLC梯形图设计的主要方法，是一种先进的设计方法。

2）直接根据顺序功能图的原理设计PLC程序，编程主要通过终端，直接使用顺序功能图输入控制要求，这种PLC的工作原理已不像小型机那样，程序从头到尾循环扫描，而只扫描那些与当前状态有关的条件，从而大大减少了扫描时间，提高了PLC的运行速度。目前已有此类产品，如GE FANUC、西门子、Telemecanique等公司的产品，而且多数在大、中型PLC上应用。

使用顺序功能图编程语言描述某个控制系统的流程如图3-3所示。

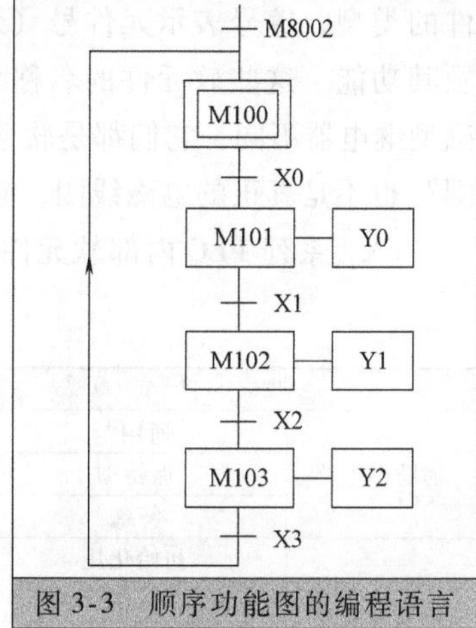

图3-3　顺序功能图的编程语言

上述5种编程语言中梯形图、顺序功能图和功能块图是图形化的编程语言，而指令表和结构文本是文字型的编程语言。

3.2　FX_{2N}系列PLC内部软元件

在具体介绍FX系列PLC指令系统之前，首先介绍与用户编程直接相关的数据表示形式、数据结构及FX_{2N}系列PLC内部的软元件（编程元件）。

3.2.1　数据表示形式和数据结构 ★★★

1.　数据表示形式

用户应用程序中和PLC的内部有着大量的数据，这些数据的数制具有以下几种表示形式：

1）十进制数：十进制数大家比较熟悉，像定时器和计数器的设定值（K），辅助继电器、定时器、计数器、状态继电器等的编号都是十进制数。

2）八进制数：FX系列PLC输入继电器、输出继电器的地址编号采用的是八进制。

3）十六进制数：定时器和计数器的设定值（H）可以是十六进制数。

4）二进制数：它主要存在于各类继电器、定时器、计数器的触点及线圈。

5）BCD码：BCD码是按二进制编码十进制数。每位十进制数用4位二进制数来表示，0~9对应的二进制数依次为0000~1001。在PLC中有时十进制数以BCD码的形式出现，它还常用于BCD码输出形式的数字开关或七段码显示器控制等方面。

2.　数据结构

FX系列PLC有三种数据结构：位数据、字数据和字位混合数据。位数据只有“0”、“1”

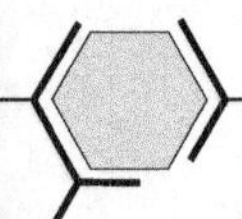

或者 ON、OFF 两种状态，可以代表触点的接通、断开或线圈的通电、断电等。字数据由 16 位二进制数组成，双字数据则由 32 位二进制数组成。字位混合数据是上述字数据与位数据混合型的数据结构，如后面介绍的编程元件定时器（T）和计数器（C）都是采用字位混合的数据结构。

3.2.2 FX_{2N}系列 PLC 的软元件 ★★★

PLC 的软元件（或称编程元件）是指在编程时使用的每个输入、输出端子对应的存储器及其内部的存储单元、寄存器等。FX 系列 PLC 软元件的编号由字母和数字组成，字母表示元件的类型，编号表示元件号（地址）。下面以三菱 FX_{2N}系列 PLC 为例介绍 PLC 内部的软元件及其功能。这些软元件的名称大都带有“继电器”三个字，有的也有自己的“线圈”，但与电磁型继电器不同，它们都是软继电器或编程元件，而不是物理上实际存在的继电器。它们的“线圈”也不是真正的电磁线圈，而是 PLC 这种特殊的工业控制计算机内部的存储单元或寄存器。

FX_{2N}系列 PLC 内部软元件（编程元件）见表 3-2。

表 3-2　FX_{2N}系列 PLC 内部软元件

项目			性能规格
辅助继电器	通用①		M000 ~ M499①　500 点
	保持型		M500 ~ M1023②　524 点，M1024 ~ M3071③　2048 点，合计 2572 点
	特殊		M8000 ~ M8255　256 点
状态寄存器	初始化用		S0 ~ S9　10 点
	通用		S10 ~ S499①　490 点
	保持型		S500 ~ S899②　400 点
	报警用		S900 ~ S999③　100 点
定时器	100ms		T0 ~ T199（0.1 ~ 3276.7s）　200 点
	10ms		T200 ~ T245（0.01 ~ 327.67s）　46 点
	1ms（累计型）		T246 ~ T249③（0.001 ~ 32.767s）　4 点
	100ms（累计型）		T250 ~ T255③（0.1 ~ 3276.7s）　6 点
	模拟定时器（内置）		1 点③
计数器	加计数	通用	C0 ~ C99①（0 ~ 32767）（16 位）　100 点
		保持型	C100 ~ C199②（0 ~ 32767）（16 位）　100 点
	加/减计数用	通用	C200 ~ C219①（32 位）　20 点
		保持型	C220 ~ C234②（32 位）　15 点
	高速用		C235 ~ C255 中有：1 相 60kHz　2 点，10kHz　4 点，或 2 相 30kHz　1 点，5kHz　1 点
数据寄存器	通用数据寄存器	通用	D0 ~ D199①（16 位）　200 点
		保持型	D200 ~ D511②（16 位）312 点，D512 ~ D7999③（16 位）7488 点
	特殊用		D8000 ~ D8255（16 位）　256 点
	变址用		V0 ~ V7，Z0 ~ Z7（16 位）　16 点
	文件寄存器		通用寄存器的 D1000③以后可每 500 点为单位设定文件寄存器（最大 7000 点）
指针	跳转、调用		P0 ~ P127　128 点
	输入中断、定时中断		I00□ ~ I50□，I6□□ ~ I8□□　9 点
	高速计数器中断		I010 ~ I060　6 点
	嵌套（主控）		N0 ~ N7　8 点
常数	十进制 K		16 位：-32768 ~ +32767，32 位：-2147483648 ~ +2147483647
	十六进制 H		16 位：0 ~ FFFF（H），32 位：0 ~ FFFFFFFF（H）

① 非后备锂电池保持区。通过参数设置，可改为后备锂电池保持区。
② 后备锂电池保持区，通过参数设置，可改为非后备锂电池保持区。
③ 后备锂电池固定保持区是固定的，该区域特性不可改变。

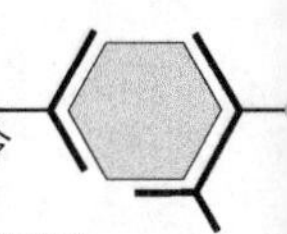

1. 输入继电器（X）和输出继电器（Y）

（1）输入继电器

输入继电器用X表示，采用八进制编号，通过输入端子从外部输入元件接收信号。在PLC内部输入继电器与输入端子相对应，是专门用来接收PLC外部开关量信号的软元件。理论上这种软元件有无数个常开触点和常闭触点，这些触点可在PLC编程时无限次地使用。应当注意，输入继电器（X）是不能用程序驱动的，而只能由PLC外部输入信号驱动。PLC扩展时最多可达184点输入继电器，其编号为X0～X267。基本单元输入继电器的编号是固定的，而扩展单元和扩展模块的编号是从与基本单元最近的地址号开始顺序进行编号。

输入继电器X000～X017的输入滤波器上使用了数字滤波器，用程序可以将响应时间变更为0～60ms。此外，在使用高速输入采集时也应从这16个点输入。输入中断、高速计数器、脉冲捕捉、高速输入等各种应用指令等均是由X000～X007输入。

（2）输出继电器（Y）

输出继电器用Y表示，也采用八进制编号，是PLC将运算结果经输出接口电路及输出端子，用来控制外部的负载（继电器、交流接触器、电磁阀和指示灯等）。输出继电器有无数个的常开触点与常闭触点，这些触点在PLC编程时可以随意地使用。输出继电器的“线圈”是由PLC内部程序驱动的，“线圈”的状态送给输出接口电路（输出模块），再由输出接口电路对应的触点来驱动外部执行机构。

FX_{2N}系列PLC的输出继电器的编号范围为Y000～Y267（184点）。与输入继电器一样，基本单元的输出继电器编号是固定的，扩展单元和扩展模块的编号也是从与基本单元最近开始顺序进行编号。

FX_{2N}系列PLC中输入继电器、输出继电器的编号见表3-3。需注意，在FX_{2N}中X、Y的编号与FX_0、FX_{0S}、FX_{0N}、FX_1、FX_2系列PLC是不一样的。

表3-3 FX_{2N}的输入继电器、输出继电器的编号

类型	FX_{2N}-16M	FX_{2N}-32M	FX_{2N}-48M	FX_{2N}-64M	FX_{2N}-80M	FX_{2N}-128M	带扩展	
输入继电器X	X000～X007 8点	X000～X017 16点	X000～X027 24点	X000～X037 32点	X000～X047 40点	X000～X077 64点	X000～X267(X177) 184点(128点)	输入/输出合计256点
输出继电器Y	Y000～Y007 8点	Y000～Y017 16点	Y000～Y027 24点	Y000～Y037 32点	Y000～Y047 40点	Y000～Y077 64点	Y000～Y267(Y177) 184点(128点)	

从表3-3可见，基本单元FX_{2N}-48M的输入继电器编号为X000～X027（24点），如果有扩展单元或扩展模块，则扩展的输入继电器从X030开始编号。同理，基本单元FX_{2N}-64M的输出继电器编号为Y000～Y037（32点），如果有扩展单元或扩展模块，则扩展的输入继电器从X040开始编号。

输入继电器X和输出继电器Y的信号在PLC中的传递过程如图3-4所示。

2. 辅助继电器（M）

辅助继电器用M表示，采用十进制数编号，在三菱FX系列PLC中只有上面的输入继电器和输出继电器采用八进制数编号。通用的辅助继电器与电磁继电器控制系统中的中间继电器的作用类似，具有信号的记忆、转递和转换作用，是PLC程序中用的数量较多的一种软元件。辅助继电器与输入继电器、输出继电器不同，是一种内部继电器，因此不能读取外部输入，也

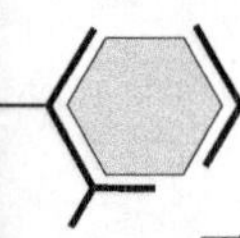

不能直接驱动外部负载，外部负载只能由输出继电器驱动。辅助继电器的常开和常闭触点均可以无限次地使用。在辅助继电器中还有一部分具有断电保持功能，即使PLC的电源断电，仍能保存其ON/OFF状态。

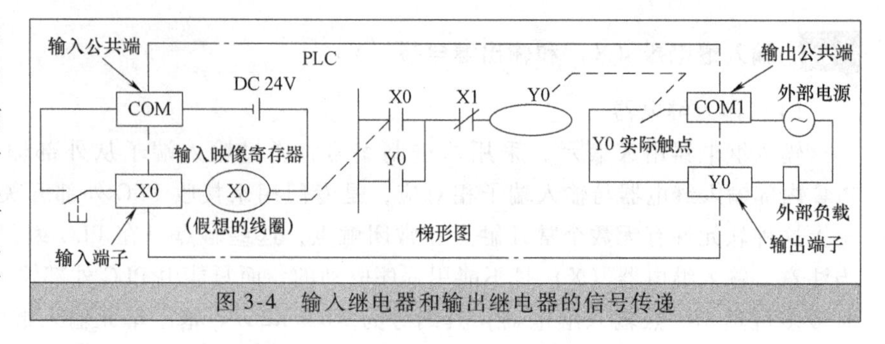

图 3-4　输入继电器和输出继电器的信号传递

（1）通用辅助继电器（M000～M499）

FX_{2N}系列PLC共有500点通用辅助继电器。在PLC运行时，如果电源突然断电，则通用辅助继电器的线圈全部变为OFF状态。当PLC再次接通电源时，除了由外部输入信号控制的那些通用辅助继电器变为ON以外，其余的均保持OFF状态，因此可见，通用辅助继电器没有断电保持功能。在逻辑运算中用于辅助运算、移位等。可以根据需要通过程序设定将M000～M499变为下面将要介绍的保持型辅助继电器。

（2）保持型辅助继电器（M500～M3071）

FX_{2N}系列PLC内部共有2572点保持型辅助继电器，元件号范围为M500～M3071。其中，M500～M1023通过软件可设定为通用辅助继电器。保持型辅助继电器用于保存PLC停电前的状态，并在PLC再次运行时能够再现该状态，它们具有断电记忆保持功能。在PLC电源中断时使用后备锂电池对它们映像寄存器中的内容进行了保持，它们只是在PLC重新上电后的第一个扫描周期变为ON，如图3-5a、b所示。为了利用它们的断电记忆功能，可以采用启保停电路，则电源中断又复电后，M600的“线圈”将一直“通电”，如图3-5c所示。

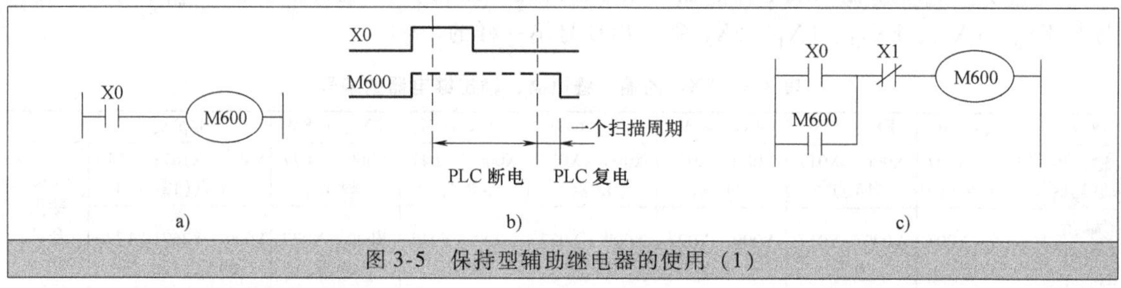

图 3-5　保持型辅助继电器的使用（1）

下面通过一个例子说明保持型辅助继电器的使用。小车（或工作台）的右行、左行运动中，使用保持型辅助继电器M600、M601作为中间记忆控制输出继电器Y1、Y0，实现小车的自动往返运动。X1、X2为左行、右行限位开关输入信号。小车运行的过程如下：设在PLC正常运行时，按下右行按钮X3，辅助继电器M600变为ON，Y1的“线圈”将“通电”，小车开始右行；到达右限位X2变为ON，辅助继电器M601变为ON，Y0的“线圈”将“通电”，小车开始左行。假设在右行过程中PLC突然停电，小车将停止移动，但通过后备保护作用M600在停电过程中一直保持为ON。当PLC重新上电后，M600的常开触点将接通一个扫描周期，通过其自身的常开触点实现自保持，M600将一直为ON，小车会继续右行。这样，可以将PLC停电时的动作状态保持，当电源恢复时继续停电前的动作状态，如图3-6所示。

（3）特殊辅助继电器

特殊辅助继电器有着特殊的功能，它们用来表示PLC的某些状态，提供时钟脉冲和标志（如进位标志、借位标志和零标志等），设定PLC的工作方式，或者可用于步进顺序控制、禁

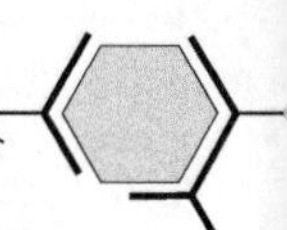

止中断、设定32位双向计数器的加/减计数方向等。FX_{2N}系列PLC共有256点特殊辅助继电器，元件范围为M8000～M8255，它们可以分为以下两类：

1）一类是触点使用型。此类特殊辅助继电器的“线圈”由PLC系统程序自动驱动，用户只可以使用其触点。例如，M8000为运行监视（PLC工作时运行常ON），M8001与M8000的逻辑相反（运行常OFF）；M8002为初始化脉冲（仅在PLC运行开始的瞬间接通一个扫描周期）；M8003与M8002的逻辑相反。M8000、M8002的波形图如图3-7所示。

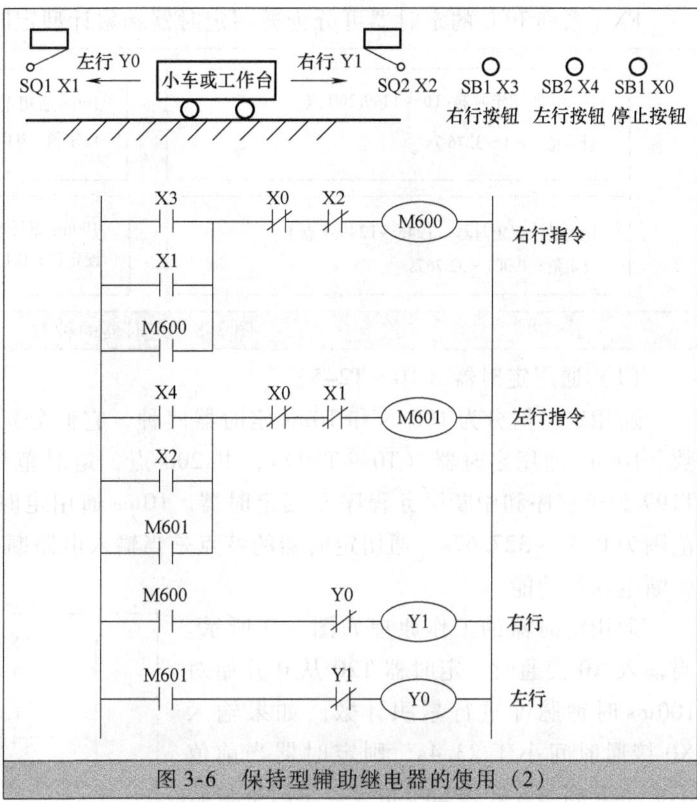

图3-6　保持型辅助继电器的使用（2）

M8011、M8012、M8013和M8014分别是10ms、100ms、1s和1min的时钟脉冲。

2）另一类是线圈驱动型。在用户编写程序驱动它们的线圈后PLC做特定的动作。例如，M8030的线圈“通电”后，“电池电压降低”发光二极管熄灭；M8033的线圈“通电”时，PLC由运行模式转入停止模式后，PLC将保持停止时的输出；M8034的线圈“通电”时，PLC将禁止全部输出；M8039的线圈“通电”时，PLC以D8039中指定的扫描时间实现定时扫描，等等。

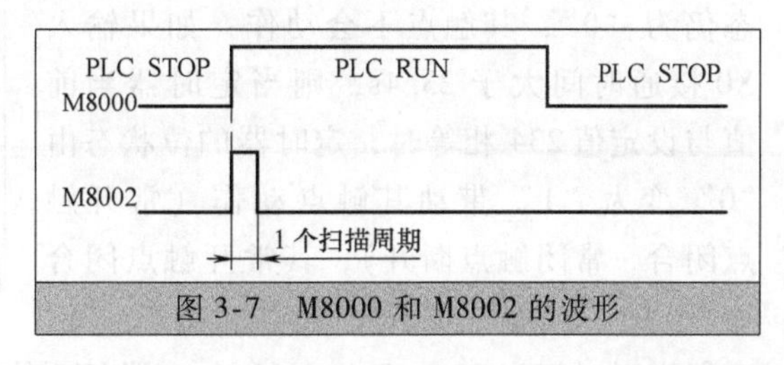

图3-7　M8000和M8002的波形

3.　定时器（T）

定时器（T）相当于继电器控制系统中的时间继电器，它提供无限多对常开、常闭延时触点，FX_{2N}系列PLC共有256点定时器，元件号范围为T0～T255。单点定时器的定时范围为0.001～3276.7s。其中，T192～T199也可用于子程序和中断子程序；T246～T255是1ms、100ms累计型定时器，其当前值为累计数，所以当定时线圈的驱动输入断开时，当前值能被保持，为累计操作使用。定时器是将PLC内的1ms、10ms、100ms等时钟脉冲进行加法计数实现定时的，当定时器达到设定值时，其输出触点就动作，即常开触点接通，常闭触点断开。

定时器设定值的设定方式有两种，一种是直接法（设定为常数K），另一种是间接法（将数据寄存器（D）中的内容作为定时器的设定值）。定时器有一个设定值寄存器（字元件）、一个当前值寄存器（字元件）和定时器“线圈”对应的动作输出触点（位元件）。对于每个定时器，这三个元件使用同一个名称，但使用场合不一样，意义也不相同。

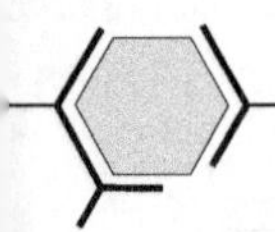

FX_{2N}系列 PLC 的定时器可分为通用定时器和累计型定时器，如图 3-8 所示。

100ms 通用定时器：T0～T199(200 点) 设定值：0.1～3276.7s	10ms 通用定时器：T200～T245（46 点） 设定值：0.01～327.67s
1ms 累计型定时器：T246～T249(4 点) 设定值：0.001～32.767s	100ms 累计型定时器：T250～T255(6 点) 设定值：0.1～3276.7s

图 3-8　定时器的种类

（1）通用定时器（T0～T245）

通用定时器分为 100ms 和 10ms 定时器两种，它们分别对 100ms 和 10ms 时钟脉冲累积计数。100ms 通用定时器（T0～T199），共 200 点，定时范围为 0.1～3276.7s。其中，T192～T199 为子程序和中断服务程序专用定时器。10ms 通用定时器（T200～T245）共 46 点，定时范围为 0.01～327.67s。通用定时器的特点是当输入电路断开或停电时复位，此类定时器不具备断电保持功能。

通用定时器的工作原理如图 3-9 所示。当输入 X0 接通时，定时器 T20 从 0 开始对 100ms 时钟脉冲进行累积计数。如果输入 X0 接通时间小于 23.4s，则定时器当前值不会上升到与设定值 234 相等，定时器位状态仍为“0”，其触点不会动作；如果输入 X0 接通时间大于 23.4s，则当定时器当前值与设定值 234 相等时，定时器的位状态由“0”变为“1”带动其触点动作（常开触点闭合，常闭触点断开），其常开触点闭合使 Y0 的“线圈”变成“通电”状态。定时器定时时间为 234×0.1s=23.4s，即 T20 的输出触点在其线圈被驱动 23.4s 后才动作，可见 100ms 通用定时器实现的是“接通延时”功能。当输入 X0 断开后定时器 T20 的线圈将会“断电”而被复位，定时器的位状态由“1”变回到“0”，其当前值清零，它的触点状态恢复常态（常开触点恢复断开状态，常闭触点恢复闭合状态），Y0 的线圈将变为“断电”。如果外部电源断电，定时器也将复位。

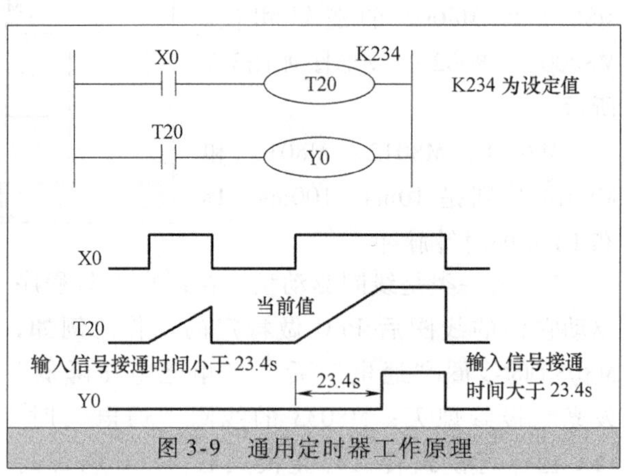

图 3-9　通用定时器工作原理

（2）累计型定时器（T246～T255）

累计型定时器有 1ms 和 100ms 两种。1ms 累计型定时器（T246～T249）共 4 点，通过对 1ms 时钟脉冲进行累积计数实现定时，定时时间范围为 0.001～32.767s。100ms 累计型定时器（T250～T255）共 6 点，通过对 100ms 时钟脉冲进行累积计数实现定时，定时时间范围为 0.1～3276.7s。如果累计型定时器在定时过程中断电或定时器线圈变为 OFF，它将保持当前值，当通电或定时器线圈变为 ON 后将继续对时钟脉冲累积计数，当前值在原来的基础上继续定时，只有将累计型定时器复位，其当前值才会变为 0。

累计型定时器的工作原理如图 3-10 所示。当 X0 接通时，T252 当前值计数器开始累积 100ms 时钟脉冲的个数。当 X0 接通 t_0 时间后断开，T252 尚未计数到设定值 K456，其计数的

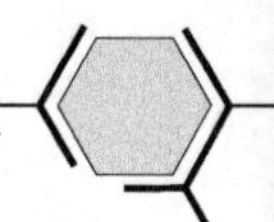

当前值将保留。当 X0 再次接通，T252 从保留的当前值开始继续累计，经过 t_1 时间，当前值达到 K456 时，定时器的触点动作。累积的时间为 $t_0+t_1=0.1\times456\text{s}=45.6\text{s}$。当复位输入 X1 接通后，定时器 T252 才被复位，其当前值变为 0，输出触点也随之恢复“常态”，即常开触点断开，常闭触点接通。

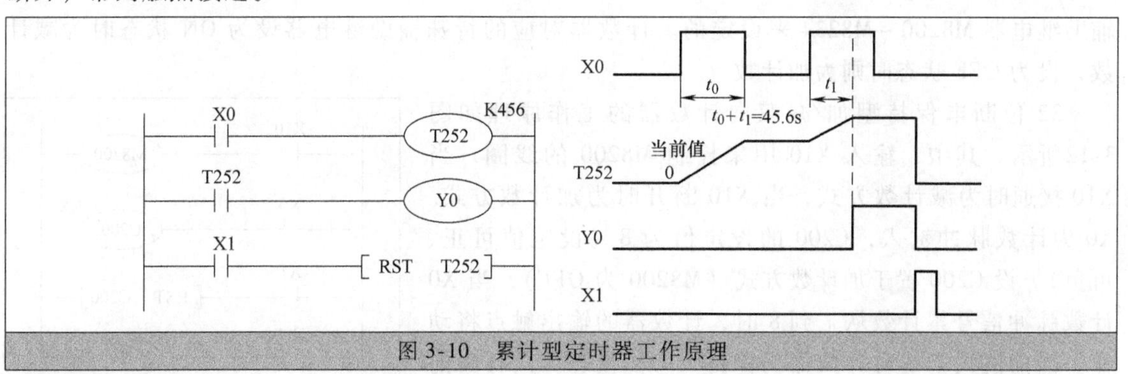

图 3-10　累计型定时器工作原理

4. 计数器（C）

计数器根据其记录开关量的频率可分为内部计数器和高速计数器，其设定值除了用常数直接设定外，还可通过数据寄存器的内容来间接地设定。内部计数器是由 PLC 内部信号驱动的，其响应速度通常为几十 Hz 以下。高数计数器与 PLC 的运算速度无关，最高计数频率可达几十 kHz。

（1）内部计数器

内部计数器是用来对内部信号 X、Y、M、S、T 等的信号进行计数。当计数次数达到计数器的设定值时，计数器的触点动作，从而完成某种控制功能。内部计数器的输入信号的接通和断开时间应大于 PLC 的扫描周期。

1）16 位加计数器（C0 ~ C199）。在 16 位加计数器 C0 ~ C199 中，C0 ~ C99 为通用计数器（100 点），设定值范围为 1 ~ 32767；C100 ~ C199 为断电保持型计数器（100 点），设定值范围为 1 ~ 32767。这些计数器为单向加计数，首先对其计数设定值进行设定，当输入信号（上升沿）个数达到设定值时，计数器就动作，其常开触点闭合，常闭触点断开。

通用 16 位加计数器的工作原理如图 3-11 所示。X1 为复位信号，当 X1 为 ON 时 C0 被复位。X0 是计数脉冲输入信号，每当 X0 接通一次计数器的当前值就加 1（注意，X0 断开不会使计数器复位）。当计数器的当前值等于设定值 6 时，计数器 C0 的输出触点就动作，Y0 的线圈就“通电”。此后即使输入 X0 再接通，计数器的当前值也保持不变。当复位输入 X1 接通后，执行复位 RST 指令，计数器 C0 将被复位，其输出触点常开触点将断开，常闭触点将接通，Y0 的线圈也将随之“断电”。

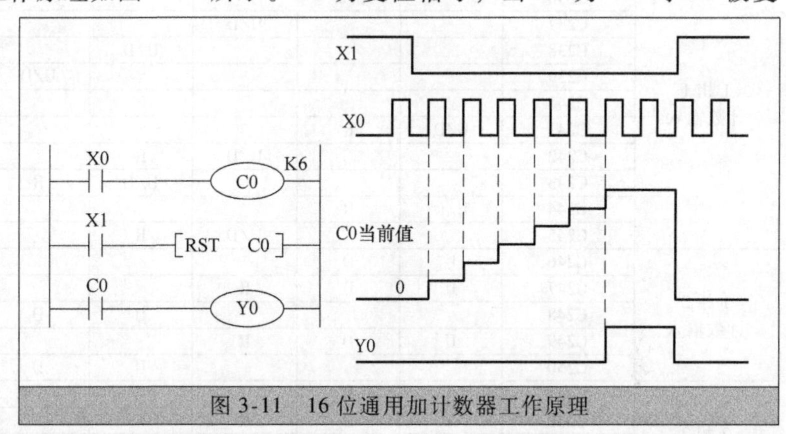

图 3-11　16 位通用加计数器工作原理

2）32 位加/减计数器（C200 ~ C234）。32 位加/减计数器共计有 35 点，其中 32 位通用加/减双向计数器为 C200 ~ C219（20 点），32 位断电保持型加/减双向计数器为 C220 ~ C234（15 点），设定值范围均为 −2147483648 ~ +2147483647。32 位加/减计数器与 16 位加计数器类似，也可用常数或数据寄存器 D 的内容作为其设定值。此类计数器的最大特点在于能够设定计数方向以实现加/减双向的计数操作。32 位加/减计数器 C200 ~ C234 的计数方向是由特殊辅助继电器 M8200 ~ M8234 来设定的。计数器对应的特殊辅助继电器设为 ON 状态时为减计数，设为 OFF 状态时则为加计数。

32 位断电保持型加/减双向计数器的工作原理如图 3-12所示。其中，输入 X10 用来控制 M8200 的线圈，当 X10 接通时为减计数方式，当 X10 断开时为加计数方式。X0 为计数脉冲输入，C200 的设定值为 8（设定值可正、可负）。设 C200 置于加计数方式（M8200 为 OFF），当 X0 计数脉冲信号累计数从 7 到 8 时，计数器的输出触点将动作。当前值大于 8 时计数器仍保持为 ON 状态。只有当前值从 8 到 7 时，计数器才变为 OFF 状态。只要当前值小于 8，则输出保持为 OFF 状态。复位输入 X1 接通时，计数器 C200 的当前值清 0，其输出触点也随之恢复常态。

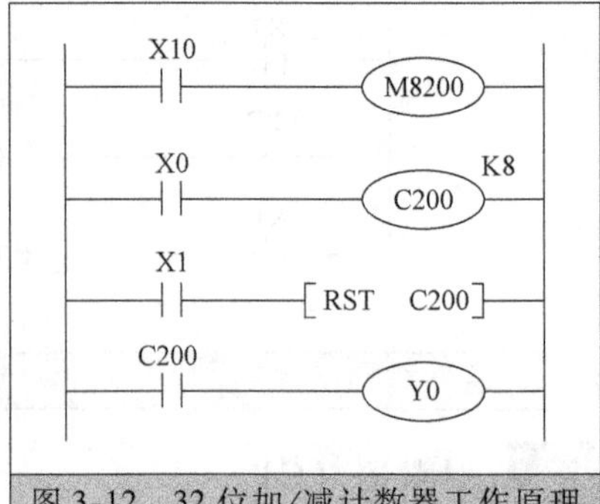

图 3-12　32 位加/减计数器工作原理

（2）高速计数器（C235 ~ C255）

FX_{2N} 有 C235 ~ C255（21 点）高速计数器，均为 32 位加/减双向计数器，由指定的特殊辅助继电器决定或由指定的输入端子决定其加计数还是减计数操作，设定值为 −214748364 ~ +2147483647。高速计数器允许输入信号频率较高，信号的频率可高达几 kHz。高速计数器输入端来自 X0 ~ X7。注意，当某一个输入端子已被其他高速计数器占用时，它就不能再用于其他的高速计数器，也不能用于其他用途，即 X0 ~ X7 不能重复使用。各高速计数器对应的输入端子见表 3-4。

表 3-4　高速计数器对应的输入端子

高速计数器 \ 输入端子		X0	X1	X2	X3	X4	X5	X6	X7
1 相 1 计数输入	C235	U/D							
	C236		U/D						
	C237			U/D					
	C238				U/D				
	C239					U/D			
	C240						U/D		
	C241	U/D	R						
	C242			U/D	R				
	C243				U/D	R			
	C244	U/D	R					S	
	C245			U/D	R				S
1 相 2 计数输入	C246	U	D						
	C247	U	D	R					
	C248				U	D	R		
	C249	U	D	R				S	
	C250				U	D	R		S
2 相 2 计数输入	C251	A	B						
	C252	A	B	R					
	C253				A	B	R		
	C254	A	B	R				S	
	C255				A	B	R		S

注：U—加计数输入；D—减计数输入；A—A 相输入；B—B 相输入；R—复位输入；S—启动输入。X6、X7 只能用作启动信号，而不能用作计数信号。

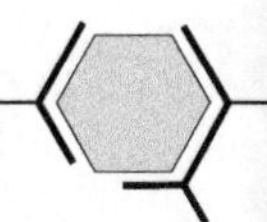

由表3-4可见，高数计数器可分为1相1计数输入高速计数器、1相2计数输入高速计数器和2相（A-B相型）2计数输入高速计数器三类。

1）1相1计数输入高速计数器（C235～C245）。1相1计数输入高速计数器又分为无启动/复位端（C235～C240）和有启动/复位端（C241～C245）两种，可实现加或减计数（计数方向取决于M8235～M8245的状态）。

无启动/复位端1相1计数输入高速计数器的使用如图3-13a所示。当X10断开，M8240为OFF，此时C240为加计数方式（反之为减计数）。由X12（使能端）启动C240，由表3-4可知，其输入信号来自于X5，C240对X5输入脉冲信号进行加计数，当前值达到10时，C240的常开触点接通，Y0线圈“通电”。X11为复位信号，当X11接通时，C240将被复位。应当注意，一定不要使用计数输入端作为高速计数器线圈的驱动触点（例如，不能使用输入X5驱动C240的线圈）。

带启动/复位端1相1计数输入高速计数器的使用如图3-13b所示。由表3-4可见，X1和X6分别为C244的复位输入端和启动输入端。利用X10通过M8244可设定其加/减计数方式。当X12接通且输入X6也接通时，则C244开始计数，计数的输入信号来自于X0，C244的设定值由数据寄存器D0和D1指定。除了可用输入端子X1进行硬件的复位外，也可用梯形图中的输入信号X11进行软件的复位。

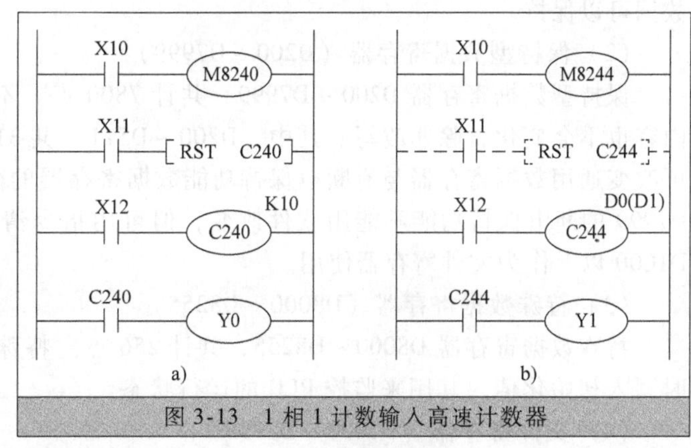

图3-13 1相1计数输入高速计数器

2）1相2计数输入高速计数器（C246～C250）。这类高速计数器具有一个输入端用于加计数，另一个输入端用于减计数。可实现加或减计数（取决于M8246～M8250的状态）。

1相2计数输入高速计数器的使用如图3-14所示。X11为复位信号，其有效（ON）则C248复位。由表3-4可知，也可利用X5对其进行复位。当启动信号X12接通时选中C248，计数输入信号则来自于外部输入X3和X4。

X11 RST C248
X12 D2(D3) C248

图3-14 1相2计数输入高速计数器

3）2相2计数输入高速计数器（C251～C255）。2相2计数输入高速计数器A相和B相信号决定了计数器是进行加计数还是减计数。当A相为ON时，若B相由OFF变为ON，则为加计数；当A相为ON时，若B相由ON变为OFF，则为减计数，如图3-15a所示。

2相2计数输入高速计数器的使用，如图3-15b所示。当X12接通时，C253开始计数。由表3-4可知，其输入来自X3（A相）和X4（B相）。当2相2计数高速计数器的当前值超过设定值时，则Y0的线圈变为ON。当X11接通时，计数器将被复位。根据不同的计数方向，Y1为ON（减计数方向）或为OFF（加计数方向），即通过M8251～M8255可以监视C251～C255的加/减计数方向的状态。

5. 数据寄存器（D）

数据寄存器是PLC中必不可少的编程元件，用于存放各种数据及工作参数等。FX_{2N}中每一个数据寄存器都是16位（最高位为符号位），也可将两个数据寄存器联合起来使用，用于

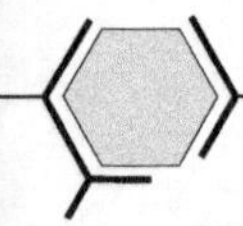

32位数据（最高位为符号位）的操作。

数据寄存器有下述几种类型：

（1）通用数据寄存器（D0～D199）

通用数据寄存器D0～D199，共计200点。只要不写入其他数据，则已写入的数据不会变化。但是，PLC状态由运行状态（RUN）切换到停止状态（STOP）时全部数据被清0。如果特殊辅助继电器M8033为1状态，则在PLC由RUN转为STOP时，数据可以保持。

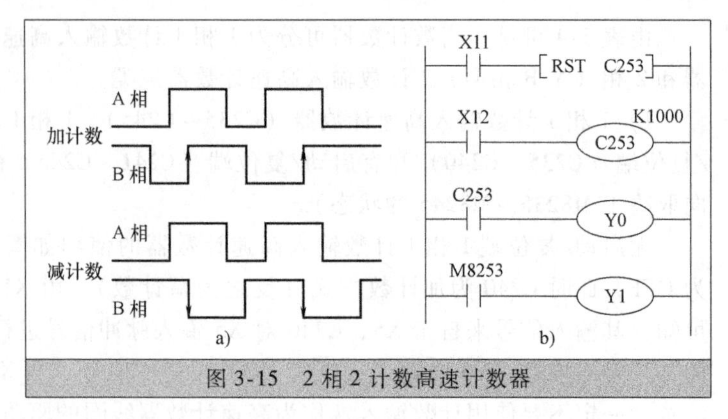

图3-15　2相2计数高速计数器

（2）保持型数据寄存器（D200～D7999）

保持型数据寄存器D200～D7999，共计7800点。不管电源接通与否，PLC运行与否，其内容也不会变化，除非改写。其中，D200～D511（共312点）可以利用外部设备的参数设定，可改变通用数据寄存器与有断电保持功能数据寄存器的分配，D490～D509供通信用。D512～D7999的断电保持功能不能用软件改变，但可用指令清除它们的内容。根据参数设定可以将D1000以上作为文件寄存器使用。

（3）特殊数据寄存器（D8000～D8255）

特殊数据寄存器D8000～D8255，共计256点。特殊数据寄存器的内容在电源接通（ON）时写入初始化值，其用来监控PLC的运行状态。

（4）文件寄存器（D1000～D7999）

文件寄存器D1000～D7999，共7000点。文件寄存器是在用户程序存储器（RAM、EEPROM、EPROM）内的一个存储区，以500点为一个单位用于存储大量的数据。例如，采集数据、控制参数、统计计算数据等，可用编程器进行写入操作。

（5）变址寄存器（V/Z）

FX_{2N}系列PLC有16个变址寄存器V0～V7和Z0～Z7，共计16点。V、Z用于改变元件的编号（实现变址访问）。例如，设V0、Z0的内容为7，则执行D10V0时，访问的数据寄存器为D17（D‘10+7’，即元件编号+V0或Z0值），C20Z0访问的计数器为C27。需要进行32位操作时，可将V、Z联合使用（其中Z为低位，V为高位）。

数据寄存器和变址寄存器常用于定时器、计数器设定值的间接指定、查表和循环控制中。

6. 状态继电器（S）

状态继电器或状态（S）是用于顺序控制的一种软元件，它与后面介绍的步进梯形指令（STL）和步进返回指令（RET）配合使用。状态继电器有以下五种类型：供初始状态用的状态S0～S9（10点）、供返回原点的状态S10～S19（10点）、通用型的状态S20～S499（480点）、断电保持型状态的S500～S899（400点），以及供报警用的状态S900～S999（100点）。供报警用的状态可用于外部故障诊断的输出。

在对状态继电器使用步进梯形指令前，一般先要画出系统的顺序功能图。使用状态继电器描述机械手控制动作流程的顺序功能图如图3-16所示。当启动信号X0有效时，机械手下降，当下降到下限位X1时机械手开始夹紧工件，夹紧到位信号X2变为ON时，机械手上升到上限

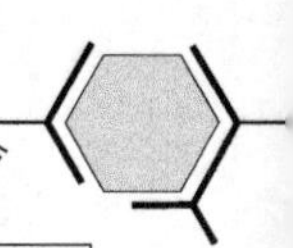

位X3后则停止。整个控制流程可分为四个状态，每一状态分别用状态继电器S0、S20、S21和S22来代表。每个状态都有各自的置位和复位信号（例如S21由X1置位，X2复位），并有各自要做的动作（如驱动Y0、Y1和Y2）。从启动开始由上至下随着状态的转移，下一状态一旦被置位则上面的状态自动地被复位。这样使每一状态的工作互不干扰，可省去很多不同状态之间元件的互锁，使得设计清晰简洁。有关顺序功能图的概念和步进梯形指令使用的情况将在4.11节进行介绍。

不对状态继电器使用步进梯形指令时，可以把它们当作普通的辅助继电器（M）来使用。

M8002
S0
启动 X0
S20
Y0
下降
下限位 X1
S21
Y1
夹紧
夹紧 X2
S22
Y2
上升
上限位 X3

图3-16　状态继电器在顺序功能图中的使用

7.　指针（P、I）和常数

指针是用于指示跳转目标和中断程序的入口地址标号，具体包括分支用指针（P）和中断指针（I），在梯形图中它们放在系统左母线的左边。

（1）分支用指针（P0～P127）

分支用指针用来指示子程序调用指令（CALL）调用子程序的入口地址，或者条件跳转指令（CJ）的跳转目标。FX_{2N}共有128点分支用指针。

（2）中断指针（I0□□～I8□□）

中断指针是用来指示某一中断程序的入口地址。在允许中断后，如果中断源产生中断信号，则PLC停止执行当前的程序，转去执行中断程序。在中断程序执行中依照IRET指令（中断返回）返回到原程序断点处继续程序的执行。

中断用指针又可分为以下三种类型：

1）输入中断用指针（I00□～I50□），共6点，是用来指示由特定输入端输入信号产生中断的中断服务程序的入口地址，这类中断不受PLC扫描周期的影响，可以及时地处理外部紧急、异常情况。输入中断用指针的编号格式如图3-17所示。

例如，I101为当输入端X1从OFF到ON变化时，执行以I101为标号的后面的中断程序，并根据IRET指令返回。

2）定时器中断用指针（I6□□～I8□□），共3点，是用来指示周期定时中断的中断服务程序的入口位置。这类中断的作用是PLC以指定的周期定时执行中断服务程序，定时循环处理某些任务。处理的时间也不受PLC扫描周期的限制。定时器中断用指针的编号格式如图3-18所示。其中，□□表示定时范围，可在10～99ms范围内选取。

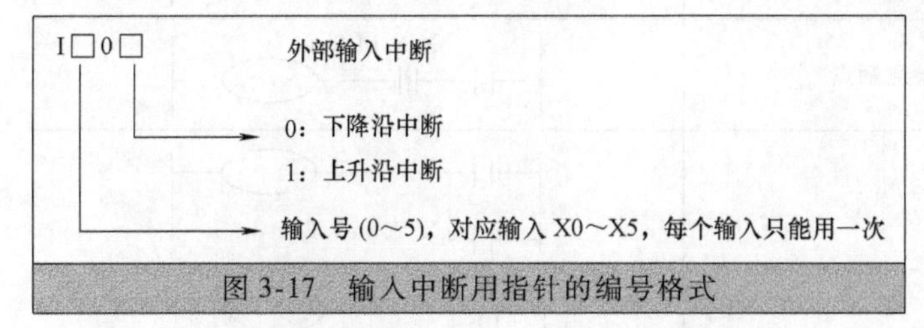

图3-17　输入中断用指针的编号格式

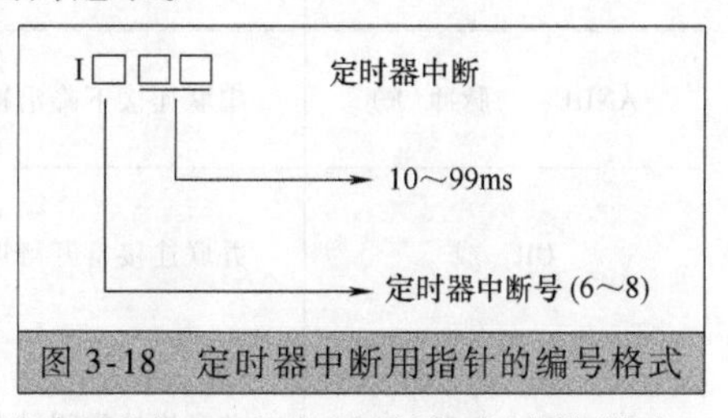

图3-18　定时器中断用指针的编号格式

3）高速计数器中断用指针（I010～I060），共6点，它们用在PLC内置的高速计数器中。根据高速计数器的计数当前值与计数设定值的关系确定是否执行中断服务程序。它常用于利用高速计数器优先处理计数结果的场合。

在PLC中K是用来表示十进制整数的符号，主要用来设定定时器或计数器的设定值和应

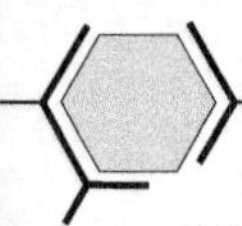

用指令中操作数的数值。H用来表示十六进制数的符号，主要用来表示应用指令的操作数值。例如，常数18在三菱FX系列PLC中用十进制表示为K18，用十六进制则表示为H12。

3.3 三菱FX系列PLC基本逻辑指令

FX_{2N}指令系统主要包括基本逻辑指令、应用指令（功能指令）及步进梯形指令。其中，基本逻辑指令27条，步进梯形指令2条，应用指令则有十几个大类300条左右。有关应用指令使用的详细情况将在第4章予以介绍。本节将主要介绍基本逻辑指令。掌握了基本逻辑指令就可以初步进行PLC的编程设计，实现一些简单的开关量的逻辑控制和顺序控制。

前面已经提到过，FX_{2N}系列PLC的编程语言主要是梯形图和指令表。指令表是由若干条指令集合而成，它和梯形图有着严格的对应关系。梯形图是用图形符号及图形符号之间的相互关系来表达控制思想的一种图形化的编程语言，而指令表则是对图形符号及其相互关系的语句表述。FX_{2N}系列PLC的基本逻辑指令见表3-5。

表3-5 FX_{2N}系列PLC基本逻辑指令

助记符、名称	功　能	梯形图表示和操作软元件
LD　取	运算开始，与左母线连接的常开触点	X、Y、M、S、T
LDI　取反	运算开始，与左母线连接的常闭触点	X、Y、M、S、T
LDP　取上升沿脉冲	运算开始，与左母线连接的上升沿检测触点	X、Y、M、S、T、C
LDF　取下降沿脉冲	运算开始，与左母线连接的下降沿检测触点	X、Y、M、S、T
AND　与	串联连接常开触点	X、Y、M、S、T
ANI　与非	串联连接常闭触点	X、Y、M、S、T
ANDP　与脉冲	串联连接上升沿检测触点	X、Y、M、S、T
ANDF　与脉冲(F)	串联连接下降沿检测触点	X、Y、M、S、T
OR　或	并联连接常开触点	X、Y、M、S、T
ORI　或非	并联连接常闭触点	X、Y、M、S、T
ORP　或脉冲	并联连接上升沿检测触点	X、Y、M、S、T

（续）

助记符、名称	功　能	梯形图表示和操作软元件
ORF　或脉冲(F)	并联连接下降沿检测触点	X、Y、M、S、T
ANB　电路块与	并联电路块的串联	
ORB　电路块或	串联电路块的并联	
OUT　输出	线圈驱动指令	Y、M、S、T、C
SET　置位	保持指令	SET　Y、M
RST　复位	保持解除指令	RST　Y、M、S、T、C、D
PLS　上升沿脉冲	上升沿微分检测输出指令	PLS　Y、M
PLF　下降沿脉冲	下降沿微分检测输出指令	PLF　Y、M
MC　主控触点	公共串联点的连接线圈	Y、M　MC　N　Y、M
MCR　主控复位	公共串联点的复位	MCR　N
MPS　进栈	连接点数据入栈	MPS　MRD　MPP
MRD　读栈	从堆栈读出连接点数据	
MPP　出栈	从堆栈读出连接点数据并复位	
INV　取反	运算结果的取反	INV
NOP　无	空操作	程序清除或空格用
END　结束	程序结束	程序结束，返回0步

在下面介绍每一条基本指令及其应用示例时，一般都会以梯形图和指令表两种编程语言对照进行说明。

3.3.1　输入和输出指令（LD、LDI 和 OUT）★★★

1.　指令助记符及功能

输入和输出指令（助记符分别为 LD、LDI 和 OUT）指令的功能、梯形图表示和操作软元件见表 3-5。

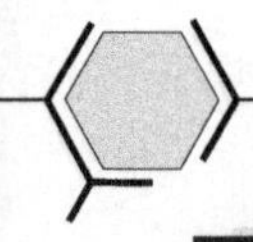

2. 指令说明

LD、LDI 指令用于与系统左母线相连的触点，此外还可以与后面介绍的 ANB、ORB 指令配合用于分支电路的起点。

OUT 指令是线圈的驱动指令，可用于输出继电器、辅助继电器、定时器、计数器、状态继电器等，但不能用于输入继电器。输出指令可以进行并行输出，能连续使用多次。

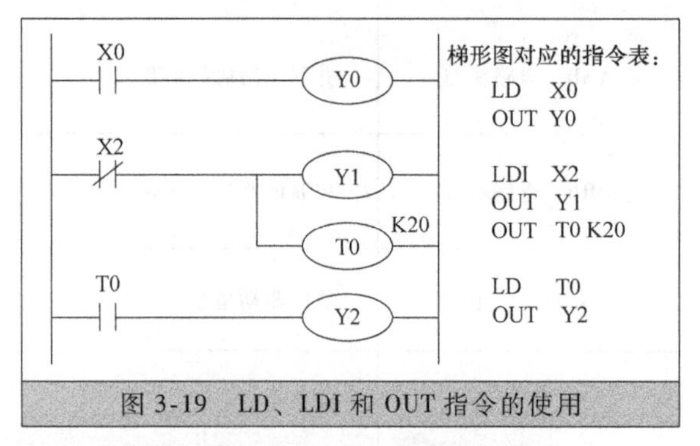

图 3-19　LD、LDI 和 OUT 指令的使用

3. 指令使用示例

LD、LDI 和 OUT 指令的使用如图 3-19 所示。

定时器和计数器的 OUT 指令之后可以使用常数进行设定值的设定，常数也要占一个步序。

3.3.2　触点串联指令和触点并联指令（AND、ANI 和 OR、ORI）★★★

1. 指令助记符及功能

触点串联指令（助记符分别为 AND、ANI）和触点并联指令（助记符分别为 OR、ORI）指令的功能、梯形图表示和操作软元件见表 3-5。

2. 指令说明

（1）AND、ANI 指令

AND、ANI 是用于一个触点的串联连接指令，但串联触点的数量不限，这两个指令可连续使用。AND 指令是单个常开触点串联连接指令，能够实现逻辑“与”运算。ANI 指令是用于单个常闭触点串联连接指令，能够实现逻辑“与非”运算。

（2）OR、ORI 指令

OR、ORI 是用于一个触点的并联连接指令。OR 用于常开触点的并联，能够实现逻辑“或”运算。ORI 用于常闭触点的并联，能够实现逻辑“或非”运算。

若两个以上触点的串联支路与其他回路并联，则应采用后面介绍的电路块或 ORB 指令。

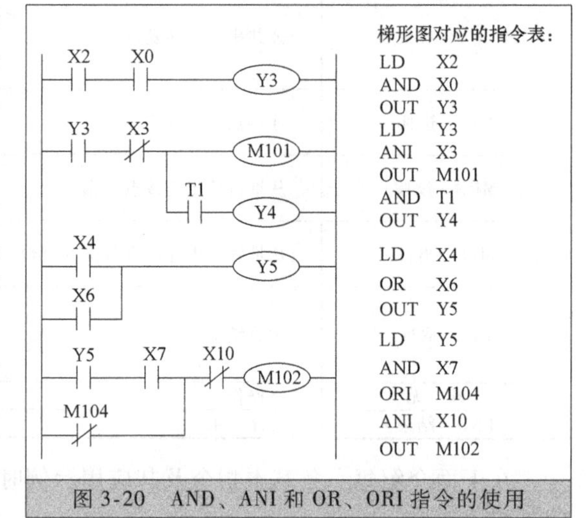

图 3-20　AND、ANI 和 OR、ORI 指令的使用

3. 指令使用示例

AND、ANI 和 OR、ORI 指令的使用如图 3-20 所示。

3.3.3　电路块并联指令和电路块串联指令（ORB 和 ANB）★★★

1. 指令助记符及功能

电路块的并联指令（助记符为 ORB）和电路块的串联指令（助记符为 ANB）的功能、梯

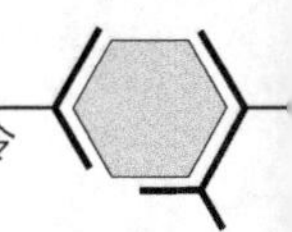

形图表示和操作软元件见表 3-5。

2. 指令说明

（1）ORB 指令

含有两个以上触点串联连接的电路称为“串联电路块”，串联电路块并联连接时，支路的起点以 LD 或 LDI 指令开始，而支路的终点要用 ORB 指令。ORB 指令是一种独立指令，其后不带操作元件，因此，ORB 指令不表示触点，可以看成电路块之间的一段连接线。如果需要将多个电路块并联连接，则应在每个并联电路块之后使用一个 ORB 指令，用这种方法编程时并联电路块的个数没有限制。也可将所有要并联的电路块依次写出，然后在这些电路块的末尾集中写出 ORB 的指令，但此时 ORB 指令最多使用次数为 8 次以下。

（2）ANB 指令

将并联电路块（分支电路）与前面的电路串联连接时需使用 ANB 指令。各并联电路块的分支起点使用 LD 或 LDI 指令。与 ORB 指令一样，ANB 指令也不带操作元件。如果需要将多个电路块串联连接，则应在每个串联电路块之后使用一个 ANB 指令，用这种方法编程时串联电路块的个数没有限制。如果集中使用 ANB 指令，此时 ANB 指令最多使用次数在 8 次以下。

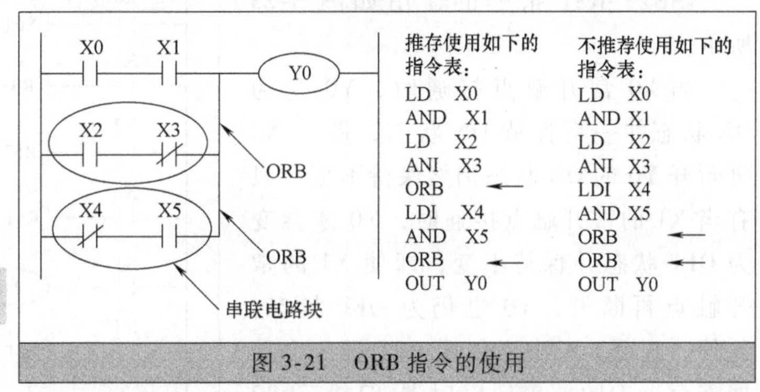

图 3-21　ORB 指令的使用

3. 指令使用示例

ORB 和 ANB 指令的使用分别如图 3-21 和图 3-22 所示。

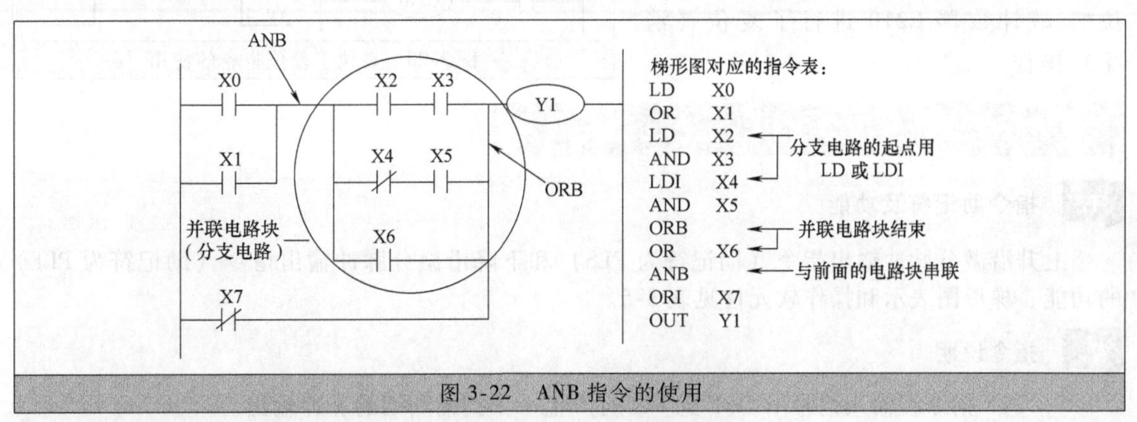

图 3-22　ANB 指令的使用

3.3.4 置位指令和复位指令（SET 和 RST）★★★

1. 指令助记符及功能

置位指令（助记符为 SET）和复位指令（助记符为 RST）的功能、梯形图表示和操作软元件见表 3-5。

（1）SET 指令

SET 指令使目标操作元件自保持为 ON。

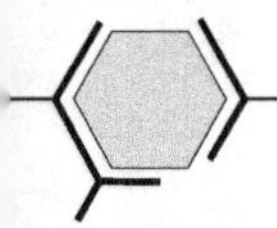

（2）RST指令

RST指令使目标操作元件自保持为OFF和用于数据寄存器D清零及定时器T、计数器C的复位。

2. 指令说明

1）SET为置位指令，使线圈接通保持（置1）。RST为复位指令，使线圈断开复位（置0）。

2）对同一软元件，SET、RST可多次使用，不限制使用的次数，顺序也可以随意，但最后执行的有效。

3）用RST指令可对数据寄存器D和变址寄存器V、Z的内容清零。当然，也可以用常数K0通过应用指令的传送指令（MOV）清零，效果是相同的。RST指令也可以用于累计定时器T246～T255和计数器C当前值的复位和其触点的复位。

3. 指令使用示例

SET、RST指令的使用如图3-23所示。

当X0常开触点接通时，Y0变为ON状态并一直保持ON状态，即使X0再断开Y0的ON状态仍然保持不变；只有当X1的常开触点接通时，Y0才会变为OFF状态并保持不变，即使X1的常开触点再断开，Y0也仍为OFF状态。此外，在图3-23中还使用RST指令将数据寄存器D10、累计定时器T248和32位加/减计数器C210进行了复位（清零）操作。

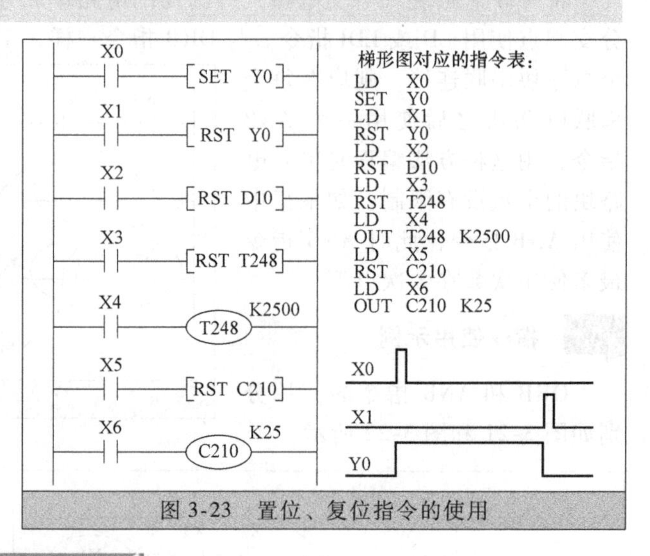

图3-23 置位、复位指令的使用

3.3.5 脉冲输出指令（PLS、PLF）★★★

1. 指令助记符及功能

上升沿微分脉冲输出指令（助记符为PLS）和下降沿微分脉冲输出指令（助记符为PLF）的功能、梯形图表示和操作软元件见表3-5。

2. 指令说明

1）PLS指令在输入信号由OFF到ON时产生一个扫描周期的脉冲输出。

2）PLF指令在输入信号由ON到OFF时产生一个扫描周期的脉冲输出。

3. 指令使用示例

微分脉冲输出指令的使用如图3-24所示。

3.3.6 边沿检测触点指令（LDP、ANDP、ORP和LDF、ANDF、ORF）★★★

1. 指令助记符及功能

边沿检测触点指令（可分为两组，助记符分别为LDP、ANDP、ORP和LDF、ANDF、

ORF）的功能、梯形图表示和操作软元件见表3-5。

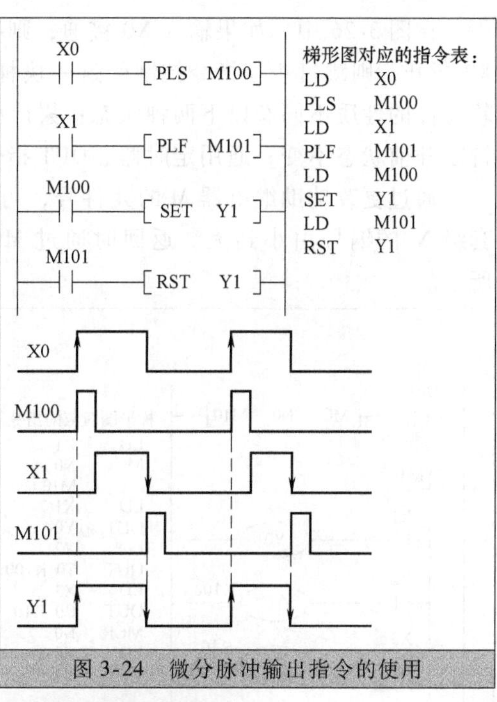

图3-24 微分脉冲输出指令的使用

2. 指令说明

1）LDP、ANDP、ORP指令是进行上升沿检测的触点指令，仅在指定的位软元件由OFF到ON上升沿变化时，使驱动目标元件的线圈接通一个扫描周期。

2）LDF、ANDF、ORF指令是进行下降沿检测的触点指令，仅在指定的位软元件由ON到OFF下降沿变化时，使驱动目标元件的线圈接通一个扫描周期。

3）使用边沿检测触点指令驱动线圈和使用脉冲输出指令驱动线圈具有同样的功能，但使用前者往往更为简便。

3. 指令使用示例

边沿检测触点指令的使用如图3-25所示。

3.3.7 主控触点指令和主控复位指令（MC和MCR）★★★

1. 指令助记符及功能

主控触点指令和主控复位指令（助记符分别为MC、MCR）的功能、梯形图表示和操作软元件见表3-5。MC指令为主控触点指令，用于公共触点的串联连接。而MCR指令为主控复位指令，用于MC指令的复位。

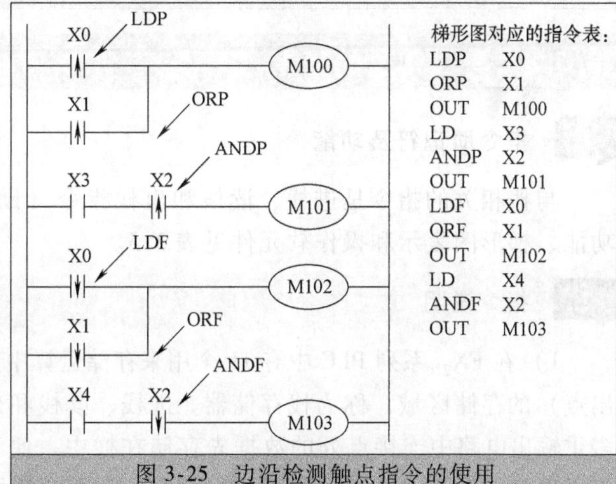

图3-25 边沿检测触点指令的使用

2. 指令说明

1）编程时经常会遇到多个线圈同时受一个或一组触点控制。如果每个线圈的控制电路中都串入同样的触点，将会占用很多的存储单元，使程序运行速度下降。主控触点可以解决这一问题。

主控触点指令控制的操作元件的常开触点要与主控指令后的母线垂直串联连接，是控制梯形图中一组电路的总开关。当主控指令控制的操作元件的常开触点闭合时，激活所控制的一组梯形图电路。

2）主控触点MC指令母线后面连接的所有起始触点均以LD、LDI指令开始，最后通过主控复位MCR指令返回到主控MC指令后的母线，向下继续执行新的程序。

3）在没有嵌套结构的多个主控指令程序中，可以都用嵌套级号N0来编程，N0的使用次数不受限制。

3. 指令使用示例

主控触点和主控复位指令的使用如图3-26所示。

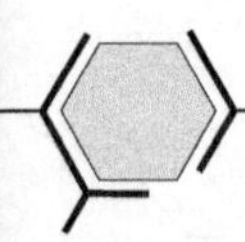

在图 3-26 中，如果输入 X0 接通，则执行 MC 至 MCR 之间的梯形图电路的指令。若输入 X0 断开，则跳过主控指令控制的这一块梯形图电路。这时 MC、MCR 之间的梯形图电路根据软元件的性质不同有以下两种状态：累计型定时器、计数器、置位及复位指令驱动的软元件保持断开前状态不变；通用定时器、OUT 指令驱动的软元件均变为 OFF 状态。

通过更改辅助继电器 M 的元件号，可以多次使用 MC 指令，形成多个主控的嵌套级，嵌套级 Ni 的编号由小到大。返回时通过 MCR 指令，从大的嵌套级开始逐级返回，如图 3-27 所示。

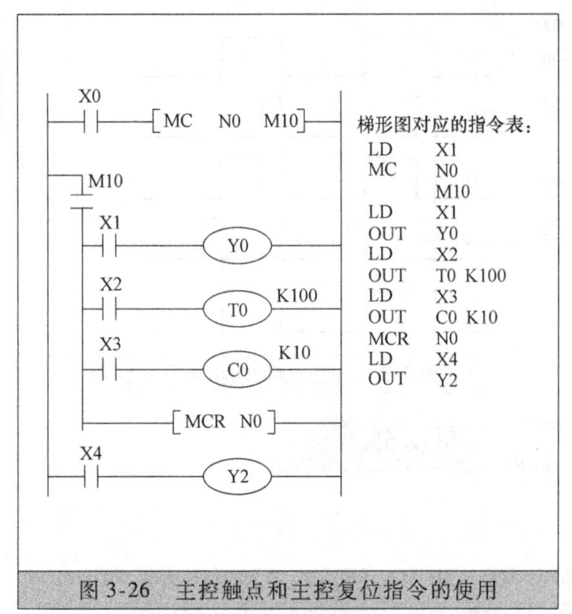

图 3-26　主控触点和主控复位指令的使用

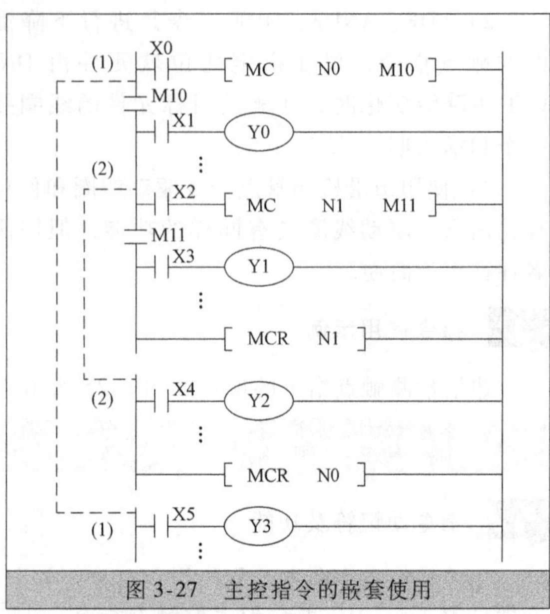

图 3-27　主控指令的嵌套使用

3.3.8　与栈相关的指令（MPS、MRD 和 MPP）★★★

1. 指令助记符及功能

与栈相关的指令是进栈、读栈和出栈指令（助记符分别为 MPS、MRD 和 MPP），它们的功能、梯形图表示和操作软元件见表 3-5。

2. 指令说明

1）在 FX_{2N} 系列 PLC 中有 11 个用来存储运算中间结果（分支电路引出点）的存储区域，称为栈存储器。进栈、读栈和出栈指令用于将分支多重输出电路中连接点处的数据先存储在栈中，便于连接后面电路时读出或取出该连接点处的数据。与栈相关的这三条指令的操作如图3-28 所示。

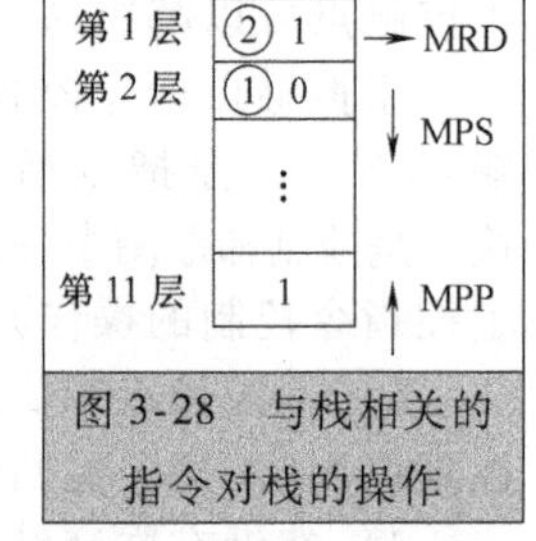

图 3-28　与栈相关的指令对栈的操作

2）由图 3-28 可知，使用一次 MPS 指令，便将此刻的中间运算结果送入堆栈的第 1 层，而将原先存于堆栈第 1 层的数据往下平移一层。MRD 指令是读出栈存储器最上层最新压入的数据，此时堆栈内的数据既不会向上移动也不会向下移动。对于分支多重输出电路多次使用 MRD 指令，但分支多重输出电路不能超过 24 行。

使用 MPP 指令，栈存储器最上层的数据被读出，各数据顺次向上移动一层。读出的数据从堆栈内消失。

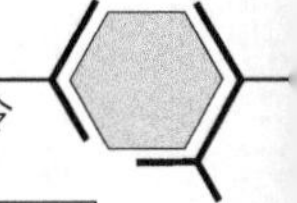

3）MPS、MRD、MPP 指令都是不带操作软元件的指令。

4）MPS 和 MPP 必须成对使用，而且连续使用的次数应少于 11 次。

3. 指令使用示例

与栈相关的指令的使用分别如图 3-29和图 3-30 所示。其中，图 3-29 所示为一层栈，图 3-30 所示为二层栈。

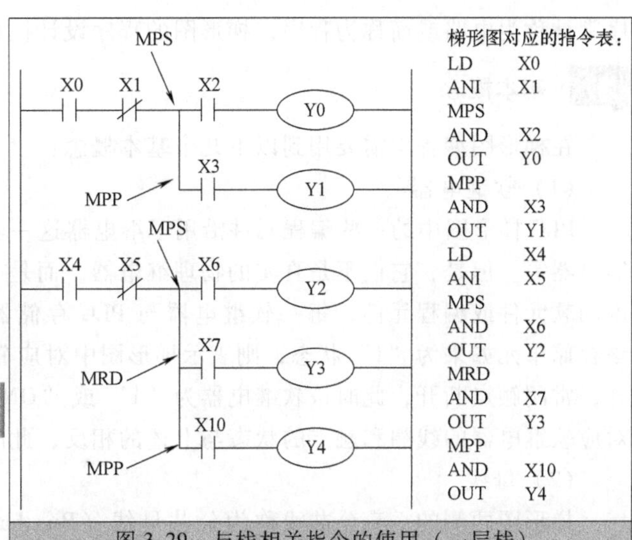

图 3-29　与栈相关指令的使用（一层栈）

3.3.9 取反指令（INV）★★★

取反指令（助记符为 INV）是将执行该指令之前的运算结果取反，INV 指令的后面不需要带软元件，如果前面的运算结果为 0，则使用该指令后将运算结果变为 1；如果前面的运算结果为 1，则运算结果变为 0。INV 指令的使用如图 3-31 所示。在图 3-31 中，如果输入信号 X0 接通，则输出继电器 Y0 为“断电”状态；如果输入信号 X0 断开，则 Y0 为“通电”状态。

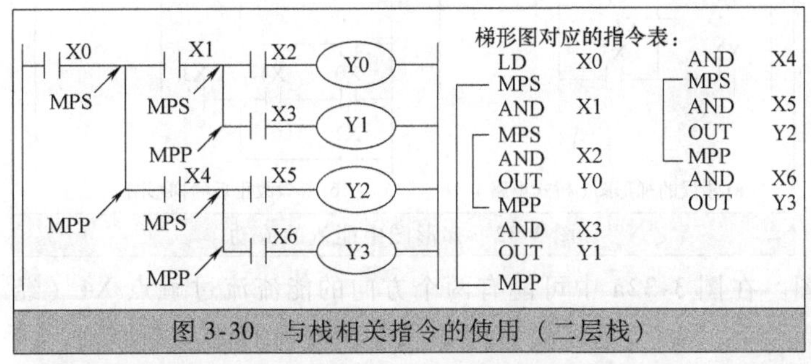

图 3-30　与栈相关指令的使用（二层栈）

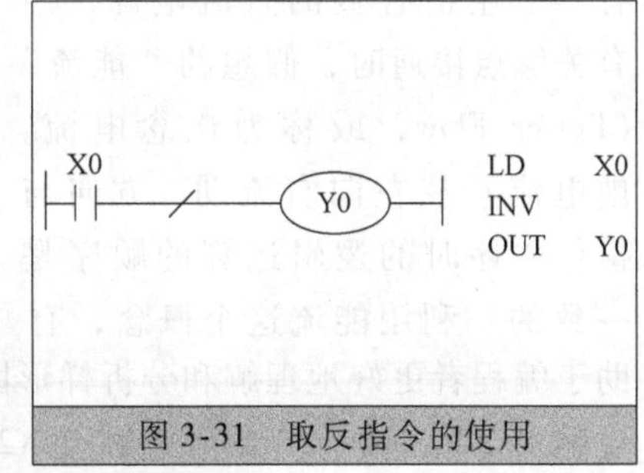

图 3-31　取反指令的使用

3.3.10 空操作指令和程序结束指令（NOP 和 END）★★★

1. 指令助记符及功能

空操作指令（助记符为 NOP）和程序结束指令（助记符为 END）的功能、梯形图表示和操作软元件见表 3-5。

2. 指令说明

1）NOP 指令不执行任何操作，占一个程序步。当清除 PLC 用户存储器后，用户存储器的内容全部变为空操作指令。在程序中通过适当的地方加入 NOP 可以改动或者追加程序。

2）在程序结束写上 END 指令，PLC 只执行第一步至 END 之间的程序并立即进行输出处理。若不写 END 指令，PLC 将从用户存储器的第一步一直执行到最后一步。因此，使用 END 指令可缩短 PLC 扫描周期。另外，在调试程序时可以将 END 指令插在各程序段之后，用以分段检查、调试各程序段的功能、动作，在确认无误后再依次删去插入的 END 指令。

3.4 梯形图的基本编程规则

梯形图是目前使用得最多的 PLC 编程语言，为广大的工程技术人员广泛使用。梯形图程

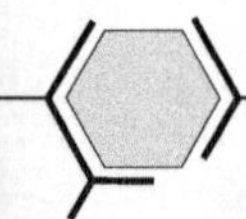

序常被称为电路或简称为程序，梯形图的程序设计被称为编程。

1. 基本概念

在梯形图编程中需要用到以下几个基本概念：

(1) 软继电器

PLC 梯形图中的一些编程元件沿用了继电器这一名称，如输入继电器、输出继电器、辅助继电器等。但是，它们不是真实的物理继电器，而是一些存储单元，称为软继电器，即前面所说的软元件或编程元件，每一软继电器与 PLC 存储器中映像寄存区的一个存储单元相对应。该存储单元如果为“1”状态，则表示梯形图中对应软继电器的线圈“通电”，其常开触点闭合，常闭触点断开，此时该软继电器为“1”或“ON”状态。如果该存储单元为“0”状态，对应软继电器的线圈和触点的状态与上述的相反，此时软继电器为“0”或“OFF”状态。

(2) 母线

梯形图两侧的垂直公共线称为公共母线（Bus bar）。在分析梯形图程序时，母线之间的“能流”只能从左向右流动，有时候右母线可以省略不画。

(3) 能流

假想在左母线和右母线之间有一个左正右负的直流电源，当有关触点接通时，假想的“能流”（Power Flow，或称为概念电流、虚电流）从左向右流动，方向与执行程序时的逻辑运算的顺序是一致的。利用能流这个概念，有助于编程者更好地理解和分析梯形图。在图 3-32a 中可能有两个方向的能流流过触点 X4（经过触点 X0、X4、X3 或经过触点 X2、X4、X1），这不符合能流只能从左向右流动的原则，因此应将其改为图 3-32b 所示的梯形图。

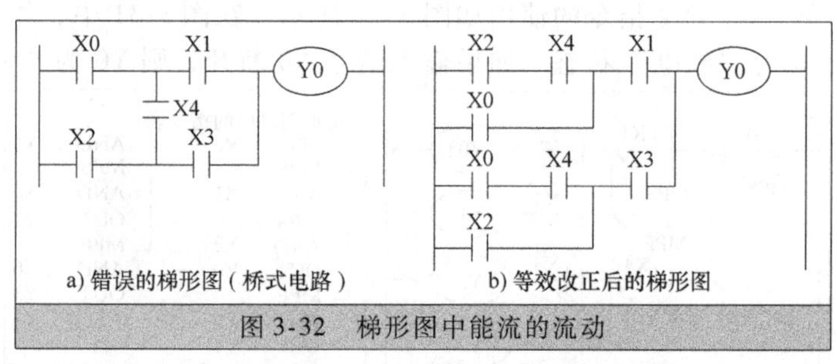

图 3-32　梯形图中能流的流动

(4) 梯形图的逻辑解算

根据梯形图中各触点的状态和逻辑关系，求出与图中各线圈对应的编程元件的状态，称为梯形图的逻辑解算。梯形图中逻辑解算是按从左至右、从上到下的顺序进行的。解算的结果立即可以被后面的逻辑解算所利用。因 PLC 是循环扫描工作方式，逻辑解算是根据本次扫描周期输入映像寄存器中的值，而不是根据解算瞬时外部输入触点的状态来进行的。

2. 梯形图编程的基本规则

梯形图编程的基本规则，归纳起来主要有以下几条：

1）梯形图程序应按照自上而下、自左而右的顺序编写。

2）同一编号的输出元件在一个程序中使用两次或两次以上，即形成所谓的“双线圈输出”，如图 3-33a 所示。双线圈输出容易引起误操作，在一般情况下这是一种编程错误，应当避免，改正后的梯形图如图 3-33b 所示。在特殊情况下允许双线圈的输出，例

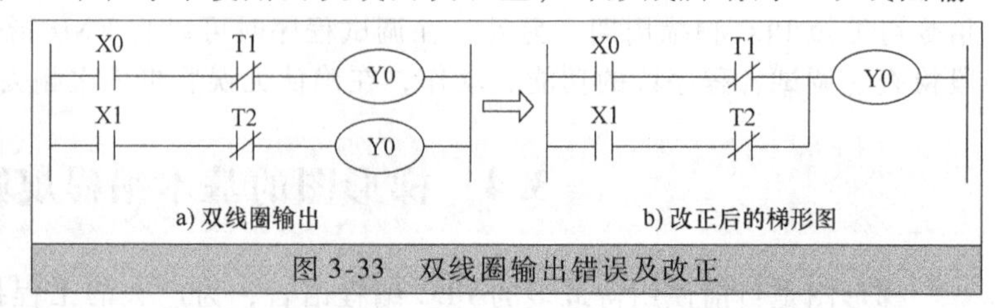

图 3-33　双线圈输出错误及改正

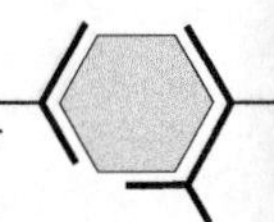

如，在含有跳转指令或步进梯形指令的梯形图中就允许双线圈输出，这部分内容后面第 4 章会有介绍。

3）梯形图的每一逻辑行（梯级）都必须始于左母线，终止于右母线（右母线有时可省略不画）。各种软元件的线圈接于右母线，线圈与右母线之间不能有任何触点，因此图 3-34a 所示的梯形图布置是错误的。左母线与编程元件的线圈之间一定要有触点，线圈不能直接与左母线相连，如果需要可以通过一个没有使用到的编程元件的常闭触点或者特殊辅助继电器 M8000（运行常 ON）来连接，将图 3-34a所示梯形图改正后见图 3-34b。

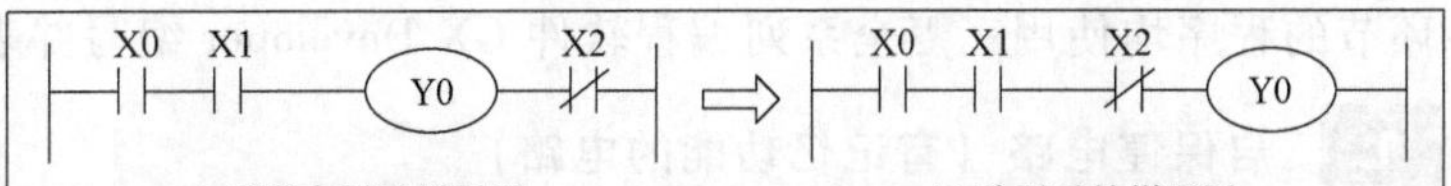

a) 错误布置的梯形图　　b) 改正后的梯形图

图 3-34　错误接线的梯形图及改正

4）梯形图中的触点可以任意地串联或并联，编程元件线圈不能串联。

5）在理论上，输入/输出继电器、内部辅助继电器、定时器、计数器等器件的触点都可以使用无限多次。

6）梯形图中输出继电器、辅助继电器、定时器和计数器的线圈等用椭圆、圆圈或括弧表示，不同厂商的产品表示方法略有不同。在三菱 PLC 编程软件 SWOPC-FXGP/WIN 和 GX Developer 中这些输出类型编程元件（软继电器）的线圈都是用括弧表示的。

7）不能编程的电路应进行等效变换后再进行编程。具体如下：

① 桥式电路不能编程，应当在变换之后才能编程，见图 3-32a。

② 对于复杂电路，用 ANB、ORB 等指令难以进行编程，可重复使用一些触点画出其等效电路，再进行编程，如图 3-35 所示。

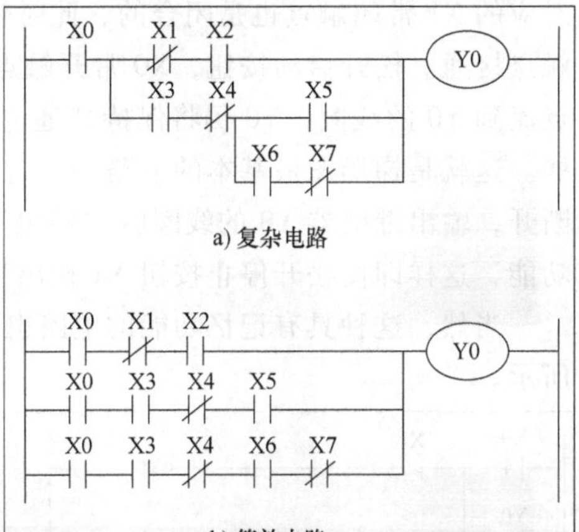

a) 复杂电路

b) 等效电路

图 3-35　复杂梯形图的等效

8）适当安排软元件的顺序，以减少程序的步数。

① 串联多的电路应尽量放在上部，因此应将图 3-36a 所示的梯形图改为图 3-36b。

② 并联多的电路应尽量靠近左母线，即应当尽量做到“上重下轻，左重右轻”。另外，建议在有线圈并联的电路中可将单个线圈放在上面，因此应将图 3-37a 所示的梯形图修改为图 3-37b，可以避免使用进栈指令 MPS、出栈指令 MPP 和电路块串联指令 ANB。

a) 安排不当的梯形图　　b) 安排得当的梯形图（上重下轻）

图 3-36　梯形图中串联电路的合理安排

a) 安排不当的梯形图

b) 安排得当的梯形图（左重右轻，单个线圈置于上）

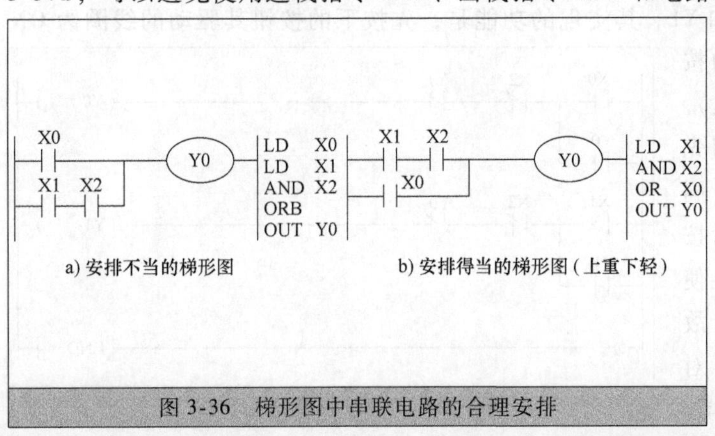

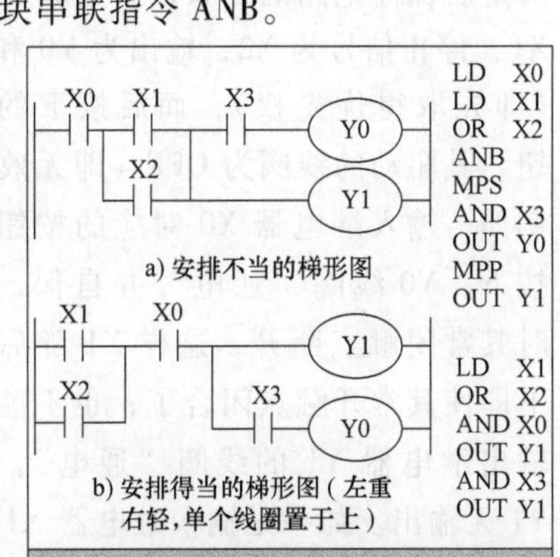

图 3-37　梯形图中并联电路的合理安排

9）每个程序结束后应当有结束指令（END）。

3.5　梯形图的基本电路

本节将列举一些常用的梯形图基本电路（或基本环节），它们是实现复杂梯形图电路的基本组成部分，由它们可以组成比较复杂的梯形图电路。下面给出的这些梯形图基本电路或基本环节的程序均使用三菱全系列编程软件 GX Developer 编写并表示出来。

1.　启保停电路（有记忆功能的电路）

启保停电路具有记忆功能，如图 3-38 所示。它能够实现所谓的“自保持”或“自锁”功能或者说具有将短信号变为长信号的记忆功能。一般来讲，启动信号和停止信号都是短信号。当外部启动按钮按下时，对应的输入继电器 X0 的常开触点闭合，如果停止按钮未按下，则其对应的 X1 常闭触点也是闭合的，此时输出继电器 Y0 的线圈将“通电”，并带动其自身的常开触点接通。松开启动按钮，X0 常开触点变为断开，能流将通过 Y0 的常开触点和 X1 的常闭触点流到 Y0 的线圈，Y0 仍将保持“通电”状态，即通过 Y0 的常开触点实现了自锁或自保持功能。这就是梯形图最基本的电路——启保停电路，当停止按钮按下时，梯形图中 X1 常闭触点断开，输出继电器 Y0 的线圈将“断电”（即状态为 OFF），同时其自保持触点断开解除自保持功能，这样即使松开停止按钮 X1 输出 Y0 仍为“断电”状态。

当然，这种具有记忆功能的电路也可以使用前面介绍的置位、复位指令来实现，如图3-39所示。

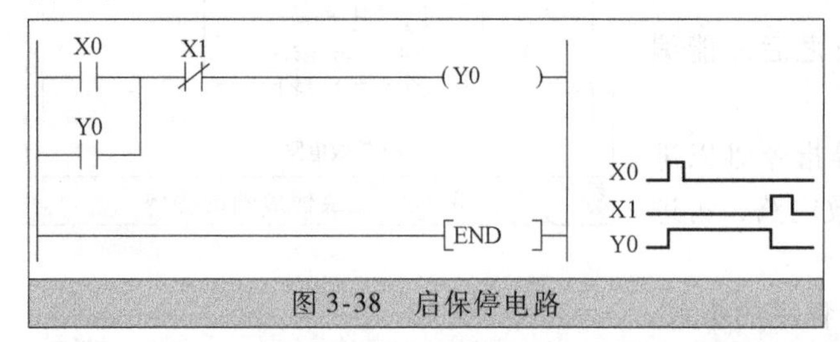

图 3-38　启保停电路

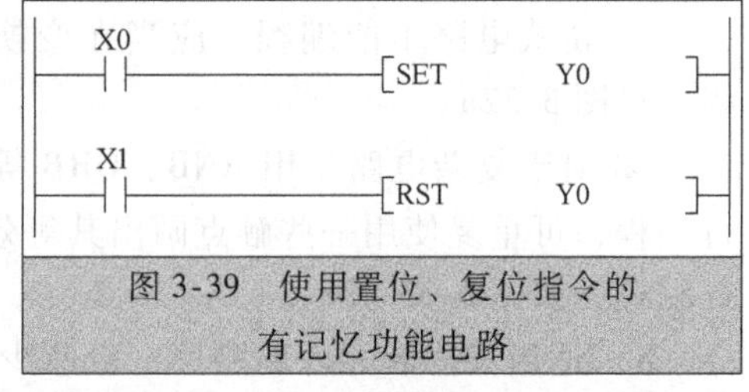

图 3-39　使用置位、复位指令的有记忆功能电路

2.　二人抢答器电路（或优先级电路）

抢答器电路的实现，如图 3-40 所示。可以很容易地看出，二人抢答器电路是上面介绍的两个启保停电路的并联，只是加入了输出互锁（输出联锁）而已。电路中的输入信号为 X0 和 X1，停止信号为 X2，输出为 Y0 和 Y1。其实现的功能是，先按下的按钮其驱动的线圈为 ON（即先取得优先权），而后按下的按钮，其驱动的线圈为 OFF（即无效）。例如，输入继电器 X0 对应的按钮先按下，Y0 线圈“通电”并自保，同时其常闭触点断开，这样 X1 随后按下即使其常开触点闭合了，也不能使输出继电器 Y1 的线圈“通电”，故 Y1 无输出。如果是输入继电器 X1 对应的按钮先按下，则情况恰好与前

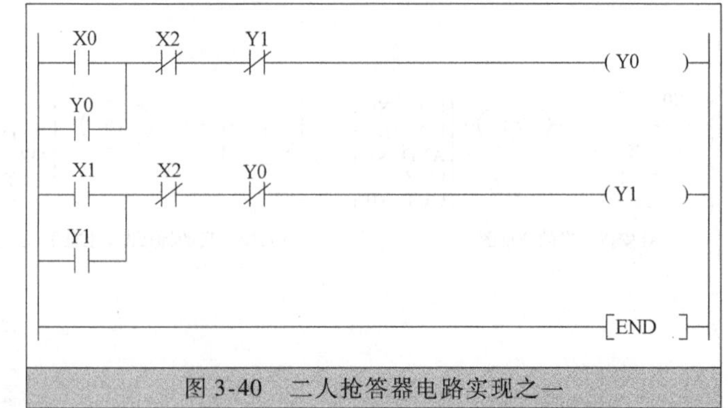

图 3-40　二人抢答器电路实现之一

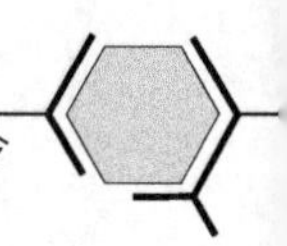

面叙述的情形相反。二人抢答器电路梯形图中具有关键的输出联锁（或输出互锁）环节。

在图 3-40 中，若控制 Y0、Y1 线圈的前面分别加入 X1 和 X0 的常闭触点，便可以得到三相异步电动机正反转控制电路，加入的 X0 和 X1 的常闭触点称为输入联锁。加入输入联锁可以方便地对电动机正转、反转状态进行切换。例如，原先输出 Y0 为 ON 而 Y1 为 OFF，这时如果想改变为输出 Y1 为 ON 而 Y0 为 OFF，则可以先不按下停止按钮 X2，直接按下 X1，那么其常闭触点就会断开使 Y0 的线圈“断电”，同时其常开触点接通，使输出的线圈“通电”，这样就可以实现有关输出状态之间的直接切换。

下面给出二人抢答器电路的另一种实现程序，如图 3-41 所示。

图 3-41　二人抢答器电路实现之二

根据上面给出的两种二人抢答器电路，若加以推广，很容易设计出多人（三人或三人以上）抢答器的电路。

3. 比较电路

根据两个输入信号状态的比较，比较电路可以按照预先设定的要求决定由某一点输出状态。若输入继电器 X0、X1 对应的开关同时接通，输出继电器 Y0 为 ON 驱动 L1 灯点亮；若输入继电器 X0、X1 对应的开关均不接通，输出继电器 Y1 为 ON 驱动 L2 灯点亮；若输入继电器 X0 对应开关不接通、X1 对应的接通，则输出继电器 Y2 为 ON 驱动 L3 灯点亮；若输入继电器 X0 对应开关接通、X1 对应的不接通，则输出继电器 Y3 为 ON 驱动 L4 灯点亮。该比较电路梯形图如图 3-42 所示。

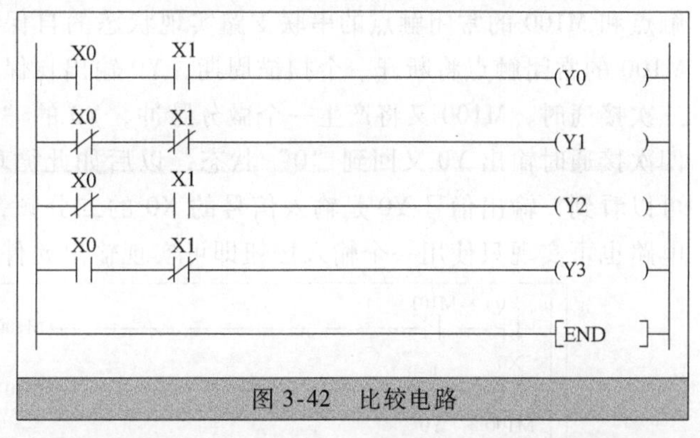

图 3-42　比较电路

4. 脉冲输出电路

（1）上升沿微分脉冲电路

上升沿微分脉冲电路如图 3-43 所示。PLC 是以循环扫描方式工作的，假设在 PLC 运行后第 n 个扫描周期的输入采样阶段检测到输入信号 X0 由 OFF 到 ON 的变化，则在本次扫描周期的程序执行阶段根据输入映像寄存器 X0 的状态对梯形图进行逻辑解算时，辅助继电器 M100、M101 的“线圈”将“通电”；但是，此时处于第一行的 M101 的常闭触点仍是接通的，因为这一行程序在本次扫描周期 PLC 已经扫描过了，这样需等到 PLC 在下一个扫描周期（第 $n+1$ 个扫描周期）时，M101 的触点才断开，M100 和 Y0 的“线圈”才会随之“断电”，输出继电器 Y0 输出一个微分脉冲。当然，使用前面的脉冲输出指令（PLS）也可以实现输出继电器 Y0 一个扫描周期宽度脉冲的输出，但是这个电路可以帮助读者更深入地理解 PLC 串行的工作方式。

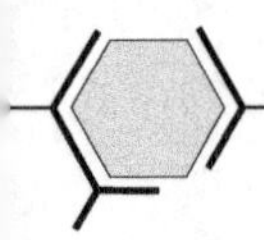

(2) 下降沿微分脉冲电路

下降沿微分脉冲电路如图3-44所示。为了捕捉输入信号X0下降沿的变化，这个电路只是将上升沿微分脉冲电路中X0的两个常开触点都置换为常闭触点而已。

图3-43 上升沿微分脉冲电路

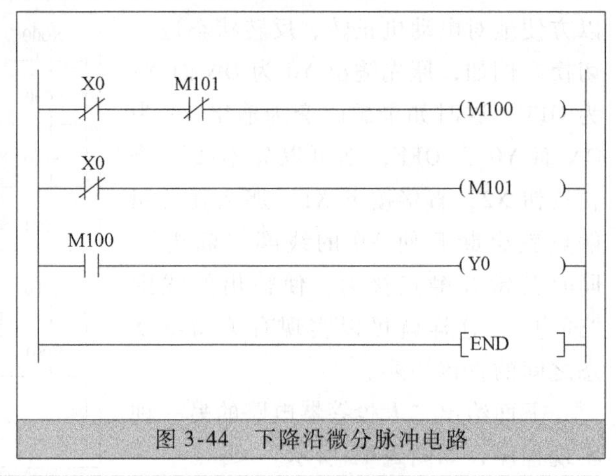

图3-44 下降沿微分脉冲电路

5. 分频电路（或单按钮启停电路）

单按钮启停电路如图3-45所示，它具有对输入信号分频的功能。当输入信号X0第一次接通时，M100产生一个扫描周期的微分脉冲使M100的常开触点闭合，而与之串联的Y0的常闭触点此时也是闭合的，因此Y0的线圈将“通电”；在后面的扫描周期Y0将通过它自身的常开触点和M100的常闭触点的串联支路实现状态的自保持；当输入信号X0第二次接通时，由于M100的常闭触点将断开一个扫描周期，Y0输出自保持作用解除变回“断电”状态；当X0第三次接通时，M100又将产生一个微分脉冲，Y0的“线圈”将再次“通电”并保持；当X0第四次接通时输出Y0又回到“0”状态，以后如此循环不断。由图3-45输入/输出信号波形图可以看到，输出信号Y0是输入信号的X0的二分频，因此该电路称为二分频电路，同时这个电路也可实现只使用一个输入按钮即可实现输出元件的启动/停止功能。

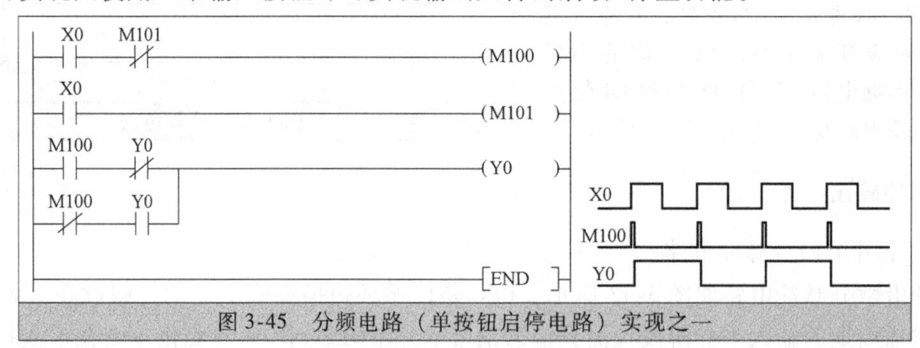

图3-45 分频电路（单按钮启停电路）实现之一

单按钮启停电路的另一种实现程序如图3-46所示。

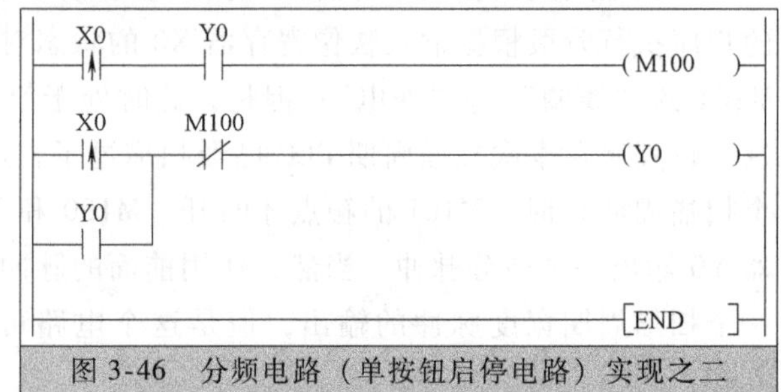

图3-46 分频电路（单按钮启停电路）实现之二

6. 脉冲发生器电路

脉冲发生器电路如图3-47所示。梯形图第一行程序是定时器自复位电路，通过定时器T0的常闭触点带动它自身的线圈，定时时间2s一到T0的常闭触点就会断开实

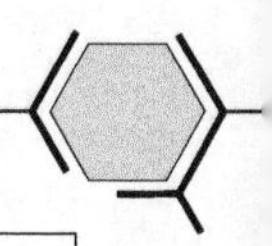

现该点定时器的自复位，随后 T0 的常闭触点恢复常态，在下一个扫描周期它将再次闭合，如此循环不断。在梯形图第二行程序中 T0 的常开触点每隔指定时间将会接通一个扫描周期，输出继电器 Y0 实现了微分脉冲的输出。

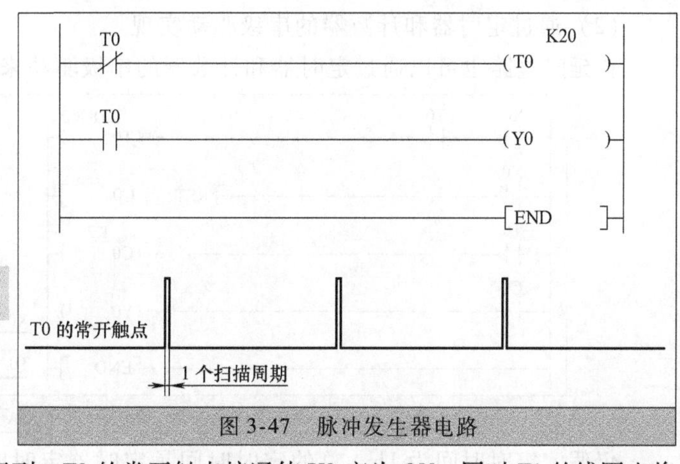

图 3-47　脉冲发生器电路

7. 振荡电路

振荡电路（或闪烁电路）梯形图如图 3-48 所示。T0 和 T1 开始时均为 OFF，X0 的常开触点闭合后，T1 的线圈将“通电”，2s 后 T0 的定时时间到，T0 的常开触点接通使 Y0 变为 ON。同时 T1 的线圈也将“通电”开始定时，1s 后 T1 的定时时间到，它的常闭触点断开，使 T0 的线圈“断电”实现 T0 的复位，T0 的常开触点断开，使 Y0 线圈“断电”，并且 T1 的线圈也会“断电”实现复位，在下一个扫描周期，T1 的常闭触点将再次接通，T0 又开始定时，从输出信号 Y0 来看，它的输出是个振荡波形，振荡周期是 3s，脉宽为 1s。可见，此电路可以实现周期和占空比均可调的方波输出。

8. 长延时电路

在前面介绍 PLC 内部编程元件时，不难发现只使用一点定时器实现的定时范围是非常有限的，即便使用 100ms 定时器，单个定时器的定时范围最大也只能到 3276.7s，如果直接使用特殊辅助继电器 M8014 分脉冲作为计数器的计数脉冲则定时时间会长一些，但有时定时时间会更长且长延时电路的实现还不止这一种方法。那么如何实现定时器长延时控制或者定时范围的扩展？下面将给出几种梯形图电路。

（1）通过多个定时器的串级驱动实现

长延时电路可以通过数个定时器的串级驱动来实现，如图 3-49 所示。这里只介绍通过两个定时器实现定时 3600s，即定时 1h 的长延时电路，总的定时时间是两个定时器定时时间之和。这里从梯形图电路可以看出，输入继电器 X0 对应的外部输入信号应是短信号（如按钮输入）。

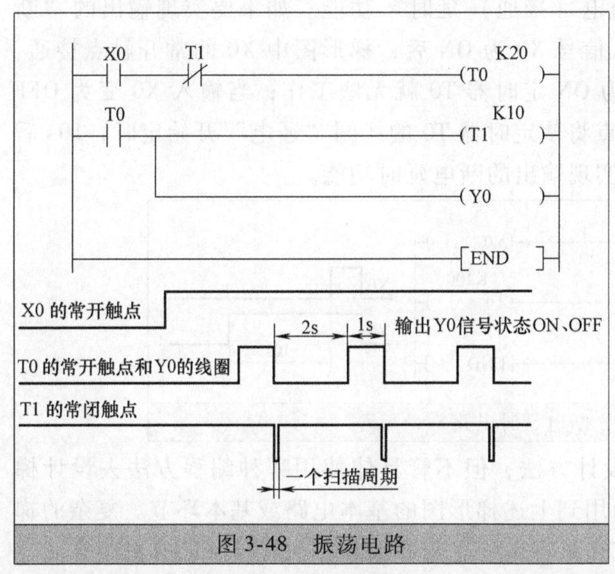

图 3-48　振荡电路

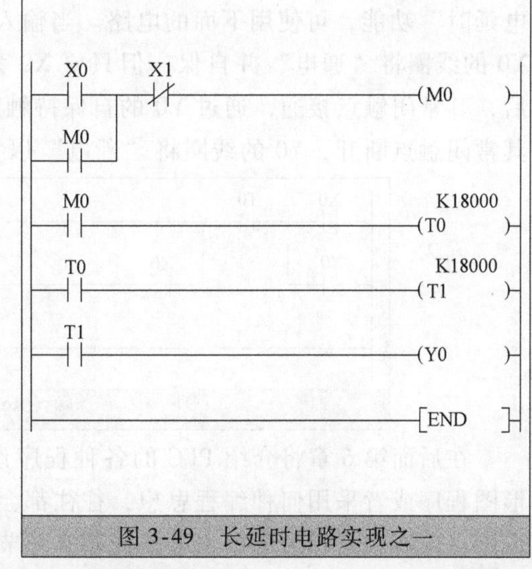

图 3-49　长延时电路实现之一

(2) 通过定时器和计数器的串级驱动实现

长延时电路也可以通过定时器和计数器的串级驱动来实现，如图3-50所示。

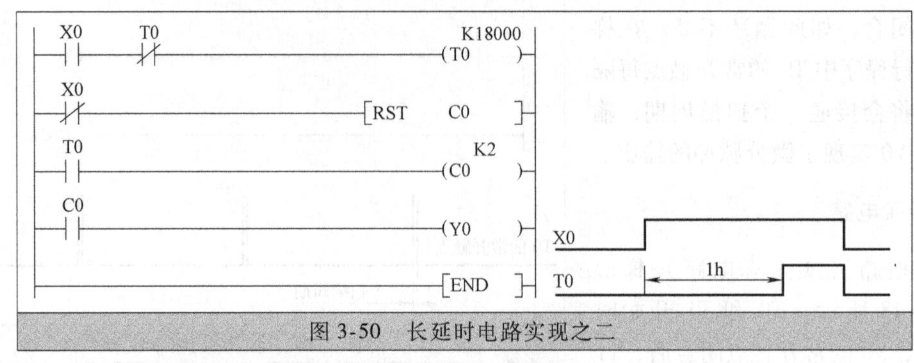

图3-50 长延时电路实现之二

仍假定定时时间为1h，总的定时时间是定时器定时时间与计数器设定值之积。注意，与上面的电路不同，这里梯形图输入继电器X0对应的外部输入是一个长时间接通的信号（如开关输入）。

(3) 通过引用PLC内部时钟脉冲实现

引用PLC内部时钟脉冲驱动实现的长延时电路如图3-51所示。其中，M8014是三菱FX系列PLC内部的分脉冲信号（占空比为0.5，脉宽时间为30s，周期为60s），它的常开触点每隔1min出现一次OFF到ON的变化，将其作为计数器C0的计数脉冲信号，1h后C0的常开触点闭合输出Y0的线圈变为“通电”状态。

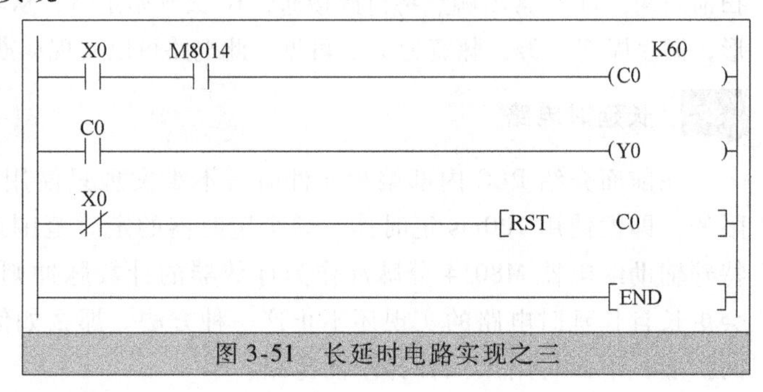

图3-51 长延时电路实现之三

9. 断电延时电路

断电延时电路如图3-52所示。3.2节介绍的定时器只能实现其线圈“通电”之后触点动作的延时，通过此触点驱动输出即实现“通电（接通）延时”功能。如果要实现输出的“断电延时”功能，可使用下面的电路。当输入信号X0为ON后，梯形图中X0的常开触点接通，Y0的线圈将“通电”并自保，但只要X0为ON定时器T0就无法工作；当输入X0变为OFF后，其常闭触点接通，通过Y0的自保持触点将使定时器T0的线圈“通电”开始定时，10s后其常闭触点断开，Y0的线圈将“断电”以实现输出的断电延时功能。

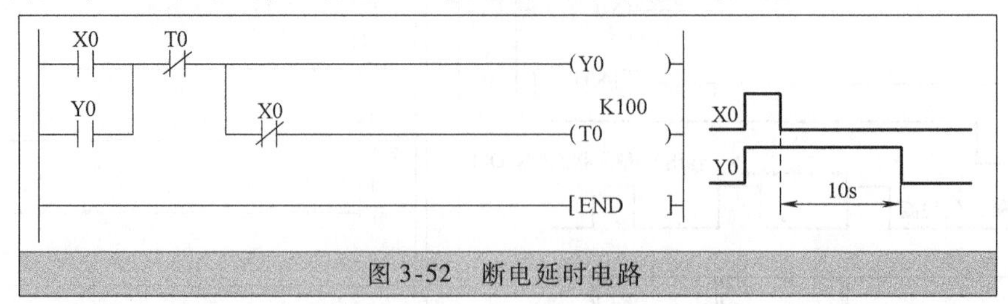

图3-52 断电延时电路

在后面第6章将介绍PLC的各种程序设计方法，但不管具体使用哪种编程方法去设计梯形图程序或者采用何种编程思想，往往都会用到上述梯形图的基本电路或基本环节。复杂的梯形图可以看成是梯形图基本电路或基本环节在某种编程思想、编程方法指导下的有机组合。

第4章 应用指令和步进梯形指令简介

本章内容提要　三菱FX系列PLC的指令系统不仅包括前面介绍的基本逻辑指令还包括应用指令和步进梯形指令。本章首先介绍了FX系列PLC常用的应用指令，这些应用指令都是编程中使用频率较高和较为重要的指令，对于那些不太常用的应用指令本章只做简单介绍或不予介绍。最后简要介绍了三菱FX系列PLC的步进梯形指令。

4.1　应用指令概述

作为一种特殊的工业控制计算机，PLC仅有基本逻辑指令是远远不够的。在工业控制的许多场合需要数据处理、变换和计算等，因此PLC制造商逐步在PLC中引入应用指令（或称为功能指令、高级指令），这使得PLC成了真正意义上的计算机。特别是近年来应用指令又朝着综合性方向迈进了一大步，出现了大量的一条指令即能实现以往需要大段程序才能完成某种特定任务的指令，如PID指令、查表指令等。这类指令实际上就是一个功能完整的子程序，从而大大提高了PLC的实用性和普及率。

FX_{2N}系列PLC是FX系列中高档次的超小型化、高速、高性能产品，具有19类近300条应用指令。应用指令按照其用途可以分为数据传送与比较类、循环与移位类、数据处理类、程序流向控制类、算术运算与逻辑运算类、高速处理、方便指令、外围I/O设备、外围设备SER、浮点数运算、时钟运算和外围设备等多种类型。应用指令在PLC编程中主要用于数据的传送、运算、变换和程序流向控制等。这些指令功能强，处理的数据多，很大程度上标志着PLC的数据处理能力。由于数据处理远要比开关量逻辑处理复杂，数据在存储单元中流转的过程复杂，因此，应用指令无论从指令的表示形式上，还是从涉及的内部软元件的种类和信息的数量上都有一定的特殊性。本节主要介绍FX系列PLC应用指令的表示形式、组成要素及执行方式和数据类型等。

4.1.1　应用指令的表示形式、组成要素、执行方式和数据长度 ★★★

1.　表示形式、组成要素及说明

（1）应用指令示例

应用指令与基本指令不同，它不包含表达梯形图符号之间相互关系的成分，而是直接表达该指令要做什么。FX_{2N}系列PLC在梯形图中一般是使用“功能方框”来表示应用指令。梯形图中应用指令的使用示例如图4-1所示。应用指令都有其对应的功能码，例如数据传送（助记

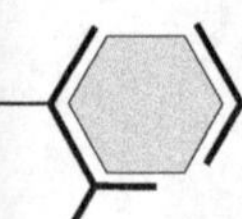

符为 MOV）指令的功能码是 FNC12。若使用简易手持编程器时则需先按下 FNC 键，再输入应用指令对应的功能码编号，不过现在一般使用的是基于 PC 的编程开发系统，在可视化编程环境中（SWOPC-FXGP/WIN-C 或者 GX Developer 编程开发软件）只需输入指令的助记符即可，功能码是不需要输入的。

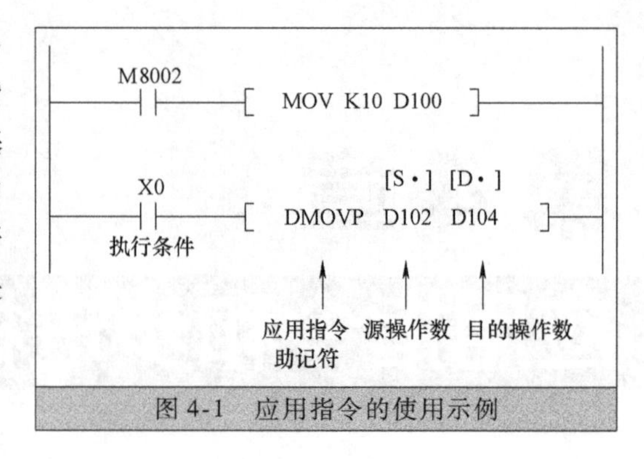

图 4-1 应用指令的使用示例

（2）应用指令的表示形式和组成要素

以图 4-1 数据传送 MOV 指令为例，介绍应用指令的表示形式和组成要素。具体如下：

1）应用指令使用计算机通用的助记符的形式来表示，助记符是该指令的英文或其缩写，如数据传送指令的英文为“MOVE”，这里助记符为其简写 MOV，采用这种方式更容易了解指令的用途。

2）应用指令一般都带有操作数。大部分应用指令带有 1 ~ 4 个操作数，而有的应用指令则不带操作数。以图 4-1 中第二行数据传送指令为例，它有两个操作数，其中［S］表示源操作数，［D］表示目标操作数，如果可使用变址功能，则表示为［S·］和［D·］。当源操作数或目标操作数不止一个时，可分别用［S1·］、［S2·］和［D1·］、［D2·］表示。另外，用 n 和 m 表示其他操作数，它们经常用来表示常数 K（十进制常数）和 H（十六进制常数），或作为源操作数和目标操作数的补充说明，当带有多个这样的操作数时可分别用 n1、n2 和 m1、m2 等来表示。应用指令中的操作数可以取 K、H、KnX、KnY、KnM、KnS（位元件的组合）、T、C、D 和 V、Z。

2. 执行方式

应用指令有连续执行和脉冲执行两种执行方式。在图 4-1 中，指令助记符 MOV 后面有 P 时表示该指令为脉冲（Pulse）执行方式，即该指令仅在执行条件 X0 接通（由 OFF 变为 ON）时执行一次。如果没有“P”则表示该指令为连续执行方式，即指令在执行条件 X0 接通（为 ON）的每一个扫描周期指令都会被执行。

3. 数据长度

应用指令可以处理 PLC 内部的 16 位数据或者 32 位数据。当处理 32 位数据时在指令助记符的前面要加上 D 符号，无此符号则为处理 16 位数据的指令。应注意，32 位加/减计数器和高速计数器（C200 ~ C255）的当前值和设定值为 32 位数据，不可作为处理 16 位数据指令的操作数使用。在图 4-1 中的第二行程序，MOV 指令的前面带有“D”，则当 X0 接通时，执行数据传送（D103，D102）→（D105，D104），即 32 位数据的传送，且 MOV 指令的后面带有“P”为脉冲执行方式，在 X0 接通时数据只传送一次。在使用 32 位数据时建议使用软元件首地址编号为偶数的操作数，这样不容易出错。应用指令的指令段通常占 1 个程序步，16 位操作数占 2 步，32 位操作数占 4 步。

4. 变址操作功能

在应用指令组成要素中提到过，源操作数、目标操作数表示成［S·］、［D·］表明它们具有变址操作功能。FX_{2N}系列 PLC 有 16 个变址寄存器，分别是 V0 ~ V7 和 Z0 ~ Z7。通过变址寄存器V、Z的变址功能，在数据传送、比较指令中可以改变访问对象的元件号。变址操作功能的示例如图4-2所示。

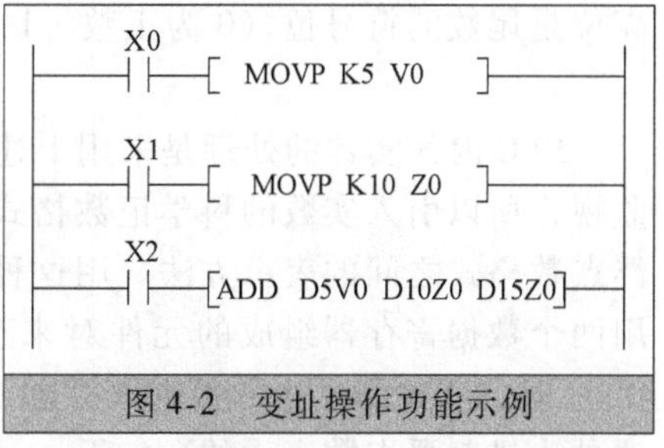

图4-2　变址操作功能示例

在图4-2中，实现的是带有变址操作功能的加法，第一个源操作数为D5V0（被加数），第二个源操作数为D10Z0（加数），目标操作数为D15Z0（和）。当X0接通时，常数K5送到变址寄存器V0，当X1接通时，常数K10送到变址寄存器Z0，而当X2接通时会执行加法操作，完成运算（D5V0）+（D10Z0）→（D15Z0），即完成（D10）+（D20）→（D25）的加法运算。对于32位指令，V为高16位，Z为低16位。在32位指令中，V、Z自动配对使用。

4.1.2　位元件的组合和应用指令的数据格式 ★★★

1.　位元件的组合

位元件用来表示开关量的状态，例如，触点的接通和断开，线圈的通电和断电，这两种状态在PLC内部分别用二进制的1和0来表示，或者，称PLC相应的软元件处于ON状态或OFF状态。只能处理1、0信息的软元件，如X、Y、M和S等。字元件由16位二进制数组成，可以用来处理数值，如T、C和D等软元件的当前值和设定值。位元件也可以通过位元件的组合组成连续的多位数据形式。

位元件可以通过4个位元件一个单元连续地组合起来使用，即可以表示为KnP的形式，其中n（n=1~8）为组数或单元数，P为位元件的首地址。例如，K2M0表示M0~M7组成的两个位元件组（K2表示2个单元），它是一个8位数据（4位×2=8位），M0为数据的最低位（首位）。K4X0表示X0~X17组成的四个位元件组，它是一个16位数据（4位×4=16位，即一个字），X0为数据的最低位。如果将16位数据传送到不足16位的位元件组合（n<4）时，只能传送低位数据，多出的高位数据不能传送，32位数据传送也是类似的。在进行16位数操作时，参与操作的位元件不足16位时，高位的不足部分均作0处理，这意味着只能处理正数（符号位为0），在进行32位数处理时也是一样的。

被组合的元件首位元件可以任意选择，但是为了避免混乱，建议在使用位元件组合时采用以0结尾的元件号作为元件的首地址，如X0、X10、Y0、Y10等。

2.　应用指令的数据格式

1）二进制数。在FX系列PLC的内部，数据是以二进制（BIN）补码的形式存储的，所有的算术运算和加1、减1运算都使用二进制数的形式进行。二进制补码的最高位为符号位，正数的符号位为0，负数的符号位为1。

2）BCD码。BCD码是按二进制编码的十进制数。每位十进制数用4位二进制数来表示，0~9对应的二进制数为0000~1001，各位BCD码（十进制数）之间采用逢十进一的运算规则。FX系列PLC通过数据变换指令（BCD和BIN指令）实现二进制数与BCD码之间的相互转换。

3）浮点数。为了更精确地进行运算，可采用浮点数运算，浮点数可以用来表示实数，即整数或小数，可以包括很大的数和很小的数。二进制浮点数采用编号连续的一对数据寄存器（即元件对）来表示。例如，D11和D10组成的32位数据寄存器中，D10是数据的低16位，这16位加上D11中的低7位共23位为浮点数的尾数，而D11中除最高位的前8位是指数，最

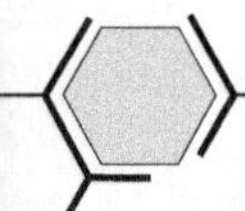

高位是尾数的符号位（0为正数，1为负数）。这种二进制浮点数表示的数如下：

$$二进制浮点数 = 尾数 \times 2^{指数}$$

PLC内部实数的处理是采用上述的二进制浮点数的数据格式，但这种浮点数的格式不便于监视，所以引入实数的科学记数格式或称为十进制的浮点数。这是一种介于二进制数和二进制浮点数格式之间的表示方法。用这种表示方法表示实数也需要占用32位，即两个字。通常也用两个数据寄存器组成的元件对来存放科学记数格式的实数。例如，使用数据寄存器（D1，D0）时，其中编号小的数据寄存器（D0）为尾数段，编号大的数据寄存器（D1）为指数段。这种十进制浮点数表示的数如下：

$$十进制浮点数 = 尾数 \times 10^{指数}$$

在FX系列PLC中可以进行二进制浮点数运算和十进制浮点数运算，具有将二进制浮点数与十进制浮点数相互转换的指令（EBCD和EBIN指令）。

4.2 数据传送、比较和变换指令

4.2.1 数据传送指令 ★★★

1. 传送指令

（1）指令组成要素

传送指令MOV（MOVE，FNC12）的功能是将源数据传送到指定的目标数据中。传送指令的助记符、功能码、操作数范围和占用程序步数见表4-1。

表4-1 传送指令组成要素

指令名称	助记符	功能码（处理位数）	操作数范围		占用程序步数
			[S·]	[D·]	
传送	MOV MOVP	FNC12 (16/32)	K、H、KnX、KnY、KnM、KnS、T、C、D、V、Z	KnY、KnM、KnS、T、C、D、V、Z	MOV、MOVP…5步 DMOV、DMOVP…9步

（2）指令使用说明

由表4-1可见，MOV指令的源操作数可取所有数据类型，目标操作数可以是KnY、KnM、KnS、T、C、D、V、Z；指令在16位运算时占5个程序步，在32位运算时则占9个程序步。

（3）指令使用示例

数据传送指令MOV的使用如图4-1所示。当M8002为ON时，则将源数据常数K10传送到目标操作元件即D100中。在指令执行时，常数K10会自动转换成二进制数。当M8002为OFF时，指令不被执行，数据保持不变。

［**例4-1**］ 设有8盏指示灯，控制要求如下：当X0接通时，灯全亮；当X1接通时，奇数灯亮；当X2接通时，偶数灯亮；当X3接通时，全部灯灭。试使用数据传送指令编写程序。

根据控制要求列出系统输入、输出信号间的控制关系，见表4-2。其中，“√”表示灯亮，“－”表示灯灭。因为是8位数据，所以用十六进制数表示较为方便。

表4-2 指示灯输入/输出控制关系

输入端子	输出位元件组合K2Y0								传送数据
	Y7	Y6	Y5	Y4	Y3	Y2	Y1	Y0	
X0	√	√	√	√	√	√	√	√	H00FF
X1	√	—	√	—	√	—	√	—	H00AA
X2	—	√	—	√	—	√	—	√	H0055
X3	—	—	—	—	—	—	—	—	H0000

例 4-1 的程序如图 4-3 所示。

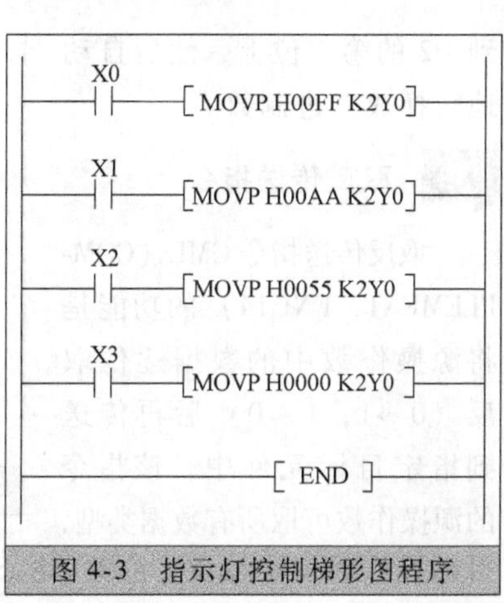

图 4-3　指示灯控制梯形图程序

2. 移位传送指令

(1) 指令组成要素

移位传送指令 SMOV（SHIFT MOVE，FNC13）的功能是将源数据（二进制数）自动转换成 4 位 BCD 码，再进行移位传送，传送后的目标操作数的 BCD 码自动转换成二进制数。移位传送指令的助记符、功能码、操作数范围和占用程序步数见表 4-3。

(2) 指令使用说明

SMOV 指令的源操作数可取所有数据类型，目标操作数可以是 KnY、KnM、KnS、T、C、D、V、Z。该指令只有 16 位运算，占用 11 个程序步；源操作数为负以及 BCD 码的值超过 9999 都会出现错误。

表 4-3　移位传送指令组成要素

指令名称	助记符	功能码（处理位数）	操作数范围					占用程序步数
			[S·]	m1	m2	[D·]	n	
移位传送	SMOV SMOVP	FNC13 (16)	K、H、KnX、KnY、KnM、KnS、T、C、D、V、Z	K、H = 1 ~ 4	K、H = 1 ~ 4	KnY、KnM、KnS、T、C、D、V、Z	K、H = 1 ~ 4	SMOV、SMOVP…11 步

(3) 指令使用示例

移位传送指令 SMOV 的使用如图 4-4 所示。当 X1 为 ON 时，将 D1 中右起第 4 位（m1 = 4）开始的 2 位（m2 = 2）BCD 码移到目标操作数 D2 的右起第 3 位（n = 3）和第 2 位。然后 D2 中的 BCD 码会自动转换为二进制数，而目标 D2 中的第 1 位和第 4 位不受移位传送指令的影响，保持不变，见图 4-4 下部的传送示意图。

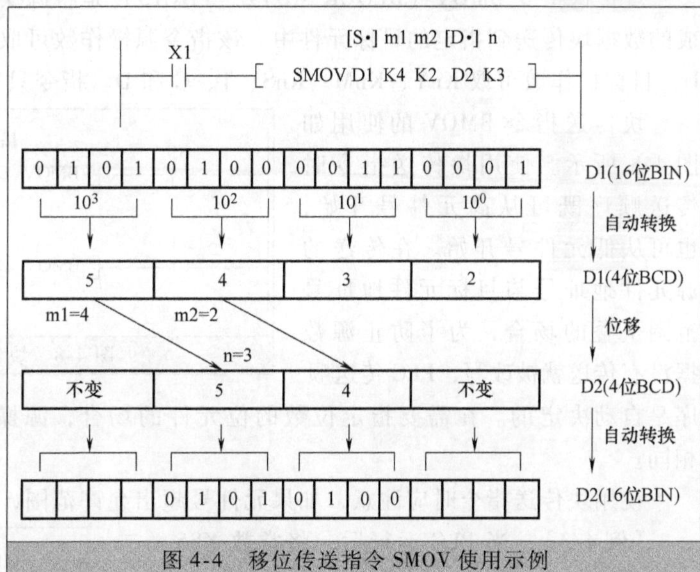

图 4-4　移位传送指令 SMOV 使用示例

移位传送指令常用于实现与不连续输入端子上相连的几个数字拨码开关的数据输入组合在一起。

[例 4-2]　使用移位传送指令实现接在不连续输入端子上的 3 个数字拨码开关的输入组合成完整的数据输入，如图 4-5 所示。

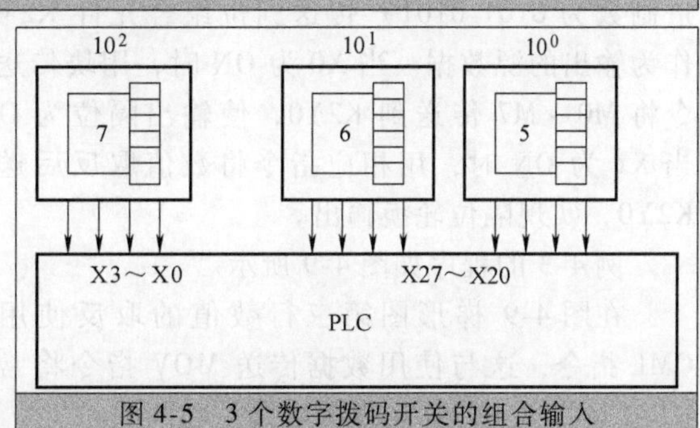

图 4-5　3 个数字拨码开关的组合输入

例 4-2 的程序如图 4-6 所示。

在这个例子中，BIN 指令是数据变换指令，实现将 BCD 码转换成二进制数。通过移位传送指令 SMOV 将 D1 中的一位 BCD 码移送到D2的第三位上，然后自动地转换成二进制数。

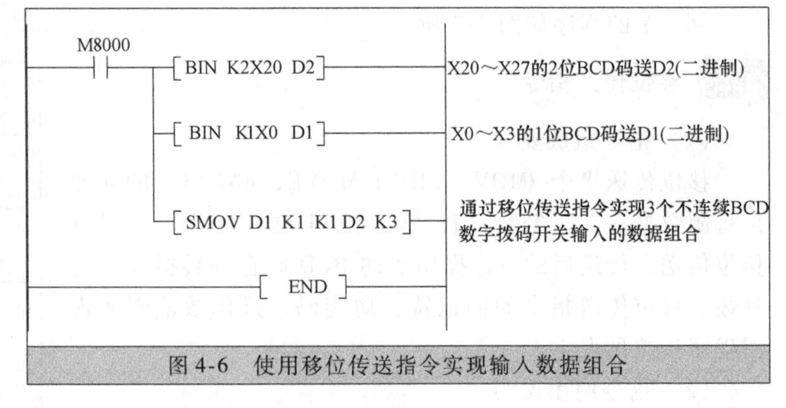

图4-6　使用移位传送指令实现输入数据组合

3. 取反传送指令

取反传送指令CML（COMPLEMENT，FNC14）的功能是将源操作数中的数据逐位取反（0→1，1→0）后再传送到指定目标元件中。该指令的源操作数可取所有数据类型，目标操作数可取KnY、KnM、KnS、T、C、D、V、Z。16位运算占用5个程序步，32位运算占9个程序步。如果源数据为常数，则该数据会自动转换为二进制数。

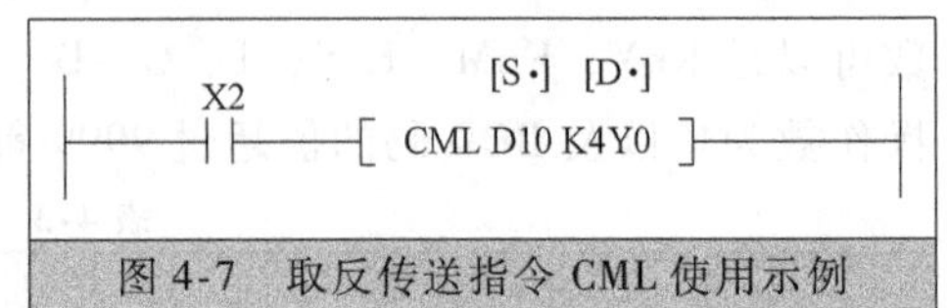

图4-7　取反传送指令CML使用示例

取反传送指令CML的使用如图4-7所示。当X2为ON时执行CML指令，将D10的各位取反后传送到目标元件Y0～Y17中。

4. 块传送指令

块传送指令BMOV（BLOCK MOVE，FNC15）是将源操作数指定软元件开始的n个数据组成的数据块传送到指定的目标元件中。该指令源操作数可取KnX、KnY、KnM、KnS、T、C和D，目标操作数可取KnY、KnM、KnS、T、C和D。指令只有16位运算，占用7个程序步。

块传送指令BMOV的使用如图4-8所示。使用块传送指令时传送顺序既可从高元件号开始，也可从低元件号开始。在传送的源元件地址号与目标元件地址号范围重叠的场合，为了防止源数据没有传送就被改写，PLC传送顺序是自动决定的。在需要指定位数的位元件的场合，源操作数和目标操作数的指定位数应相同。

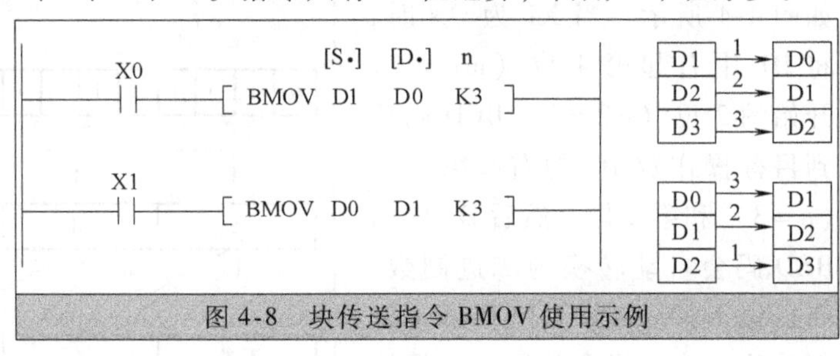

图4-8　块传送指令BMOV使用示例

使用块传送指令时应注意，如果元件号超出允许范围，数据则仅传送到允许范围的元件。

[例4-3]　当PLC运行后，将常数K85（二进制数为0101 0101）传送到位组合元件K2M0，作为输出的源数据。当X0为ON时，用块传送指令将M0～M7传送到K2Y0，使输出隔位为ON。当X1为ON时，用相应指令将数值取反后送到K2Y0，实现隔位轮换输出。

例4-3的程序如图4-9所示。

在图4-9梯形图第三行数值的取反使用了CML指令，这与使用数据传送MOV指令将常数K170传送到K2Y0实现的效果是相同的。

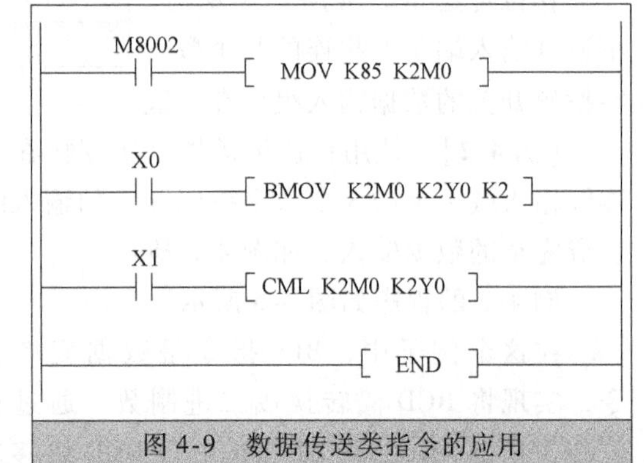

图4-9　数据传送类指令的应用

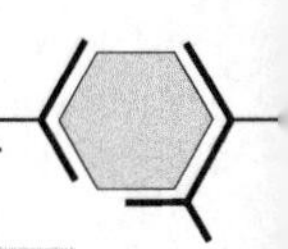

5. 多点传送指令

多点传送指令 FMOV（FILL MOVE，FNC16）的功能是将源操作数中的数据传送到指定目标开始的 n（n≤512）个软元件中，传送后 n 个软元件中的数据完全相同。

使用多点传送指令 FMOV 时应注意以下几点：源操作数可取所有的数据类型，目标操作数可取 KnX、KnM、KnS、T、C 和 D；指令 16 位运算占用 7 个程序步，32 位运算则占用 13 个程序步；如果元件号超出允许范围，数据仅送到允许范围的元件中。

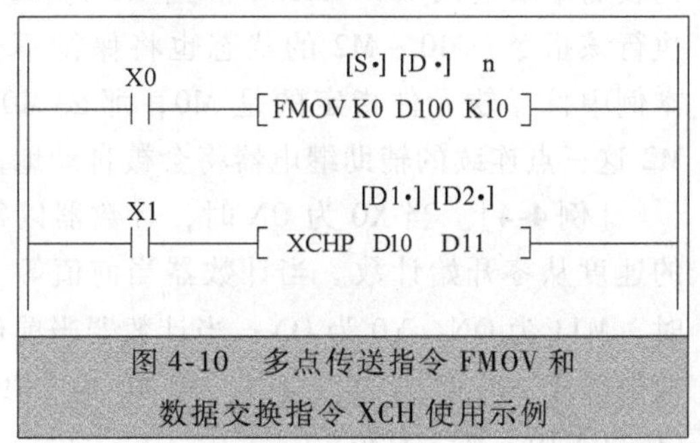

图 4-10　多点传送指令 FMOV 和数据交换指令 XCH 使用示例

多点传送指令 FMOV 的使用如图 4-10 所示。当 X0 为 ON 时，将源数据 K0 传送到目标元件 D100～D109（n＝K10）中。

6. 数据交换指令

数据交换指令 XCH（EXCHANGE，FNC17）的功能是在指定的两个目标软元件中进行数据交换。操作数的元件可取 KnY、KnM、KnS、T、C、D、V 和 Z。交换指令一般采用脉冲执行方式。指令 16 位运算时占用 5 个程序步，32 位运算时占用 9 个程序步。

数据交换指令的使用见图 4-10 中的第二行程序。设在指令执行前，目标元件 D10 和 D11 中的数据分别为 100 和 200；当 X1 接通后，执行数据交换指令 XCH，目标元件 D10 和 D11 中的数据分别为 200 和 100，即 D10 和 D11 中的数据进行了交换。该指令采用了脉冲执行方式，否则在每个扫描周期两个目标软元件中的数据都要交换一次。

4.2.2 数据比较指令 ★★★

比较指令包括 CMP（比较）和 ZCP（区间比较），比较的结果用目标软元件的状态来表示。

1. 比较指令

（1）指令组成要素

比较指令 CMP（COMPARE，FNC10）的功能是比较两个源操作数［S1·］和［S2·］的数据，比较后的结果用目标元件［D·］的相应状态来表示。

比较指令的助记符、功能码、操作数范围和占用程序步数见表 4-4。

表 4-4　比较指令组成要素

指令名称	助记符	功能码（处理位数）	操作数范围			占用程序步数
			［S1·］	［S2·］	［D·］	
比较	CMP CMPP	FNC10 （16/32）	K、H KnX、KnY、KnM、KnS、T、C、D、V、Z		Y、M、S	CMP、CMPP…7 步 DCMP、DCMPP…13 步

（2）指令使用说明

比较的数据是进行代数值大小的比较（即带符号比较），所有的源数据均按二进制处理。当比较指令的操作数不完整（如果只指定一个或两个操作数），或者指定的操作数不符合要求，例如把 X、D、T、C 指定为目标操作数，或者指定的操作数的元件号超出了允许范围等情况，使用比较指令就会出错。

(3) 指令使用示例

比较指令 CMP 的使用如图 4-11 所示。当 X0 为 ON 时，将常数 K100 与 C0 的当前值进行比较，比较的结果送入 M0 ~ M2 中。当 X0 为 OFF 时不执行该指令，M0 ~ M2 的状态也将保持不变。在本例中目标软元件指定的是 M0，那么 M0、M1、M2 这三点连续的辅助继电器将会被自动地占用。

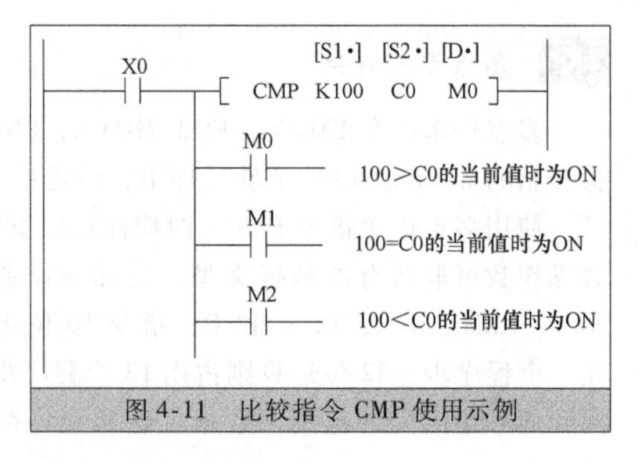

图 4-11 比较指令 CMP 使用示例

[例 4-4] 当 X0 为 ON 时，计数器以每隔 1s 的速度从零开始计数。当计数器当前值等于 100 时，M11 为 ON，Y0 为 ON；当计数器当前值大于 100 时，M12 为 ON，Y1 为 ON；当计数器当前值等于 200 时，Y2 为 ON。当 X0 为 OFF 时，计数器 C0 与 M10 ~ M12 复位。

例 4-4 的程序如图 4-12 所示。

在本例中，用到了区间复位指令 ZRST，该指令可以用于软元件成批的复位，此处它相当于三条复位指令 RST 分别对 M10 ~ M12 进行复位操作。在本章 4.5 节会对 ZRST 指令的使用做详细的介绍。

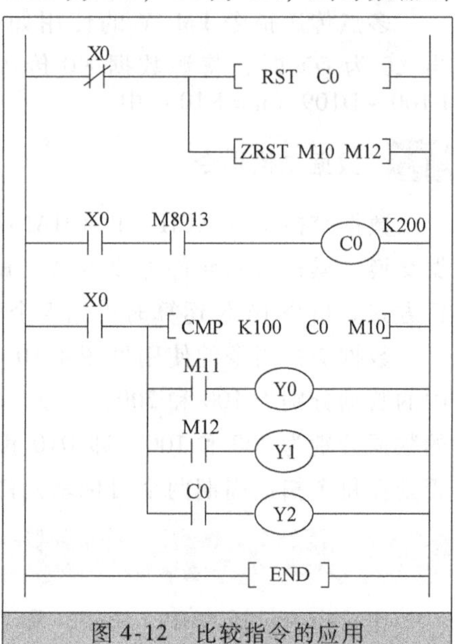

图 4-12 比较指令的应用

2. 区间比较指令

(1) 指令组成要素

区间比较指令 ZCP（ZONE COMPARE，FNC11）的功能是将源操作数［S·］与两个源数据［S1·］和［S2·］组成的数据区间进行代数比较（即带符号比较），并将比较结果送到目标操作数［D·］中。

区间比较指令的助记符、功能码、操作数范围和占用程序步数见表 4-5。

表 4-5 区间比较指令组成要素

指令名称	助记符	功能码（处理位数）	操作数范围				占用程序步数
			[S1·]	[S2·]	[S·]	[D·]	
区间比较	ZCP ZCPP	FNC11 (16/32)	K、H、KnX、KnY、KnM、KnS、T、C、D、V、Z			Y、M、S	ZCP、ZCPP…9 步 DZCP、DZCPP…17 步

(2) 指令使用说明

使用区间比较指令时，要求［S1·］≤［S2·］，如果［S1·］>［S2·］，则［S2·］被看作与［S1·］一样大。例如，［S1·］= K10，［S2·］= K9 时，则［S2·］当作 K10 进行运算。所有的源数据都被看成二进制数处理。

(3) 指令使用示例

区间比较指令 ZCP 的使用如图 4-13 所示。当 X1 为 ON 时，执行 ZCP 指令，将 T0 当前值与 K10 和 K15 组成的区间进行比较，比较的结果送

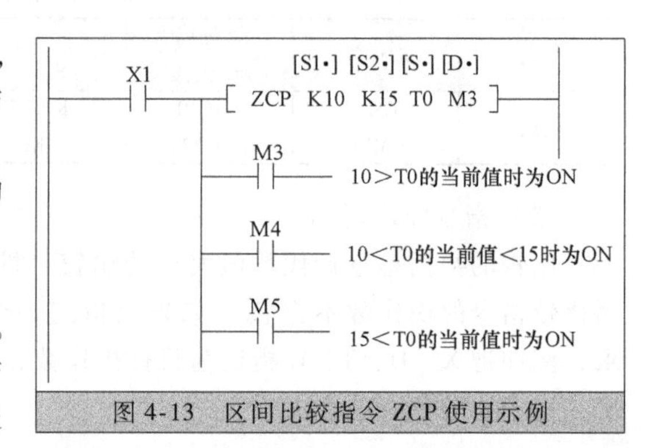

图 4-13 区间比较指令 ZCP 使用示例

入 M3、M4 和 M5 中。X1 为 OFF 时，ZCP 指令不执行，M3、M4、M5 的状态保持不变。

3. 触点式比较指令

（1）指令组成要素

触点式比较指令（FNC224～246）是使用触点符号进行数据［S1·］、［S2·］比较的指令，根据比较结果确定触点是否允许能流通过。因此，该类指令相当于一个特殊的触点，根据比较条件成立与否决定其是否闭合。

按照触点在梯形图中的位置，此类指令可以分为 LD 形、AND 形和 OR 形三种类型。该类指令的功能码、助记符、操作数范围和闭合/不闭合条件见表 4-6。

表 4-6　触点式比较指令组成要素

功能码	16 位助记符（5 步）	32 位助记符（9 步）	操作数范围		闭合条件	不闭合条件
			［S1·］	［S2·］		
224	LD =	(D)LD =			[S1·]=[S2·]	[S1·]≠[S2·]
225	LD >	(D)LD >			[S1·]>[S2·]	[S1·]≤[S2·]
226	LD <	(D)LD <			[S1·]<[S2·]	[S1·]≥[S2·]
228	LD < >	(D)LD < >			[S1·]≠[S2·]	[S1·]=[S2·]
229	LD≤	(D)LD≤			[S1·]≤[S2·]	[S1·]>[S2·]
230	LD≥	(D)LD≥			[S1·]≥[S2·]	[S1·]<[S2·]
232	AND =	(D)AND =			[S1·]=[S2·]	[S1·]≠[S2·]
233	AND >	(D)AND >			[S1·]>[S2·]	[S1·]≤[S2·]
234	AND <	(D)AND <	K、H、KnX、KnY、KnM、KnS、T、C、D、V、Z		[S1·]<[S2·]	[S1·]≥[S2·]
236	AND < >	(D)AND < >			[S1·]≠[S2·]	[S1·]=[S2·]
237	AND≤	(D)AND≤			[S1·]≤[S2·]	[S1·]>[S2·]
238	AND≥	(D)AND≥			[S1·]≥[S2·]	[S1·]<[S2·]
240	OR =	(D)OR =			[S1·]=[S2·]	[S1·]≠[S2·]
241	OR >	(D)OR >			[S1·]>[S2·]	[S1·]≤[S2·]
242	OR <	(D)OR <			[S1·]<[S2·]	[S1·]≥[S2·]
244	OR < >	(D)OR < >			[S1·]≠[S2·]	[S1·]=[S2·]
245	OR≤	(D)OR≤			[S1·]≤[S2·]	[S1·]>[S2·]
246	OR≥	(D)OR≥			[S1·]≥[S2·]	[S1·]<[S2·]

（2）指令使用说明

当源数据的最高位（16 位指令为 b15，32 位指令为 b31）为 1 时，该数值作为负数进行比较。32 位计数器（C200～C255）的比较，必须使用 32 位指令来处理。如果使用 16 位指令，则会导致程序出错。

（3）指令使用示例

触点式比较指令的使用如图 4-14 所示。在图 4-14 中，当常数 K7654 大于 32 位计数器 C201 的当前值且 X0 接通，或者 D20 的数值等于 150 时，M10 的线圈将“通电”。X1 接通且 D30 的数值等于 160 时，Y7 的线圈将“通电”。

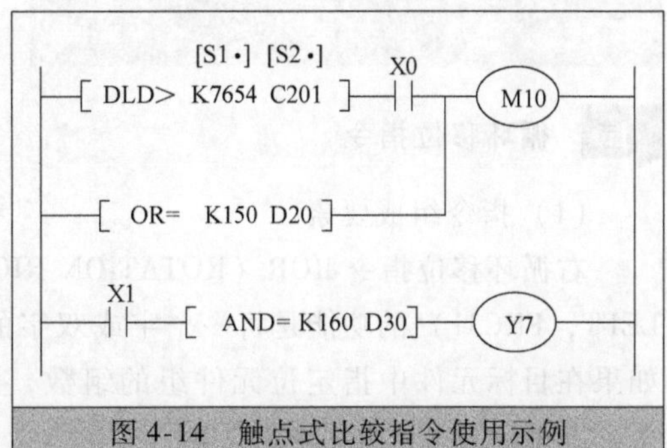

图 4-14　触点式比较指令使用示例

［例 4-5］　使用触点式比较指令实现单按钮的启停控制，按钮输入为 X0，驱动输出负载为 Y0。

例 4-5 的程序如图 4-15 所示。图 4-15 中第一行程序的 INC 为加 1 指令，在本章的 4.4 节会有详细的介绍。

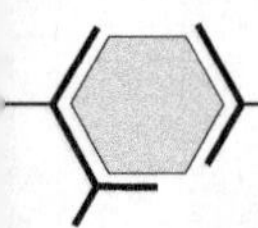

4.2.3 数据变换指令 ★★★

1. BCD变换指令

BCD变换指令（BIN-BCD，FNC18）的功能是将源元件中的二进制数转换成BCD码后送到指定目标元件中。

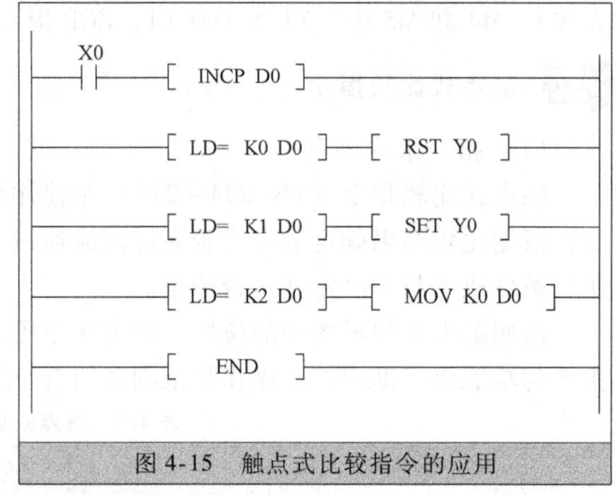

图4-15 触点式比较指令的应用

如果指令进行16位运算时，执行结果超出0~9999范围将会出错。当指令进行32位运算时（DBCD），执行结果超过0~9999 9999范围也将出错。PLC中内部的算术运算使用二进制，可用BCD指令将二进制数变换为BCD码输出到七段显示器进行显示。

BCD变换指令的使用示例如图4-16所示。

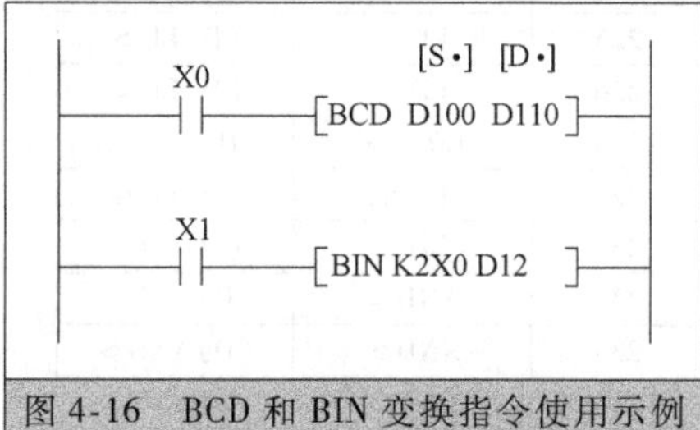

图4-16 BCD和BIN变换指令使用示例

2. BIN变换指令

BIN变换指令（BCD-BIN，FNC19）的功能是将源元件中的BCD码转换成二进制数据送到目标元件中。源操作数可取KnX、KnY、KnM、KnS、T、C、D、V和Z，目标操作数可取KnY、KnM、KnS、T、C、D、V和Z。16位运算占用5个程序步，32位运算占用9个程序步。

可以用BIN指令将BCD数字拨码开关提供的设定值输入到PLC中，如果源数据不是BCD码，将会出错。因此，常数不能作为本指令的操作元件。BCD码的数值范围与BCD指令中的范围相同。

BIN变换指令的使用见图4-16中的第二行程序。

4.3 循环移位与移位类指令

FX_{2N}系列PLC循环移位与移位类指令包括循环移位、位移位、字移位和先入先出指令等几种，其中循环移位指令又分为带进位的循环移位和不带进位的循环移位，循环移位、位移位、字移位指令都包括左移和右移指令，先入先出指令则分为先入先出写入和先入先出读出指令。

4.3.1 循环移位类指令 ★★★

1. 循环移位指令

（1）指令组成要素

右循环移位指令ROR（ROTATION RIGHT，FNC30）或左循环移位指令ROL（ROTATION LEFT，FNC31）的功能是将一个字或双字的数据实现向右或向左环形移位（数据旋转移位）。如果在目标元件中指定位元件组的组数，则只有K4（16位运算指令）和K8（32位运算指令）有效，如K4Y0和K8M10。

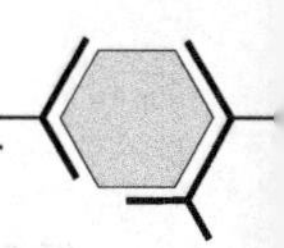

循环移位指令的助记符、功能码、操作数范围和占用程序步数见表 4-7。

表 4-7　循环移位指令组成要素

指令名称	助记符	功能码（处理位数）	操作数范围		占用程序步数
			[D·]	n	
循环右移	ROR RORP	FNC30 (16/32)	KnY、KnM、KnS、T、C、D、V、Z	K、H 移位位数： n≤16(16 位指令) n≤32(32 位指令)	ROR、RORP…5 步 DROR、DRORP…9 步
循环左移	ROL ROLP	FNC31 (16/32)			ROL、ROLP…5 步 DROL、DROLP…9 步

(2) 指令使用说明

执行右循环移位指令（或左循环移位指令）时，各位数据向右（或向左）循环移动 n 位，最后一次移出来的那一位同时存入进位标志 M8022 中。右循环移位和左循环移位的过程及结果分别如图 4-17 和图 4-18 所示。

(3) 指令使用示例

右循环移位指令 ROR 和左循环移位指令 ROL 指令的使用分别如图 4-17 和图 4-18 中的梯形图程序。

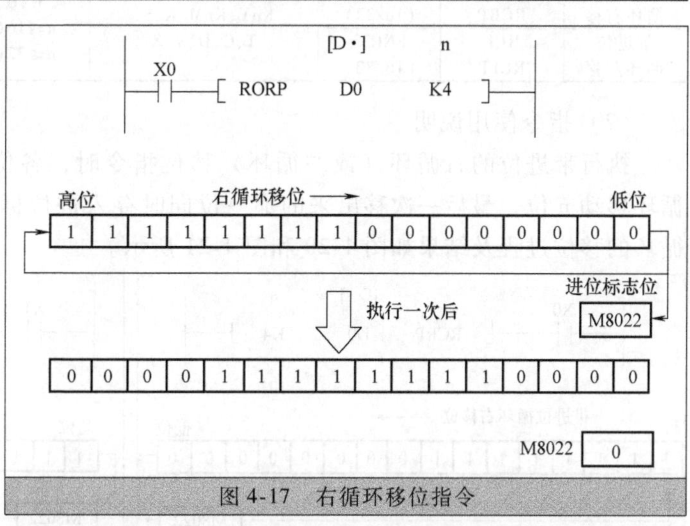

图 4-17　右循环移位指令

在图 4-17 中，当 X0 由 OFF→ON 时，目标元件指定的软元件中的各位数据向右移 4（n = K4）位，最后一次从低位移出的状态（0）存于进位标志 M8022 中；在图 4-18 中，当 X1 由 OFF→ON 时，目标元件指定的软元件中的各位数据向左移 4（n = K4）位，最后一次从高位移出的状态（1）存于进位标志 M8022 中。

[**例 4-6**]　编写程序用开关 X2 控制接在 Y0 ~ Y17 上的 16 个彩灯的移位方向，每 0.6s 移一位，在 PLC 刚开始运行时或开关 X1 一闭合时将彩灯的初值设定为 H000A。

例 4-6 的程序如图 4-19 所示。

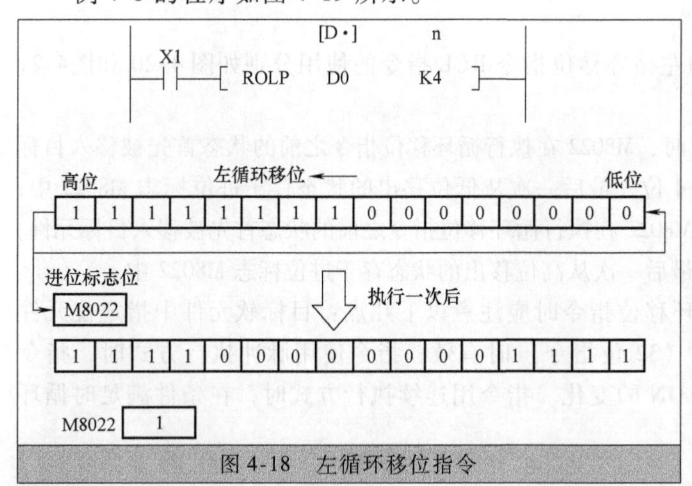

图 4-18　左循环移位指令

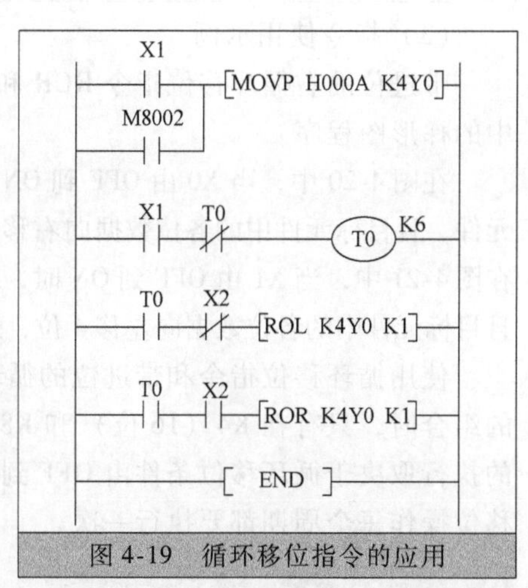

图 4-19　循环移位指令的应用

2. 带进位的循环移位指令

(1) 指令组成要素

带进位的循环右移位指令 RCR（ROTATION RIGHT WITH CARRY，FNC32）或带进位的

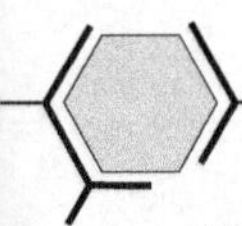

循环左移位指令 RCL（ROTATION LEFT WITH CARRY，FNC33）的功能是将目标数据中的各位数据连同进位标志（M8022）向右（或向左）循环移动 n 位。

带进位的循环移位指令的助记符、功能码、操作数范围和占用程序步数见表 4-8。

表 4-8　带进位的循环移位指令组成要素

指令名称	助记符	功能码（处理位数）	操作数范围 [D·]	操作数范围 n	占用程序步数
带进位循环右移	RCR RCRP	FNC32 (16/32)	KnY、KnM、KnS、T、C、D、V、Z	K、H 移位位数：n≤16(16 位指令) n≤32(32 位指令)	RCR、RCRP…5 步 DRCR、DRCRP…9 步
带进位循环左移	RCL RCLP	FNC33 (16/32)			RCL、RCLP…5 步 DRCL、DRCLP…9 步

（2）指令使用说明

执行带进位的右循环（或左循环）移位指令时，各位数据连同进位标志向右（或向左）循环移动 n 位，最后一次移出来的那一位同时存入进位标志 M8022 中。带进位的右循环和左循环的移位过程及结果如图 4-20 和图 4-21 所示。

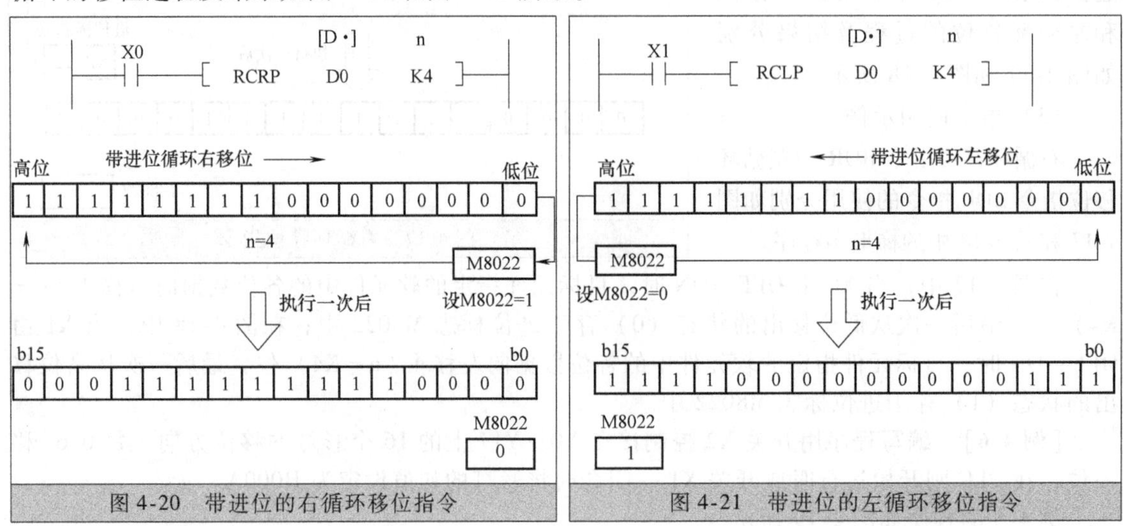

图 4-20　带进位的右循环移位指令　　图 4-21　带进位的左循环移位指令

（3）指令使用示例

带进位的右循环移位指令 RCR 和左循环移位指令 RCL 指令的使用分别如图 4-20 和图4-21 中的梯形图程序。

在图 4-20 中，当 X0 由 OFF 到 ON 时，M8022 在执行循环移位指令之前的状态首先被移入目标元件，且目标元件中的各位数据向右移 4 位，最后一次从低位移出的状态存于进位标志 M8022 中；在图 4-21 中，当 X1 由 OFF 到 ON 时，M8022 在执行循环移位指令之前的状态首先被移入目标元件，且目标元件中的各位数据向左移 4 位，最后一次从高位移出的状态存于进位标志 M8022 中。

使用循环移位指令和带进位的循环移位指令时应注意以下几点：目标软元件中指定位元件的组合时，只有在 K4（16 位）和 K8（32 位指令）时有效；指令使用脉冲执行方式时，指令的执行取决于循环移位条件由 OFF 到 ON 的变化。指令用连续执行方式时，在条件满足时循环移位操作每个周期都要执行一次。

4.3.2　移位类指令 ★★★

1. 位右移和位左移指令

（1）指令组成要素

位右移指令 SFTR（SHIFT RIGHT，FNC34）或位左移指令 SFTL（SHIFT LEFT，FNC35）的功能是使目标位元件中的状态（0 或 1）成组地向右（或向左）移动。

位右移指令和位左移指令的助记符、功能码、操作数范围和占用程序步数见表 4-9。

表 4-9　位右移和位左移指令组成要素

指令名称	助记符	功能码（处理位数）	操作数范围				占用程序步数
			[S·]	[D·]	n1	n2	
位右移	SFTR SFTRP	FNC34 (16)	X、Y、M、S	Y、M、S	K、H n2≤n1≤1024		SFTR、SFTRP…9 步
位左移	SFTL SFTLP	FNC35 (16)	X、Y、M、S	Y、M、S	K、H n2≤n1≤1024		SFTL、SFTLP…9 步

（2）指令使用说明

在位右移和位左移指令的操作数中，n1 指定位元件的长度，n2 指定移位位数，n1 和 n2 的关系及范围因机型不同而有差异，对于 FX_{2N} 系列为 n2≤n1≤1024。位右移指令和位左移指令的移位过程及结果分别如图 4-22和图 4-23 所示。

图 4-22　位右移指令

（3）指令使用示例

位右移指令 SFTR 和位左移指令 SFTL 的使用分别如图 4-22 和图 4-23 中的梯形图程序。在图 4-22 中的位右移指令的梯形图程序，当 X10 由 OFF 到 ON 时，目标元件（M0～M15）16 位数据连同源元件（X0～X3）在内的 4 位位元件的数据向右移 4 位，（X0～X3）4 位数据从目标元件的高位端移入，而目标元件的低 4 位数据 M0～M3 移出而溢出。如果图 4-22 中 n2 = 1，则每次只进行 1 位移位。同样的，在图 4-23 中位左移指令的梯形图移位的情形也可以类似地分析。

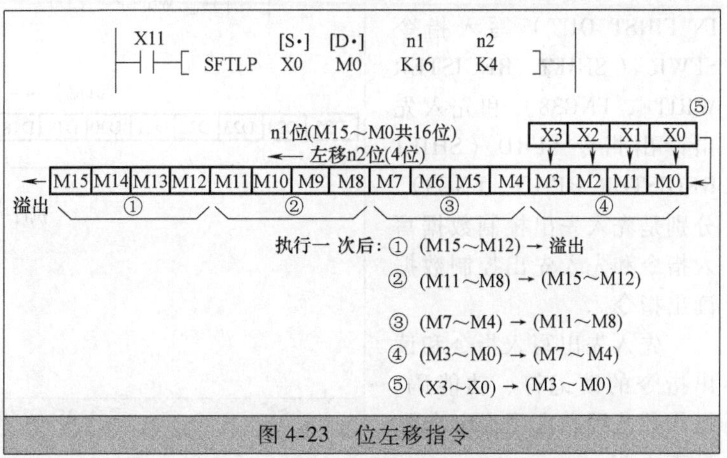

图 4-23　位左移指令

2. 字右移和字左移指令

（1）指令组成要素

字右移指令 WSFR（WORD SHIFT RIGHT，FNC36）和字左移指令 WSFL 指令（WORD SHIFT LEFT，FNC37）分别以字为单位，将 n1 个字右移或左移 n2 个字，n1 和 n2 的关系为 n2≤n1≤512。

字右移指令和字左移指令的助记符、功能码、操作数范围和占用程序步数见表 4-10。

表 4-10　字右移和字左移指令组成要素

指令名称	助记符	功能码（处理位数）	操作数范围				占用程序步数
			[S·]	[D·]	n1	n2	
字右移	WSFR WSFRP	FNC36 （16）	KnX、KnY、KnM、KnS、T、C、D	KnY、KnM、KnS、T、C、D	K、H：n2≤n1≤512		WSFR、WSFRP…9 步
字左移	WSFL WSFLP	FNC37 （16）					WSFL、WSFLP…9 步

（2）指令使用及说明

字右移指令和字左移指令的移位过程分别与位右移和位左移指令相似，字右移指令和字左移指令的移位过程及结果分别如图 4-24 和图 4-25 所示，这里不再详述。

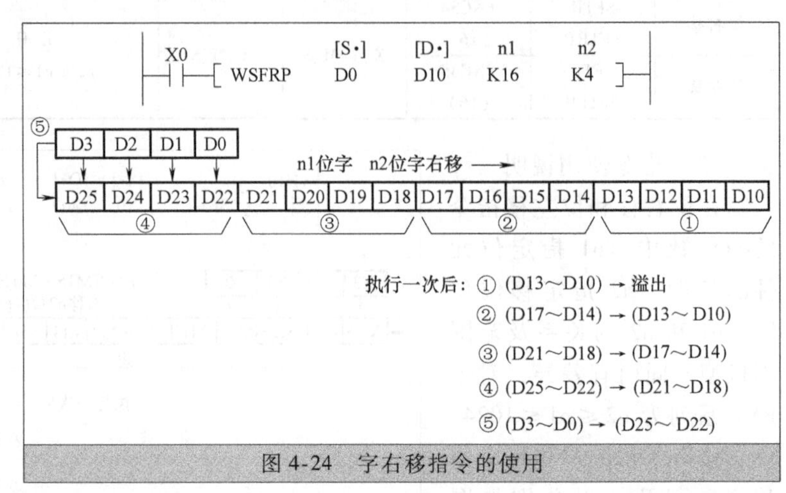

图 4-24　字右移指令的使用

使用字右移和字左移指令时应注意：字移位指令只有 16 位操作，无 32 位指令操作；由［S·］、［D·］指定的软元件如果是位元件的组合需要指定位数时，其位数应该相同。

3. 先入先出写入和读出指令

（1）指令组成要素

先入先出（FIFO，FIRST IN FIRST OUT）写入指令 SFWR（SHIFT REGISTER WRITE，FNC38）和先入先出读出指令 SFRD（SHIFT REGISTER READ，FNC39）分别是先入先出控制数据写入指令和先入先出控制数据读出指令。

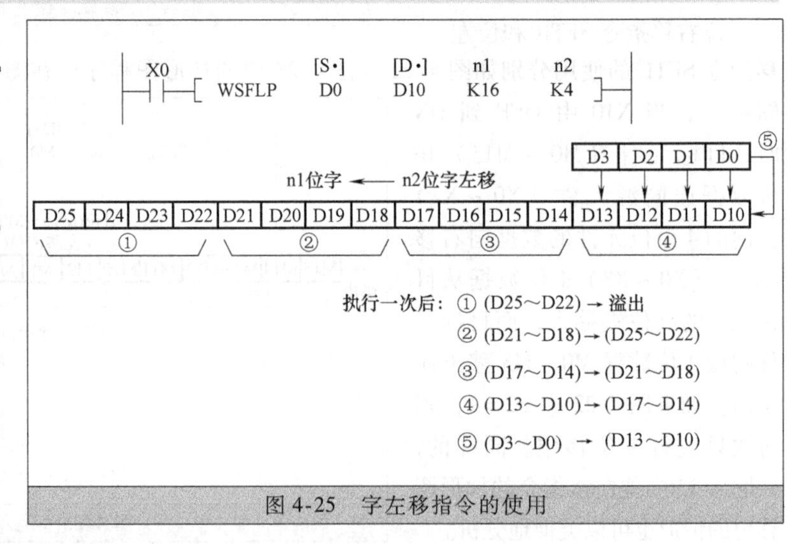

图 4-25　字左移指令的使用

先入先出写入指令和读出指令的助记符、功能码、操作数范围和占用程序步数见表 4-11。

表 4-11　先入先出写入和读出指令组成要素

指令名称	助记符	功能码（处理位数）	操作数范围			占用程序步数
			[S·]	[D·]	n	
先入先出写入	SFWR SFWRP	FNC38 （16）	K、H、KnX、KnY、KnM、KnS、T、C、D、V、Z	KnY、KnM、KnS、T、C、D	K、H：2≤n≤512	SFWR、SFWRP…7 步
先入先出读出	SFRD SFRDP	FNC39 （16）	KnX、KnY、KnM、KnS、T、C、D	KnY、KnM、KnS、T、C、D、V、Z		SFRD、SFRDP…7 步

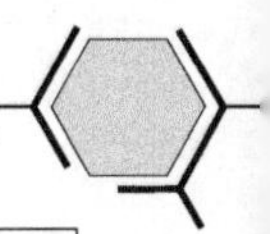

（2）指令使用及说明

先入先出写入指令 SFWR 的使用如图 4-26 所示。在图 4-26 中，当 X0 由 OFF 变为 ON 时，源数据 D0 中的数据写入 D2，而 D1 变为指针，其值为 1（D1 必须预先清 0）；D0 中的数据变为新数据后，当 X0 再次由 OFF 变为 ON 时，D0 中的数据写入 D3，D1 变为 2。依次类推，D0 中的数据依次写入寄存器中。

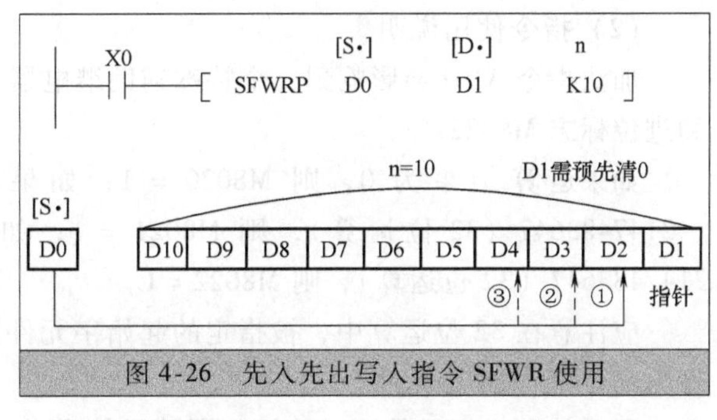

图 4-26　先入先出写入指令 SFWR 使用

源数据从最右边的寄存器开始顺序存入，源数据写入的次数存在 D1 中，当 D1 的内容达到 n－1 后不再执行上述处理，进位标志 M8022 置 1。

先入先出读出指令 SFRD 的使用如图4-27 所示。在图 4-27 中，当 X0 由 OFF 变为 ON 时，D2 中的数据送到 D20，同时，指针 D1 的值减 1，D3～D10 的数据向右移一个字。

数据总是从 D2 读出，当指针 D1 为 0 时，不再执行上述处理，零标志 M8020 置 1。

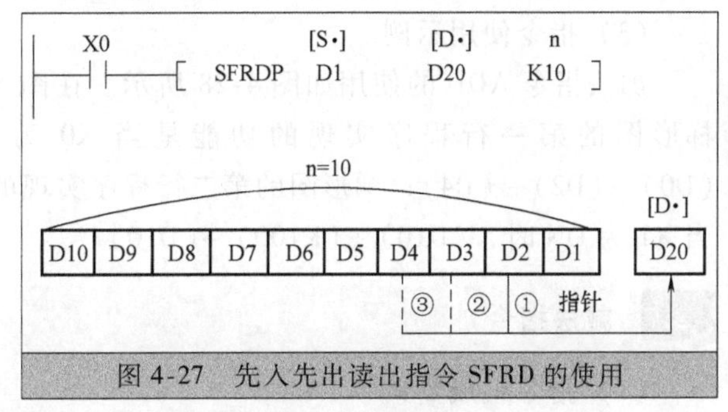

图 4-27　先入先出读出指令 SFRD 的使用

使用 SFWR 指令和 SFRD 指令时应注意：SFWR 指令和 SFRD 指令只有 16 位运算，无 32 位运算；如果 SFRD 指令使用连续执行方式时，则每个扫描周期数据右移一个字。

4.4　算术运算和逻辑运算类指令

算术运算和逻辑运算指令是 PLC 基本的运算指令，可以完成加减乘除四则运算或逻辑运算的操作，通过运算可以实现 PLC 数据的算术及逻辑运算及其他控制功能。PLC 的四则运算包括算术四则运算和浮点数四则运算两种。算术四则运算（整数运算）较为简单，参加运算的数据是整数，而浮点数运算（实数运算）是一种高精度的数学运算。有关浮点数运算的内容将在本章第 4.10 节介绍。

4.4.1　算术运算指令 ★★★

1.　加法指令

（1）指令组成要素

加法指令 ADD（ADDITION，FNC20）的功能是将指定的源元件中的二进制数相加，结果送到指定的目标元件中去。

加法指令的助记符、功能码、操作数范围和占用程序步数见表 4-12。

表 4-12　加法和减法指令组成要素

指令名称	助记符	功能码（处理位数）	操作数范围			占用程序步数
			［S1·］	［S2·］	［D·］	
加法	ADD ADDP	FNC20 （16/32）	K、H、KnX、KnY、KnM、KnS、T、C、D、V、Z		KnY、KnM、KnS、T、C、D、V、Z	ADD、ADDP…7 步 DADD、DADDP…13 步
减法	SUB SUBP	FNC21 （16/32）	K、H、KnX、KnY、KnM、KnS、T、C、D、V、Z		KnY、KnM、KnS、T、C、D、V、Z	SUB、SUBP…7 步 DSUB、DSUBP…13 步

(2) 指令使用说明

加法指令 ADD 会影响到三个特殊辅助继电器（标志位）：零标志 M8020、借位标志 M8021 和进位标志 M8022。

如果运算结果为 0，则 M8020 = 1；如果运算结果小于 - 32767（16 位运算）或 -2147483647（32 位运算），则 M8021 = 1；如果运算结果超过 32767（16 位运算）或 2147483647（32 位运算），则 M8022 = 1。

应注意在 32 位运算中，被指定的起始字元件是低位字（低 16 位），而紧邻的下一个字元件为高位字（16 位元件）。

源元件和目标元件可以使用相同的元件号。如果源元件和目标元件号相同而且采用连续执行方式的 ADD/DADD 指令时，加法的结果在每个扫描周期都会改变。

(3) 指令使用示例

加法指令 ADD 的使用如图 4-28 所示。在图 4-28 中，梯形图的第一行程序实现的功能是当 X0 为 ON 时，(D0) + (D2)→(D4)；梯形图的第二行程序实现的功能是当 X1 为 ON 时，(D10) + (K100)→(D10)。

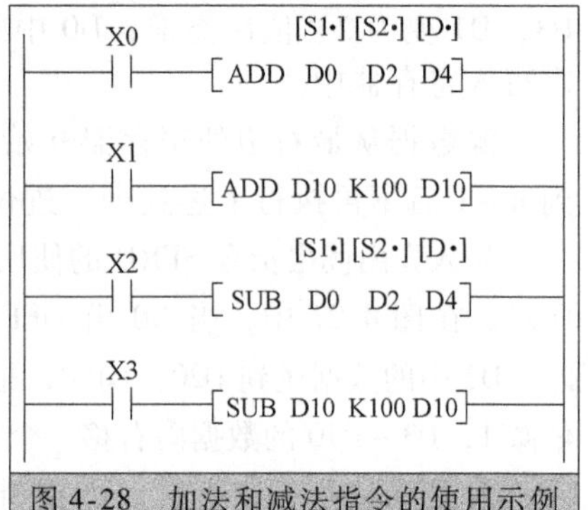

图 4-28 加法和减法指令的使用示例

2. 减法指令

(1) 指令组成要素

减法指令 SUB（SUBTRACTION，FNC21）的功能是将第一个源元件指定的软元件中的数据以二进制形式减去第二个源元件指定的软元件中的数据，结果送入由目标元件指定的软元件中。减法指令的助记符、功能码、操作数范围和占用程序步数见表 4-12。

(2) 指令使用说明

减法指令会影响到的三个标志位（零标志 M8020、借位标志 M8021 和进位标志 M8022）的动作，32 位运算中软元件的指定方法及连续执行方式、脉冲执行方式的区别等项内容均与上述的加法指令的解释相同。

(3) 指令使用示例

减法指令 SUB 的使用如图 4-28 所示。在图 4-28 中，梯形图的第三行程序实现的功能是，当 X2 为 ON 时，(D0) - (D2)→(D4)；梯形图的第四行程序实现的功能是，当 X3 为 ON 时，(D10) - (K100)→(D10)。

使用加法和减法指令时应注意：运算数据为有符号的二进制数，最高位为符号位，0 代表正数，1 代表负数。

3. 乘法指令

(1) 指令组成要素

乘法指令 MUL（MULTIPLICATION，FNC22）的功能是将指定源元件中的二进制数相乘，结果送到指定的目标元件中去，数据均为有符号数。

乘法指令的助记符、功能码、操作数范围和占用程序步数见表 4-13。

(2) 指令使用说明

在 32 位运算中，如果将位元件的组合用于目标操作数时，限于 K 的取值（K = 1 ~ 8），所

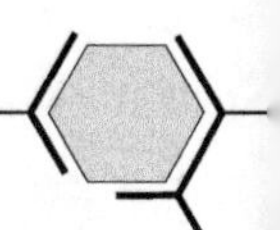

以最多只能得到低位 32 位的结果，不能得到高位 32 位的结果。这时，应将数据移入字元件中再进行计算。

表 4-13　乘法和除法指令的组成要素

指令名称	助记符	功能码（处理位数）	操作数范围			占用程序步数
			[S1·]	[S2·]	[D·]	
乘法	MUL MULP	FNC22 (16/32)	K、H、KnX、KnY、KnM、KnS、T、C、D(V、Z)		KnY、KnM、KnS、T、C、D、V、Z	MUL、MULP…7 步 DMUL、DMULP…13 步
除法	DIV DIVP	FNC23 (16/32)				DIV、DIVP…7 步 DDIV、DDIVP…13 步

使用字元件作目标操作数时，不可能成批监控 64 位数据运算结果，在这种情况下，建议使用浮点数运算。

V 和 Z 不能在 32 位运算中作为目标元件的指定，只能在 16 位运算中作为目标元件的指定。

（3）指令使用示例

乘法指令 MUL 的使用如图 4-29 所示。在图 4-29 中，梯形图的第一行程序实现的功能是实现 16 位乘法运算。当 X0 为 ON 时，将 16 位二进制数［S1·］、［S2·］相乘，结果送入［D·］中，结果为 32 位数，即（D0）×（D2）→（D5，D4）。梯形图的第二行程序实现的功能是实现 32 位乘法运算。当 X1 为 ON 时，将 32 位二进制数［S1·］、［S2·］相乘，结果送入［D·］中，结果为 64 位数，即（D1，D0）×（D3，D2）→（D7，D6，D5，D4）。

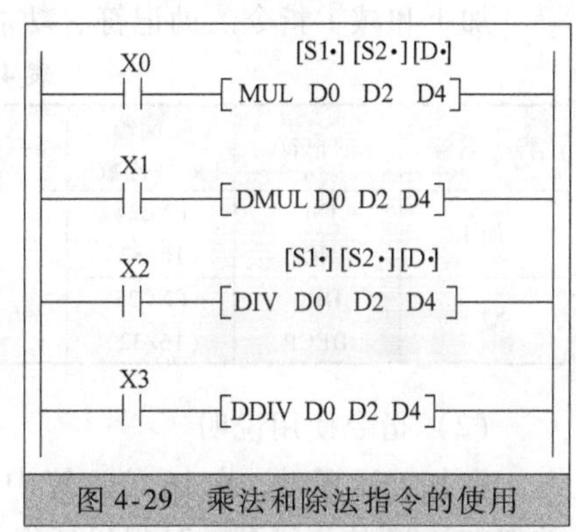

图 4-29　乘法和除法指令的使用

4. 除法指令

（1）指令组成要素

除法指令 DIV（DIVISION，FNC23）的功能是将［S1·］作为被除数，［S2·］作为除数，将商送到［D·］指定的目标元件中，余数送到［D·］紧邻的下一个软元件中。除法指令的助记符、功能码、操作数范围和占用程序步数见表 4-13。

（2）指令使用说明

商与余数二进制数的最高位是符号位，0 代表正数，1 代表负数。被除数或除数中有一个为负数时，商为负数。被除数为负数时，余数为负数。

（3）指令使用示例

除法指令 DIV 的使用如图 4-29 所示。在图 4-29 中，梯形图的第三行程序实现的功能是实现 16 位除法运算。当 X2 为 ON 时（D0）÷（D2）→（D4）为商，（D5）为余数。梯形图的第四行程序实现的功能是实现 32 位除法运算。当 X3 为 ON 时（D1，D0）÷（D3，D2）→（D5，D4）为商，（D7，D6）为余数。

使用除法指令时应注意：除法运算中如将位元件组合指定为目标元件，则无法得到余数，除数为 0 时会发生运算错误。

［例 4-7］　试编写一个线性标度变换程序，实现如下的算式运算：$M = 36 \times N/255 + 45$。在该式中，N 为 A-D 转换后的数字值（最大值 4000），存于 D10 中；M 为 A-D 转换前模拟量的实际值，存于 D18 中。

例4-7的程序如图4-30所示。

在图4-30所示的梯形图程序中，FX系列PLC的16位乘法运算的乘积为32位的双字。当N的最大值为4000时，$36 \times N = 144000$，超过了一个字能表示的最大正数值(32767)，因此在这里采用了双字的除法。另外，在进行线性标度变换运算时，应采用先乘后除的顺序，否则会很大地丢失原始数据的精度。

```
 X0
─┤↑├──┬──[MUL  K36  D10  D12]──
      ├──[DDIV D12 K255 D14]──
      └──[ADD  D14  K45  D18]──
─────────[ END ]──────────────
```

图4-30　算术运算指令的应用

5. 加1和减1指令

（1）指令组成要素

加1指令INC（INCREMENT，FNC24）和减1指令DEC（DECREMENT，FNC25）的功能分别是当条件满足时将指定软元件中的数据加1和减1。

加1和减1指令的助记符、功能码、操作数范围和占用程序步数见表4-14。

表4-14　加1和减1指令组成要素

指令名称	助记符	功能码（处理位数）	操作数范围 [D·]	占用程序步数
加1	INC INCP	FNC24 (16/32)	KnY、KnM、KnS、T、C、D、V、Z	INC、INCP…3步 DINC、DINCP…5步
减1	DEC DECP	FNC25 (16/32)		DEC、DECP…3步 DDEC、DDECP…5步

（2）指令使用说明

在加1运算时，在16位运算中，到+32767再加1就变为-32768，但不影响标志位动作。类似的，32位运算到+2147483647再加1变为-2147483648时，标志位也不动作。

在减1运算时，在16位运算中，到-32768再减1就变为+32767，但不影响标志位动作。类似的，32位运算到-2147483648再减1变为+2147483647时，标志位也不动作。

（3）指令使用示例

加1指令INC和减1指令DEC的使用如图4-31所示。

在图4-31中，当X0为ON时，(D10)+1→(D10)；当X1为ON时，(D20)-1→(D20)。在这里加1和减1指令使用的是脉冲执行方式，如果指令是连续执行方式，则每个扫描周期均做一次加1或者减1运算。

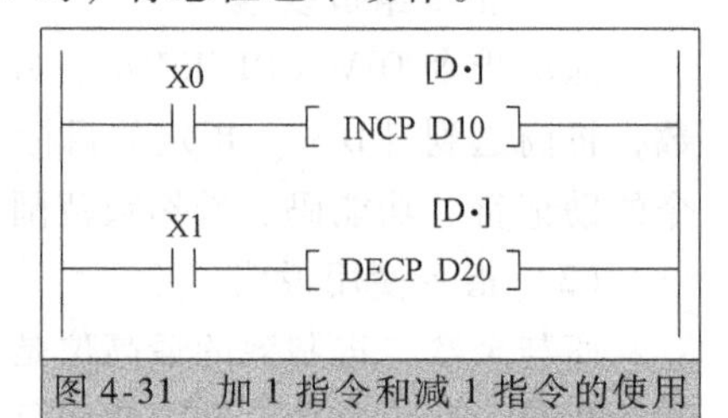

图4-31　加1指令和减1指令的使用

4.4.2　逻辑运算指令 ★★★

1. 字逻辑与、字逻辑或和字逻辑异或指令

字逻辑与指令WAND（WORD AND，FNC26）的功能是将两个源操作数按位进行与操作，结果送到指定的目标元件。

字逻辑或指令WOR（WORD OR，FNC27）的功能是将两个源操作数按位进行或运算，结果送到指定的目标元件。

字逻辑异或指令WXOR（WORD EXCLUSIVE OR，FNC28）的功能是将两个源操作数按位进行逻辑异或运算，结果送到指定的目标元件。

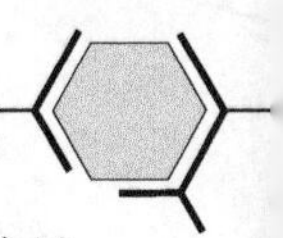

字逻辑与、字逻辑或和字逻辑异或指令的助记符、功能码、操作数范围和占用程序步数见表4-15。

表4-15　逻辑运算指令组成要素

指令名称	助记符	功能码（处理位数）	操作数范围			占用程序步数
			[S1·]	[S2·]	[D·]	
字与	WAND	FNC26（16/32）	K、H、KnX、KnY、KnM、KnS、T、C、D（V、Z）		KnY、KnM、KnS、T、C、D、V、Z	WAND、WANDP…7步 DAND、DANDP…13步
字或	WOR	FNC27（16/32）				WOR、WORP…7步 DOR、DORP…13步
字异或	WXOR	FNC28（16/32）				WXOR、WXORP…7步 DXOR、DXORP…13步

字逻辑与指令WAND、字逻辑或指令WOR和字逻辑异或WXOR指令的使用如图4-32所示。在图4-32中，当X0为ON时，(D0)∧(D2)→(D4)；当X1为ON时，(D10)∨(D12)→(D14)；当X2为ON时，(D20)⊕(D22)→(D24)。

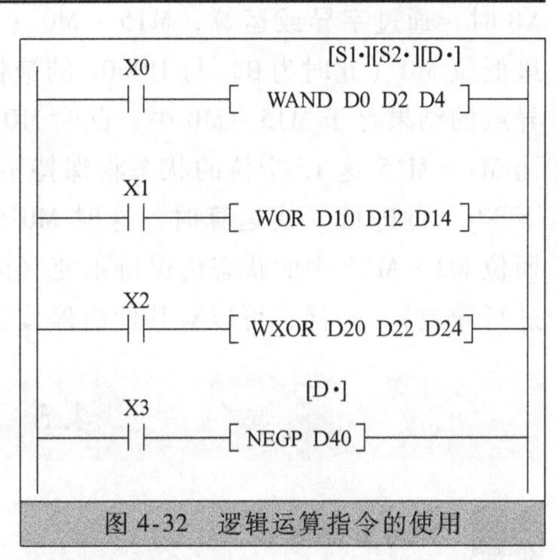

图4-32　逻辑运算指令的使用

2. 求补指令

求补指令NEG（NEGATION，FNC29）的功能是将目标元件指定的数据的每一位取反再加1，将其结果再存入原来的元件中。求补指令实际上是绝对值不变的变号操作。

求补指令仅对负数求补码，FX系列PLC的负数用二进制补码的形式表示，最高位为符号位，正数时该位为0，负数时该位为1。

求补指令的助记符、功能码、操作数范围和占用程序步数见表4-16。

表4-16　求补指令组成要素

指令名称	助记符	功能码（处理位数）	操作数范围 [D·]	占用程序步数
求补	NEG	FNC29（16/32）	KnY、KnM、KnS、T、C、D、V、Z	NEG、NEGP…3步 DNEG、DNEGP…5步

求补指令NEG的使用见图4-32。在图4-32中，当X3由OFF到ON变化时，指定的目标元件D40中的二进制负数按位取反后最低位加1，求得的补码存入原来的D40内，即$(\overline{D40})+1$→(D40)。

[例4-8]　试编写指示灯测试程序。某设备有七盏指示灯接于PLC的输出点Y6～Y0，在设备刚开始运行时需要进行指示灯的测试，指示灯测试按钮X0按下后七盏指示灯全部点亮，5s后七盏指示灯全部熄灭。

例4-8的程序如图4-33所示。

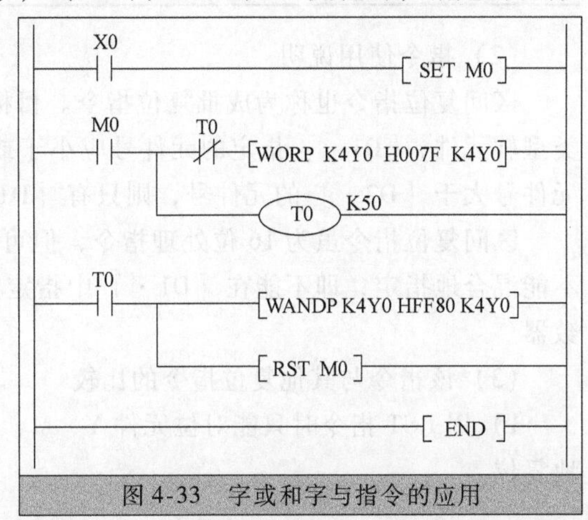

图4-33　字或和字与指令的应用

[例4-9]　试使用字逻辑异或指令编写单按钮启停控制电路。设有16个启/停控制按钮分别

接于输入端子 X0、X1、…、X17 上，分别控制输出 Y0、Y1、…、Y17。每当启/停控制按钮按下一次，即可实现输出状态的翻转（0→1，1→0）。

例 4-9 的程序如图 4-34 所示。

在进行字逻辑异或时，如果源数据两个字相同位上的数据相同，则异或结果的字中在对应位上为 0；反之，如果源数据两个字相同位上的数据相反，则异或结果的字中在对应位上为 1。以启/停控制输入按钮 X0 为例，当 PLC 刚上电时，M0 ~ M15 全部清 0，当第一次按下 X0 时，通过字异或运算，M15 ~ M0（组成一个字）的最低位 M0（此时为 0）与 H0001 的最低位 1 进行异或，异或的结果存于 M15 ~ M0 中，此时 M0 的状态由 0 到 1，而 M1 ~ M15 这 15 个位的状态将保持不变；当第二次按下 X0，再进行异或运算时，这时 M0 的状态由 1 到 0，而位 M1 ~ M15 中的状态仍保持不变（因其他位都是与 0 进行异或）。同样，可以对其他启停按钮的工作过程进行分析，这里不再赘述。

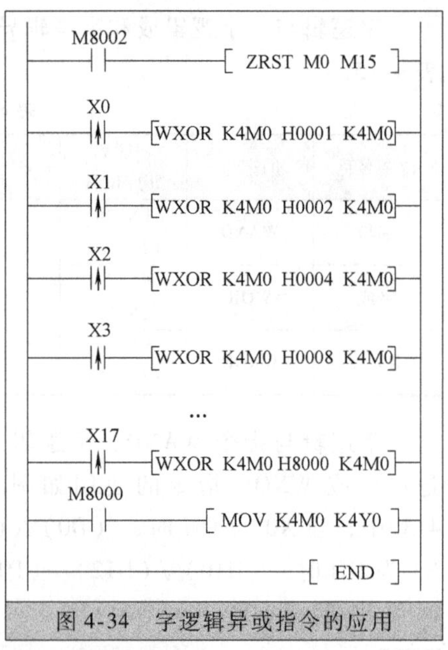

图 4-34　字逻辑异或指令的应用

4.5　数据处理类指令

1. 区间复位指令

（1）指令组成要素

区间复位指令 ZRST（ZONE RESET，FNC40）的功能是将指定范围内（［D1·］~［D2·］）同类的元件成批地复位。

区间复位指令的助记符、功能码、操作数范围和占用程序步数见表 4-17。

表 4-17　区间复位指令组成要素

指令名称	助记符	功能码（处理位数）	操作数范围		占用程序步数
			［D1·］	［D2·］	
区间复位	ZRST ZRSTP	FNC40 （16）	Y、M、S、T、C、D（［D1·］元件号≤［D2·］元件号，需指定同一类型元件）		ZRST、ZRSTP…5 步

（2）指令使用说明

区间复位指令也称为成批复位指令。目标操作数［D1·］和［D2·］指定的元件应为同类型软元件，［D1·］指定的元件号应小于或等于［D2·］指定的元件号。如果［D1·］的元件号大于［D2·］的元件号，则只有［D1·］指定的元件复位。

区间复位指令虽为 16 位处理指令，但可在［D1·］、［D2·］中指定 32 位计数器，不过不能混合地指定，即不能在［D1·］中指定了 16 位计数器，而在［D2·］中指定了 32 位计数器。

（3）该指令与其他复位指令的比较

1）用 RST 指令时只能对位元件 Y、M、S 和字元件 T、C、D 单独地进行复位，不能成批地复位。

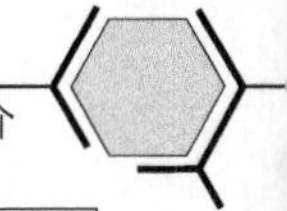

2）也可以采用多点传送指令 FMOV 通过传送常数 K0 对 KnY、KnM、KnS、T、C、D 软元件成批地复位。

以上这两种其他复位指令的使用如图 4-35 所示。

（4）指令使用示例

区间复位指令 ZRST 的使用如图 4-36 所示。

图 4-36 中，当 M8002 由 OFF 到 ON 时，位元件 M100 ~ M199 和 S20 ~ S99 成批地复位，同时字元件 C235 ~ C255 也成批地复位。

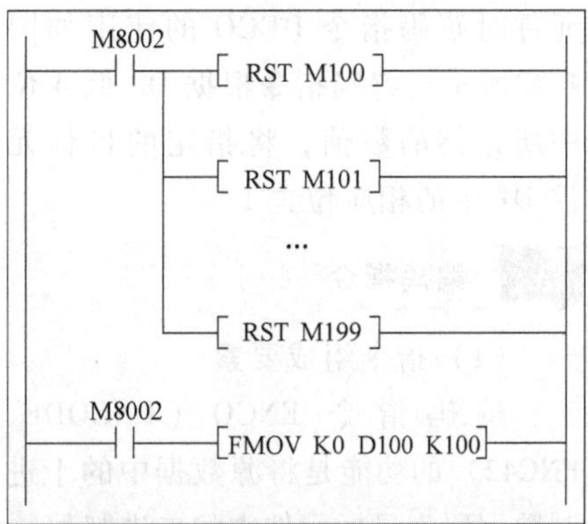

图 4-35 其他复位指令的使用

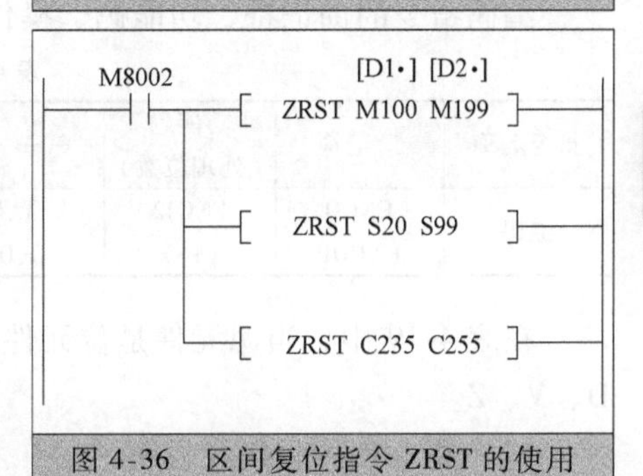

图 4-36 区间复位指令 ZRST 的使用

2. 解码指令

（1）指令组成要素

解码指令 DECO（DECODE，FNC41）的功能是根据源数据的数值来控制位元件的 ON 或 OFF。

解码指令的助记符、功能码、操作数范围和占用程序步数见表 4-18。

在表 4-18 中，当源元件是位元件时可取 X、Y、M 和 S，目标操作数则取 Y、M 和 S；当源元件是字元件时可取 K、H、T、C、D、V 和 Z，目标操作数则取 T、C、D。

表 4-18 解码指令组成要素

指令名称	助记符	功能码（处理位数）	操作数范围			占用程序步数
			[S·]	[D·]	n	
解码	DECO DECOP	FNC41 (16)	K、H、X、Y、M、S、T、C、D、V、Z	Y、M、S、T、C、D	K、H：1≤n≤8	DECO、DECOP…7 步

（2）指令使用示例及说明

目标元件是位元件时解码指令 DECO 的使用如图 4-37 所示。

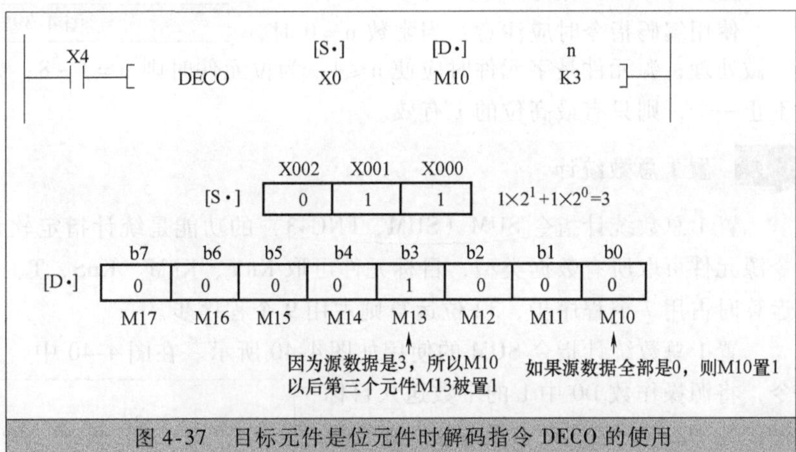

图 4-37 目标元件是位元件时解码指令 DECO 的使用

在图 4-37 中，常数 n = K3 表示源操作数为 3 位，即 X0、X1、X2 连续的三个位软元件，它们的表示形式为二进制数，其值为 011 时等于十进制的 3，当 X4 为 ON 时执行该指令，则由目标元件 M17 ~ M10 组成的 8 位二进制数的第 3 位 M13 置为 1，其余各位为 0。如果源数据的值为 000，则目标元件的第 0 位 M10 置 1。当 n = 0 时，则该指令不执行。如果常数 n 在 1 ~ 8 之外，将出现运算错误。当 n = 8 时，［D·］的位数 2^8 = 256。执行条件为 OFF 时，不执行该指令，上一次解码输出置 1 的位将保持不变。可见，解码指令可通过源元件中的数值来控制目标元件中的相应位 ON 或 OFF。

如果目标元件指定的是 T、C 或 D，应 n≤4 以使目标元件的每一位都受控。目标元件是字

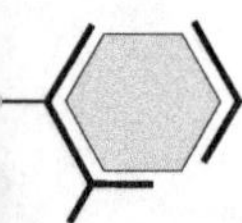

元件时解码指令 DECO 的使用如图 4-38所示。解码指令根据 D0 低 4 位中所存储的数值，将指定的目标元件 D1 中的相应位置 1。

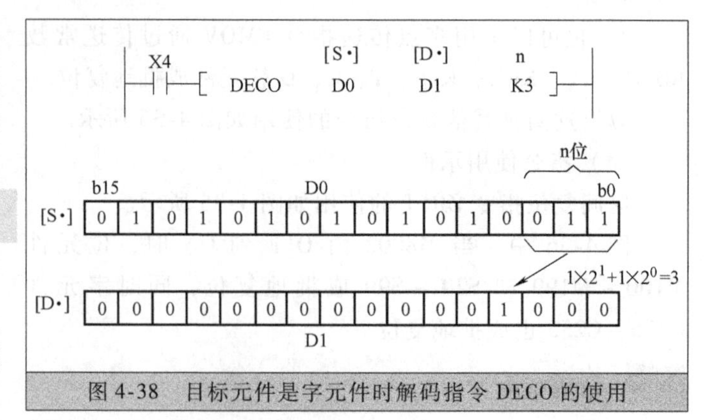

图 4-38　目标元件是字元件时解码指令 DECO 的使用

3.　编码指令

（1）指令组成要素

编码指令 ENCO（ENCODE，FNC42）的功能是将源数据中的十进制数编码为目标元件中的二进制数。

编码指令的助记符、功能码、操作数范围和占用程序步数见表 4-19。

表 4-19　编码指令组成要素

指令名称	助记符	功能码（处理位数）	操作数范围			占用程序步数
			[S·]	[D·]	n	
编码	ENCO ENCOP	FNC42 (16)	X、Y、M、S、T、C、D、V、Z	T、C、D、V、Z	K、H： 1≤n≤8	ENCO、ENCOP…7 步

在表 4-19 中，当源元件是位元件时可取 X、Y、M 和 S；当源元件是字元件时可取 T、C、D、V、Z。

（2）指令使用示例及说明

编码指令的使用如图 4-39 所示。在图 4-39中，当 X5 为 ON 时执行编码指令，将源元件中最高位的 1（M13）所在位号（第 3 位）以二进制数放入目标元件 D0 中，即把 011 放入 D0 的低 3 位。

图 4-39　编码指令的使用

使用编码指令时应注意：当常数 n＝0 时，不做处理；源元件是字元件时应使 n≤4，为位元件时则 n＝1～8；如果指定源元件中 1 的个数不止一个，则只有最高位的 1 有效。

4.　置 1 总数统计

置 1 总数统计指令 SUM（SUM，FNC43）的功能是统计指定软元件中置 1 位的总数。该指令源元件可取所有数据类型，目标元件可取 KnY、KnM、KnS、T、C、D、V 和 Z。指令 16 位运算时占用 7 个程序步，32 位运算则占用 9 个程序步。

置 1 总数统计指令 SUM 的使用如图 4-40 所示。在图 4-40 中，当 X0 为 ON 时执行 SUM 指令，将源操作数 D0 中 1 的个数送入目标操作数 D2 中，若 D0 中没有 1，则零标志 M8020 置 1。

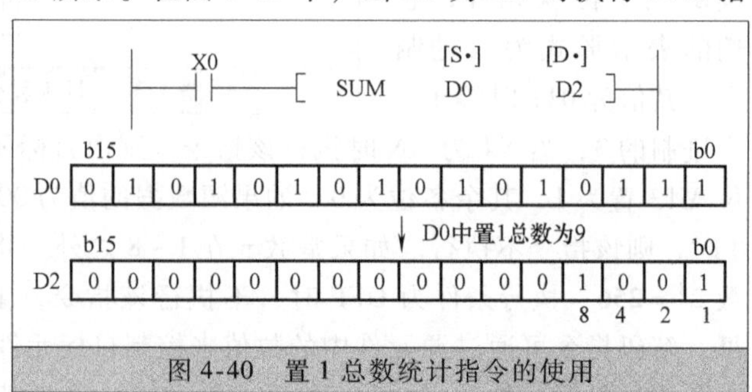

图 4-40　置 1 总数统计指令的使用

5.　ON 位判别指令

ON 位判别指令 BON（BIT ON CHECK，FNC44）的功能是检测指定元件中指定的位是否为 1。该指令源操作

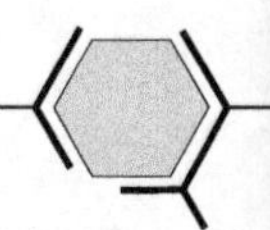

数可取所有数据类型，目标操作数可取 Y、M 和 S。进行 16 位运算时占用 7 程序步，32 位运算时则占用 13 个程序步。n 的取值范围是，16 位运算，n = 0 ~ 15；32 位运算，n = 0 ~ 31。

ON 位判别指令 BON 的使用如图 4-41 所示。在图 4-41 中，当 X0 为 ON 时，执行 BON 指令，常数 K15 决定检测的源元件 D10 的第 15 位是否为 1，当检测结果为 1 时，则目标元件 M0 = 1，否则 M0 = 0。

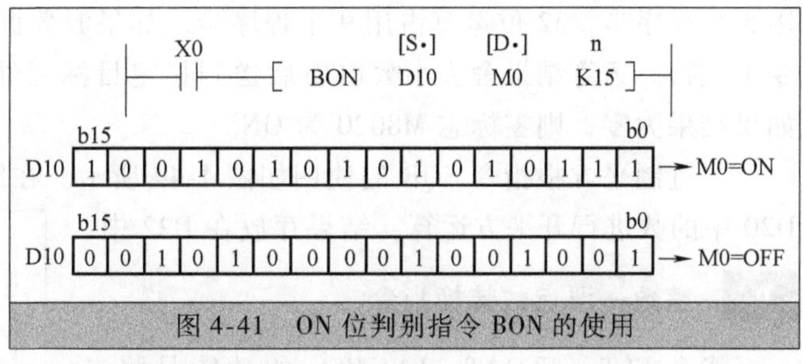

图 4-41　ON 位判别指令 BON 的使用

6. 平均值指令

平均值指令 MEAN（MEAN，FNC45）的功能是将 n 个源数据的平均值送到指定的目标元件中。平均值是指 n 个源数据的代数和被 n 除后所得的商，余数略去。该指令源操作数可取 KnX、KnY、KnM、KnS、T、C、D、V 和 Z，目标操作数可取 KnY、KnM、KnS、T、C、D、V 和 Z。进行 16 位运算时占用 7 程序步，32 位运算时则占用 13 个程序步。

平均值指令 MEAN 的使用如图 4-42 所示。在图4-42 中，平均值指令实现的功能是 [(D0) + (D1) + (D2)]/3→(D3)。

如果元件超出范围，则 n 的值会自动缩小以选择允许范围内元件的值；如果指定的 n 值超出 1 ~ 64 的范围，则会出错。

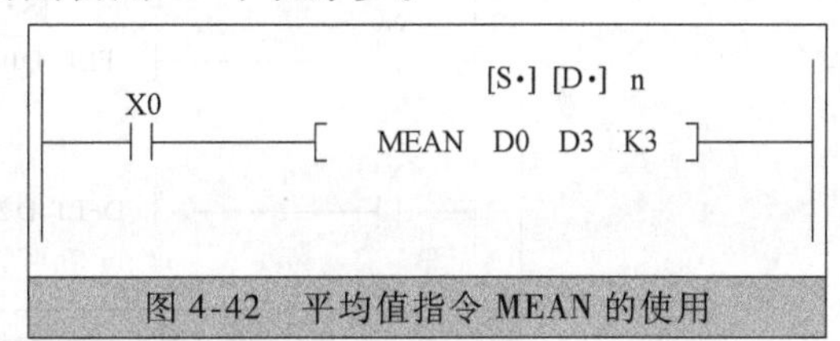

图 4-42　平均值指令 MEAN 的使用

7. 报警器置位与复位指令

报警器置位指令 ANS（ANNUNCIATOR SET，FNC46）和报警器复位指令 ANR（ANNUNCIATOR RESET，FNC47）分别用于指定报警器（状态继电器 S）的置位和复位操作。该指令源操作数可取定时器 T0 ~ T199，目标操作数可取 S900 ~ S999，m = 1 ~ 32767（以 100ms 为单位）。该指令占用 7 个程序步，只有 16 位运算。报警器置位指令是驱动信号报警器动作很有用的指令，当执行条件为 ON 时，[S·] 中定时器定时 m × 100ms 后，[D·] 指定的报警用状态继电器将置位，同时 M8048 动作。

报警器复位指令可将被置位的标志状态寄存器复位，无操作数。该指令占用 1 个程序步，只有 16 位运算。报警器置位和报警器复位指令的使用如图 4-43 所示。在图 4-43 中，如果 X0 和 X1 同时为 ON 的时间超过 1s，则 S901 置 1，如果 X0 或 X1 再变为 OFF，则定时器复位，而 S901 仍保持 1 不变。如果在 1s 内 X0 或 X1 变为 OFF，则定时器复位。当 X2 接通时，则将 S900 ~ S999 之间被置 1 的报警器复位。

如果有多于 1 个的报警器置 1，则元件号最小的那个报警器复位。ANR 指令如果用连续执行方式，则按扫描周期依次逐个地将报警器复位。

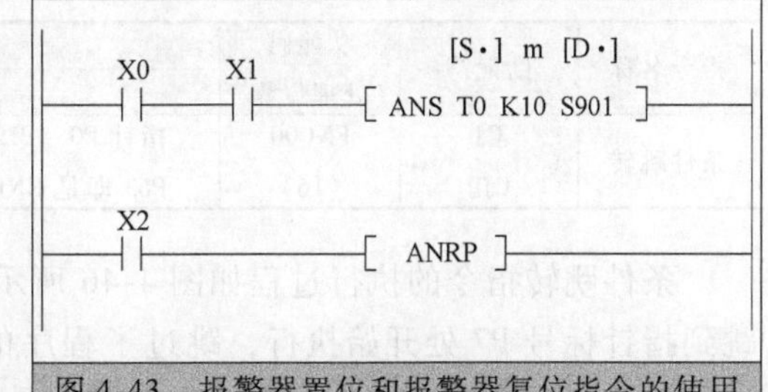

图 4-43　报警器置位和报警器复位指令的使用

8. 二进制平方根指令

二进制平方根指令 SQR（SQRUARE，FNC48）的功能是将源数据进行开平方运算后送到指定的目标元件中。源数据可取 K、H 和 D，数据必须为正数，目标操作数为 D。指令 16 位运算占用 5 个程序步，32 位运算占用 9 个程序步。如果源数据为负数，则出错标志 M8067 为 ON，指令不执行。运算结果舍去小数取整后送到指定目标元件，舍去小数时借位标志 M8021 为 ON。如果结果为零，则零标志 M8020 为 ON。

二进制平方根指令 SQR 的使用如图 4-44 所示。在图 4-44 中，当 X0 为 ON 时，则将存于 D20 中的数进行开平方运算，结果存放在 D22 中。

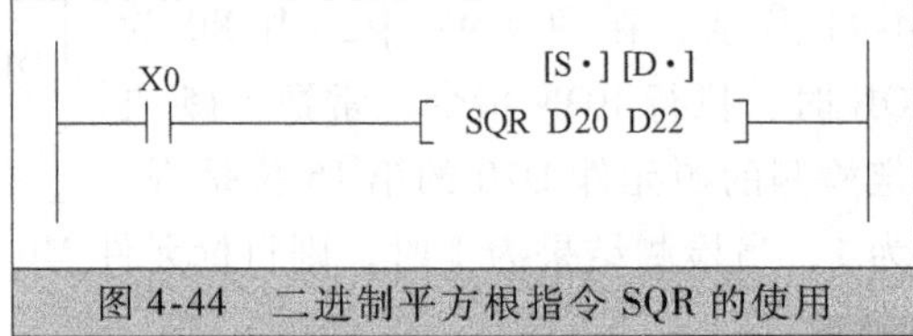

图 4-44　二进制平方根指令 SQR 的使用

9. 整数—浮点数转换指令

指令 FLT（FLOAT，FNC49）的功能是将二进制整数转换为二进制浮点数。源元件和目标元件均为 D。该指令 16 位运算占用 5 个程序步，32 位运算占用 9 个程序步。

整数—浮点数转换指令 FLT 的使用如图 4-45 所示。在图 4-45 中，当 X0 为 ON 时，将存于 D10 中的二进制整数数据转换成浮点数存入 D12 和 D13 中。当 X1 为 ON 时，将存于 D20 和 D21 中的 32 位二进制整数数据转换成浮点数并存入 D22 和 D23 中。

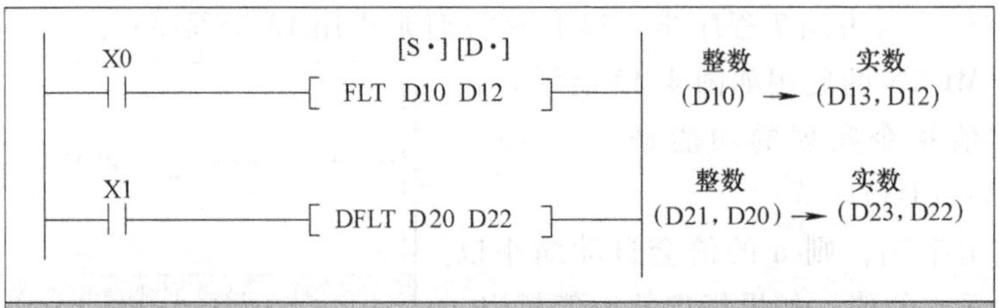

X0　[S·] [D·]　FLT D10 D12　整数 (D10) → 实数 (D13, D12)

X1　DFLT D20 D22　整数 (D21, D20) → 实数 (D23, D22)

图 4-45　整数—浮点数转换指令的使用

FLT 指令的逆变换指令是 INT 指令，它可以将浮点数转换成整数。

4.6　程序流向控制类指令

1. 条件跳转指令

（1）指令组成要素

条件跳转指令 CJ（CONDITIONAL JUMP，FNC00）用于跳过顺序程序中的一部分，跳转至由 P 指针指定的入口地址处以控制程序的流向，缩短程序的扫描时间。条件跳转指令的操作数为 P 指针，标号 P0～P127，其中 P63 即为程序结束 END 所在步，不需要标记。指针标号允许通过变址寄存器修改。

条件跳转指令 CJ 的助记符、功能码、操作数范围和占用程序步数见表 4-20。

表 4-20　条件跳转指令组成要素

指令名称	助记符	功能码（处理位数）	操作数范围 [D·]	占用程序步数
条件跳转	CJ	FNC00	指针 P0～P127	CJ 和 CJP…3 步
	CJP	（16）	P63 即是 END 所在步，不需要标记	标号 P…1 步

条件跳转指令的执行过程如图 4-46 所示。当输入信号 X1 接通时，则通过跳转指令 CJ P7 跳到指针标号 P7 处开始执行，跳过了程序的一部分。当输入信号 X1 断开时，跳转指令不被执行，程序则按照原来的次序顺序执行。

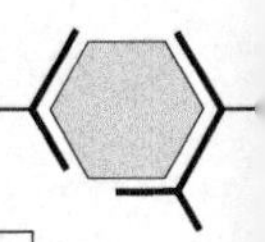

（2）指令使用说明

使用条件跳转指令时需注意跳转程序段中相关软元件在跳转指令执行时的状态以及与主控区间的关系。使用说明主要有以下几点：

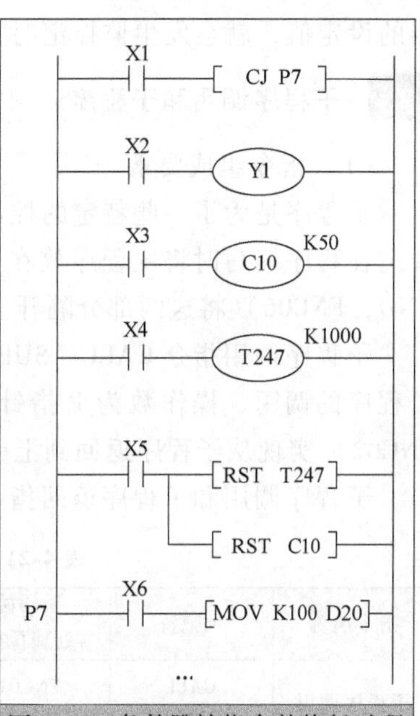

图 4-46　条件跳转指令的执行过程

1）处于被跳过程序段中的输出继电器 Y、辅助继电器 M 和状态继电器 S，由于跳转时该段程序不再执行，跳转期间即使其电路的工作状态发生了改变，它们仍将保持跳转发生前的状态不变。

2）被跳过的程序段中通用定时器和计数器，由于被跳过的程序不执行，它们的当前值寄存器被锁定，跳转发生后它们的当前值将保持不变，暂停工作。当跳转中止后程序继续执行时，通用定时器、计数器将继续工作。但是，对于正在工作中的子程序、中断服务程序专用定时器 T192～T199 和高速计数器 C235～C255，不管有无跳转仍会继续工作，其输出触点也会动作。

3）定时器、计数器的复位指令具有优先权，复位指令即使位于被跳过的程序段中，如果其执行条件满足，复位操作也将执行。如果累计型定时器和计数器的复位指令在跳转区外，即使它们的驱动线圈被跳转，对它们的复位仍然有效。

4）如果从主控区的外部跳转到其内部，不管它的主控触点是否按通，都把它视为接通来执行主控区内的程序。如果跳转指令在主控控制区内，主控触点没有接通时不执行跳转指令。

（3）指令使用示例

条件跳转指令 CJ 的使用如图 4-47 所示。在工业现场有很多设备具有多种工作方式可供选择，在图 4-47 中，X1 为手动/自动选择开关。当 X1 为 ON 时，程序执行时将跳过自动程序，执行手动程序；当 X1 为 OFF 时，程序执行时将执行自动程序，跳过手动程序。这样通过跳转指令就实现了不同程序段有选择性的执行。第二条跳转指令中的 P63 指向程序结束 END 所在步，其指针标号无须标记。

使用跳转指令时应注意以下几点：

1）使用 CJP 指令时，条件成立时跳转只执行一个扫描周期。但是，如果用辅助继电器 M8000 作为跳转指令的执行条件，则该跳转就成为无条件跳转。

2）多条跳转指令可以使用相同的指针，但一个 P 指针标号只能出现一次，即在同一程序中不允许存在两个标号相同的 P 指针。在使用指令表语言编写跳转程序时，标号会占一行。

3）由于跳转指令具有选择程序段的功能。在同一程序中位于因跳转而不会被同时执行程序段中的同一软元件的线圈不被视为“双线圈输出”。

4）P 指针一般位于相关的跳转指令之后，也可以位于跳转指令之前。但应注意的是，从程序执行顺序来看，一般不宜将 P 指针放在对应的跳转指令之前，因为这样容易造成部分程序的反复执行，一旦执行时间超过了监控定时

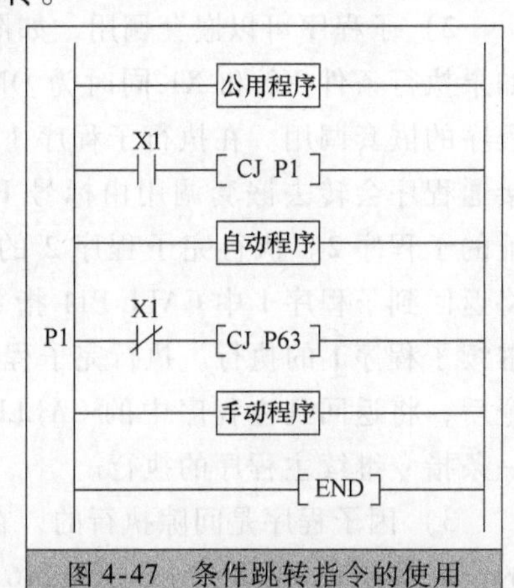

图 4-47　条件跳转指令的使用

器的设定值，就会发生监控定时器出错。

2. 子程序调用和子程序返回指令

（1）指令组成要素

子程序是为了一些特定的控制目标编写的相对独立的功能程序。为了便于和主程序区别，规定在程序编写时将主程序放在前边，子程序放在后边，并以主程序结束指令 FEND（FIRST END，FNC06）将这两部分隔开。

子程序调用指令 CALL（SUBROUTINE CALL，FNC01）可以实现由 P 指针指明入口地址的子程序的调用，操作数为 P 指针 P0～P62。子程序返回指令 SRET（SUBROUTINE RETURN，FNC02）实现从子程序返回到上一级主程序中，无操作数。

子程序调用和子程序返回指令的助记符、功能码、操作数范围和占用程序步数见表 4-21。

表 4-21　子程序调用和子程序返回指令组成要素

指令名称	助记符	功能码（处理位数）	操作数范围 [D·]	占用程序步数
子程序调用	CALL CALLP	FNC01 （16）	P 指针 P0～P62　可嵌套 5 级	CALL 和 CALLP…3 步 标号 P…1 步
子程序返回	SRET	FNC02	无	1 步

（2）指令使用说明

在编程时可将相对独立的功能设置成子程序，而在主程序中再设置一些调用条件实现对这些子程序的调用即可。当有多个子程序排列在一起时，P 指针标号和最近的一个子程序返回指令构成一个子程序。

（3）指令使用示例

子程序的调用指令和返回过程如图 4-48 所示。在图 4-48 中，子程序调用指令 CALL P10 为连续执行方式，则当 X0 为 ON 并保持不变时，每当程序执行到该指令时，都会转去执行由 P10 指明入口地址的子程序，遇到 SRET 指令即返回原断点处继续执行原程序。而在 X0 为 OFF 时，程序的扫描就仅在主程序中进行。子程序的这种执行方式对有多个控制功能需按照一定的条件有选择地实现时具有重要意义，它可以使整个程序的结构简洁明了。

使用子程序调用和子程序返回指令时应注意以下几点：

1）子程序调用的 P 指针标号不能重复，也不可与跳转指令的标号重复。

2）子程序可以嵌套调用，如图 4-49 所示，子程序最多可以 5 级嵌套调用。在图 4-49 中，如果执行条件 X0 和 X1 同时为 ON，将会发生子程序的嵌套调用。在执行子程序 1 过程中，X1 的接通程序会转去嵌套调用由标号 P11 标明入口地址的子程序 2。执行完子程序 2 的 SRET 指令后，将返回到子程序 1 中 CALL P11 指令的下一条指令继续子程序 1 的执行。执行完子程序 1 的 SRET 指令后，将返回到主程序中的 CALLP P10 指令的下一条指令继续主程序的执行。

3）因子程序是间隙执行的，在子程序中使用的定时器应在 T192～T199 及 T246～T249 中选择。

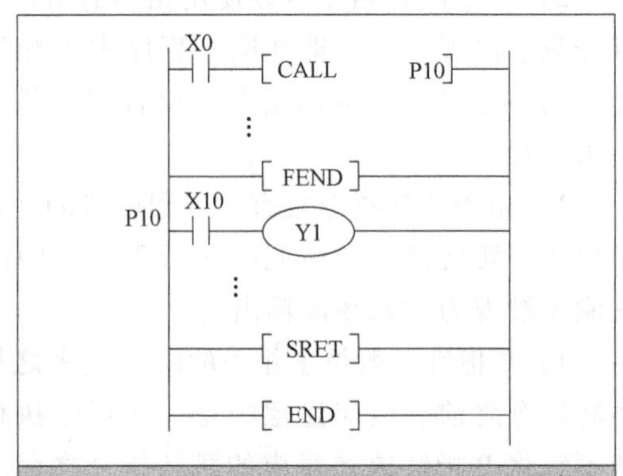

图 4-48　子程序调用和子程序返回指令的使用

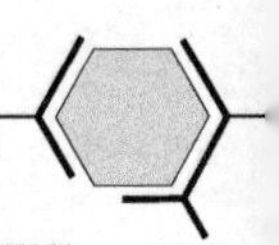

3. 与中断有关的指令

(1) 指令组成要素

中断服务程序是为某些特定的控制功能而设定的，这些特定控制功能的特点是要求响应时间小于机器的扫描周期。

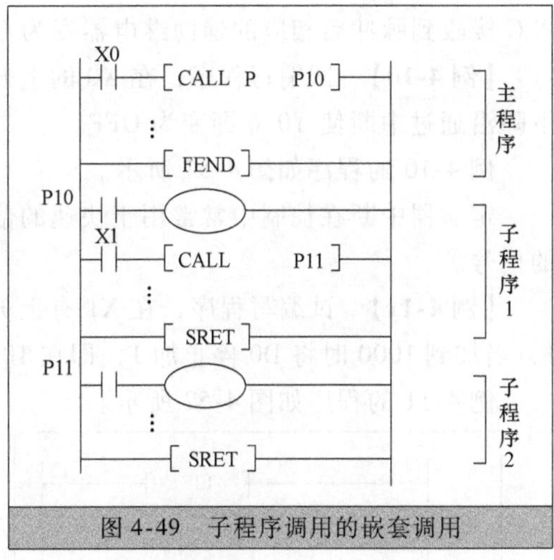

图4-49　子程序调用的嵌套调用

PLC通常处于禁止中断状态，由EI和DI指令组成允许中断区间。在执行到该区间，如果有中断源产生中断，CPU将暂停当前的工作转去执行相应的中断服务程序，当执行到中断服务程序的IRET指令时，返回到断点处继续执行原来的程序。

与中断有关的三条应用指令分别是中断返回指令IRET（INTERRUPTION RETURN，FNC03）、允许中断指令EI（ENABLE INTERRUPTION，FNC04）和禁止中断指令DI（INTERRUPTION DISABLE，FNC05）。

与中断有关三条指令的指令名称、助记符、功能码、操作数范围和占用程序步数见表4-22。

表4-22　中断相关指令组成要素

指令名称	助记符	功能码	操作数范围	占用程序步数
中断返回指令	IRET	FNC03	无	1步
允许中断指令	EI	FNC04	无	1步
禁止中断指令	DI	FNC05	无	1步

(2) 指令使用说明

FX系列PLC的中断事件的类型包括外部输入中断、定时器中断和高速计数器中断三种。发生中断事件时，CPU将暂停执行当前的工作转去立即执行预先编写好的中断服务程序，执行完中断服务程序后返回到断点处继续执行原先的程序。

FX系列有6点与X0～X5对应的外部输入中断，中断指针为I00□～I50□，最低位为0时表示下降沿中断，为1时表示上升沿中断；最高位与X0～X5的元件号相对应。

FX_{2N}系列有3点定时器中断，对应的中断指针为I6□□～I8□□，最低两位是以ms为单位的定时时间，定时器中断用于高速处理或每隔一定的时间执行的程序。

FX_{2N}系列有6点高速计数器中断，对应的中断指针为I0□0（□=1～6），它们利用高速计数器的当前值产生中断，与HSCS高速计数器比较置位指令配合使用。

(3) 指令使用示例

与中断有关的指令的使用如图4-50所示。在允许中断区间内如果中断源X1有一个上升沿，则转去执行由I101标号标明的中断服务程序，但X1能否引起中断还受到特殊辅助继电器M8051的控制，当X10接通时M8051将禁止X1产生中断。

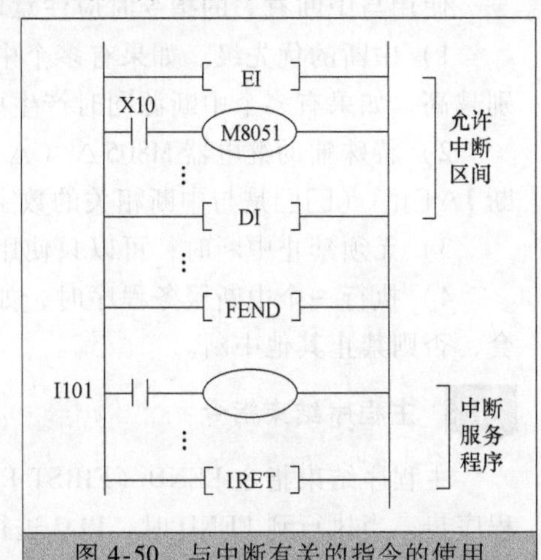

图4-50　与中断有关的指令的使用

外部输入中断常用来引入发生频率高于 PLC 扫描频率的外部控制信号，或用于处理那些需要快速响应的信号，如实现脉冲捕捉功能，捕捉的脉冲状态分别存放在 M8170 ~ M8175 中。PLC 接收到脉冲后相应的辅助继电器变为 ON，可以通过捕获的脉冲触发某些操作。

【例 4-10】 试编写程序，在 X0 的上升沿通过外部输入中断使 Y0 立即变为 ON，在 X1 的下降沿通过中断使 Y0 立即变为 OFF。

例 4-10 的程序如图 4-51 所示。

定时器中断在控制中常常用于快速的信号采样处理，以给定时间快速地采集外界迅速变化的信号。

【例 4-11】 试编写程序，在 X1 有上升沿时采用定时器中断每隔 10ms 将 D0 的当前值加 1，当加到 1000 时将 D0 停止加 1，即在 10s 内产生一个 0 ~ 1000 的斜坡信号。

例 4-11 的程序如图 4-52 所示。

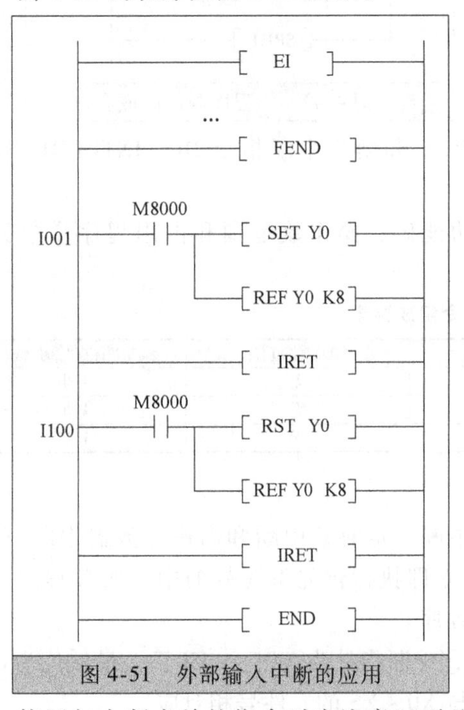

图 4-51 外部输入中断的应用

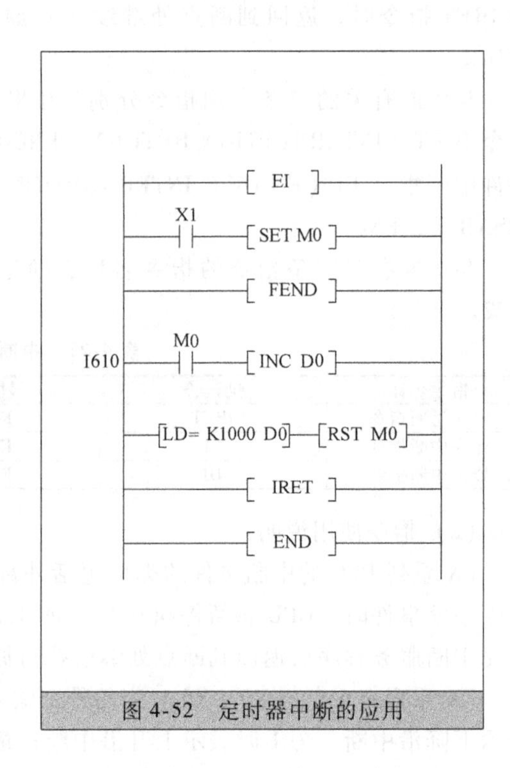

图 4-52 定时器中断的应用

使用与中断有关的指令时应注意以下几点：

1）中断的优先级。如果有多个中断信号依次发生，则以发生先后为序，即出现越早的级别越高，如果有多个中断源同时产生中断信号，则中断指针号小的优先级较高。

2）特殊辅助继电器 M805△（△=0 ~ 8）为 ON 时，禁止执行相应的输入中断和定时器中断 I△□□（□□是与中断相关的数字）。当 M8059 为 ON 时，将禁止所有的高速计数器中断。

3）无须禁止中断时，可以只使用 EI 指令，不必使用 DI 指令。

4）执行一个中断服务程序时，如果在中断服务程序中有 EI 和 DI，可以实现二级中断嵌套，否则禁止其他中断。

4. 主程序结束指令

主程序结束指令 FEND（FIRST END，FNC06）表示主程序的结束，无操作数，占用 1 个程序步。当执行到 FEND 时，PLC 进行输入、输出处理，监控定时器 WDT 刷新，完成后返回第 0 步。

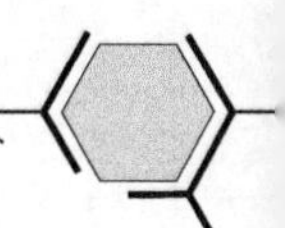

使用 FEND 指令时应注意以下几点：

1）子程序和中断服务程序必须写在 FEND 和 END 之间，否则程序出错。

2）如果 FEND 指令出现在 CALL（P）指令执行之后，SRET 指令执行之前，则程序会出错。使用多条 FEND 指令时，中断服务程序应放在最后的 FEND 指令和 END 指令之间。

5. 监控定时器指令

监控定时器指令 WDT（WATCH DOG TIME，FNC07）的功能是对 PLC 的监控定时器进行刷新。WDT 指令无操作数，占用 1 个程序步。

监控定时器又称看门狗电路，在执行 FEND 指令和 END 指令时，监控定时器被刷新或称作复位。FX 系列 PLC 的监控定时器默认值为 200ms（可用 D8000 来设定），正常情况下 PLC 的扫描周期小于监控定时器的定时时间。如果由于外界的强烈干扰或程序本身的原因使扫描周期大于监控定时器的设定值，则监控定时器将不再复位，定时时间到将使 PLC 的 CPU 出错指示灯 E-LED 点亮并停止 PLC 的工作，可通过在适当位置加 WDT 指令复位监控定时器，以使程序能继续执行到 END。

在使用模拟量模块、定位模块、M-NET/MINI 网络接口模块等特殊功能模块的情况下，PLC 进入运行模式后，需要将这些特殊单元、电路块内的缓冲存储区初始化，这时如果连接的特殊单元与电路块较多，初始化时间会过长，从而产生 WDT 错误，因此也要在程序的初始步附近进行监控定时器的刷新操作。

WDT 指令也可用于跳转、子程序和循环中。WDT 指令也可以改变监控定时器的时间设定。

使用 WDT 指令时应注意以下几点：

1）如果 FOR-NEXT 循环程序执行的时间过长，可能超过监控定时器的定时时间，则可将 WDT 插入循环程序中。

2）当与条件跳转指令 CJ 对应的指针标号在 CJ 指令之前时（即程序往回跳）就有可能连续反复跳步使它们之间的程序反复执行，使执行时间超过监控时间，可在 CJ 指令与对应标号之间插入 WDT 指令。

6. 循环指令

循环指令共有两条，分别是循环区起点指令 FOR（FNC08）和循环区结束指令 NEXT（FNC09）。FOR 指令占用 3 个程序步，带一个源操作数，而 NEXT 指令占用 1 个程序步，无操作数。FOR 和 NEXT 之间的程序被反复地执行，执行次数由 FOR 指令的源操作数指定。执行完循环区后，执行 NEXT 后面的指令。

在程序运行时，位于 FOR-NEXT 间的程序反复执行 N（循环的次数 $N=1\sim32767$ 次）后再继续执行后续程序。如果 N 在 $-32767\sim0$ 之间，则当作 $N=1$ 处理。

循环指令 FOR、NEXT 的使用如图 4-53 所示。

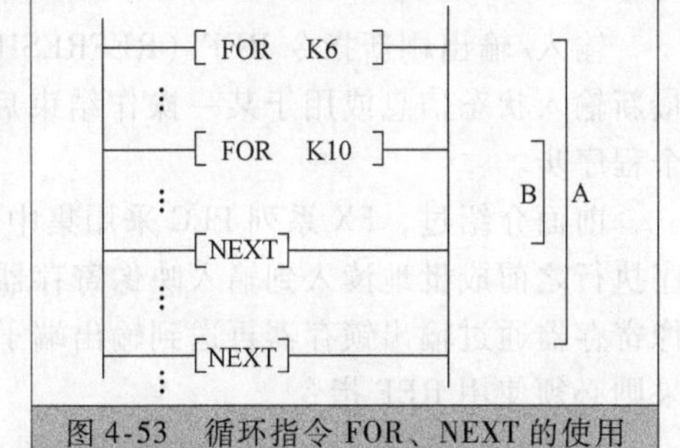

图 4-53　循环指令 FOR、NEXT 的使用

使用循环指令时应注意以下几点：

1）FOR 和 NEXT 必须成对使用。

2）FX_{2N}系列 PLC 可以循环嵌套5层。二重嵌套循环的例子如图 4-53 所示。设外层 A 执行 6 次，内层 B 执行 10 次，则每执行外层 A 一次内层 B 就会执行 10 次，这样内层 B 总共要执行 60 次。

3）在循环中可利用 CJ 指令在循环没有结束时跳出循环体。

4）FOR 应放在 NEXT 之前，NEXT 应在 FEND 和 END 之前，否则均会出错。

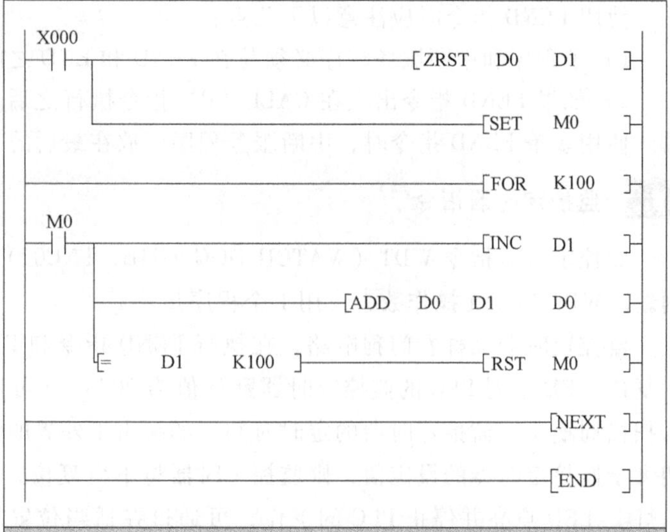

【例 4-12】 用循环指令 FOR 与 NEXT 编写程序，计算 1 +2 +3 +4 + … +100 的累加和，结果存放于数据寄存器 D0 中。

图 4-54 循环指令 FOR、NEXT 的使用

例 4-12 的程序如图 4-54 所示。

在图 4-54 中，输入 X0 为计算开始按钮；在程序的开始事先对用于存放累加结果和循环计数的数据寄存器 D0 和 D1 进行了清零操作；运算开始后辅助继电器 M0 置位为 1，FOR 与 NEXT 指令之间的程序行将循环执行 100 次，通过 ADD 指令实现（D0）+（D1）→（D0），即 1 ~ 100 的累加求和，每执行一次循环体循环计数指针 D1 中的数据将加 1 以便指向下一个数据，当它等于 100 后将对 M0 进行复位，正整数 1 ~ 100 的累加求和计算过程结束。

4.7 高速处理指令

工业控制领域中经常需要用到高速脉冲序列的输入处理和输出驱动。运动物体的位移可以转变为一定频率、数量及相位的脉冲串序列，电压、电流、温度、压力等物理量量值的变化可以转变为脉冲串序列的频率的变化。同时，给定数量和频率的脉冲串序列可以作为运动物体位移的驱动信号，调制输出脉冲的脉宽可以用于模拟信号的输出功能。

下面将主要介绍 FX_{2N}系列 PLC 的高速处理指令，主要包括输入/输出刷新指令、矩阵输入指令、高速计数器比较指令、速度检测和脉冲输出指令等。

1. 输入/输出刷新指令

输入/输出刷新指令 REF（REFRESH，FNC50）的功能是在某程序段处理开始时立即读入最新输入状态信息或用于某一操作结束后立即输出其结果。刷新指令只有 16 位运算，占用 5 个程序步。

前面介绍过，FX 系列 PLC 采用集中的输入/输出方式（批处理方式），即输入状态是在程序执行之前成批地读入到输入映像寄存器中的，而输出数据在程序结束指令执行之后由输出映像寄存器通过输出锁存器再送到输出端子输出。如果需要最新的输入信息以及希望立即输出结果则必须使用 REF 指令。

输入/输出刷新指令 REF 的使用如图 4-55 所示。在图 4-55 中，当 X0 接通时，X10 ~ X17 共

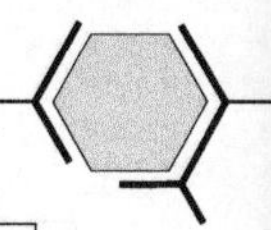

8 点输入将被刷新；当 X1 接通时，则 Y0 ~ Y7、Y10 ~ Y17 和 Y20 ~ Y27 共 24 点输出将被刷新。

使用 REF 指令时应注意以下几点：

指定目标元件的元件号必须个位为 0，如 X0、Y10 等，而指定的常数即被刷新的点数必须是 8 的倍数；REF 指令可位于 FOR-NEXT 循环中或者处于标号（步序号较低）和 CJ 指令（步序号较高）之间。

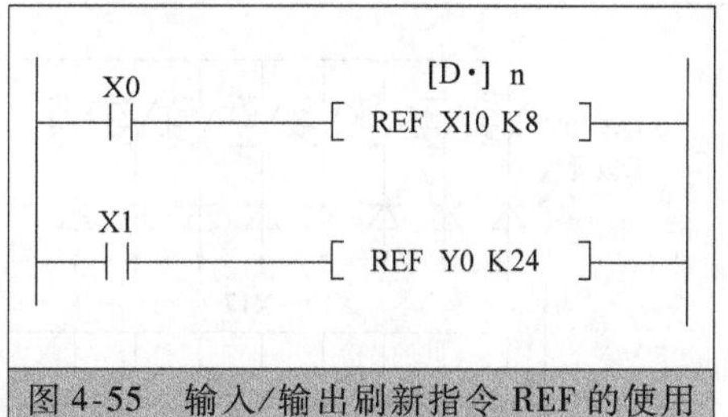

图 4-55　输入/输出刷新指令 REF 的使用

2. 输入滤波时间常数调整指令

输入滤波时间常数调整指令 REFF（REFRESH AND FILTER ADJUST，FNC51）可用于对 X0 ~ X17 输入端子数字滤波器 D8020 的滤波时间常数的调整。该指令只有 16 位运算指令，占用 7 个程序步。

使用 REFF 指令可调整其滤波时间，调整范围为 0 ~ 60ms。当 n = 0 时，时间滤波时间为 50μs。因为输入接口电路有 RC 滤波网络，所以最小滤波时间不小于 50μs。

输入滤波时间常数调整指令 REFF 的使用如图 4-56所示。在图 4-56 中，当 X10 接通时，第一条 REFF 指令执行，刷新 X0 ~ X17 数字滤波器 D8020 的滤波时间为 1ms。当第二条 REFF 指令执行时，从这条指令到 END 或 FEND 指令之间将刷新 X0 ~ X17 数字滤波器 D8020 的滤波时间为 20ms。

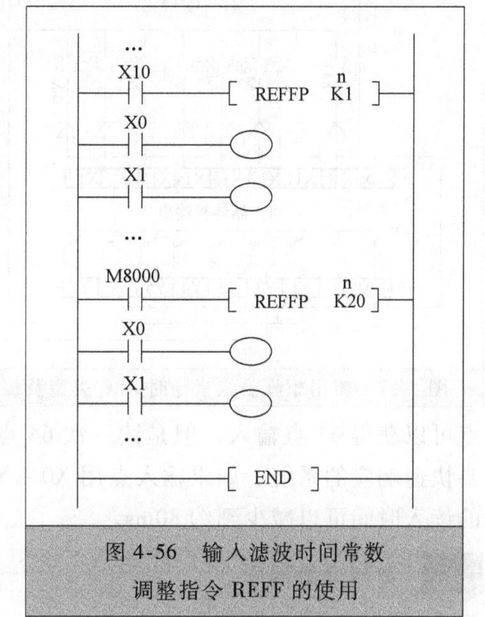

图 4-56　输入滤波时间常数调整指令 REFF 的使用

使用 REFF 指令时应注意：当 X0 ~ X17 用于高速计数输入或使用速度检测指令以及中断输入时，输入滤波器的滤波时间常数自动设置为 50μs；X0 ~ X17 的输入滤波时间初始值（10ms）存于 D8020 中，通过 MOV 指令可以改写 D8020 中的数值，从而改变 X0 ~ X17 输入滤波时间。

3. 矩阵输入指令

矩阵输入指令 MTR（MATRIX，FNC52）可以用于构成连续排列的 8 点输入与 n 点输出组成的 8 列 n 行的输入矩阵，实现从输入端子快速、批量地接收数据。源元件的元件号是个位为 0 的 X，第一个目标元件的元件号是个位为 0 的 Y，第二个目标元件的元件号是个位为 0 的 Y、M 或 S，n 的取值范围是 2 ~ 8。该指令只有 16 位运算，占用 9 个程序步。

矩阵输入指令占用由［S］指定的输入元件号开始的 8 个输入点，并占用［D1］指定的输出元件号开始的 n 个晶体管输出点，该指令只能用于晶体管输出类型的 PLC，如图 4-57 所示。

矩阵输入指令 MTR 的使用如图 4-58 所示。在图 4-58 中，由［S］指定的 8 点输入 X10 ~ X17 和 3 点输出 Y0 ~ Y2（n = 3）组成一个输入矩阵，3 个输出点反复顺序地接通。X0 接通时执行 MTR 指令，当 Y0 为 ON 时，读入第一行的输入状态，存入 M30 ~ M37 中；当 Y1 为 ON 时读入第二行的输入状态，存入 M40 ~ M47。其余类推，如此反复地执行。

使用 MTR 指令时应注意：对于每一个输出其 I/O 处理采用中断方式立即执行，间隔时间为 20ms，允许输入滤波器的延迟时间为 10ms；使用该指令通过 8 点输入点和 8 点晶体管输出

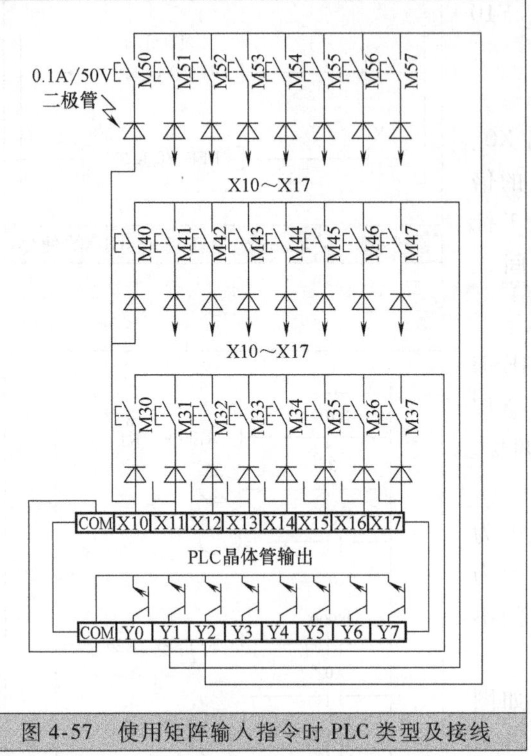

图 4-57　使用矩阵输入指令时 PLC 类型及接线

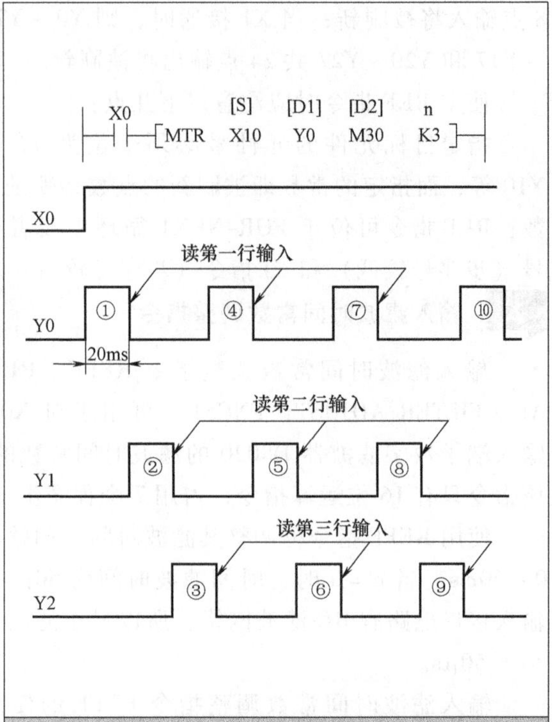

图 4-58　矩阵输入指令的使用

点可以获得 64 点输入，但是读一次 64 点输入所需时间为 20ms × 8 = 160ms，所以不适用于需要快速响应的系统。如果输入点用 X0 ~ X7，则每行输入的读入时间可减少至 10ms，即 64 点的读入时间可以减少到约 80ms。

4. 高速计数器指令

（1）高速计数器比较置位指令

高速计数器比较置位指令 HSCS（SET BY HIGH SPEED COUNTER，FNC53）应用于高速计数器的置位。第一个源元件可取所有数据类型，第二个源元件为高速计数器 C235 ~ C255，目标元件可取 Y、M 和 S。该指令是 32 位运算，占用 13 个程序步。

当高速计数器的当前值达到设定值时，计数器的输出触点立即动作。它采用了中断方式使置位和输出立即执行而与扫描周期无关。

高速计数器比较置位指令的使用如图 4-59 所示。在图 4-59 中，［S1·］为设定值 K100，当高速计数器 C255 的当前值由 99 变为 100 或由 101 变为 100 时，Y10 都将立即置 1。

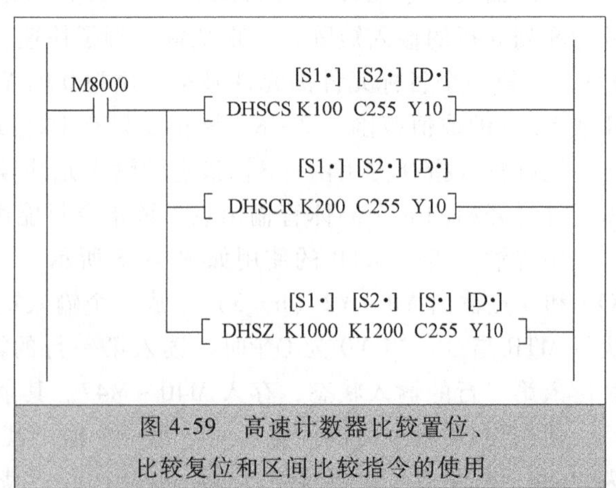

图 4-59　高速计数器比较置位、比较复位和区间比较指令的使用

（2）高速计速器比较复位指令

高速计速器比较复位指令 HSCR（RESET BY HIGH SPEED COUNTER，FNC54）应用于高速计数器的复位。

高速计速器比较复位指令 HSCR 的使用如图 4-59 所示。在图 4-59 中，C255 的当前

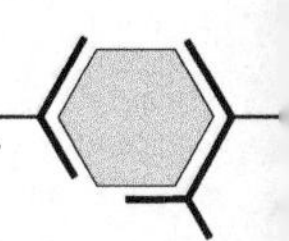

值由 199 变为 200 或由 201 变为 200 时，则用中断方式使 Y10 立即复位。

（3）高速计速器区间比较指令

高速计速器区间比较指令 HSZ（ZONE COMPARE FOR HIGH SPEED COUNTER，FNC55）用于高速计数器当前值与给定区间上、下限数值的比较。第一个和第二个源元件可取所有数据类型，源元件为 C235～C255，目标元件可取 Y、M、S。该指令为 32 位运算，占用 17 个程序步。高速计速器区间比较指令有三种操作模式：标准模式、多段比较模式和频率控制模式，有关使用的具体情况这里不再详述。

高速计速器区间比较指令 HSZ 的使用如图 4-59 所示。在图 4-59 中，目标元件 Y10、Y11 和 Y12 用于比较结果的输出。当 C255 的当前值＜K1000 时，Y10 为 ON；当 K1000≤C251 的当前值≤K1200 时，Y11 为 ON；当 C251 的当前值＞K1200 时，Y12 为 ON。

应注意的是，HSZ 指令仅在脉冲输入时才能执行，所以其最初的驱动应由 ZCP（区间比较）指令来控制。

5. 速度检测指令

速度检测指令 SPD（SPEED DETECT，FNC56）的功能是检测给定时间内从光电编码器输入的脉冲个数，并计算出速度。指令的第一个源元件是 X0～X5，用于指定脉冲输入点。第二个源元件可取所有的数据类型，用于指定计数时间（以 ms 为单位）。目标元件可以取 T、C、D、V 和 Z，占用连续的三个目标元件，用于指定计数结果存储单元。该指令只有 16 位运算，占用 7 个程序步。

速度检测指令 SPD 的使用如图 4-60 所示。在图 4-60 中，当 X10 为 ON 时，用 D1 对 X0 输入脉冲的上升沿计数，100ms 以后计数结果存于 D0 中。当结果存入 D0 时，D1 复位，重新对 X0 的输入脉冲进行计数。D2 用来计算剩余的时间。

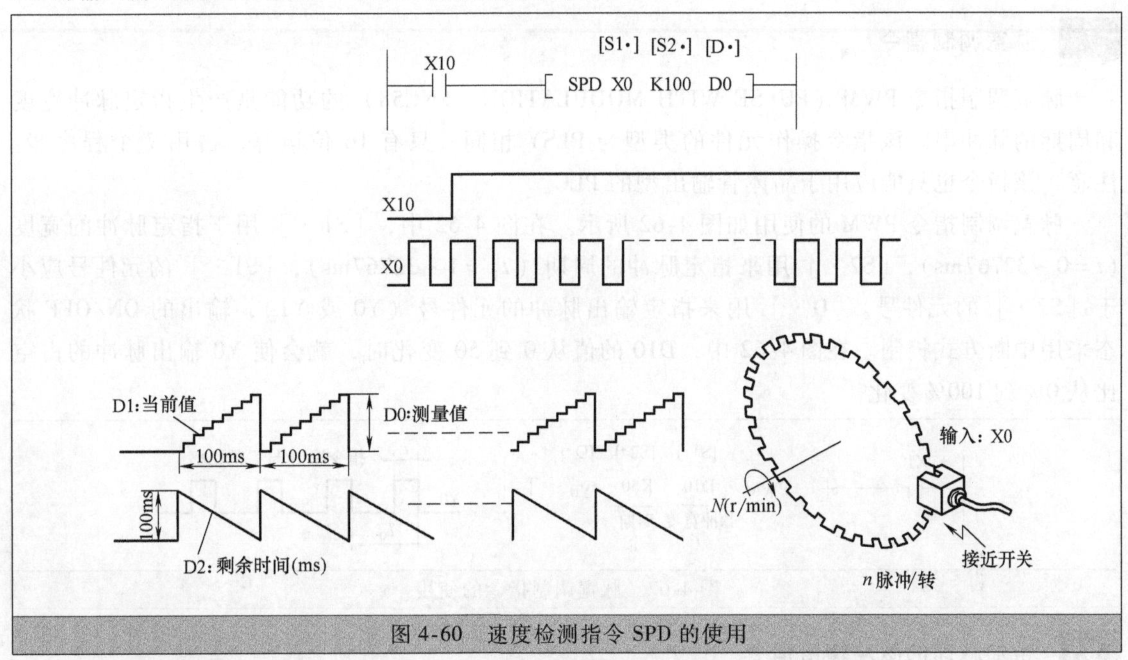

图 4-60　速度检测指令 SPD 的使用

D0 中的脉冲值与旋转速度成正比，速度与测定的脉冲关系如下式：

$$N=\frac{60(\mathrm{D0})}{nt}\times 10^3$$

式中，n 为转速；(D0) 为 D0 中的数据；t 为由［S2·］指定的计数时间（ms）。

6. 脉冲输出指令

脉冲输出指令 PLSY（PULSE OUTPUT，FNC57）用来产生指定数量和频率的脉冲。第一个和第二个源元件可取所有的数据类型，目标元件为晶体管输出型 PLC 的 Y0 或 Y1。该指令有 16 位和 32 位运算，分别占用 7 个和 13 个程序步。指令在程序中只能使用一次。

脉冲输出指令 PLSY 的使用如图 4-61 所示。第一个源元件［S1·］用于指定脉冲频率，对于 FX_{2N} 和 FX_{2NC} 系列为 2～20000Hz。第二个源元件［S2·］用于指定脉冲的个数，16 位指令的范围为 1～32767，32 位指令则为 1～2147483647。如果指定脉冲数为 0，则产生无穷多个脉冲，即连续脉冲输出。目标元件［D·］用来指定脉冲输出元件号，只能指定晶体管输出型 PLC 的 Y0 或 Y1，脉冲的占空比为 50%，脉冲以中断方式输出。［S1·］中的内容在指令执行过程中可以改变，但［S2·］中的数据不可改变。指定脉冲输出完后，指令完成标志 M8029 置 1。当 PLSY 指令从 ON 变为 OFF 时，M8029 复位。

在图 4-61 中，在指令执行过程中，如果 X10 变为 OFF，则脉冲输出停止。X10 再次变为 ON 时，脉冲再次输出，则脉冲数从头开始输出。在脉冲串输出期间，X10 变为 OFF，则 Y0 也变为 OFF。

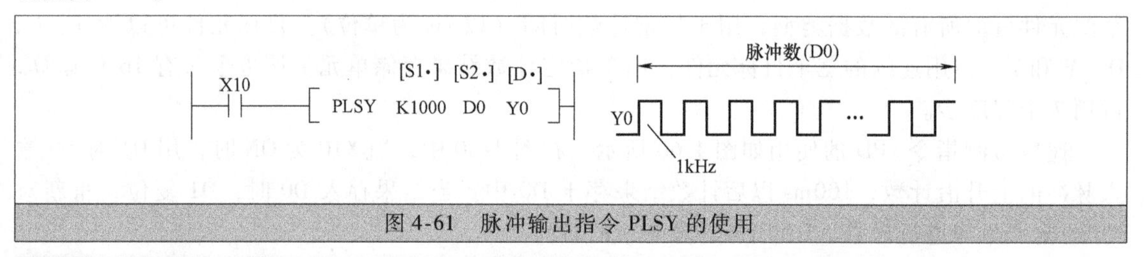

图 4-61　脉冲输出指令 PLSY 的使用

7. 脉宽调制指令

脉宽调制指令 PWM（PULSE WITH MODULATION，FNC58）的功能是产生指定脉冲宽度和周期的脉冲串。该指令操作元件的类型与 PLSY 相同，只有 16 位运算，占用 7 个程序步。注意，该指令也只能应用于晶体管输出型的 PLC。

脉宽调制指令 PWM 的使用如图 4-62 所示。在图 4-62 中，［S1·］用于指定脉冲的宽度（t=0～32767ms），［S2·］用来指定脉冲的周期（T_0=1～32767ms），［S1·］的元件号应小于［S2·］的元件号。［D·］用来指定输出脉冲的元件号（Y0 或 Y1），输出的 ON/OFF 状态采用中断方式控制。在图 4-62 中，D10 的值从 0 到 50 变化时，就会使 Y0 输出脉冲的占空比从 0% 到 100% 变化。

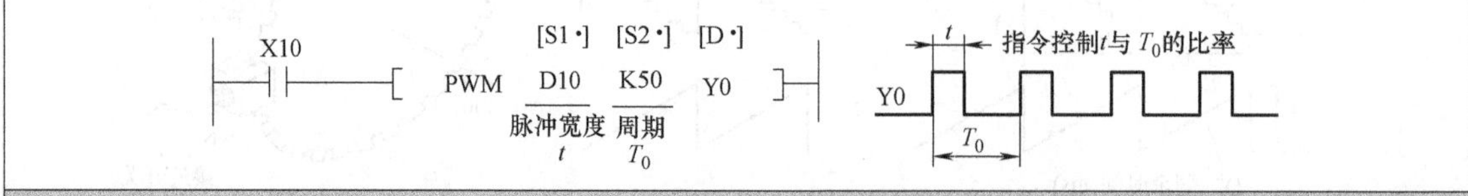

图 4-62　脉宽调制指令的使用

8. 带加减速的脉冲输出指令

带加减速脉冲输出指令 PLSR（PLUSE R，FNC59）的功能是对输出脉冲进行加速，也可用于减速调整，即对所指定的最高频率进行定加速，直到达到所指定的输出脉冲数，再进行定减速。源操

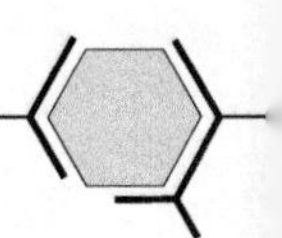

作数和目标操作数的类型与 PLSY 指令相同，只能用于晶体管输出型 PLC 的 Y0 和 Y1，可进行 16 位运算也可进行 32 位运算，分别占用 7 个和 17 个程序步。该指令只能使用一次。

带加减速脉冲输出指令 PLSR 的使用如图 4-63 所示。在图 4-63a 所示的梯形图程序中，当 X10 置于 OFF 时，中断脉冲输出，再置为 ON 时，从初始动作开始定加速，达到指定的输出脉冲数时，再进行定减速。其中，［D·］用来指定输出脉冲的元件号（Y0 或 Y1）。［S1·］用来指定脉冲的最高频率（10～20000Hz），［S2·］用来指定总的输出脉冲数。［S3·］用来指定加减速时间（0～5000ms），其值应大于 PLC 扫描周期最大值（D8012）的 10 倍。加减速的变速次数固定为 10 次，即加减速过程的脉冲-频率曲线分别为有 10 个阶梯的阶梯波。加减速过程曲线如图 4-63b 所示。

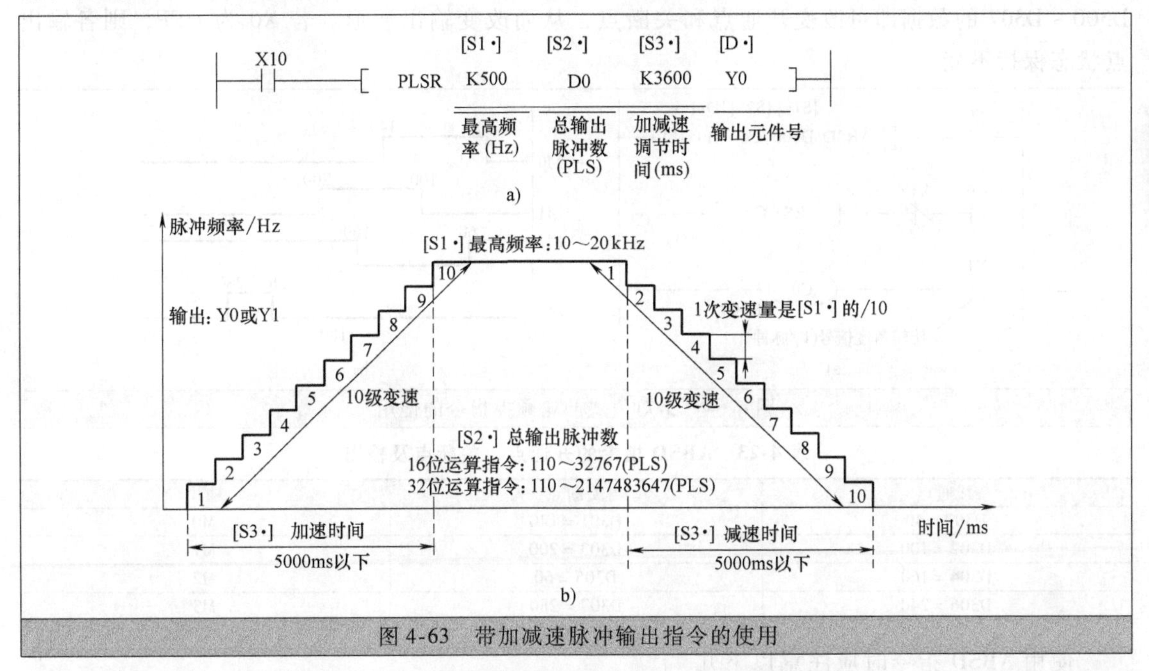

图 4-63 带加减速脉冲输出指令的使用

4.8 方便指令和外围 I/O 设备指令

4.8.1 方便指令 ★★★

FX 系列 PLC 的方便指令共有 10 条，包括初始化指令 IST、数据搜索指令 SER、绝对值式凸轮顺控指令 ABSD、增量式凸轮顺控指令 INCD、示教定时器指令 TTMR、特殊定时器指令 STMR、交替输出指令 ALT、斜坡信号指令 RAMP、旋转工作台控制指令 ROTC 和数据排序指令 SORT 等。下面只对上述指令中的一部分做简单的介绍，初始化指令 IST 一般用于顺序控制，将其放到 4.11 节与步进梯形指令一并介绍。

1. 绝对值式凸轮顺控指令

绝对值式凸轮顺控指令 ABSD（ABSOLUTE DRUM，FNC62）用来产生一组对应于计数器当前值变化的输出点数，输出点的个数由 n 指定。该指令以凸轮平台旋转产生的脉冲，通过［S2·］指定的计数器当前值与［S1·］指定的软元件中数据进行比较，使［D·］指定的软元件输出要求的波形。指令的第一个源元件可取KnX、KnY、KnM、KnS、T、C和D，第二个源元件为C，目标元件可取Y、M和S，$1 \leq n \leq 64$。该指令有16位和32位运算，分别占用9个和17个程序步。

绝对值式凸轮顺控指令ABSD的使用如图4-64所示。在图4-64a中，共有4个输出点M0～M3（n=4）进行输出控制。对应于工作台旋转一周，M0～M3的通/断状态是受凸轮通过X1发出的角度位置脉冲（1°/脉冲）信号控制的。事先通过数据传送指令将开通点和关断点数据写入D300起始的连续的8个数据寄存器中（2n=8，D300～D307），开通点数据写入元件号为偶数的元件，关断点数据写入元件号为奇数的元件，见表4-23。

当执行条件X0变为ON时，M0～M3的状态变化的波形如图4-64b所示，通过改写D300～D307的数据即可改变开通点和关断点，从而改变输出波形。若X0为OFF，则各输出点状态保持不变。

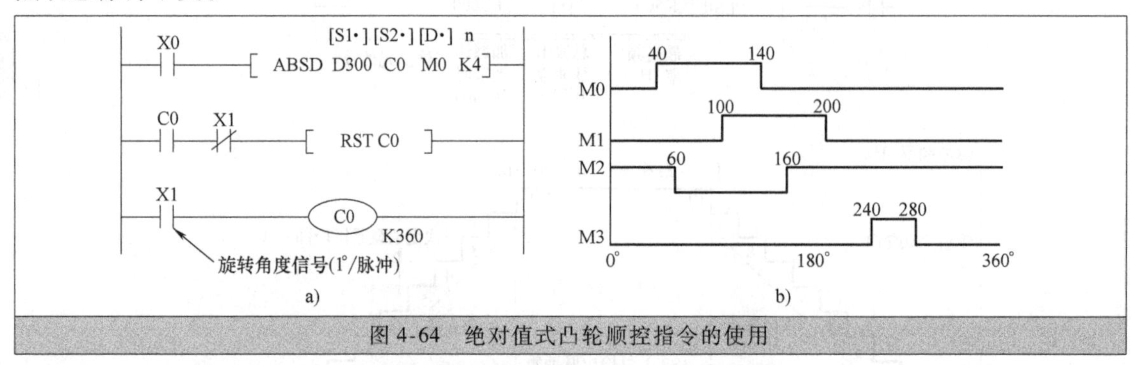

图4-64　绝对值式凸轮顺控指令的使用

表4-23　ABSD指令的开通点、关断点及输出

开通点	关断点	输出
D300 = 40	D301 = 140	M0
D302 = 100	D303 = 200	M1
D304 = 160	D305 = 60	M2
D306 = 240	D307 = 280	M3

使用ABSD指令时应注意以下几点：n的数值决定输出点数，当执行条件变为不成立后，则输出各点的状态保持不变；在DABSD指令中，[S2·]可以使用高速计数器。在这种情况下，对应于计数器的当前值，输出波形会由于扫描周期的影响而造成响应滞后。如果需要响应具有快速性，应使用高速计数器区间比较指令HSZ；该指令只能使用一次。

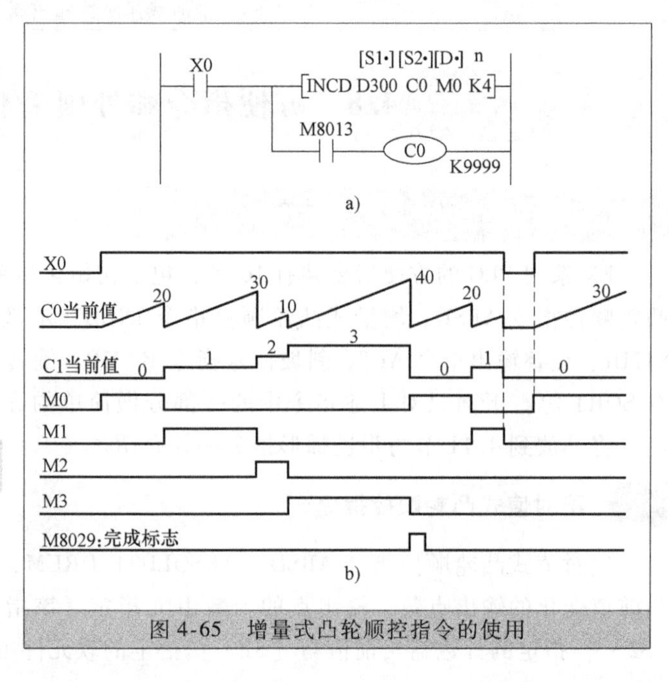

图4-65　增量式凸轮顺控指令的使用

2.　增量式凸轮顺控指令

增量式凸轮顺控指令INCD（INCREMENT DRUM，FNC63）也是用来产生一组对应于计数器计数值变化的输出波形。

增量式凸轮顺控指令 INCD 的使用如图 4-65 所示。

在图 4-65a 中，共有 4 个输出点 M0 ~ M3（n = 4）进行输出控制，这 4 个软元件的通/断状态受凸轮提供的脉冲个数控制。使 M0 ~ M3 为 ON 状态的脉冲个数分别存放在 D300 ~ D303 中。事先用 MOV 指令将数据写入［S1·］（D300 ~ D303）中，见表 4-24。

表 4-24　增量式凸轮顺控指令源元件和目标元件的关系

［S1·］	［S2·］	［D·］
(D300) = 20	0 < C0 ≤ (D300)	M0 = 1
(D301) = 30	0 < C0 ≤ (D301)	M1 = 1
(D302) = 10	0 < C0 ≤ (D302)	M2 = 1
(D303) = 40	0 < C0 ≤ (D303)	M3 = 1

设 D300 ~ D303 中分别是 20、30、10 和 40 时的 M0 ~ M3 状态输出波形如图 4-65b 所示。当计数器 C0 的当前值依次达到 D300 ~ D303 的设定值时将自动复位。段计数器 C1 用来计算复位的次数，M0 ~ M3 将按照 C1 的值依次动作。当由 n 指定的最后一段完成后，标志 M8029 置 1，以后周期性地重复。如果 X0 变为断开，则 C0、C1 均复位（清 0），同时 M0 ~ M3 变为 OFF，当 X0 再次接通后重新开始运行。

3. 示教定时器指令 TTMR

使用示教定时器指令 TTMR（TEACHING TIMER，FNC64）的功能是可利用一个按钮来调整定时器的设定时间。TTMR 为 16 位指令，占 5 个程序步。

示教定时器指令 TTMR 的使用如图 4-66 所示。执行 TTMR 指令，设按钮按下的时间由 D301 记录，该时间乘以 n 指定的倍率（$10^n \cdot \tau_0$）后存入 D300 中，见表 4-25。在图 4-66a 中，按钮 X10 按下时间为 τ_0，则存入 D300 的数值按照常数 n 的指定值进行选择，在这里即为 τ_0（n = K0）。X10 为 OFF 时，D301 复位，D300 保持不变，如图 4-66b 所示。

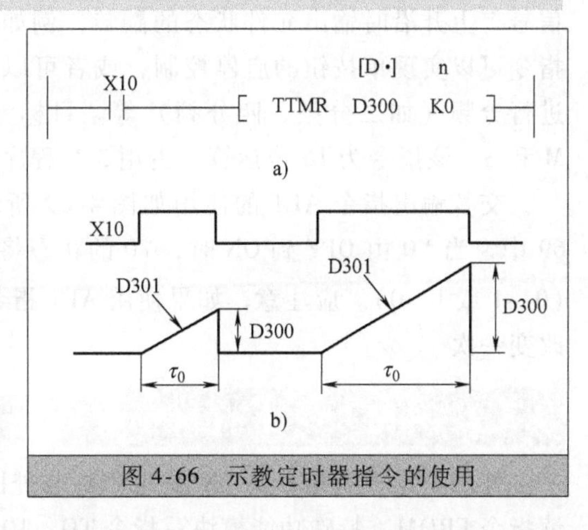

图 4-66　示教定时器指令的使用

表 4-25　TTMR 指令中常数与目标元件数值的关系

n	D300
K0	τ_0
K1	$10\tau_0$
K2	$100\tau_0$

4. 特殊定时器指令 STMR

特殊定时器指令 STMR（SPECIAL TIMER，FNC65）用于产生延时断开定时器、单脉冲式定时器和闪烁定时器。源元件取 T0 ~ T199（100ms 定时器），目标元件可取 Y、M 和 S，常数 m（m = 1 ~ 32767）的设定值用于指定定时器的设定值。

特殊定时器指令 STMR 的使用如图 4-67 所示。在图中，T10 的设定值为 100ms × 100 = 10s，M0 是延时断开定时器，M1 为单脉冲定时器，M2、M3 为闪烁而设。

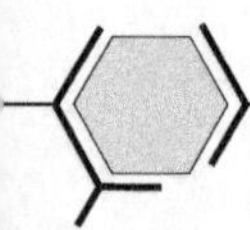

如果 M3 的触点采用如图 4-68 所示的接法，则 M2 和 M1 会产生闪烁输出。当 X0 关断时，M0、M1、M3 在经过设定时间后关断，T10 同时复位。

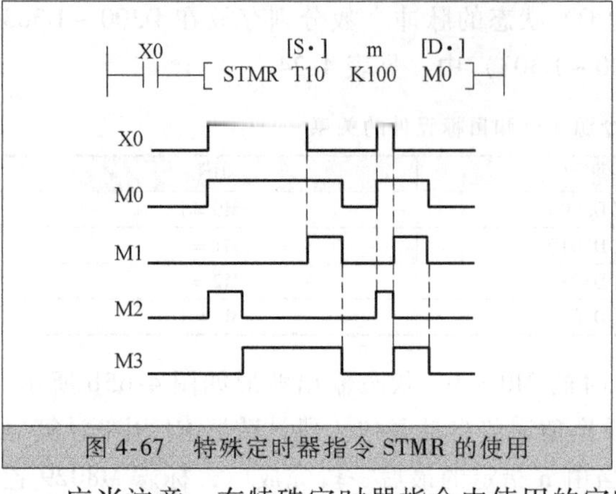

图 4-67　特殊定时器指令 STMR 的使用

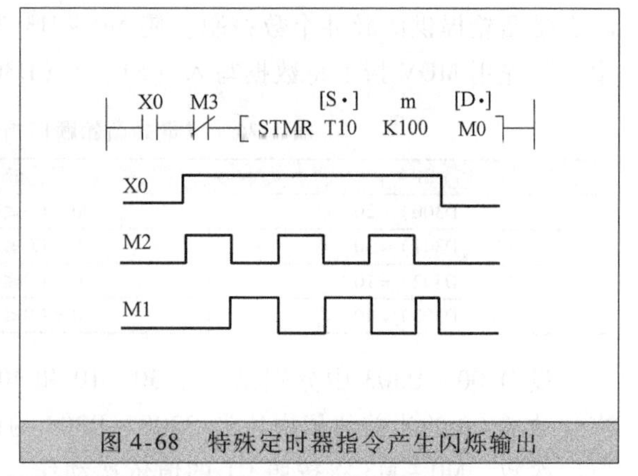

图 4-68　特殊定时器指令产生闪烁输出

应当注意，在特殊定时器指令中使用的定时器在程序的其他地方不要重复使用。

5. 交替输出指令

交替输出指令 ALT（FNC66）用于在给定输入元件信号有上升沿时输出元件状态的翻转，例如，使用这条指令可以实现单按钮的启停控制，或者可以对输入信号进行分频（如二分频、四分频）等。目标元件可取 Y、M 和 S。该指令为 16 位运算，占用 3 个程序步。

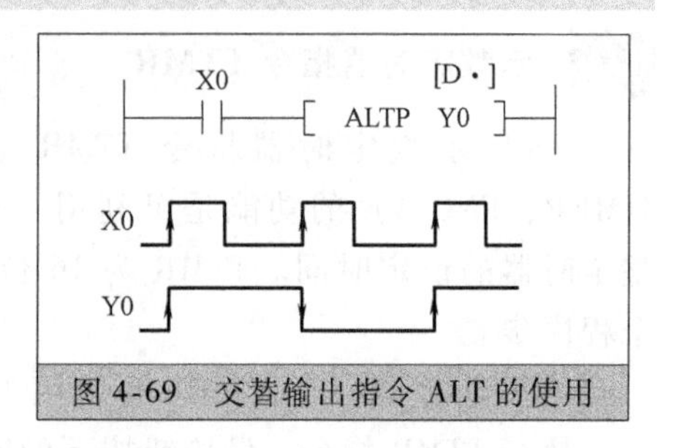

图 4-69　交替输出指令 ALT 的使用

交替输出指令 ALT 的使用如图 4-69 所示。在图 4-69 中，当 X0 由 OFF 到 ON 时，Y0 的状态将会改变一次（0→1 或 1→0）。应注意，如果使用 ALT 指令的连续执行方式，则每个扫描周期 Y0 状态均要改变一次。

4.8.2　外围 I/O 设备指令 ★★★

外围 I/O 设备指令是 FX 系列 PLC 与外围设备交换数据、信息的指令，包括特殊功能模块读指令 FROM、特殊功能模块写指令 TO、10 键输入指令 TKY、16 键输入指令 HKY、数字开关指令 DSW、七段译码指令 SEGD、带锁存的七段显示指令 SEGL、方向开关指令 ARWS、ASCII 码转换指令 ASC 和 ASCII 打印指令 PR 等，共计 10 条。

由于特殊功能模块读指令 FROM 和特殊功能模块写指令 TO 是 PLC 基本模块与扩展功能模块实现通信的重要指令，下面将对其做一较详细的介绍，而对其他的外围 I/O 设备指令只做简单的介绍。

1. 特殊功能模块读写指令

（1）指令组成要素

特殊功能模块与 PLC 的数据联系通信需要使用 FROM（读出）指令和 TO（写入）指令。FROM 指令用于将特殊功能模块缓冲存储器（BFM）中的数据读入到 PLC。TO 指令可将数据从 PLC 写入特殊功能模块的缓冲存储器中。

特殊功能模块读写指令的助记符、功能码、操作数范围和占用程序步数见表 4-26。

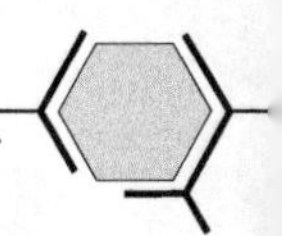

表 4-26 特殊功能模块读出/写入指令的使用要素

指令名称	功能码（处理位数）	助记符	操作数范围				占用程序步数
			m1	m2	[D·]、[S·]	n	
特殊功能模块读出	FNC78 (16/32)	FROM FROMP	K、H:0~7，特殊功能模块编号	K、H:0~32767，BFM号	KnY、KnM、KnS、T、C、D、V、Z	K、H:1~32767	FROM…9步 FROMP…17步
特殊功能模块写入	FNC79 (16/32)	TO TOP	K、H:0~7，特殊功能模块编号	K、H:0~32767，BFM号	KnY、KnM、KnS、T、C、D、V、Z	K、H:1~32767	TO…9步 TOP…17步

（2）指令使用说明及示例

使用特殊功能模块读出指令 FROM 和写入指令 TO 可以进行模块的配置，偏移及增益的调整，模拟量转换成数字量或待转换为模拟量的数字量的传送等。

在 PLC 基本单元扩展特殊功能模块后系统中特殊功能模块编号的举例如图 4-70 所示。

特殊功能模块的读出/写入指令的使用如图 4-71 所示。

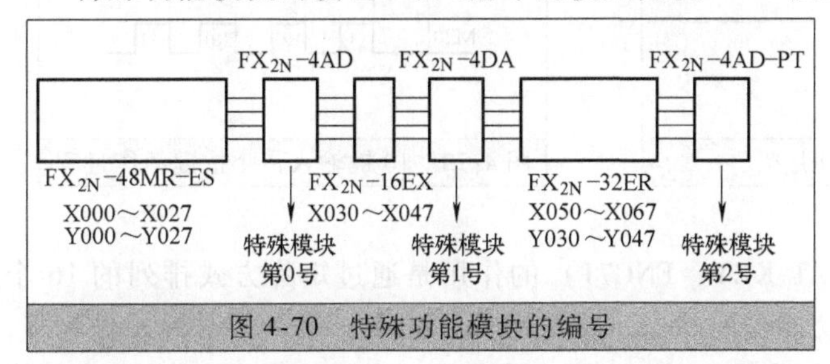

图 4-70 特殊功能模块的编号

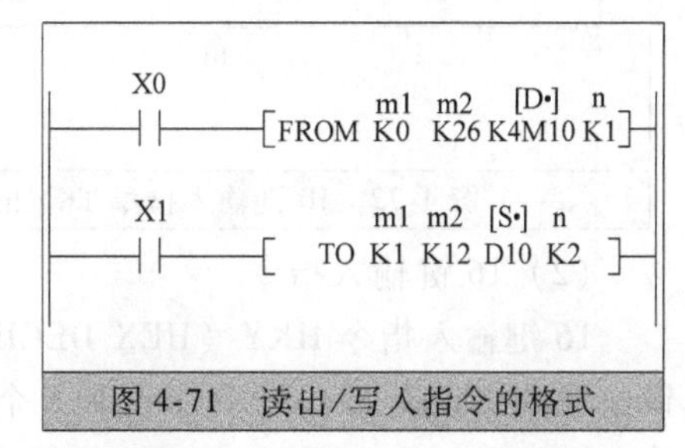

图 4-71 读出/写入指令的格式

在图 4-71 中，梯形图第一行中的 X0 接通时，将 PLC 右边编号为 0 的特殊功能模块内的第 26 个数据缓冲存储器（BFM#26）开始的一个数据读入到 PLC 中的 M10～M25（一个字）中。

在梯形图第二行中的 X1 接通时，将 PLC 基本单元中从 D10 开始的两个字的数据写入到编号为 1 的特殊功能模块内从编号 12 开始的 2 个数据缓冲存储器中（BFM#12 和 BFM#13）。注意，M8028 为 ON 时，在读出、写入指令执行过程中，禁止中断；在此期间发生的中断，在读、写指令执行完后执行。

2. 数据输入指令

数据输入指令包括 10 键输入指令 TKY、16 键输入指令 HKY 和数字开关指令 DSW。

（1）10 键输入指令

10 键输入指令 TKY（TEN KEY，FNC70）是用于十字键输入数值的指令。该指令的源操作数可取 X、Y、M 和 S，第一个目标元件可取 KnY、KnM、KnS、T、C、D、V 和 Z，第二个目标元件可取 Y、M、S。指令有 16 位运算和 32 位运算，分别占用 9 个程序步和 13 个程序步。该指令在程序中只能使用一次。

10 键输入指令 TKY 的使用如图 4-72 所示。在图 4-72a 中，源元件［S·］以 X0 作为首元件，10 个键接于 X000～X011 分别对应数字 0～9，如图 4-72b 所示。M10～M19 的动作对应于 X000～X010，当任意键按下时，键信号 M20 将置 1 直到该键松开。当 X30 接通时执行 TKY 指令，如果以 X2（2）、X10（8）、X3（3）、X0（0）的顺序按键，则［D1·］中存入数据为 2830，实现了将按键变成十进制的数字量。当按下 X2 后，M12 置 1 并保持至另一键被按下，其他键按下也是类似的，如图 4-73 所示。

应注意的是，当有 2 个或更多的键按下时，则首先按下的键有效。当 X30 变为 OFF 时，

D0 中的数据保持不变，但 M10～M20 全部变为 OFF。当送入的数大于 9999，则高位溢出并丢失。使用 32 位指令 DTKY 时，D1 和 D2 组合使用，高位大于 9999 9999 则高位溢出。

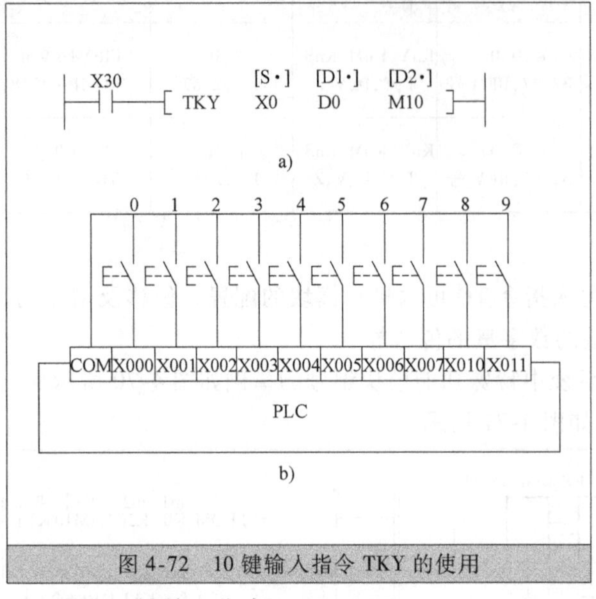

图 4-72　10 键输入指令 TKY 的使用

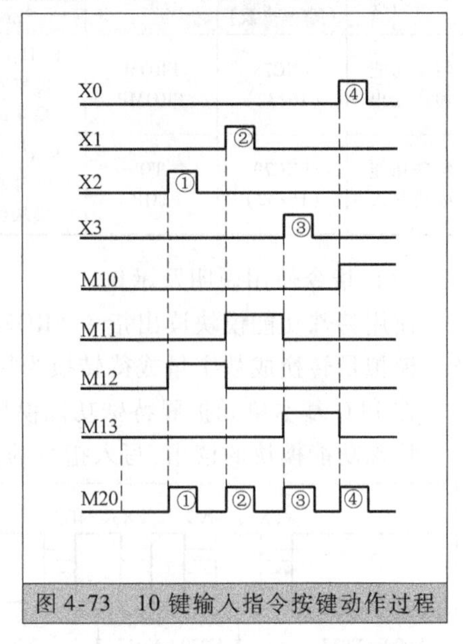

图 4-73　10 键输入指令按键动作过程

（2）16 键输入指令

16 键输入指令 HKY（HEX DECIMAL KEY，FNC71）的作用是通过矩阵方式排列的 16 个键组成的键盘输入 10 个数字键和 6 个功能键的状态。指令源元件为 X，第一个目标元件为 Y，第二个目标元件可取 T、C、D、V 和 Z，第三个目标元件可取 Y、M 和 S。该指令有 16 位运算和 32 位运算，分别占用 9 个程序步和 17 个程序步。扫描全部 16 键需 8 个扫描周期。HKY 指令在程序中只能使用一次。

16 键输入指令 HKY 的使用如图 4-74 所示。在图 4-74 中，［S·］指定了 4 个输入点，［D1·］指定了 4 个扫描输出点，以组成 4×4 矩阵键盘输入。［D2·］为键输入存储元件，［D3·］为键检测输出元件。16 键中 0～9 为数字键，A～F 为功能键。

功能键 A～F 与 M0～M5 对应，按下 A 键，则 M0 置 1 并保持。按下 D 键 M0 置 0，M3 置 1 并保持，依次类推。如果同时按下多个键，则先按下的有效。Y000～Y003 一次循环动作后，执行完毕标志 M8029 动作。HKY 指令输入的数字范围为 0～9999，以二进制的方式存放在 D0 中，如果大于 9999 则溢出。DHKY 指令可在 D0 和 D1 中存放最大为 9999 9999 的数据。

（3）数字开关指令

数字开关指令 DSW（DIGITAL SWITCH，FNC72）的功能是读入 4 位 1 组或 2 组数字开关的设定值。源元件为 X，用来指定输入点。第一个目标元件为 Y，用来指定输出选通点。第二个目标元件指定数据存储单元，可取 T、C、D、V 和 Z。常数 n 指定数字开关组数，n＝1 或 2。该指令只有 16 位运算，占用 9 个程序步，只能使用两次。

数字开关指令 DSW 的使用如图 4-75 所示。

在图 4-75 中，n＝1 指定 1 组 BCD 码数字开关。输入开关为 X010～X013，按照 Y010～Y013 的顺序选通读入。数据以二进制数的形式存放在 D0 中。如果 n＝2，则有 2 组开关，第 2 组开关接到 X014～X017 上，仍由 Y010～Y013 顺序选通读入，数据以二进制的形式存放在 D1 中，第 2 组数据只有在 n＝2 时才有效。当 X0 保持为 ON 时，Y010～Y013 依次为 ON。一个周期完成后标志 M8029 置 1。

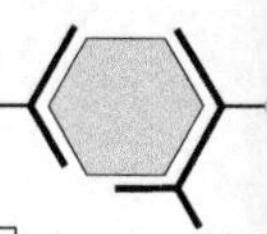

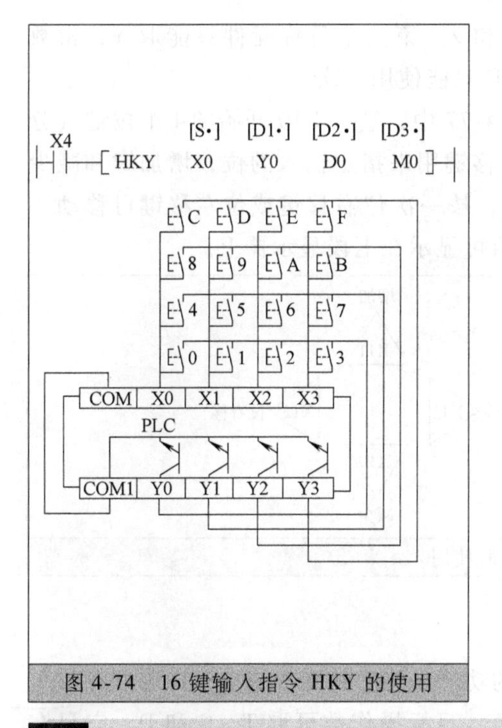

图 4-74　16 键输入指令 HKY 的使用

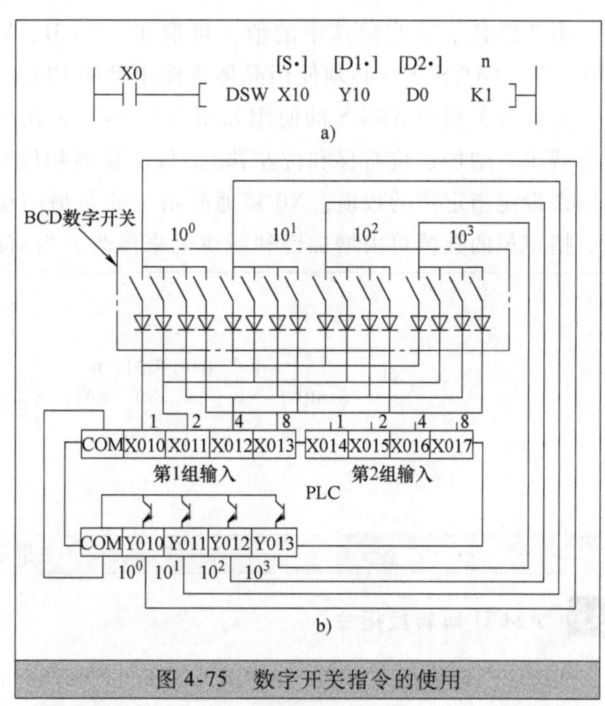

图 4-75　数字开关指令的使用

3. 七段译码输出指令

数字译码输出指令包括七段译码指令 SEGD 和带锁存的七段显示指令 SEGL。

（1）七段译码指令 SEGD

七段译码指令 SEGD（SEVEN SEGMENT DECODER，FNC73）将源操作数指定的元件的低 4 位对应的十六进制数经译码后通过目标元件驱动七段显示器。

七段译码指令 SEGD 的使用如图 4-76 所示。在图 4-76 中，［S·］指定的元件低 4 位（只用低 4 位）存放的是待显示的十六进制数。源元件低 4 位所确定的十六进制数（0～F）经译码后存于目标元件指定元件的低 8 位中，以驱动七段显示器，目标元件的高 8 位保持不变。

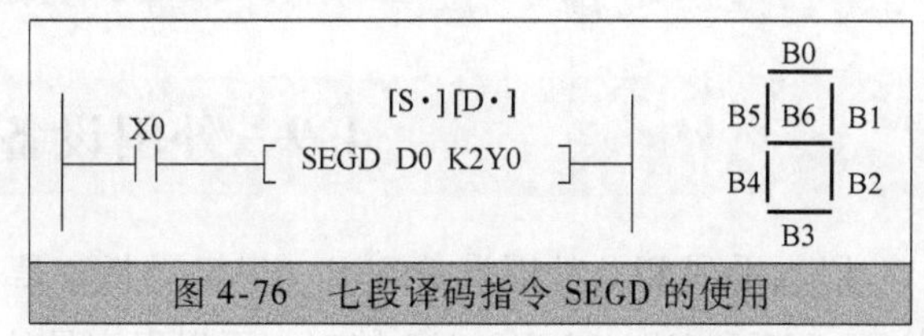

图 4-76　七段译码指令 SEGD 的使用

例如，如果 D0 要显示的数据为 0（二进制数 0000，4 位），则译码后应在 K2Y0 中存入的数据为 3FH，即 8 位二进制数的 0011 1111，依次对应七段显示中段 B6～B0，在这里即 Y6～Y0。如果 D0 要显示的数据为 1（二进制数 0001，4 位），则译码后应在 K2Y0 中存入的数据为 06H（二进制数 0000 0110），依次类推。

（2）带锁存的七段显示指令 SEGL

带锁存的七段显示指令 SEGL（SEVEN SEGMENT WITH LATCH，FNC74）的作用是用 12 个扫描周期的时间来控制一组或两组带锁存的七段译码显示。有关该指令使用的详细情况这里不再详细介绍。

4. 方向开关指令

方向开关指令 ARWS（ARROW SWITCH，FNC75）是用于方向开关移动输入、显示位数和增减数据。该指令有 4 个参数，源操作数可选 X、Y、M 和 S。第一个目标元件为输入的数据，由 7 段显示器监视其中的值，可取 T、C、D、V 和 Z。第二个目标元件只能取 Y，常数 n = 0 ~ 3。ARWS 指令必须使用晶体管输出型的 PLC，且只能使用一次。

方向开关指令 ARWS 的使用如图 4-77 所示。在图 4-77 中，选择 X10 开始的 4 个按键（分别为减少、增加、位右移和位左移）。位左移键和位右移键用来指定输入的位，增加键和减少键用来设定指定位的数值。X0 接通时指定的是最高位，按一次位右移键或位左移键可移动一位。指定位的数值可由增加键和减少键来修改。当前值可显示在七段显示器上。

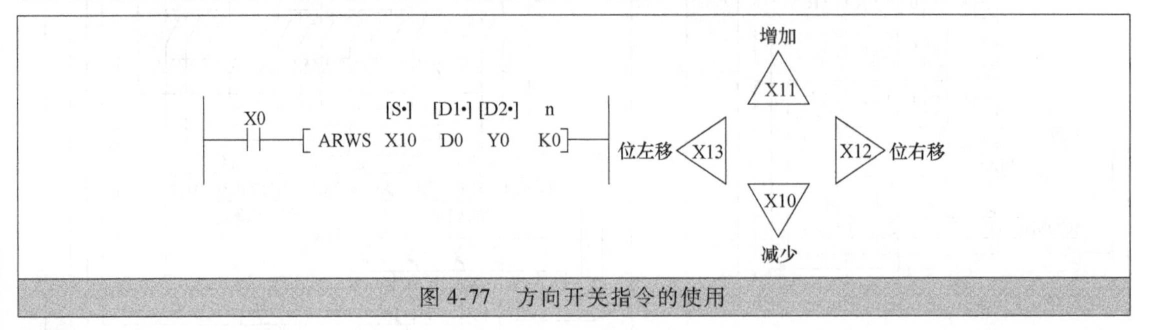

图 4-77　方向开关指令的使用

5. ASCII 码转换指令

ASCII 码转换指令 ASC（ASCII CODE，FNC76）的功能是将字符变换成 ASCII 码并存放于指定的元件中。源操作数最多 8 个字符（字母或数字），目标操作数可取 T、C 和 D。它只有 16 位运算，占用 11 个程序步。

ASCII 码转换指令 ASC 的使用如图 4-78 所示。在图 4-78 中，当 X0 接通时，则将字符 FX_{2N}变成 ASCII 码并送入 D300 和 D301 中。

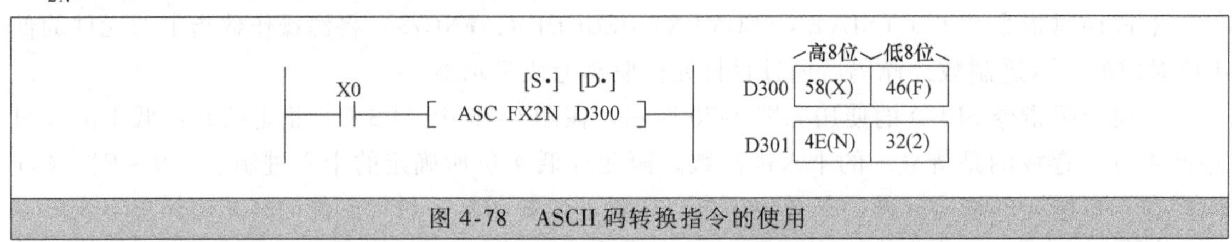

图 4-78　ASCII 码转换指令的使用

4.9　外围设备 SER 指令

FX_{2N}系列 PLC 外围设备 SER（串口）指令是对连接串口的特殊附件进行控制的指令。经由 RS-232 和 RS-422/RS-485 接口，可以很容易地配置一个与外部计算机进行通信的系统。在系统中，PLC 接收系统中其他设备的各种控制信息，处理后转换为 PLC 中软元件的状态和数据信息；同时，PLC 又可以将所有软元件的数据和状态信息送往智能通信设备（如上位计算机），由这些设备采集这些数据进行数据处理、分析及监控运行状态，改变 PLC 的初始值和设定值，从而实现智能通信设备和 PLC 的连接、通信及控制。外围设备 SER 指令包括 PID 运算指令、串行通信指令 RS、八进制数据传送指令 PRUN、HEX→ASCII 转换指令 ASCI、ASCII→HEX 转换指令 HEX、校验码指令 CCD、模拟量输入指令 VRRD 和模拟量开关设定指令 VRSC 等。

在这些指令中，PID 运算指令是 PLC 过程控制中非常重要的指令，而 RS 指令在 PLC 与其他设备的联网、进行无协议数据通信中会常常用到，下面将对它们做较详细的介绍，而对其他

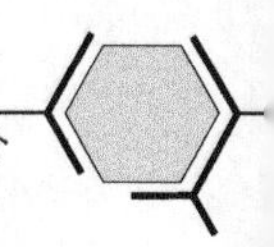

外围设备 SER 指令只是有选择地、简单地加以介绍。

4.9.1 PID 指令和 RS 指令 ★★★

1. PID 指令

(1) PID 指令组成要素

PID 指令对测量值数据寄存器［S2］和设定值数据寄存器［S1］进行比较，通过 PID 回路处理两数值之间的偏差来产生一个调节值，此值已考虑了计算偏差前一次的迭代和趋势。PID 回路计算出的输出调节值存入目标软元件［D］中。［S3］指定 PID 运算的参数表首地址，PID 控制回路的设定参数存储在由［S3］+0 到［S3］+24 的 25 个地址连续的数据寄存器中。因为该参数表需要占用 25 个数据寄存器，所以首元件号不可大于 D7975。该指令在编程时可多次使用，但应注意各 PID 回路占用的数据寄存器不可重复。PID 指令有特定的出错代码，出错标志为 M8067，相应的出错代码存放在 D8067。

三菱 FX 系列 PLC 的 PID 指令的组成要素见表 4-27。

表 4-27　PID 指令的组成要素

指令名称	功能码（处理位数）	助记符	操作数范围				占用程序步数
			[S1]	[S2]	[S3]	[D]	
PID 运算	FNC88 (16)	PID	D(目标值(SV))	D(测量值(PV))	D0 ~ D7975 (参数表)	D(输出值(MV))	PID…9 步

PID 运算指令的使用如图 4-79 所示。

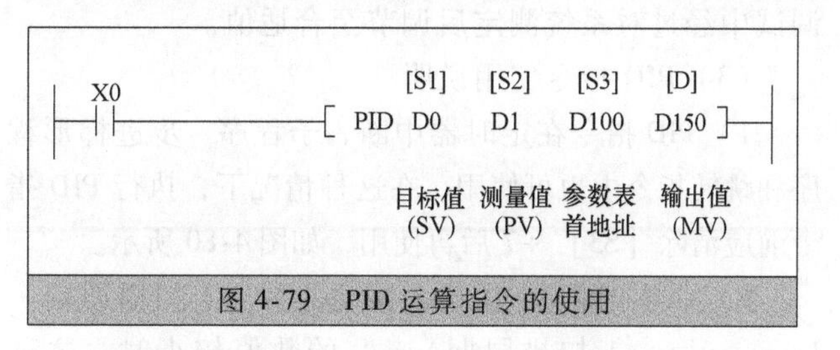

图 4-79　PID 运算指令的使用

(2) PID 控制参数表

在使用 PID 运算指令前，需要先对目标值、测量值以及控制参数进行设定。其中，测量值是传感器元件反馈量在 PLC 中产生的数字量；目标值则应该结合工程实际值、传感器测量范围和模数转换字长等参数的量值，它应当是控制系统稳定运行的期望值；控制参数则为 PID 运算相关的参数。控制参数［S3］的 25 个数据寄存器的名称及参数的设定内容见表 4-28。

表 4-28　控制参数［S3］数据寄存器名称及设定

寄存器号数	参数名称或符号	设定内容
[S3]	采样时间(T_s)	设定范围 1 ~ 32767(ms)
[S3] +1	动作方向(ACT)	bit0 =0 正动作;bit0 =1 逆动作 bit1 =0 输入变化量报警无效;bit1 =1 输入变化量报警有效 bit2 =0 输出变化量报警无效;bit2 =1 输出变化量报警有效 bit3 不可使用 bit4 =0 不执行自动调节;bit4 =1 执行自动调节 bit5 =0 输出上下限设定无效;bit5 =1 输出上下限设定有效 bit6 ~ bit15 不可使用 注意,bit2 及 bit5 不能同时为 ON
[S3] +2	输入滤波常数(α)	0 ~ 99%,设定为 0 时无输入滤波
[S3] +3	比例增益(K_P)	0 ~ 32767%
[S3] +4	积分时间(T_I)	0 ~ 32767(×100ms)设定为 0 时无积分处理
[S3] +5	微分增益(K_D)	0 ~ 100% 设定为 0 时无微分增益
[S3] +6	微分时间(T_D)	0 ~ 32767(×100ms)设定为 0 时无微分处理

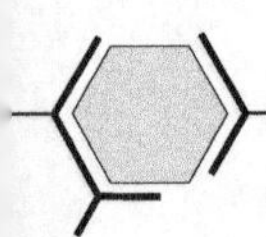

（续）

寄存器号数	参数名称或符号	设定内容
[S3]+7～[S3]+19	—	PID运算内部占用
[S3]+20	输入变化量(增加方向)报警设定值	0～32767(动作方向(ACT)的bit1=1有效)
[S3]+21	输入变化量(减少方向)报警设定值	0～32767(动作方向(ACT)的bit1=1有效)
[S3]+22	输出变化量(增加方向)报警设定值	0～32767(动作方向(ACT)的bit2=1,bit5=0有效)
[S3]+23	输出变化量(减少方向)报警设定值	0～32767(动作方向(ACT)的bit2=1,bit5=0有效)
[S3]+24	报警输出	bit0=1输入变化量(增加方向)溢出报警(动作方向(ACT)的bit1=1或bit2=1有效) bit1=1输入变化量(减少方向)溢出报警 bit2=1输出变化量(增加方向)溢出报警 bit3=1输出变化量(减少方向)溢出报警

注：[S3]+20～[S3]+24在[S3]+1在(ACT)的bit1=1、bit2=1或bit5=1时被占用。

表中［S3］+1参数PID调节方向设定，一般来说大多情况下，PID调节为逆动作方向，即测量值减少时应使PID调节的输出增加。正方向动作调节用得较少，即测量值减少时就使PID调节的输出值减少。［S3］+3～［S3］+6是涉及PID调节中比例、积分和微分调节强弱的参数，是PID调节的关键参数。这些参数的设定直接影响系统的快速性和稳定性。一般在系统调试中经过对系统测定后调节至合适值。

（3）PID指令使用说明

1）PID指令在定时器中断、子程序、步进梯形程序和跳转指令中也可使用。在这种情况下，执行PID指令前应清除［S3］+7后再使用，如图4-80所示。

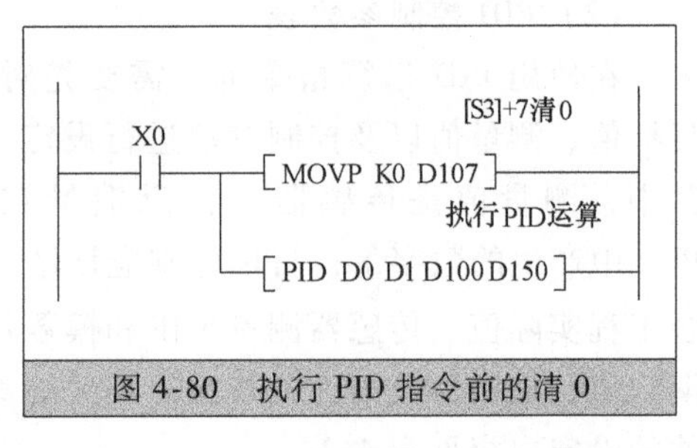

图4-80　执行PID指令前的清0

2）采样时间T_s的最大误差为－（1扫描周期＋1ms）～＋（1扫描周期）。T_s的数值较小时，这种误差将成为问题。在这种情况下，应执行恒定扫描模式或在定时器中断程序中编程，以解决该问题。

3）如果采样时间$T_s \leq$PLC的1个扫描周期，则M8067＝ON，出错代码为D8067＝K6740，并按T_s＝扫描周期执行。在这种情况下建议最好在定时器中断（I6□□～I8□□）中使用PID指令。

4）输入滤波常数有使测量值变化平滑的效果。

5）微分增益有缓和输出值急剧变化的效果。

6）动作方向（［S3］+1(ACT)）含义的解释。正动作、逆动作指定系统的动作方向。正动作是指，过程测量值PV_{nf}大于设定值SV时动作。例如，空调的控制，空调未启动时室温上升，超过设定值，则启动空调工作。逆动作是指，过程值PV_{nf}小于设定值SV时动作。例如，电炉的控制，当炉温低于设定值时，需投入电炉工作以升高炉温。动作方向各位设置具体内容如下：

① 动作方向：bit0＝0为正动作，bit0＝1为逆运作。

② 输出值上下限设定（bit5）。在输出值上/下限设定有效（［S3］+1(ACT)的bit5＝1）的情况下，输出值如图4-81所示。如果使用这种设定，也有抑制PID控制积分项增大的效果。

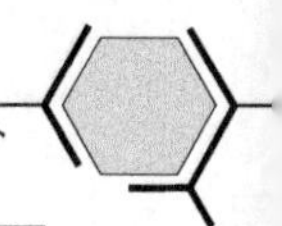

另外，使用这个功能时，应必须使［S3］+1(ACT) 的 bit2 设为 OFF (0)。

③ 报警设定（过程量、输出量）(bit1，bit2)。使［S3］+1(ACT) 的 bit1、bit2 为 ON 后，可以监视过程量和输出量。过程量、输出量与［S3］+20～［S3］+23 的值进行比较，

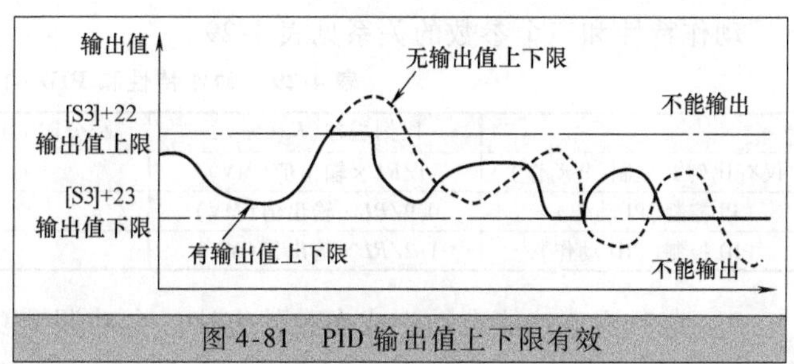

图 4-81　PID 输出值上下限有效

超过设定值时，报警标志［S3］+24 的相应各位在该 PID 指令执行后立刻 ON，如图 4-82 所示。

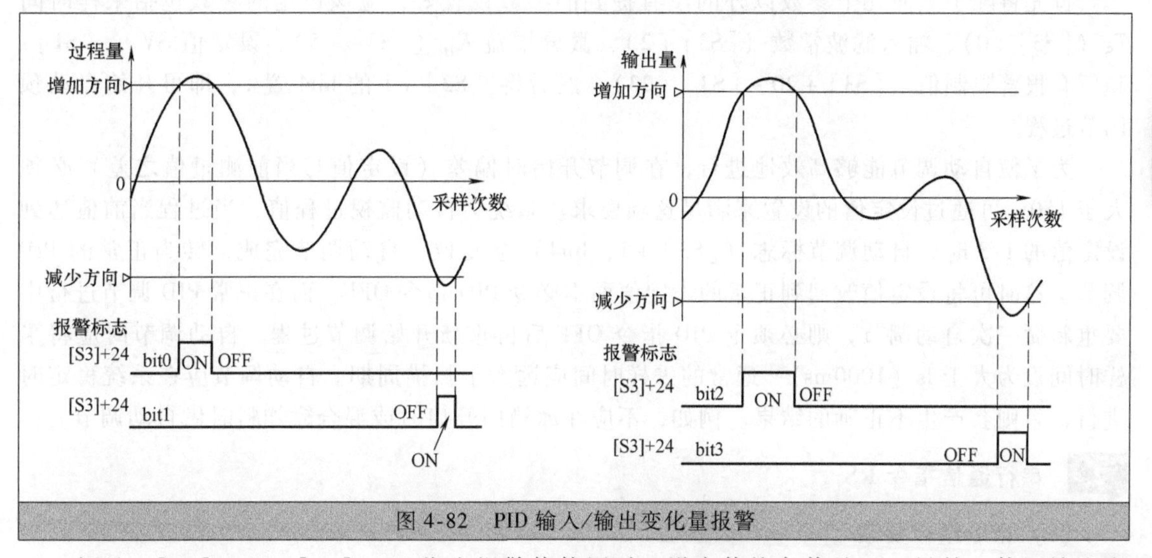

图 4-82　PID 输入/输出变化量报警

但是，［S3］+21、［S3］+23 作为报警值使用时，设定值按负值处理。另外，使用输出变化量的报警功能时，［S3］+1 (ACT) 的 bit5 必须设为 OFF (0)。

变化量的定义是（上次采样值）-（本次采样值）= 变化量。

报警标志的动作（［S3］+24）：输入变化量是 bit0、bitl，输出变化量是 bit2、bit3。

(4) 确定 PID 参数的方法

为了执行 PID 控制获得良好的控制效果，必须设定与控制对象相适合的 P、I、D 参数的最佳值，也就是需要确定比例增益 K_P、积分时间 T_I 和微分时间 T_D。

1) 阶跃响应法。下面介绍计算这三个参数的一种方法——阶跃响应法。所谓阶跃响应法，就是给控制对象施加阶跃输入，测出其输出响应曲线，并据此曲线计算 K_P、T_I 和 T_D 的方法。

阶跃响应法输出响应曲线及重要参数（R、L）如图 4-83 所示。

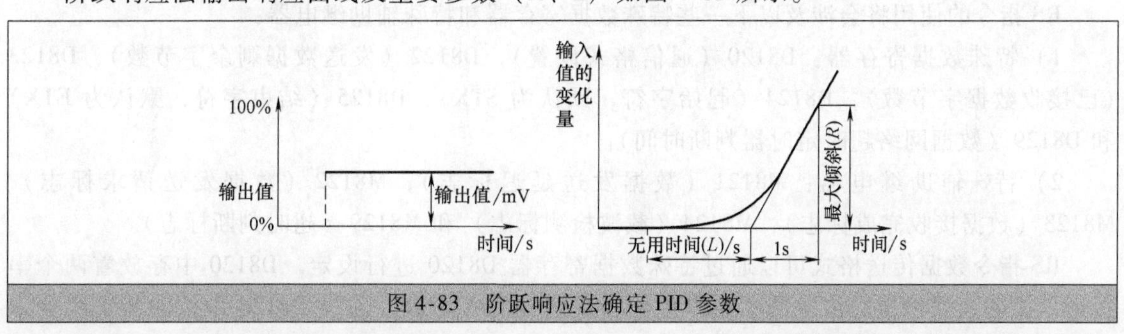

图 4-83　阶跃响应法确定 PID 参数

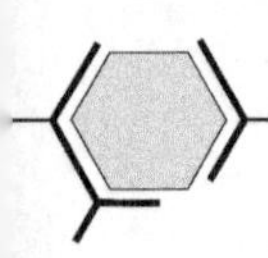

动作特性和三个参数的关系见表4-29。

表4-29　动作特性和PID的三个参数

	比例增益(K_P(%))	积分时间(T_I，×100ms)	微分时间(T_D，×100ms)
仅有比例P控制(P动作)	1/*RL*×输出值(MV)	—	—
PI控制(PI动作)	0.9/*RL*×输出值(MV)	33*L*	—
PID控制(PID动作)	1.2/*RL*×输出值(MV)	20*L*	50*L*

2）自动调节功能自动生成参数的方法。自动调节功能可以自动生成下面的重要参数：动作方向（正动作，逆动作）（[S3]+1，bit0）；比例增益 K_P（[S3]+3）；积分时间 T_I（[S3]+4）；微分时间 T_D（[S3]+6）。

首先将除了上面几个参数以外的没有提到的参数设置好，应该设定的参数包括采样时间 T_S（[S3]+0）、输入滤波常数（[S3]+2）、微分增益 K_D（[S3]+5）、设定值SV（[S1]）和所有报警限制值（[S3]+20～[S3]+23），然后将[S3]+1的bit4置1，即可开始自动预调节过程。

为了使自动调节能够高效地进行，在调节开始时偏差（设定值与当前测量值之差）必须大于150，可通过设定值的设置来满足这项要求。系统会自动监视过程值，当过程当前值达到设定值的1/3时，自动调节标志（[S3]+1，bit4）会复位，自动调节完成，转为正常的PID调节。这时可将设定值改回到正常的设定值而不必令PID指令OFF。而在正常PID调节进行中要重新做一次自动调节，则必须令PID指令OFF后再重新开始调节过程。自动调节时应将采样时间设为大于ls（1000ms）。通常的采样时间应远大于扫描周期。自动调节应在系统稳定时进行，否则会产生不正确的结果。例如，不应在冰箱门开启时或混合罐加料时做自动调节。

2. 串行通信指令RS

（1）指令组成要素

串行通信指令RS（RS232C，FNC80）的功能是使用RS-232C和RS-485通信功能扩展板及特殊适配器发送和接收串行数据。

串行通信指令RS的助记符、功能码、操作数范围和占用程序步数见表4-30。

表4-30　串行通信指令组成要素

指令名称	助记符	功能码（处理位数）	操作数范围				占用程序步数
			[S·]	m	[D·]	n	
串行通信传送	RS	FNC80（16）	D	K、H、D（FX_{2N}为1～4096）	D	K、H、D（FX_{2N}为1～4096）	RS…9步

（2）指令使用说明

RS指令的使用将会涉及以下一些特殊数据寄存器和特殊辅助继电器：

1）特殊数据寄存器：D8120（通信格式设置），D8122（发送数据剩余字节数），D8123（已接收数据字节数），D8124（起始字符，默认为STX），D8125（结束字符，默认为ETX）和D8129（数据网络超时定时器判断时间）。

2）特殊辅助继电器：M8121（数据发送延迟标志），M8122（数据发送请求标志），M8123（数据接收完成标志），M8124（载波检测标志）和M8129（超时判断标志）。

RS指令数据传送格式可以通过特殊数据寄存器D8120进行设定。D8120中存放着两个串行通信设备数据传送的传送速率、停止位和奇偶校验等参数，通过D8120中位的状态组合来

进行数据传送格式的设定。串行通信格式 D8120 设置的内容见表 4-31。

表 4-31　串行通信格式 D8120 设置的内容

位号	名称	内容 0(OFF)	内容 1(ON)
b0	数据长度	7 位	8 位
b1 b2	奇偶性	b2,b1 (0,0):无 (0,1):奇数 (1,1):偶数	
b3	停止位	1 位	2 位
b4 b5 b6 b7	传送速率/(bit/s)	b7,b6,b5,b4 (0,0,1,1):300　(0,1,1,1):4800 (0,1,0,0):600　(1,0,0,0):9600 (0,1,0,1):1200　(1,0,0,1):19200 (0,1,1,0):2400	
b8①	起始字符	无	有(D8124) 默认值:STX(02H)
b9①	终止字符	无	有(D8125) 默认值:ETX(03H)
b10 b11	控制线③	无顺序	b11,b10 (0,0):无(RS-232C 接口) (0,1):普通模式(RS-232C 接口) (1,0):互锁模式(RS-232C 接口)⑤ (1,1):调制解调器模式(RS-232C 接口、RS-485 接口)
		计算机链接通信④	b11,b10 (0,0):RS-485 接口 (0,1):RS-232C 接口
b12		不使用	
b13②	和校验	不附加	附加
b14②	协议	不使用	使用
b15②	控制顺序	方式 1	方式 4

① 起始字符、终止字符的内容可由用户改变。使用计算机通信时，必须将其设定为 0。

② b13～b15 是计算机链接通信连接时的设定项目。使用 RS 指令时，必须设定为 0。

③ RS-485 未考虑设置控制线的方法，使用 FX_{2N}-485-BD、FX_{0N}-485ADP 时，应设定 (b11，b10)=(1，1)。

④ 是在计算机链接通信连接时设定，与 RS 指令没有关系。

⑤ 适用机型是 FX_{2NC} 及 FX_{2N} 版本 V2.00 以上。

数据传送格式的设定可以使用传送指令 MOV 对 D8120 中的内容进行修改，如图 4-84 所示。

在图 4-84 中，设定参数内容 H0082 各位的含义是，2 表示数据长度为 7 位，奇校验，1 位停止位；8 表示传送速率为 9600bit/s；高位的 2 个 0 表示无起始字符及结束字符，控制线信号为无，不附加和校验和不使用协议。

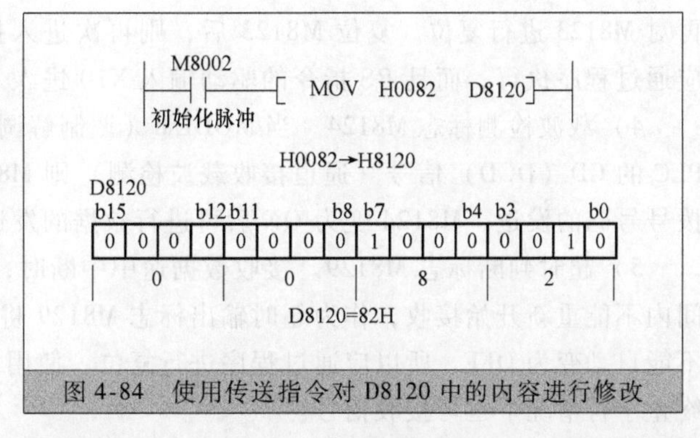

图 4-84　使用传送指令对 D8120 中的内容进行修改

(3) 指令使用示例

串行通信指令 RS 的使用如图 4-85 所示。在图 4-85 中，源元件 [S·] 指

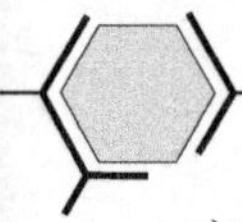

定发送数据元件的首地址，常数 m 指定发送数据的长度（也称为点数），目的元件［D·］指定接收数据元件的首地址，常数 n 指定接收数据的长度。

【例 4-13】 下面给出一个使用 RS 指令发送/接收数据的程序例子。例 4-13 的程序如图 4-86 所示。

X0 [S·] m [D2·] n

RS D200 D0 D500 D1

发送数据首地址和元件数 接收数据首地址和元件数

图 4-85 串行通信指令的使用

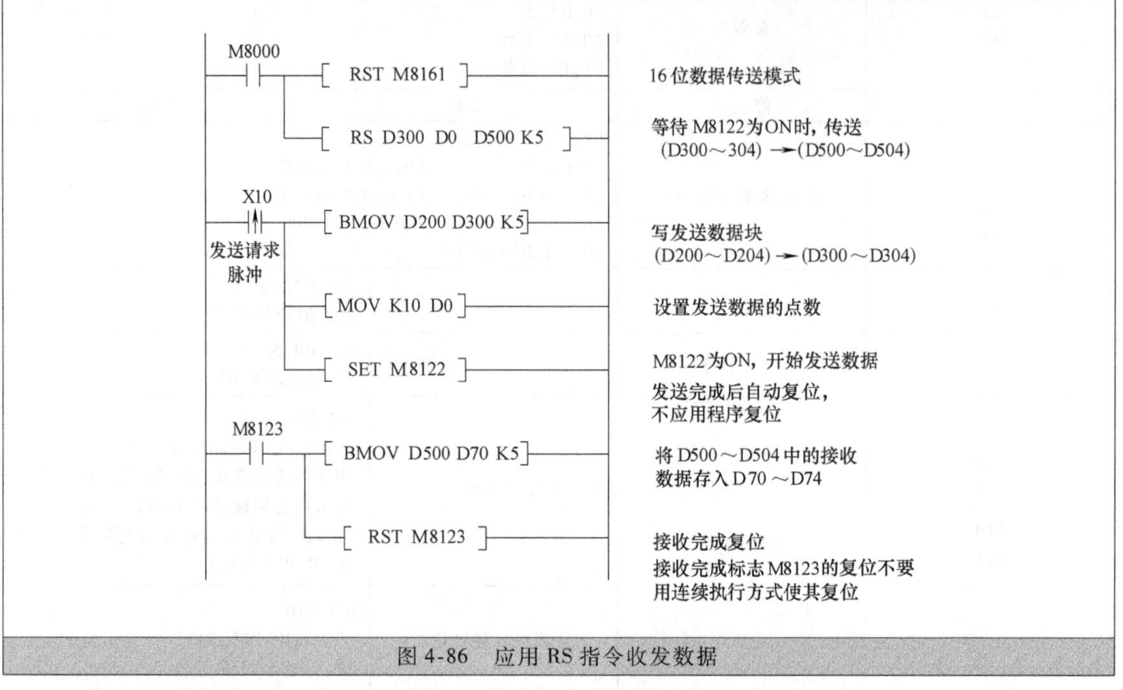

图 4-86 应用 RS 指令收发数据

在程序中使用到的几个特殊辅助继电器的含义及使用注意事项说明如下：

1）8/16 位转换标志 M8161。无协议通信方式有两种数据处理格式，当 M8161 设置为 OFF 时，为 16 位数据处理模式，反之，为 8 位数据处理模式。两种处理模式的差别在于是否使用 16 位数据寄存器的高 8 位。在 16 位数据处理模式下，先发送或接收数据寄存器的低 8 位，然后再高 8 位。8 位数据模式时，只发送或接收数据寄存器的低 8 位，高 8 位不使用。

2）发送请求标志 M8122。在接收等待状态或接收完成状态时，用脉冲指令置位 M8122，就开始发送从 D200 开始的 D0 长度的数据，发送结束时 M8122 自动复位。另外，RS 指令的驱动输入 X10 变为 ON 状态时，PLC 就进入接收等待状态。

3）接收完成标志 M8123。M8123 变为 ON 后，应先把接收数据传送到其他存储地址后，再对 M8123 进行复位。复位 M8123 后，则再次进入接收等待状态。M8123 的复位如上所述，应通过程序执行，而且 RS 指令的驱动输入 X10 进入 ON 状态后，PLC 变为接收等待状态。

4）载波检测标志 M8124。当 MODEM（调制解调器）的线路建立时，如接收到 MODEM→PLC 的 CD（DCD）信号（通道接收载波检测）则 M8124 变为 ON。M8124 变为 OFF 时可进行拨号号码的发送，M8124 变为 ON 后可进行数据的发送/接收。

5）超时判断标志 M8129。接收数据途中中断时，那个时刻开始如果在 D8129 中规定的时间内不能重新开始接收，作为超时输出标志 M8129 将变为 ON 状态，则接收结束。因为 M8129 不能自动变为 OFF，所以应通过程序进行复位。使用了这个功能，发送数据数变化的设备在无终止字符情况下也可接收信号。

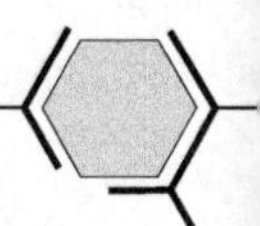

使用 RS 指令时应注意：指定了起始字符和结束字符后，发送时它们将自动加到发送信息的两端；在接收信息过程中，如果接收不到起始字符，数据将被忽略；由于数据传送直到收到结束字符或接收缓冲区全部占满为止，因此接收缓冲区长度应与接收信息长度一致；在 RS 指令执行时，即使改变了 D8120 的设定内容，指令此时也不接收新的数据传送格式；如果系统不进行数据的发送或接收，可将指令中数据发送元件数和接收元件数设为 K0。

4.9.2　其他外围设备指令简介 ★★★

1.　八进制数并行传送指令

八进制数并行传送指令 PRUN（PRRALELL RUNNING，FNC81）是用于八进制数的传送。源操作数可取 KnX、KnM，目标操作数取 KnY、KnM，n＝1～8，该指令有 16 位和 32 位运算，分别占用 5 个和 9 个程序步。

八进制数并行传送指令 PRUN 的使用如图 4-87 所示。在图 4-87 中，当 X30 变为 ON 时，将 X0～X17 内容送至 M0～M7 和 M10～M17（因为 X 为八进制，所以 M9 和 M8 的内容不传送，保持不变）。当 X2 变为 ON 时，将 M0～M7 送 Y0～Y7，M10～M17 送 Y10～Y17。

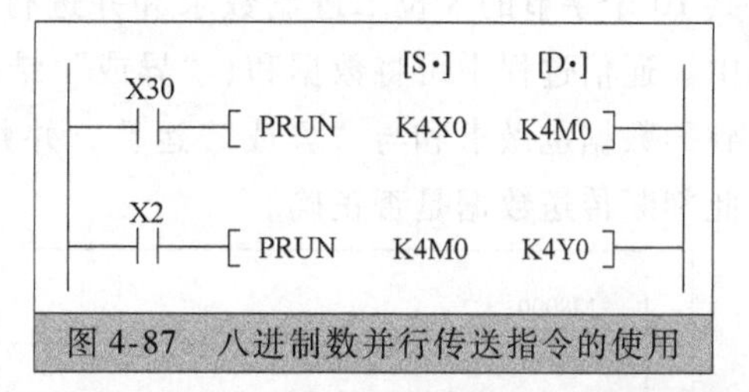

图 4-87　八进制数并行传送指令的使用

2.　十六进制数与 ASCII 码转换指令

十六进制数与 ASCII 码转换指令包括 HEX→ASCII 转换指令 ASCI 和 ASCII→HEX 转换指令 HEX。

（1）HEX→ASCII 转换指令

HEX→ASCII 转换指令 ASCI（HEX→ASCII，FNC82）的功能是将源元件的十六进制数转换成 ASCII 码放入目标软件中。该指令的源操作数可取所有数据类型，目标操作数可取 KnY、KnM、KnS、T、C 和 D。指令只有 16 位运算，占用 7 个程序步。

HEX→ASCII 转换指令 ASCI 的使用如图 4-88 所示。在图 4-88 中，n 表示要转换的字符数，n＝1～256。M8161 确定采用 16 位模式还是 8 位模式。PLC 运行时 M8000 为 ON，M8161 为 OFF，因此选择 16 位模式。16 位模式时每 4 个 HEX 占用 1 个数据寄存器，转换后每两个 ASCII 码占用一个数据寄存器。当 X10 为 ON 时执行 ASCI 指令，如果放在 D100 中的 4 个字符为 $(0ABC)_H$ 则执行后将其转换为 ASCII 码送入 D200 和 D201 中，D200 高 8 位放 A 的 ASCII 码 41H，低 8 位放 0 的 ASCII 码 30H，D201 高 8 位则放 C 的 ASCII 码 43H，B 的 ASCII 码 42H 放在低 8 位。

当 M8161 为 ON 时，则选择 8 位模式。在 8 位模式时，源元件中的 HEX 数据转换为 ASCII 码，转换结果传送到目标元件的低 8 位，其高 8 位为 0。

（2）ASCII→HEX 指令

ASCII → HEX 指令 HEX（ASCII → HEX，FNC83）的功能与 ASCI 指令相反，是将 ASCII 码表示的数据转换成十六进制的数据。源操作数可取 K、H、KnX、KnY、KnM、KnS、T、C 和 D，目标操作数可取 KnY、KnM、KnS、T、C、D、V

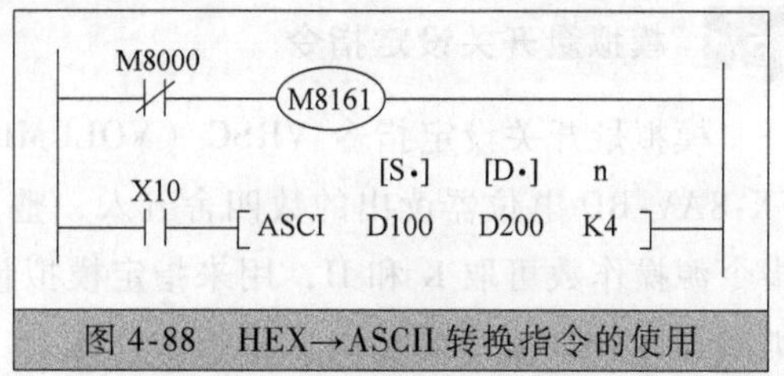

图 4-88　HEX→ASCII 转换指令的使用

和Z。指令只有16位运算，占用7个程序步。

ASCII→HEX转换指令HEX的使用如图4-89所示。在图4-89中，将源操作数D200～D203中放的ASCII码转换成十六进制放入目标操作数D100中。

3. 校验码指令

校验码指令CCD（CHECK CODE，FNC84）的功能是以源元件指定的软元件起始的n点十六进制数数据，将其高低各8位数据的总和与奇偶校验数据存储于目标元件起始的连续两个软元件中，指令可以用于通信数据的校检。源操作数可取KnX、KnY、KnM、KnS、T、C和D，目标操作数可取KnM、KnS、T、C和D，n可取K、H或D，n＝1～256。指令只有16位运算指令，占7个程序步。

校验码指令CCD的使用如图4-90所示。在图4-90中，是将源操作数指定的D100～D104共10个字节的8位二进制数求和并进行“异或”运算，结果分别放在目标操作数D0和D1中。通信过程中可将数据和、“异或”结果随同数据一起发送出去，对方接收到数据后对接收到的数据也做求和与“异或”运算，并判断接收到的和与异或结果与计算出的是否相等，据此判断传送数据是否正确。

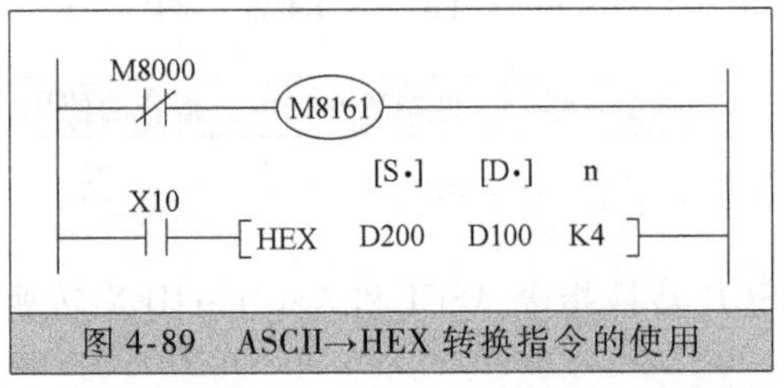

图4-89　ASCII→HEX转换指令的使用

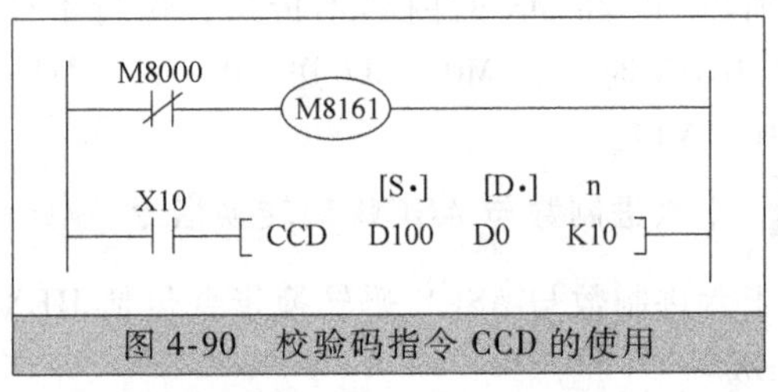

图4-90　校验码指令CCD的使用

以上的PRUN、ASCI、HEX和CCD指令常用于串行数据通信中，配合RS指令使用。

4. 模拟量输入指令

模拟量输入指令VRRD（VOLUME READ，FNC85）是用来读出FX_{2N}-8AV-BD模拟量功能扩展板的电位器数值。FX_{2N}-8AV-BD是内置式8位8路模拟量功能扩展板，扩展板上有8个小型电位器。指令的源操作数可取K、H，用来指定8路模拟量输入口的编号，取值范围为0～7。目标操作数可取KnY、KnM、KnS、T、C、D、V和Z。该指令只有16位运算，占5个程序步。

模拟量输入指令VRRD的使用如图4-91所示。在图4-91中，当X0为ON时，读出FX_{2N}-8AV-BD中0号电位器（K0）模拟量的数值，将其送入D0作为T0的设定值。

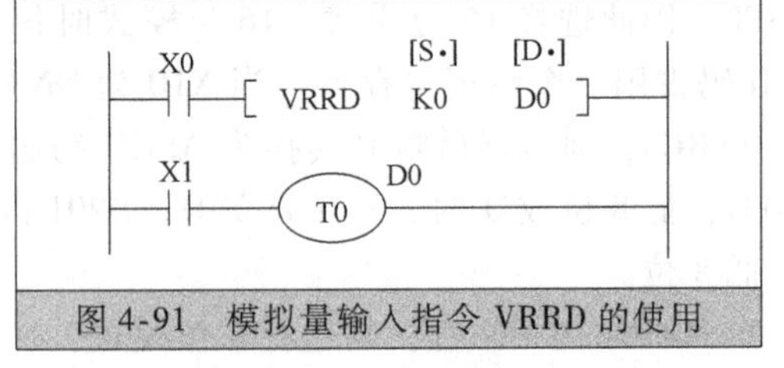

图4-91　模拟量输入指令VRRD的使用

5. 模拟量开关设定指令

模拟量开关设定指令VRSC（VOLUME SCALE，FNC86）的功能是将模拟量功能扩展板FX-8AV-BD电位器读出的数四舍五入，整量化为0～10之间的整数值后存放于目标操作数中。指令源操作数可取K和H，用来指定模拟量输入口的编号，取值范围为0～7。目标操作数的类型与VRRD指令的相同。该指令只有16位运算，占用9个程序步。

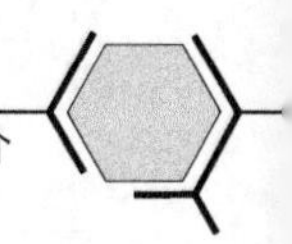

4.10　浮点数运算、时钟运算和外围设备指令

4.10.1　浮点数运算指令 ★★★

浮点数（实数）运算指令包括浮点数的比较与转换、四则运算和三角函数等指令。由于这些指令的使用在很多地方与整数运算指令是比较相似的，因此下面只做简单介绍。

1.　二进制浮点数比较指令

二进制浮点数比较指令 ECMP（FNC110）用于比较两个二进制的浮点数。两个源操作数可取 K、H 和 D，目标操作数可取 Y、M 和 S。该指令只有 32 位运算指令，占用 13 个程序步。

二进制浮点数比较指令 ECMP 的使用如图 4-92 所示。在图 4-92 中，将两个源操作数（D21，D20）和（D31，D30）进行比较，比较结果送入目标操作数 M0 ~ M2 中。程序中 M0、M1 和 M2 根据比较结果动作。如果源操作数为常数，则自动转换成二进制浮点值处理。

2.　二进制浮点数区间比较指令

二进制浮点数区间比较指令 EZCP（FNC111）的功能是将源操作数的内容与用二进制浮点值指定的上下两点组成的数据区间进行比较，对应的结果用 ON/OFF 反映在目标操作数上。三个源操作数可取 K、H 和 D，目标操作数可取 Y、M 和 S。［S1·］元件号应小于［S2·］元件号。该指令只有 32 位运算指令，占用 17 个程序步。

二进制浮点数区间比较指令 EZCP 的使用如图 4-93 所示。在图 4-93 中，源数据是（D11，D10），将其与（D21，D20）和（D31，D30）构成的一个数据区间进行比较，比较的结果送入目的元件 M3 ~ M5 中。当源操作数为常数时将被自动转换成二进制浮点值处理。

X1 [S1·] [S2·] [D·]
DECMP D20 D30 M0
M0 (D21, D20) > (D31, D30), M0为ON
M1 (D21, D20) = (D31, D30), M1为ON
M2 (D21, D20) < (D31, D30), M2为ON

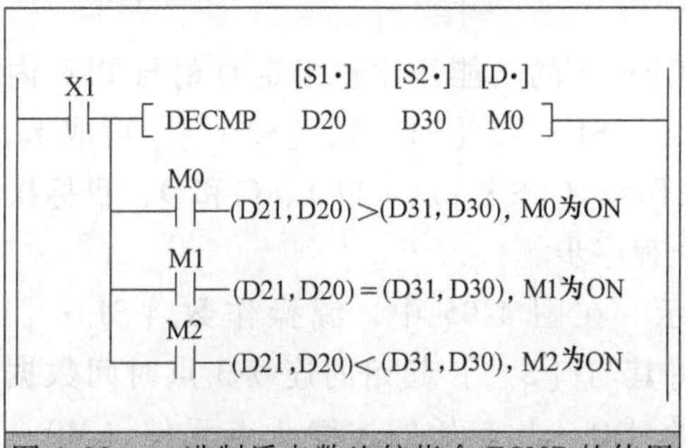

图 4-92　二进制浮点数比较指令 ECMP 的使用

X1 [S1·] [S2·] [S·] [D·]
DEZCP D20 D20 D10 M3
M3 (D21, D20) > (D11, D10), M3为ON
M4 (D21, D20) ≤ (D11, D10) ≤ (D31, D30), M4为ON
M5 (D31, D30) < (D11, D10), M5为ON

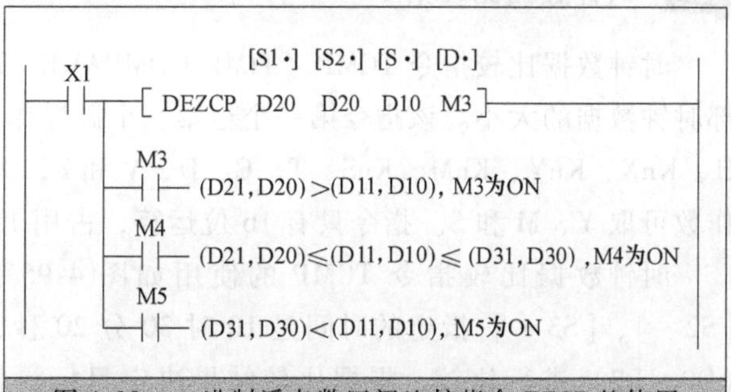

图 4-93　二进制浮点数区间比较指令 EZCP 的使用

应注意的是，［S1·］的数值应小于等于［S2·］的数值，如果［S1·］的数值大于［S2·］的数值，则认为［S2·］的数值等于［S1·］的数值。

3.　二进制浮点数四则运算指令

浮点数四则运算指令包括加法指令 EADD（FNC120）、减法指令 ESUB（FNC121）、乘法指令 EMUL（FNC122）和除法指令 EDIV（FNC123）等 4 条指令。

浮点数四则运算指令的功能是将两个为浮点数的源操作数进行四则运算后送入目标操作数中。源操作数可取 K、H 和 D，目标操作数为 D。这些指令只有 32 位运算，都占用 13 个程序步。

二进制浮点数四则运算指令的使用如图 4-94 所示。

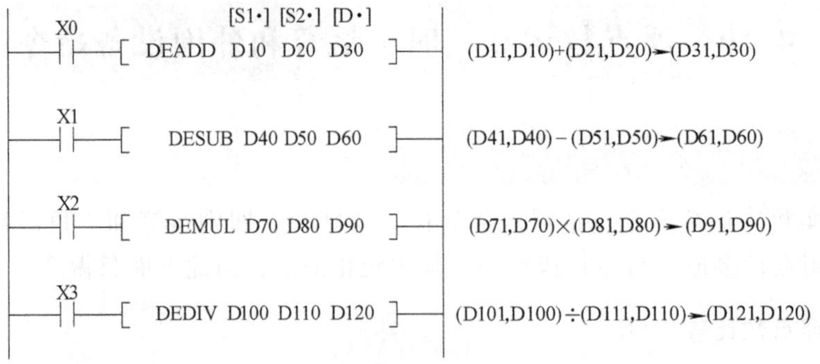

[S1·] [S2·] [D·]
X0
DEADD D10 D20 D30
(D11,D10)+(D21,D20)→(D31,D30)
X1
DESUB D40 D50 D60
(D41,D40)－(D51,D50)→(D61,D60)
X2
DEMUL D70 D80 D90
(D71,D70)×(D81,D80)→(D91,D90)
X3
DEDIV D100 D110 D120
(D101,D100)÷(D111,D110)→(D121,D120)

图 4-94　二进制浮点数四则运算指令的使用

浮点数加法、减法运算时，如果运算结果为零、超过浮点数可表示的最大值或最小值时，则会使零标志 M8020、进位标志 M8022 或借位标志 M8021 动作。浮点数除法运算时，当除数为 0 时将会运算出错，不执行指令。运算结果影响标志位 M8020（零标志）、M8021（借位标志）、M8022（进位标志）。如果是常数参与运算，则自动转化为浮点数。

二进制浮点数的开平方运算、三角函数运算和十进制浮点数与二进制数浮点数转换等指令，这里不再详细介绍。

4.10.2　时钟运算指令 ★★★

时钟运算指令包括时钟数据比较、区间比较指令，时钟数据加、减法运算指令，时钟数据读出指令，时钟数据写入指令和计时表指令等，共有 7 条。时钟运算指令是对 PLC 内部时钟数据进行比较、运算，对 PLC 内置实时时钟进行时间校准、设定和时钟数据格式化等操作。

1. 时钟数据比较指令

时钟数据比较指令 TCMP（TIME COMPARE，FNC160）的功能是比较指定时刻与 PLC 内部时钟数据的大小。该指令第一个至第三个源操作数（[S1·]、[S2·]、[S3·]）可取 K、H、KnX、KnY、KnM、KnS、T、C、D、V 和 Z，源操作数（[S·]）可取 T、C 和 D，目标操作数可取 Y、M 和 S。指令只有 16 位运算，占用 11 个程序步。

时钟数据比较指令 TCMP 的使用如图 4-95 所示。在图 4-95 中，源操作数 [S1·]、[S2·]、[S3·] 指定的时间是 10 时 30 分 20 秒，将其与 [S·] 起始的连续 3 点时间数据（D0～D2）进行比较，根据比较结果决定目标操作数 [D·] 起始的连续 3 点元件（M0～M2）ON 或者 OFF 的状态。

[S1·] [S2·] [S3·] [S·] [D·]
X0
TCMP K10 K30 K20 D0 M0
M0
10时30分20秒>D0(时) D1(分) D2(秒)时钟数据时为ON
M1
10时30分20秒＝D0(时) D1(分) D2(秒)时钟数据时为ON
M2
10时30分20秒<D0(时) D1(分) D2(秒)时钟数据时为ON

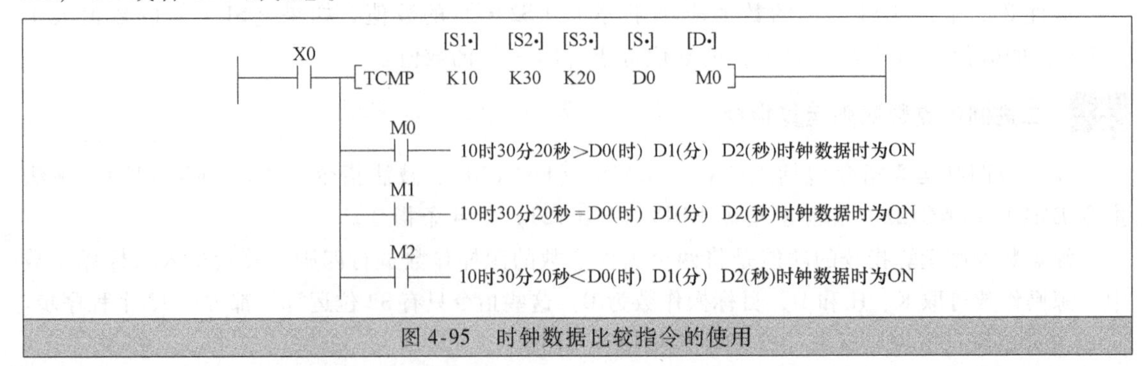

图 4-95　时钟数据比较指令的使用

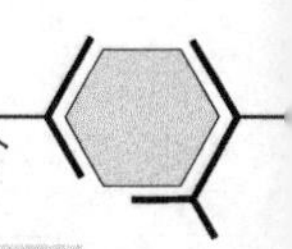

2. 时钟区间比较指令

时钟区间比较指令 TZCP（TIME ZONE COMPARE，FNC161）的功能是将一个时间值与两个源时间数据分别作为区间的上下限组成的一个区间进行比较，比较结果驱动目标元件[D·]指定元件开始的连续 3 个位元件。该指令各个源操作数可取 T、C、D，目标操作数可取 Y、M 和 S。

时钟区间比较指令 TZCP 的使用如图 4-96 所示。

X0　[S1·][S2·][S·][D·]
TZCP　D10　D20　D0　M3
M3　D10(时)D11(分)D12(秒)>D0(时)D1(分)D2(秒)时，M3为ON
M4　D10(时)D11(分)D12(秒)≤D0(时)D1(分)D2(秒)≤D20(时)D21(分)D22(秒)时，M4为ON
M5　D20(时)D21(分)D22(秒)<D0(时)D1(分)D2(秒)时，M5为ON

图 4-96　时钟区间比较指令的使用

在图 4-96 中，[S1·]~[S1·]+2(D10~D12) 以时、分、秒的形式指定比较区间的下限，[S2·]~[S2·]+2(D20~D22) 以时、分、秒的形式指定比较区间的上限，[D·]~[D2·]+2(D0~D2) 存放比较的结果，根据比较结果决定这连续的三个位元件 ON 或者 OFF。

3. 时钟数据加法运算指令

时钟数据加法运算指令 TADD（TIME ADDITION，FNC162）指令的功能是将两个源操作数中的时间值相加结果送入目标操作数中。源操作数和目标操作数均可取 T、C 和 D。指令为 16 位运算，占用 7 个程序步。

时钟数据加法运算 TADD 的使用如图 4-97 所示。在图中，[S1·]、[S2·] 和 [D·] 各占连续的 3 个字元件，分别作为时、分、秒值。将 [S1·] (D10~D12) 和 [S2·] (D20~D22) 中各自存放的时、分、秒值相加，结果送入目标元件 [D·] (D30~D32) 中。

当运算结果超过 24h 时，进位标志位 M8022 变为 ON，将进行加法运算的结果减去 24h 后作为结果进行保存。当运算结果为 0（0 时 0 分 0 秒）时，零标志 M8020 变为 ON。

4. 时钟数据减法运算指令

时钟数据减法运算指令 TSUB（TIME SUBTRACTION，FNC163）指令的功能是将两个源操作数中的时间值相减结果送入目标操作数中。源操作数和目标操作数均可取 T、C 和 D。指令为 16 位运算，占用 7 个程序步。

时钟数据减法运算 TSUB 的使用如图 4-98 所示。在图中，[S1·]、[S2·] 和 [D·] 各占连续的 3 个字元件，分别作为时、分、秒值。将 [S1·] (D10~D12) 和 [S2·] (D20~D22) 中各自存放的时、分、秒值相减，结果送入目标元件 [D·] (D30~D32) 中。

当运算结果小于 0（0 时 0 分 0 秒）时，借位标志 M8021 变为 ON，并将减法运算的结果加上 24h 作为运算结果保持。

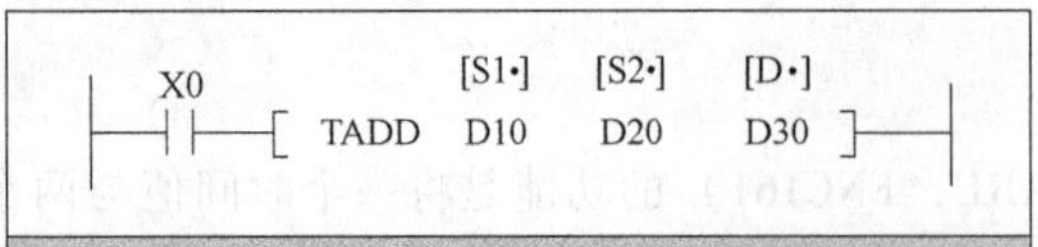

X0 [S1·] [S2·] [D·]
TADD D10 D20 D30

图 4-97 时钟数据加法运算的使用

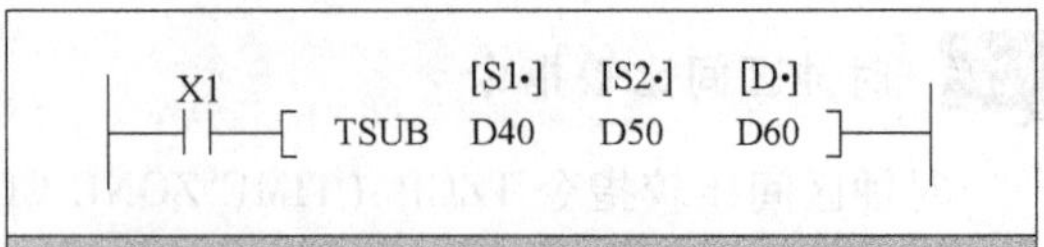

X1 [S1·] [S2·] [D·]
TSUB D40 D50 D60

图 4-98 时钟数据减法运算 TSUB 的使用

当运算结果为 0（0 时 0 分 0 秒）时，零标志 M8020 变为 ON。

5. 时钟数据读出指令

时钟数据读出指令 TRD（TIME READ，FNC166）的功能是读出 PLC 内置实时时钟的数据放入从目标元件［D·］开始的 7 个字内，源数据在保存实时时钟数据的特殊数据寄存器 D8013～D8019 中。D8018～D8013 依次存放年、月、日、时、分、秒，D8019 存放星期值，0（日）～6（六）。该指令目标元件可取 T、C 和 D。指令只有 16 位运算，占用 7 个程序步。

时钟数据读出指令 TRD 的使用如图 4-99 所示。在图 4-99 中，当 X2 为 ON 时，将实时时钟数据（年、月、日、时、分、秒和星期）送入 D100～D106 中。

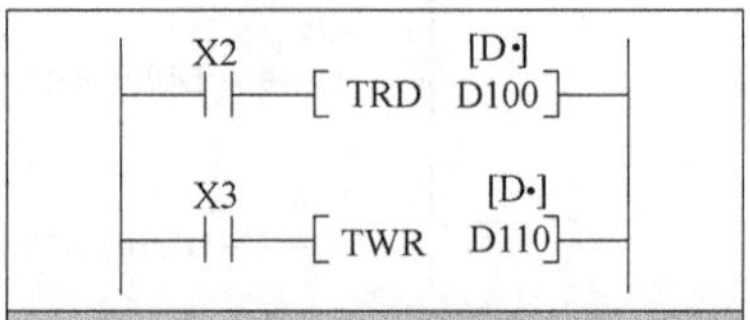

X2 [D·]
TRD D100
X3 [D·]
TWR D110

图 4-99 时钟数据读出指令 TRD 和写入指令 TWR 的使用

【例 4-14】 当出现事故时，利用 X1 的上升沿产生中断，使输出 Y0 驱动红灯闪烁并使输出 Y1 驱动蜂鸣器报警。同时，将事故发生的时间信息保存到 D100～D106 中。

例 4-14 的程序如图 4-100 所示。

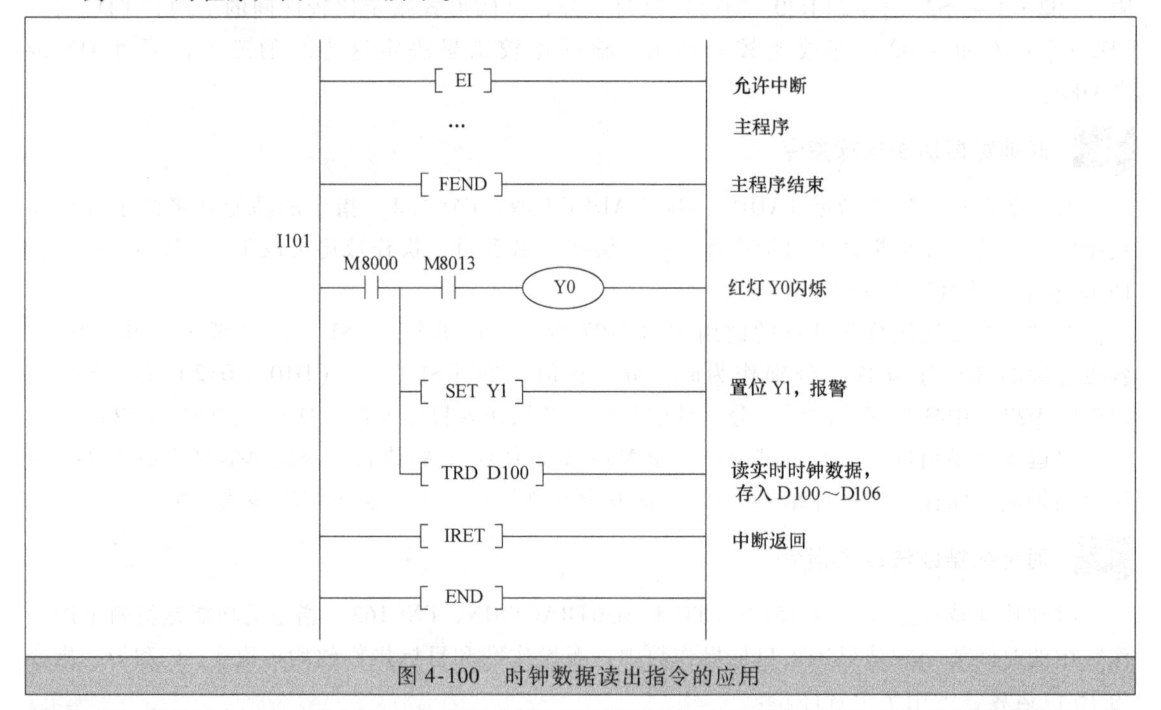

图 4-100 时钟数据读出指令的应用

6. 时钟数据写入指令

时钟数据写入指令 TWR（TIME WRITE，FNC167）的功能是将时间的设定值写入 PLC 的内部实时时钟中。为了写入时钟数据，需预先使用传送指令 MOV 将数据传送到源元件开始的 7 个字元件中。该指令的源操作数为 T、C 和 D。指令只有 16 位运算，占用 3 个程序步。

时钟数据写入指令 TWR 的使用如图 4-99 所示。在图中，当 X3 变为 ON 后，将最新的实

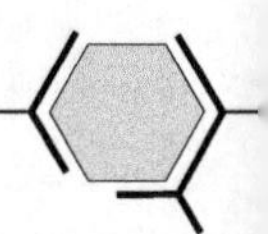

时时钟数据 D110～D116（年、月、日、时、分、秒和星期，其中星期日～星期六用数字 0～6 代表）写入到 D8019～D8013 中。

执行 TWR 指令后，将立即改变实时时钟的时钟数据为最新时间。因此，应提前数分钟向源数据传送时钟数据。当到达正确时间时，立即执行该指令。

【例 4-15】 下面是一个进行实时时钟设置的程序例子。设置的时钟时间为 2016 年 5 月 8 日（星期日）20 点 0 分 0 秒。

例 4-15 的程序如图 4-101 所示。

PLC 按公历后两位方式动作。当 PLC 执行上面的程序时仅在第一个扫描周期将 K2016（固定值）传送到 D8018（年）中，即能切换至 4 位模式。采用公历 4 位模式时，设定值 80～99 对应于“1980～1999 年”，00～79 对应于“2000～2079 年”。

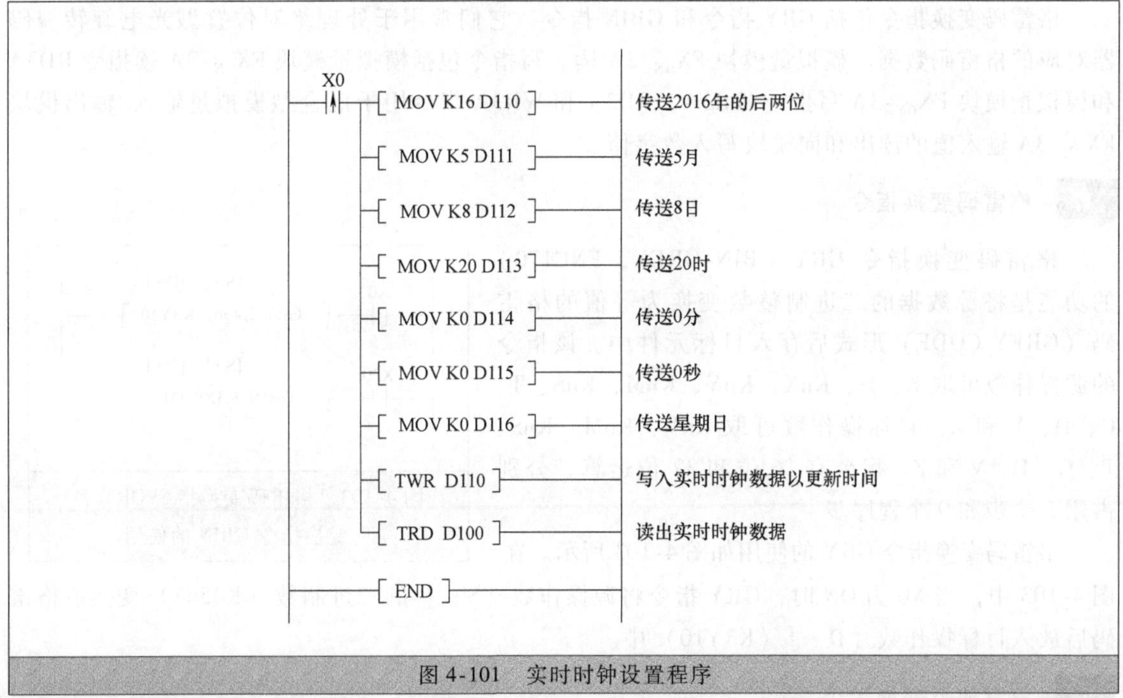

图 4-101 实时时钟设置程序

7. 计时表指令

计时表指令 HOUR（HOUR METER，FNC169）的功能是在指定目标元件中累计执行条件为 ON 的小时数，当接通的小时数超过源元件指定的时间时，令［D2·］指定的元件为 ON 以产生报警。该指令的源操作数［S·］可取 K、H、KnX、KnY、KnM、KnS、T、C、D、V 和 Z，［D1·］可取 D，［D2·］可取 Y、M 和 S。指令有 16 位和 32 位运算，占用 7 个程序步。

16 位运算时，［S·］为使［D2·］变为 ON 的时间，［D1·］是以 h 为单位的累计时间的当前值，［D1·］+1 是不满 1h 的当前值（以 s 为单位），［D2·］是报警输出元件。

计时表指令 HOUR 的使用如图 4-102 所示。在图中，当 X0 接通的时间超过 300h，Y0 将变为 ON。将不满 1h 的当前值以 s 为单位保存在 D201 中。

X0 ——［HOUR K300 D200 Y0］ （[S·] [D1·] [D2·]）

图 4-102 计时表指令的使用

32 位运算时，［S·］为使［D2·］变为 ON 的时间，［D1·］、［D1·］+1 是以 h 为单

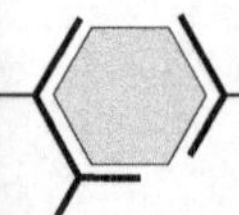

位的累计时间的当前值，[D1·] +2是不满1h的当前值（以s为单位），[D2·]是报警输出元件。

即使报警输出[D2·]的输出变为ON后，仍然能够继续计时。当前值达到16位或32位指令的最大值时停止计时。为了使当PLC的电源断电后仍能保持当前值的数值，[D1·]应指定断电保持型数据寄存器。如果需要重新进行计时工作，应清除[D1·]~[D1·]+1(16位指令)或[D1·]~[D1·]+2（32位指令）的当前值。

4.10.3 外围设备指令 ★★★

外围设备指令包括格雷码变换、反变换指令和模拟量模块FX_{0N}-3A读/写指令，共有4条。

格雷码变换指令包括GRY指令和GBIN指令，它们常用于处理绝对位置型光电旋转编码器对应的格雷码数据。模拟量模块FX_{0N}-3A读、写指令包括模拟量模块FX_{0N}-3A读指令RD3A和模拟量模块FX_{0N}-3A写指令WR3A，RD3A和WR3A指令用于混合型模拟量输入/输出模块FX_{0N}-3A输入值的读出和向模块写入数字值。

1. 格雷码变换指令

格雷码变换指令GRY（BIN-GREY，FNC170）的功能是将源数据的二进制整数变换为等值的格雷码（GREY CODE）形式后存入目标元件中。该指令的源操作数可取K、H、KnX、KnY、KnM、KnS、T、C、D、V和Z，目标操作数可取KnY、KnM、KnS、T、C、D、V和Z。指令有16位和32位运算，分别占用5个步和9个程序步。

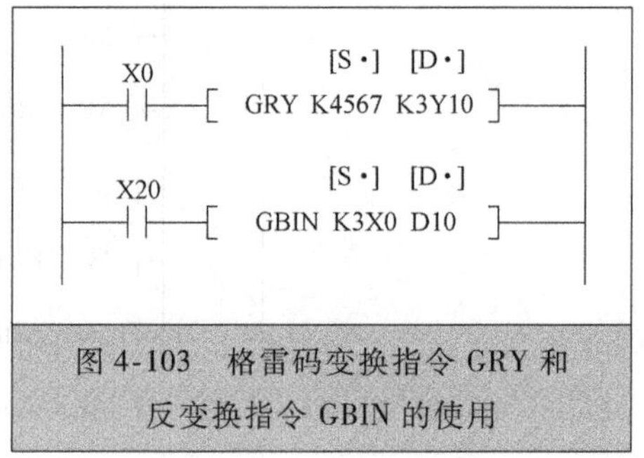

图4-103 格雷码变换指令GRY和反变换指令GBIN的使用

格雷码变换指令GRY的使用如图4-103所示。在图4-103中，当X0为ON时，GRY指令将源操作数[S·]的二进制数（K4567）变换成格雷码后放入目标操作数[D·]（K3Y10）中。

2. 格雷码反变换指令

格雷码反变换指令GBIN（GREY-BIN，FNC171）是GRY指令的反变换，它将格雷码变换为等值的二进制整数后存入目标元件中，用于格雷码光电旋转编码器绝对位置检测等情况。该指令的源操作数可取任意数据格式，目标操作数为KnY、KnM、KnS、T、C、D、V和Z。指令有16位和32位运算，分别占用5个和9个程序步。

格雷码反变换指令GBIN的使用如图4-103所示。在图中，当X20为ON时，将源元件X0~X13（X0~X7，X10~X13，共12位）对应的格雷码变换为等值的二进制整数存入D10中。

3. 模拟量模块FX_{0N}-3A读指令

模拟量模块FX_{0N}-3A读指令RD3A（READ FX_{0N}-3A，FNC176）的功能是将模拟量模块FX_{0N}-3A中指定通道的模拟量输入值存入目标元件中。该指令[m1·]、[m2·]可取K、H、KnX、KnY、KnM、KnS、T、C、D、V和Z，目标操作数可取KnY、KnM、KnS、T、C、D、V和Z。指令只有16位运算，占用7个程序步。

模拟量模块 FX_{0N}-3A 读指令 RD3A 指令的使用如图 4-104 所示。在图中，[m1·] 为特殊模块号 K0～K7（这里是 K0），[m2·] 为模拟量输入通道 K1 或 K2（这里为 K1），[D·]（D0）为读出数据保存目的元件。

4. 模拟量模块 FX_{0N}-3A 写指令

模拟量模块 FX_{0N}-3A 写指令 WR3A（WRITE FX_{0N}-3A，FNC177）的功能是将源数据写入到 FX_{0N}-3A 中指定的模拟量输出通道中。该指令源操作数 [S·] 可取 KnY、KnM、KnS、T、C、D、V 和 Z，[m1·]、[m2·] 可取 K、H、KnX、KnY、KnM、KnS、T、C、D、V 和 Z。指令只有 16 位运算，占用 7 个程序步。

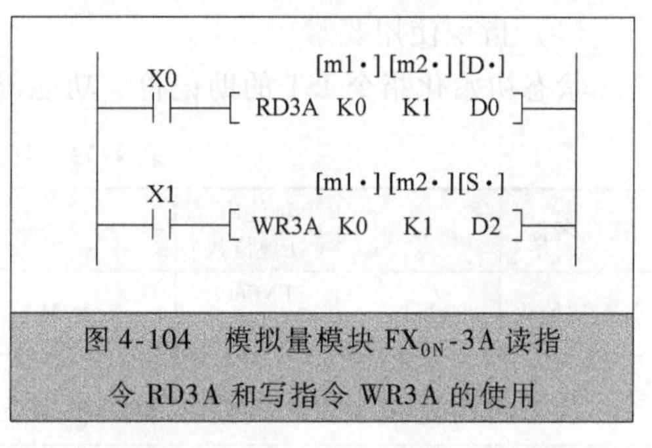

图 4-104　模拟量模块 FX_{0N}-3A 读指令 RD3A 和写指令 WR3A 的使用

模拟量模块 FX_{0N}-3A 写指令 WR3A 的使用如图 4-104 所示。在图中，[m1·]、[m2·] 的含义与模拟量模块 FX_{0N}-3A 读指令的相同，源元件 [S·]（D2）为指定模拟量模块输出通道写入的数字值。

4.11　步进梯形指令

步进梯形指令及步进返回指令是 FX 系列 PLC 用于编写顺序控制程序的专门指令。使用这两条指令可以很方便地根据顺序功能图编写出步进顺序控制梯形图程序。

1. 步进梯形指令

FX 系列 PLC 步进梯形指令包括两条：步进梯形指令 STL（STEP LADDER）和步进返回指令 RET（RETURN）。STL 指令的操作元件只可取状态继电器（S），RET 指令无操作元件。

步进梯形指令 STL 和步进返回指令 RET 指令的助记符、功能、梯形图表示和操作软元件与占用程序步数见表 4-32。

表 4-32　步进梯形指令和步进返回指令组成要素

指令名称	助记符	功能	梯形图表示和操作软元件	占用程序步数
步进梯形指令	STL	步进梯形图电路驱动	S23 ; SET S24	STL…1 步
步进返回指令	RET	步进梯形图电路结束返回	RET	RET…1 步

FX 系列 PLC 步进指令使用的状态继电器 S 有 1000 点，S 元件的分类、编号、数量和用途前面已有介绍，见 3.2 节相关内容的介绍。

使用步进梯形指令的状态继电器的常开触点称为 STL 触点，连接 STL 触点需要以 LD 或 LDI 指令开始，即使用步进梯形指令后将会使 LD 点后移。步进返回指令（RET）用于驱动的所有步进梯形电路结束，它使 LD 点重新返回到系统的左母线。使用步进梯形指令编写步进顺

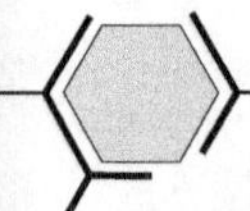

序控制梯形图的详细内容这里不再详述，在6.3节中会有较详细的介绍。

2. 状态初始化指令

状态初始化指令IST（INITIAL STATE，FNC60）可以用于对步进梯形图电路中状态初始化的自动设置和对一些特殊辅助继电器进行自动切换控制。

（1）指令使用要素

状态初始化指令IST的助记符、功能码、操作数范围和占用程序步数见表4-33。

表4-33 状态初始化指令组成要素

指令名称	助记符	功能码（处理位数）	操作数范围			占用程序步数
			[S·]	[D1·]	[D2·]	
状态初始化	IST	FNC60（16）	X、Y、M	S20～S899 [D1·]元件号<[D2·]元件号		IST…7步

状态初始化指令IST的使用如图4-105所示。

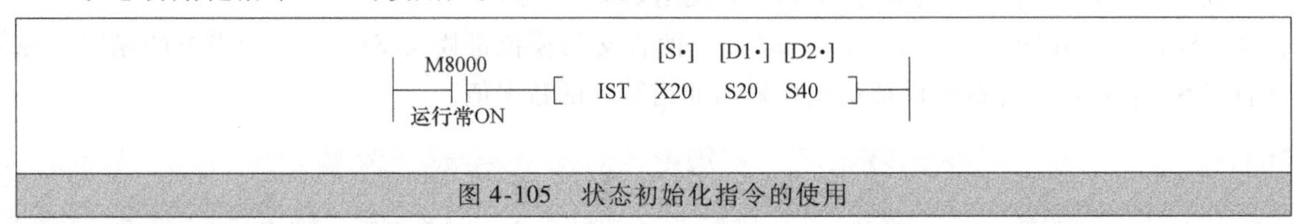

图4-105 状态初始化指令的使用

（2）指令使用说明

源操作数［S·］用于指定操作方式的初始输入。在图4-105中，指定的各个操作方式如下：X20——手动操作；X21——回原点；X22——单步操作；X23——单周期运行（半自动）；X24——连续循环运行（全自动）；X25——回原点起点；X26——自动操作起动；X27——停止。

如果在编程中不是使用以上连号模式输入或有些模式输入省去不用时，应该使用辅助继电器M（如使用M0～M7对应8种运行模式）改变排列，然后将指定的第一个M元件作为指定运行模式的初始输入，通过让其中一些不需要的运行模式对应的M元件常OFF，以便将这些运行模式屏蔽掉。

［D1·］用于指定自动模式中实际用到的状态继电器S的最小元件号。［D2·］用于指定自动模式中实际用到的状态继电器S的最大元件号。

在图4-105中，当M8000变为ON后，将执行IST指令，下列软元件会被自动地切换控制，具体包括：M8040——转移禁止；M8041——转移开始；M8042——起动脉冲；M8047——STL监控有效；S0——手动操作初始状态（初始步）；S1——回原点初始状态（初始步）；S2——自动操作初始状态（初始步）。但是，当M8000变为OFF时这些软元件的状态仍保持不变。另外，还有两个与原点有关的辅助继电器：回原点完成M8043和原点条件M8044。回原点完成M8043未动作时，如果在手动（X20）、回原点（X21）、自动（X22、X23、X24）之间进行切换时，则所有输出进入OFF状态。并且，自动运行模式在回原点结束后，才可以再次驱动。

使用IST指令时应注意：该指令必须比状态S0～S2等一系列的STL梯形电路优先编程；为了防止图4-105中的X20～X24同时处于ON状态，必须使用旋转开关，这样任意时刻只能选择一种系统的运行模式；该指令只能使用一次。使用初始化指令IST编写顺序控制梯形图的详细内容这里不再详细介绍，有关内容可以参考三菱FX系列PLC编程手册。

第5章 »

三菱PLC的编程软件

本章内容提要　FX 系列 PLC 的编程软件是 SWOPC-FXGP/WIN-C，鉴于这种编程软件只能用于 FX 系列的 PLC，而且该软件的网络编程及参数设置的功能也比较有限，因此在本章只对其进行了简要的介绍；GX Developer 是三菱公司设计的在 Windows 环境下使用的全系列 PLC 编程软件，可以用于 Q 系列、QnA 系列、A 系列（包括运动控制器，SCPU）和 FX 系列（包括最新的 FX_{3U}）PLC 程序的创建、上传、下载、监视、诊断和调试等。该编程软件简单易学，具有丰富的工具箱和可视化界面。操作时既可以联机操作也可以离线编程，具有丰富的编程语言。本章将较为详细地介绍三菱 PLC 全系列的编程软件 GX Developer。

5.1　FX 系列编程软件 FXGP/WIN-C 使用简介

三菱 FXGP/WIN-C 编程软件是应用于 FX 系列 PLC（FX_0/FX_{0S}、FX_{0N}、FX_1、FX_2/FX_{2C}、FX_{1S}和 FX_{2N}/FX_{2NC}等机型）的中文编程软件，可在 Windows 98 及其以上操作系统上运行。

1.　FXGP/WIN-C 编程软件的主要功能

1）在 FXGP/WIN-C 中，可通过梯形图、指令表及 SFC 三种编程语言来创建顺控程序、建立注释数据及设置寄存器的数据。

2）创建顺控指令程序以及将其存储为文件，用打印机打印。

3）该程序可在串行系统中与 PLC 进行通信、文件传送、元件监控及各种测试功能。

2.　编程软件的启动和退出

（1）启动

启动 FXGP/WIN-C 编程软件，可以通过鼠标双击安装文件夹中或桌面上它的快捷方式图标打开其编程开发环境，也可以选择“开始”→“所有程序”→MELSEC-F FX Applications→FXGP_ WIN-C，最后单击 FXGP_ WIN-C 图标打开 FXGP/WIN-C。FXGP/WIN-C 编程软件的初始运行界面如图 5-1 所示。

（2）退出

在编程开发环境中，选择“文件”→“退出”命令，即可退出 FXGP/WIN-C 编程开发系统。

3.　编程软件的主界面和文件操作简介

（1）主界面和新建文件

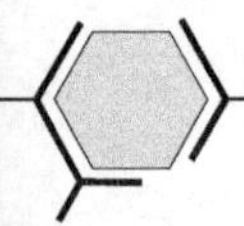

启动编程开发软件出现初始运行界面后，选择“文件”→“新文件”命令（或者使用 Ctrl + N 快捷键操作），出现“PLC 类型设置”对话框，也可以单击工具栏中的“新文件”快捷按钮打开该对话框，如图 5-2 所示。

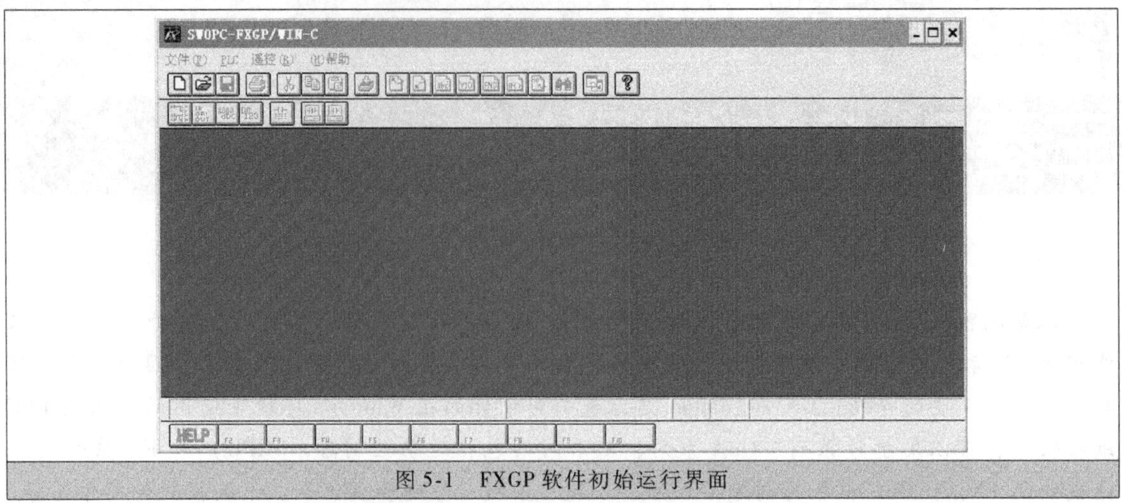

图 5-1　FXGP 软件初始运行界面

PLC类型设置

- FX0 / FX0S
- FX0N
- FX1
- FX (FX2/FX2C)
- FX1S
- FX1N
- FX2N / FX2NC

[O]确认　[C]取消　[H]帮助

图 5-2　FXGP 软件“PLC 类型设置”对话框

选择顺序控制编程所需要的 PLC 目标机型后（如选择 FX_{2N} 系列 PLC），单击“确认”按钮（或者按 O 键操作）将出现用户程序编辑主界面，如图 5-3 所示。

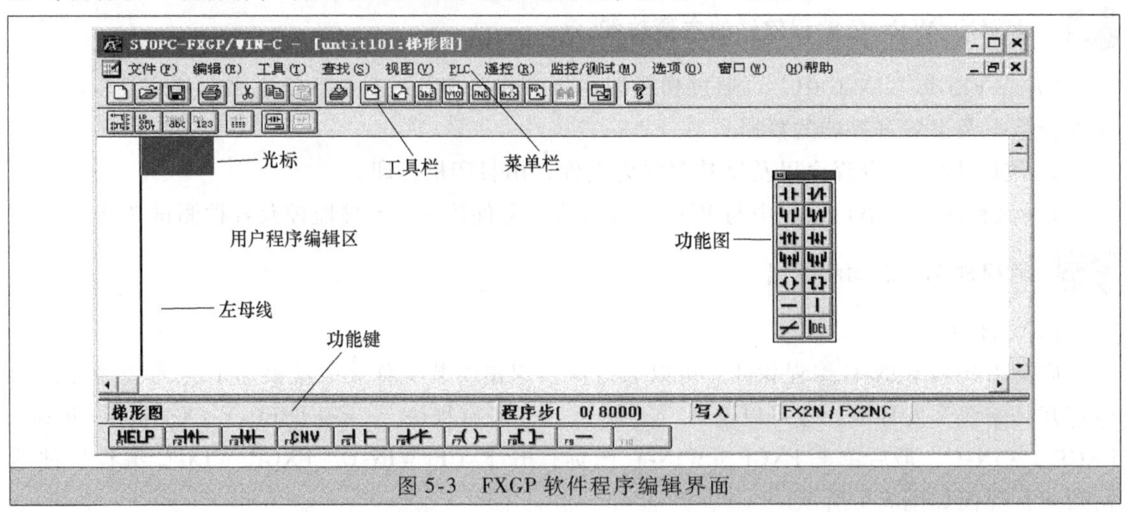

图 5-3　FXGP 软件程序编辑界面

通过选择“视图”→“梯形图/指令表/SFC”命令可以选择编程时需要的编程语言，开发软件默认编程语言是梯形图。

（2）文件的打开、保存和关闭

1）文件的打开。从一个文件列表中打开一个顺控程序以及诸如注释数据之类的数据，操作方法如下：先选择“文件”→“打开”命令或按 Ctrl + O 键，再在打开的文件菜单中选择一

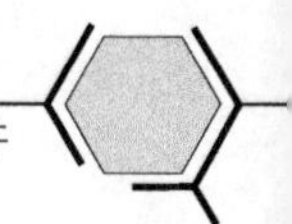

个所需的顺控指令程序，单击“确认”按钮即可。

2）文件的保存和关闭。保存当前顺控程序、注释数据以及其他在同一文件名下的数据。如果是第一次保存，屏幕将显示文件菜单对话框，可通过该对话框给当前程序赋名并保存下来。具体操作方法是，选择“文件”→“保存”命令或者使用快捷键 Ctrl + S 操作。

将已经处于打开状态的顺控程序关闭，再打开一个已有程序及其相应注释和数据。操作方法是，选择“文件”→“关闭打开”命令即可。

4. 程序生成和编辑操作简介

（1）梯形图编程

按照上面介绍的步骤新建一个新文件进入到用户程序编辑界面后，便可以进行用户程序的创建和编辑。如果选择了梯形图编程语言，在编辑界面上靠近左侧边界可以看到一条垂直的竖线，这就是梯形图系统的左母线，在右边与左母线相对的即是梯形图的右母线。编写梯形图的过程就是提取编程软元件图形符号库中的元件符号，按照编程者的意图拼接电路的过程。

1）软元件的输入。触点、线圈、应用指令（特殊功能线圈）、连接导线的输入和程序的清除等操作，可以通过单击“工具”菜单栏下的各有关快捷按钮实现。

用户编辑界面中的蓝色矩形光标位置即是想要输入软元件的位置。要在梯形图中输入一个软元件，可以有如下几种方法：单击“功能图”中相应软元件的图形符号；单击界面底部“功能键”中的常用软元件的图形符号；使用软元件的快捷键方式输入（如常开触点的快捷键是 F5）；选择“工具”→“触点/线圈/功能”命令等进行输入。

例如，在梯形图中输入一个常开触点，可以按照如下的步骤实现：

① 单击“功能图”中“常开触点”的图形符号，将出现“输入元件”对话框，如图 5-4所示。

② 在“输入元件”对话框中输入常开触点的元件号地址或其他有关参数后，单击“确认”按钮。这时输入的常开触点（或软元件的其他参数）就出现在蓝色光标的所在位置前面，如图 5-5 所示。

图 5-4　“输入元件”对话框

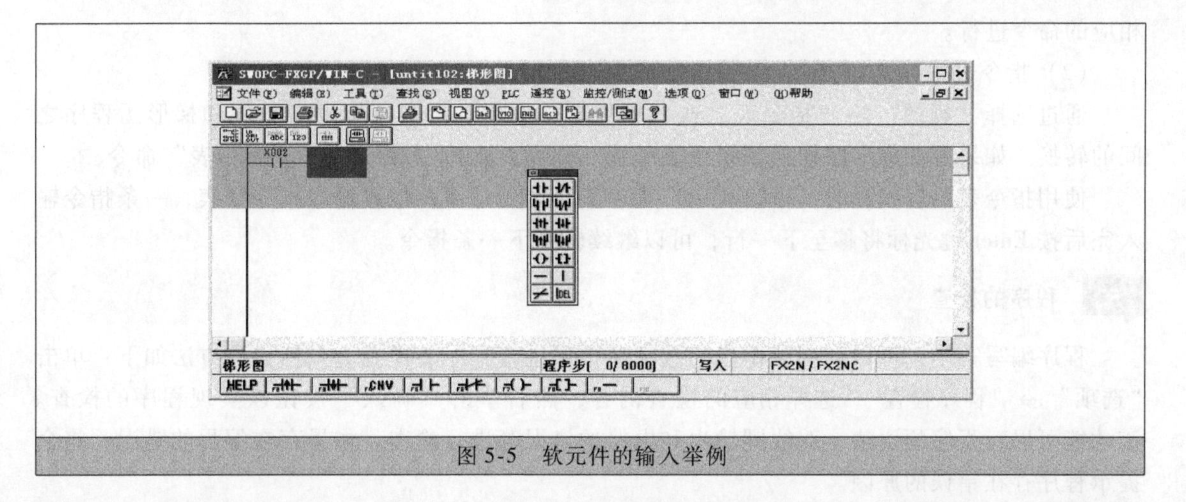

图 5-5　软元件的输入举例

如果要输入应用指令，则需单击“功能图”中的应用指令功能图标，将出现应用指令输入对话框，如图5-6所示。在该对话框中输入应用指令的助记符和操作数等，然后单击“确认”按钮。此外，单击“功能键”中的应用指令按钮，或者选择“工具”→“功能”命令也可打开此对话框。

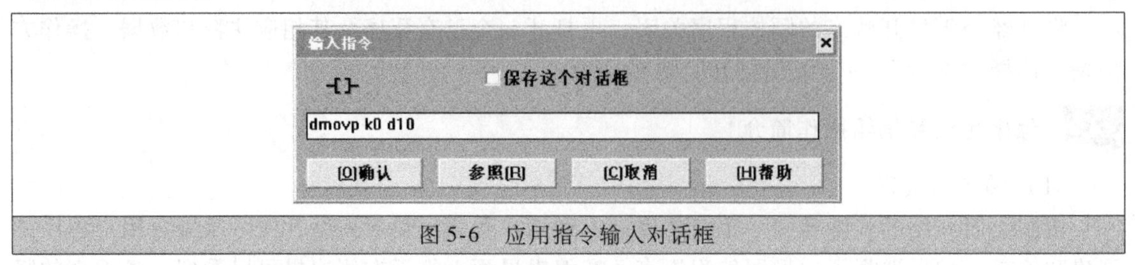

图5-6 应用指令输入对话框

应用指令在输入时应注意：指令的助记符和操作数之间应输入空格隔开；指令如为32位运算或脉冲执行方式，输入的D或P与助记符间无空格，且D或P不需要加括号。

梯形图中，软元件之间的连线可以通过选择“工具”→“连线”命令，进一步选择“竖线”、“横线”、“取反”。

梯形图中竖线的删除是单击“功能图”的竖线删除图标，或者选择“工具”→“连线”命令，以进行竖线删除。

应注意不管编写什么样的梯形图，都要先通过单击将光标移动到需要输入这些软元件符号的位置上。

2）编辑操作。梯形图单元的剪切、复制、粘贴、删除、块选择以及行删除和行插入，可以通过选择“编辑”菜单栏下的各命令实现。

元件名的输入、元件注释、线圈注释以及梯形图单元块的注释，也是通过选择“编辑”菜单栏下的相应命令实现。有关编辑操作的具体内容这里不再详述。

3）梯形图的转换。创建过程中的梯形图是灰化的，还需要一个编译的过程将其转换为PLC可以直接接收的语言，这就是梯形图的“转换”。将创建完毕的梯形图经转换存入计算机中，操作方法是，选择“工具”→“转换”命令或者按快捷键F4。在转换的过程中将显示梯形图转换信息，如果在不完成转换的情况下关闭梯形图窗口，被创建的梯形图将会被抹去。

4）查找。光标移动到程序的顶部、底部和指定程序步显示的程序，有关元件触点、线圈和指令的查找以及元件类型和编号的改变、元件的替换等，可以通过在“查找”菜单项选择相应的命令进行。

（2）指令表编程

通过选择“视图”→“指令表”或“梯形图”命令，可实现指令表程序和梯形图程序之间的转换。如果要从梯形图切换到指令表编程，则可以选择“视图”→“指令表”命令。

使用指令表语言编程时，可以在用户程序编辑区光标所在位置输入指令列表，一条指令输入完后按Enter键光标将移至下一行，可以继续输入下一条指令。

5. 程序的检查

程序编写完毕，可以利用菜单栏的选项菜单项进行程序的检查。具体操作方法如下：单击“选项”→“程序检查”，选择相应的检查内容，然后单击“确认”按钮以实现程序的检查。该功能可以对程序的语法、双线圈输出和电路的错误等进行检查。如果存在编程的错误，将会提示程序存在错误的原因。

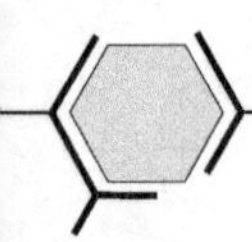

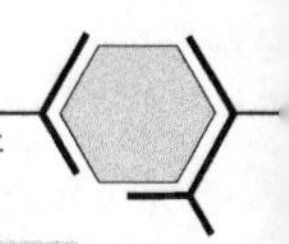

6. 程序的传送

程序的传送可以实现程序的读入（上传）、写出（下载）和检验等功能。使用“读入”功能可将 PLC 的程序上传到计算机中。使用“写出”功能可将计算机的程序下载到 PLC 中。“校验”功能是将计算机与 PLC 中的程序加以比较检验。以上各功能的操作方法是，执行“PLC”→“传送”→“读入/写出/校验”等操作。

传送程序时，应注意以下问题：计算机的 RS-232C 端口及 PLC 之间必须使用指定的电缆及转换器连接；执行完“读入”操作后，计算机中的程序将会丢失，原有的程序将被读入的程序所替代；在进行程序的“写出”时，PLC 应停止运行，PLC 运行方式选择开关必须置于 STOP 位置；程序必须在 RAM 或 EEPROM 内存保护关断的情况下写出，然后进行校验。

7. 程序的调试和运行监控

程序的调试和运行监控是编程开发中必不可少的一环。编写的程序在很少情况下一开始就是正确和完善的，只有经过调试运行乃至现场的实际运行才有可能发现程序中不完善、不合理之处。利用 FXGP/WIN 编程软件的监控/测试功能，可以很方便地进行程序的调试和监控。

在程序写出下载完毕后保持编程开发计算机和 PLC 的联机在线状态，选择“监控/测试”命令，便可开始有关软元件和程序的监控和测试。

（1）梯形图程序的监控

在编程开发计算机与 PLC 建立通信连接后，单击“开始监视”快捷按钮，便可以进行梯形图程序的监控。在监视时，绿色表示梯形图电路中触点或线圈的接通或通电，计数器、定时器和数据寄存器的当前值将在该元件符号的上方显示。

（2）元件监控

元件监控的操作方法是，选择“监控/测试”→“进入元件监控”命令，屏幕将出现“元件设置”对话框。在此对话框中可以输入元件号、连续监视的点数，这样可以监控元件号相邻的若干个元件，显示的数据可以选择 16 位或 32 位格式。设置好监视元件和点数，单击“确认”按钮或直接按 Enter 键。

（3）强制 ON/OFF

强制 ON/OFF 的操作方法是，选择“监控/测试”→“强制 ON/OFF”命令，屏幕将出现“强制 ON/OFF”对话框。在该对话框中可以输入元件号，选择单选框的“设置”（应是置位，即 SET）后单击“确认”按钮，则该软元件将置位为 ON 状态。选择单选框的“重新设置”（应是复位，即 RST）后单击“确认”按钮，则该软元件将复位为 OFF 状态。

菜单栏“监控/测试”→“强制 Y 输出”与强制 ON/OFF 的操作和功能是相似的，只是用 ON 和 OFF 取代了上面的“设置”和“重新设置”。

（4）改变当前值

改变当前值的操作方法是，选择“监控/测试”→“改变当前值”命令，将出现改变当前值对话框。在该对话框中输入元件号和新的当前值数据后，单击“确认”按钮后新的数值将下载至 PLC。

（5）改变设置值

改变设置值的操作方法与上面的改变当前值的操作方法相似，这里不再介绍。应注意，该功能只在梯形图监控时有效。

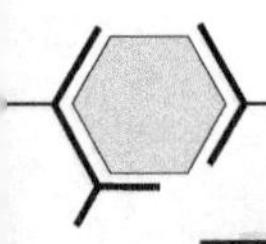

8. 参数设置

利用“选项”命令可以进行参数设置、口令设置、PLC 类型设置、串行口设置、元件范围设置和改变 PLC 类型等。这些参数设置具体如下：

1）选择“选项”→“PLC 参数设置”命令，将弹出 PLC 参数设置对话框，可以通过它设置实际使用的存储器的容量，设置是否以 500 步为单位的文件寄存器、注释区和有锁存功能（断电保持功能）的软元件的范围等功能。

2）选择“选项”→“PLC 类型设置”命令，将弹出 PLC 类型设置对话框，可以通过它设置将某个输入点作为外接的运行选择开关使用。

3）选择“选项”→“串行口设置”命令，将弹出串行口设置对话框，可以通过它设置 PLC 串行通信相关的参数、特殊数据寄存器等。

5.2 全系列编程软件 GX Developer 与仿真软件 GX Simulator 的使用

下面以 GX Developer 8.86（或 8.103H-C）中文版为例，介绍常用工程文件操作、程序的编辑、调试与维护和有关参数设置等。

5.2.1 关于工程文件的操作 ★★★

1. 创建工程

（1）新建工程的步骤

在 GX Developer 编程环境中创建一个新工程，以 FX 系列的 FX_{2N} 系列 PLC 为例步骤如下：

1）双击桌面 GX Developer 的快捷方式图标，或者选择“开始”→“所有程序”→“MELSOFT 应用程序”→GX Developer 命令，打开 GX Developer 软件开发环境，如图 5-7 所示。

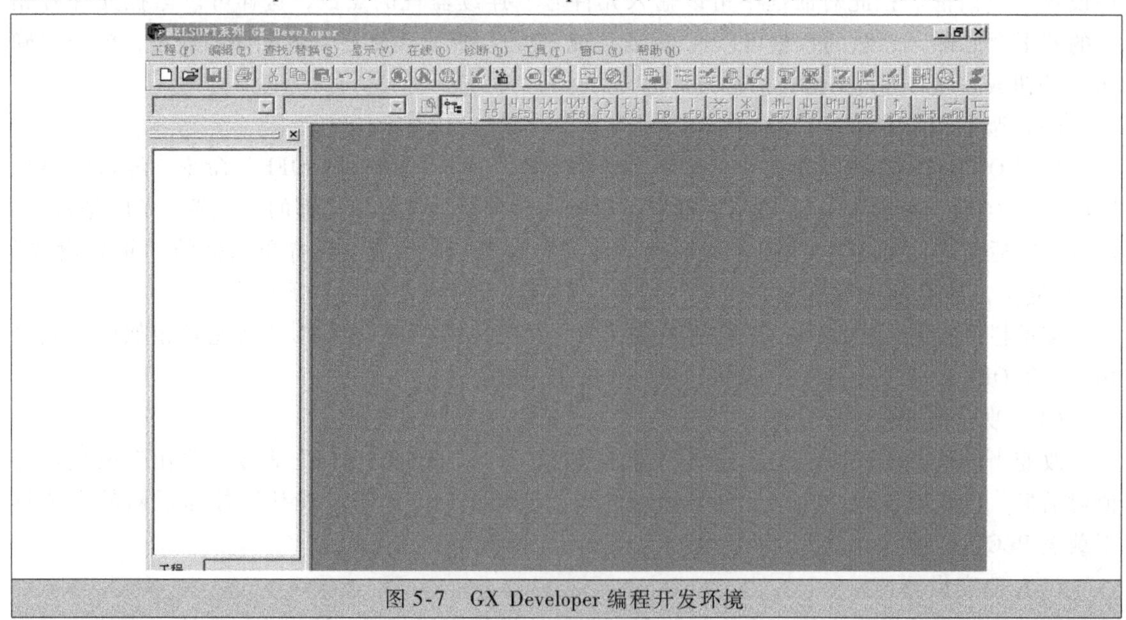

图 5-7 GX Developer 编程开发环境

2）选择“工程”→“创建新工程”命令，或单击工具命令按钮“工程生成”（或使用快捷键 Ctrl + N）。

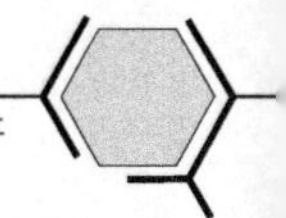

3）在弹出的“创建新工程”对话框中可进行相应项目的选择，如图5-8所示。

对话框选项说明如下：

①PLC系列：可以选择QCPU（Q mode）、QnA、QCPU（A mode）、ACPU、MOTION（SCPU）、FXCPU和CNC（M6/M7）等，这里选择FXCPU。②PLC类型：可以选择所使用的CPU的型号，这里选择PLC的类型为FX_{2N}系列。注意，在Q系列中创建远程I/O参数时，应在PLC系列中选择QCPU（Q mode）后，在PLC类型中选择Remote I/O。③程序类型：选择梯形图程序或SFC程序。④标签设定：分为两种情况。不使用标签：不创建标签程序时选择此项。使用标签：在使用ST、FB和结构体时可选择此项。⑤生成和程序名同名的软元件内存数据：创建新工程时，将软元件内存创建为与程序名相同的名称时可选择此项。⑥工程名设定：以工程名保存所创建的数据时设置此项。如果在创建程序的同时需要设置工程名，选中复选框。工程名既可以在创建程序时设置，也可以在创建之后设置。在创建程序之后设置工程名时，可通过“附加名称之后保存”（即“另存工程为”来保存）。⑦驱动器/路径：在生成工程前可设定驱动器和路径名程。⑧工程名：在生成工程前可设定工程的名称。⑨索引：在生成工程前可标注工程的索引说明。⑩确定：确定按钮。在设置结束后可单击此按钮退出对话框。

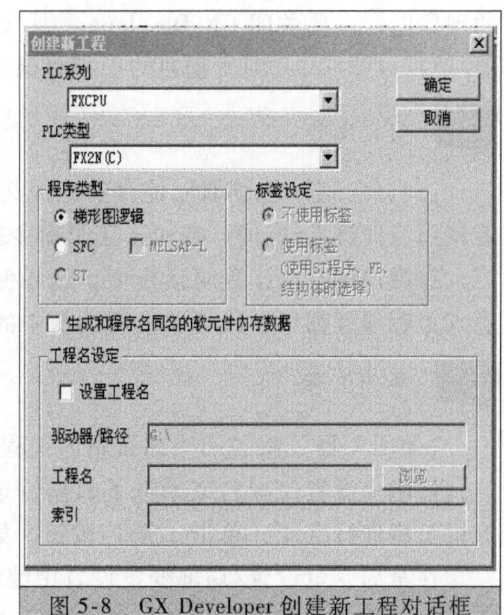

图5-8　GX Developer创建新工程对话框

4）在第三步中进行了相关选项设置并单击“确定”按钮后，将出现FX系列PLC程序编辑窗口，在程序编辑区就可以进行程序的编写，如图5-9所示。

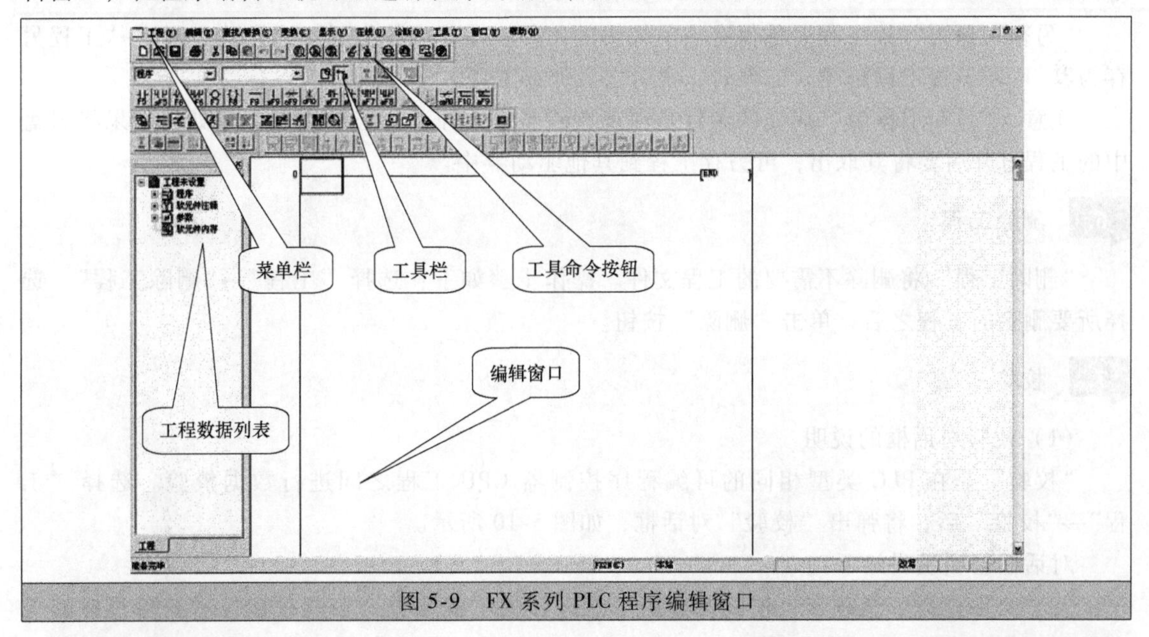

图5-9　FX系列PLC程序编辑窗口

（2）注意事项

在创建新工程时需注意：新建工程中各数据及数据名，分别有程序——MAIN，注释——COMMENT（共用注释），参数——PLC参数、网络参数（仅A系列、Q/QnA系列）；如果创

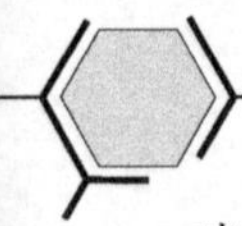

建多个程序或启动了多个 GX Developer 造成计算机的资源不足，而导致出现画面不能正常显示的现象时，需要关闭 GX Developer，或关闭其他应用程序；如果仅指定了工程名而未指定驱动器/路径（空白），则所创建的工程将保存在默认的驱动器/路径下。

2. 打开工程

“打开工程”将读取已保存的工程文件。操作步骤如下：选择“工程”→“打开工程”，或者使用快捷键 Ctrl + O，或单击工具命令按钮“打开工程”。

在弹出的打开工程对话框中，选择保存工程的驱动器/路径和工程名，单击“打开”按钮进入工程编程窗口；或者单击对话框中的“取消”按钮，可重新选择已保存的工程。

3. 关闭工程

“关闭工程”将关闭当前编辑的工程。操作步骤如下：选择“工程”→“关闭工程”。

如果未设置工程名或编辑了数据，选择“关闭工程”之后将会显示询问对话框。如果要保留工程进行变更，单击“是”按钮。如果不保存工程并关闭，单击“否”按钮。

在全局变量设置/局部变量设置中编辑了数据时，关闭工程将显示对话框。如果需要保留所编辑的数据，在单击“否”按钮后，单击全局变量设置/局部变量设置画面中的“登录”按钮，最后关闭工程。

4. 保存工程

选择“保存工程”之后，数据将被覆盖保存到当前的工程文件中。保存当前编辑的工程文件的操作步骤如下：选择“工程”→“保存工程”或者使用快捷键 Ctrl + S。

5. 另存工程为

“另存工程为”以工程名称保存当前编辑的工程。操作步骤如下：选择“工程”→“工程另存为”。可在设置工程路径、工程名、索引之后保存工程。

注意，“另存工程为”成立的条件是在现有的路径下原工程已经存在。例如，如果将软盘中的工程打开后要将其取出，可另存工程到其他驱动器中。

6. 删除工程

“删除工程”将删除不需要的工程文件。操作步骤如下：选择“工程”→“删除工程”。选择所要删除的工程之后，单击“删除”按钮。

7. 校验

（1）校验对话框的说明

“校验”是在 PLC 类型相同的可编程序控制器 CPU 工程之间进行数据校验。选择“工程”→“校验”后，将弹出“校验”对话框，如图 5-10 所示。

对话框选项说明如下：

①“文件选择”选项卡：校验源显示当前打开的工程数据。校验目标显示校验目标的工程数据。②“参数”选项卡（仅 Q/QnA 系列）：选择参数校验标准。默认为“标准 1”（即水平 1）。选择“标准 2”（即水平 2）时，校验包括用户设置区域和系统设置区域在内的参数区域。在用户设置区域以外的参数区域的校验中检测出不一致时，将显示相应的信息。应根据校

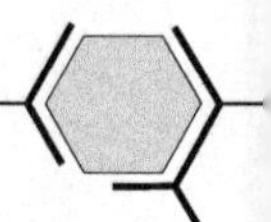

验结果信息进行处理。③驱动器/路径、工程名设置要校验数据的驱动器/路径以及工程名。④PLC 类型显示工程的 PLC 类型。⑤“执行”按钮。设置结束后单击此按钮。⑥“参数＋程序”按钮选择校验源、校验目标参数以及所有的程序数据。选择了多个程序时，所校验的均为相同数据名的程序。⑦校验 SFC 程序指定的块号。在对块号进行指定并校验时选择此项。⑧块号设置所要校验的块号。

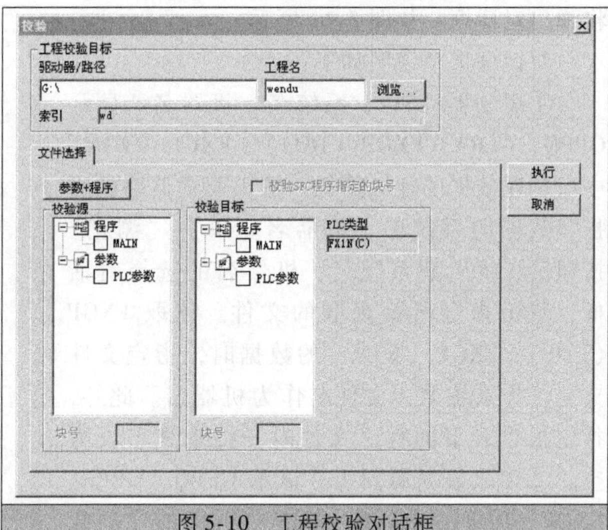

图 5-10　工程校验对话框

（2）步骤

校验的具体步骤如下：校验目标的驱动器/路径、工程名通过“浏览”按钮进行设置；选中校验源及校验目标数据名的复选框；设置结束后，单击“执行”按钮。

8. 复制工程

“复制工程”将在工程之间进行复制。若在复制目标中存在有复制源中所选择的数据名时，目标文件将被替换。操作步骤如下：选择“工程”→“复制”。

9. 编辑数据

编辑数据包括新建、复制、删除、改变数据名和改变程序类型。

1）“新建”数据将新建的程序、共用注释、各程序注释、软元件内存数据添加到工程中。操作步骤如下：选择“工程”→“编辑数据”→“新建”。

2）“复制”将复制工程中的数据。操作步骤如下：选择“工程”→“编辑数据”→“复制”。

3）“删除”数据将删除工程内已有的数据。操作步骤如下：选择“工程”→“编辑数据”→“删除”。

4）“改变数据名”将更改工程内现有的数据名。操作步骤如下：选择“工程”→“编辑数据”→“改变数据名”。

5）“改变程序类型”将已有的梯形图程序变更为 SFC 程序，或将 SFC 程序变更为梯形图程序。操作步骤如下：选择“工程”→“编辑数据”→“改变程序类型”。

10. 改变 PLC 类型

“改变 PLC 类型”将已有的数据、编辑中的数据变更为其他 PLC 类型或 PLC 系列。操作步骤如下：选择“工程”→“改变 PLC 类型”。

11. 读取其他格式的文件

读取其他格式的文件，在 GX Developer 中读取已有的 GPPQ、GPPA、FXGP（DOS）、FXGP（WIN）的数据。

启动 GX Developer 之后，读取其他格式的文件的操作步骤是，选择“工程”→“读取其他格式的文件”→“读取 GPPQ 格式文件”，或“读取 GPPA 格式文件”，或“读取 FXGP（WIN）

格式文件”，或“读取 FXGP（DOS）格式文件”等。例如，读取 FXGP（WIN）格式文件，将弹出对话框，如图 5-11 所示。

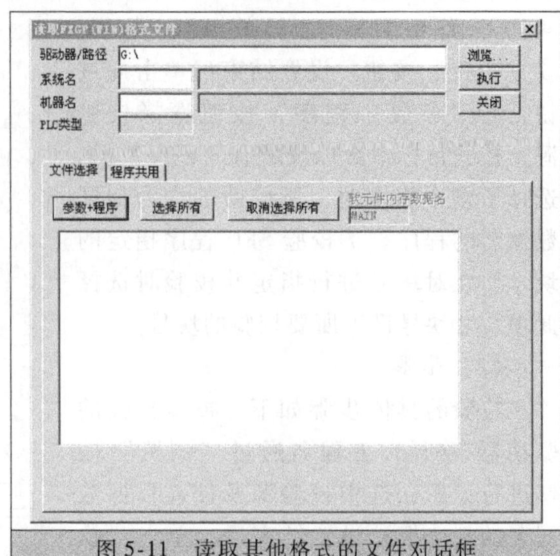

图 5-11　读取其他格式的文件对话框（读取 FXGP（WIN）格式文件）

对话框选项说明如下：

①驱动器/路径、系统名、机器名。显示 GPPQ、GPPA、FXGP（DOS）、FXGP（WIN）中所创建数据的存储路径。输入驱动器路径所指定数据的系统名、机器名。单击“浏览”按钮后，将出现系统名、机器名的选择对话框，双击指定所要读取的文件。读取 FXGP（DOS）、FXGP（WIN）的数据时，指定文件夹名作为系统名、文件名作为机器名。此外，指定根目录下的程序文件时，将系统名设为空。②读取数据源列表。显示 GPPQ、GPPA、FXGP（DOS）、FXGP（WIN）中所创建的数据。选中数据名前复选框。对于所选择的注释，可以在程序共用选项卡、各程序选项卡中对读取软元件的范围进行设置。③“参数＋程序”按钮/“选择所有”按钮。“参数＋程序”按钮只选择读取源的参数数据及程序数据。“选择所有”按钮选择读取源数据列表的全部数据。④“取消选择所有”按钮。取消所选择的全部数据。⑤“程序共用”选项卡（A 系列画面）。选择此选项卡设置共用注释范围后读取数据（FX 系列除外）。

12. 写入 GPPQ/GPPA/FXGP（DOS）/FXGP（WIN）格式的文件

可将 GX Developer 中所创建的数据保存为 GPPQ、GPPA、FXGP（DOS）、FXGP（WIN）格式，在 GPPQ、GPPA、FXGP（DOS）、FXGP（WIN）中便可以对该数据进行读取或编辑等操作。操作步骤如下：选择“工程”→“写入其他格式的文件”→“写入 GPPQ 格式文件”，或“写入 GPPA 格式文件”，或“写入 FXGP（WIN）格式文件”，或“写入 FXGP（DOS）格式文件”等。

5.2.2　梯形图的编辑 ★★★

在 GX Developer 软件开发环境中编写 FX 系列或其他系列 PLC 程序时，最好使用在梯形图编辑环境下用指令的输入方式，其方法与使用 FXGP/WIN 软件的编写方法基本相同。

1. 梯形图编辑环境简介

（1）梯形图的创建方法

创建的方法有如下几种：通过键盘输入指令代号（助记符）的方式创建；通过工具栏的快捷按钮创建；通过功能键创建；通过工具栏的菜单创建。梯形图创建后将显示梯形图输入窗口，如图 5-12 所示。

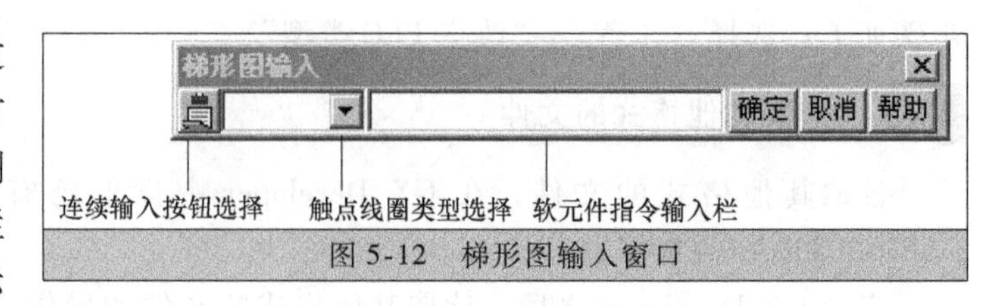

图 5-12　梯形图输入窗口

单击连续输入选择按钮后，按钮将变为▤。此时，将不会关闭梯形图输入窗口并连续输入梯形图触点。通过触点线圈类型选择下拉框选择相应的触点或者线圈，在软元件指令输入栏输入相应指令，即可完成梯形图模式下元件、指令的输入。

例如，想要在梯形图模式下输入 LD X0。可以在触点线圈类型选择下拉框中选择常开触点“—| |—”，在软元件指令输入栏中输入 X0，或者在梯形图输入窗口的软元件输入栏中直接输入 LD X0（LD 与 X0 之间需有空格）。

（2）梯形图模式/列表模式的切换（也可用于 SFC 的动作输出、转移条件的切换）

梯形图模式/列表模式的切换，可对编辑画面的显示模式进行切换。

1）从梯形图编辑画面切换到指令列表编辑（即用指令表编辑）画面，方法是，选择“显示”→“列表显示”，或单击工具命令按钮▣（或使用快捷键 Alt＋F1）。

2）从指令列表编辑画面切换到梯形图编辑画面，方法是，选择“显示”→“梯形图显示”，或单击工具命令按钮▣（或使用快捷键 Alt＋F1）。

（3）读出模式/写入模式的切换

具体步骤如下：

1）切换到读出模式（读出梯形图时）的步骤是，选择“编辑”→“读出模式”，或单击工具命令按钮▣（或使用快捷键 Shift＋F2），通过键盘直接输入软元件/步号/指令，可以读出任意部分的梯形图。

2）切换到写入模式（编辑梯形图时）的步骤是，选择“编辑”→“写入模式”，或单击工具命令按钮▣（或使用快捷键 F2）。在写入模式下可以对梯形图进行创建、查找/替换等编辑。

（4）插入模式/改写模式的切换（模式的切换可以通过 Insert 键进行）

步骤是，插入模式（光标：紫色）下，在已有的梯形图中插入触点/指令；改写模式（光标：蓝色）下，在已有的梯形图中改写（覆盖）触点/指令。

（5）指令帮助

GX Developer 的指令帮助具有以下作用：即使对指令不太了解手上也没有编程手册，也可通过指令帮助选择或输入指令；即使对指令名/表达式不太了解，也可通过帮助输入；即使对各指令中可使用的软元件不太了解，也可通过帮助输入。

指令帮助的操作步骤如下：在图 5-12 所示“梯形图输入窗口”中，单击“帮助”按钮，将弹出指令帮助对话框。在“指令类型”选项卡，单击“类型一览表”和“指令一览表”可以进一步了解相关指令的详细情况。或者打开“指令查找”选项卡，输入待查找的字符查找到自己所需要的指令。

2. 创建梯形图时的限制事项

（1）梯形图显示画面中的限制事项

梯形图显示画面中的限制事项主要如下：1 个画面中最多可显示 12 行梯形图（800 ×600 像素，画面显示比例为 50%）；1 个梯形图块应在 24 行以内，否则会出错；1 行梯形图为 11 个触点＋1 个线圈。梯形图显示画面注释字符数，见表 5-1。

说明：如果将程序转换成 GPPA 格式文件或者写入 CPU，那么以上所有注释字符最多为半角 16 文字（全角 8 文字）；如果将程序转换成 FXGP（DOS）格式文件，那么软元件注释最多为半角 16 文字（全角 8 文字）。

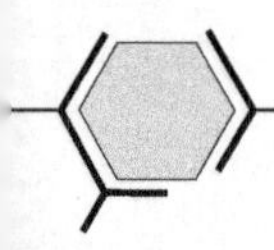

表 5-1　梯形图显示画面注释字符数

项目	输入文字数	梯形图画面表示文字数
软元件注释①	半角 32 文字(全角 16 文字)	8 文字 ×4 行
说明	半角 64 文字(全角 32 文字)	设定的文字部分全部表示
注解	半角 32 文字(全角 16 文字)	
机器名	半角 8 文字(全角 4 文字)	

① 软元件注释的编辑文字数可以选择 16 文字或 32 文字。

注意，当梯形图块显示为黄色时，表示梯形图块中存在错误。选择“工具”→“程序检查”，可以确认出错内容并修正程序。

（2）梯形图编辑画面中的限制事项

梯形图编辑画面中的限制事项主要如下：1 个梯形图块最多可编辑 24 行；对于编辑行，1 个梯形图块为 24 行，整个编辑画面最多为 48 行；最多可剪切 48 行数据。1 个程序最大为 124 K 步（取决于 CPU 类型）；最多可复制 48 行数据。1 个程序最大为 124 K 步（取决于 CPU 类型）；在读出模式下不能进行剪切、复制、粘贴等编辑；不能对主控制（MC）符号进行编辑。在读出模式、监视模式下将显示 MC 符号，在写入模式下不能显示 MC 符号；在 1 行中创建有 12 个触点以上的串联梯形图时，将自动换行。换行符号由 K0 ~ K99 构成，OUT（→）与 IN（>—）的换行符号必须相同；OUT（→）与 IN（>—）之间不能插入其他的梯形图；在执行梯形图写入功能时，即使换行符号不在同一梯形图块内也将被附加连续的编号。但是，对于通过读出功能所读出的梯形图块，换行编号从 0 开始按顺序进行附加，如图 5-13 所示；在改写的触点/线圈跨越了多个触点时，不能通过写入（改写）模式进行梯形图的编辑。触点替换示例，如图 5-14 所示。在对上述示例修改时，可通过写入（插入）模式先将“—[= D0 D1]—”插入，然后用键盘的 Delete 键将 LD X0 删除。

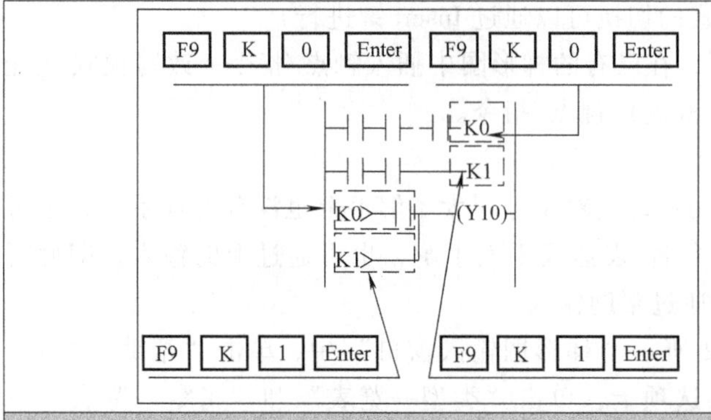

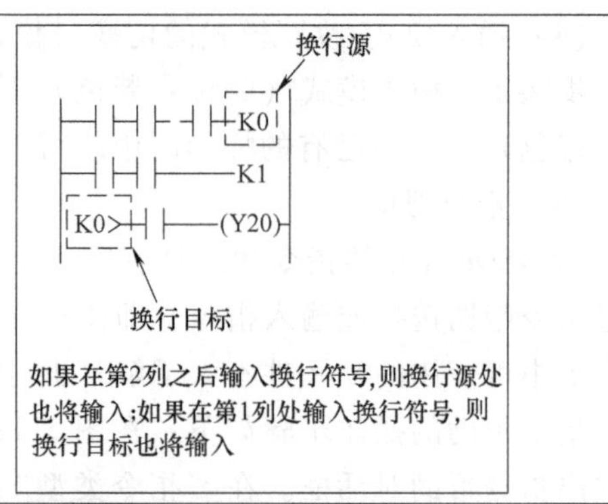

图 5-13　梯形图换行编号示例

其他注意事项还包括：如果在梯形图的第 1 列中插入触点将发生换行，则不能执行触点插入；在指令段内，不能执行列的插入；插入梯形图符号时，由于进行了右对齐及列插入的组合处理，根据梯形图形状有时可能无法插入；在写入（改写）模式下根据指定的列数/连接线数插入竖线时，应在第 2 列以后通过使用 Ctrl + Insert 键插入列，之后在触点的左侧插入触点或列；在写入（改写）模式下根据指定的列数/连接线数插入竖线时，当竖线跨越梯形图符号时，将跳过梯形图符号写入竖线。编辑梯形图时，虽然可以跳过梯形图符号写入竖线，但是此情形将无法完成程序的

X0　X1　Y10

在写入(改写)模式下,在此位置上不能使用像—[=D0　D1]— 这样的使用了多个触点的指令直接进行替换

图 5-14　触点替换限制示例

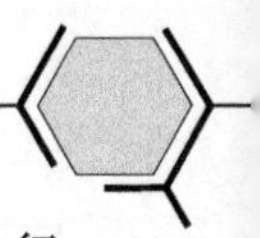

变换。应将梯形图修正为竖线与梯形图符号不交叉之后，再进行变换；在 1 个梯形图块为 2 行以上的梯形图中，如果 1 行中放不下 1 个指令，则按以下方式对指令进行换行之后再输入指令，如图 5-15 所示。

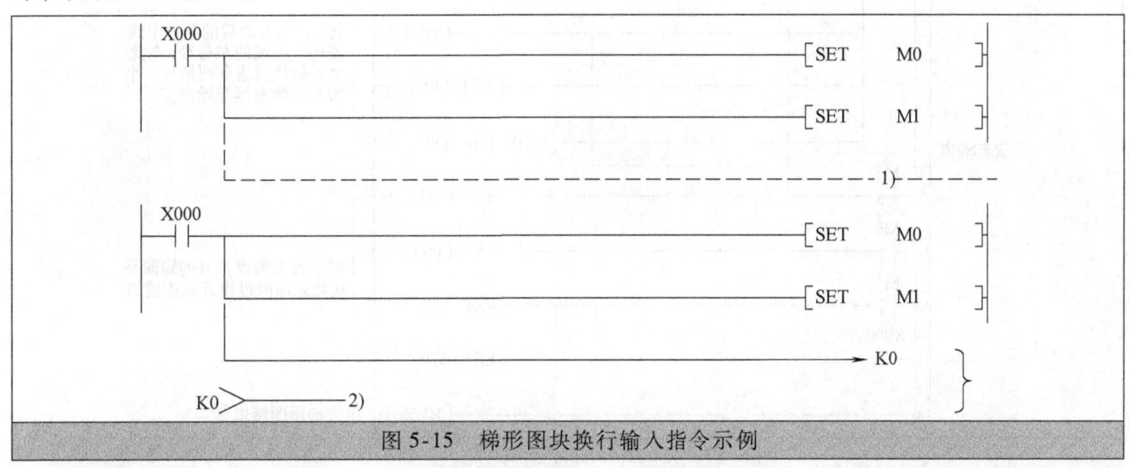

图 5-15　梯形图块换行输入指令示例

在图 5-15 中，如在位置 1）处出现上述情形，可以像图中第二个梯形图块那样回送指令后，再输入指令，这样就可以从位置 2）开始编辑梯形图。

在创建梯形图块时，应将 1 个梯形图块的步数限制在约 4K 步以内。那些梯形图块中的 NOP 指令的步数也应包含在其中。对于位于梯形图块与梯形图块之间的 NOP 指令则不被计算在内。

（3）FXGP 和 GX Developer 两种编程软件中步进梯形图指令显示差别及编程注意事项

在 FXGP（DOS）、FXGP（WIN）编程软件中步进梯形图的输入和显示如图 5-16 所示。

图 5-16　FXGP 编写的步进梯形图

但是，在 GX Developer 编程软件中输入步梯形图指令时，则是依照下面的操作，如图5-17 所示。

应注意：①在 SFC 程序梯形图的扩大显示区中进行编程时，不需要输入 STL/RET 指令；②从STL 指令之后的最初的线圈指令开始连接，不要在线圈指令部分输入触点［输入了触点的梯形图在 FXGP（DOS）、FXGP（WIN）中将不能显示］。在输入触点时，应从母线开始输入。

由上面对比可见，GX Developer 编写的步进梯形图中，STL 指令表示为线圈，STL 驱动的软元件直接与系统左母线相连，也就是说用 FXGP 编写的步进梯形图 STL 之后的子母线，在用 GX Developer 编写步进梯形图时却是与左母线重合的。但是两者的指令表是相同的。

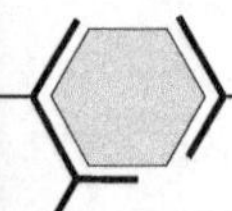

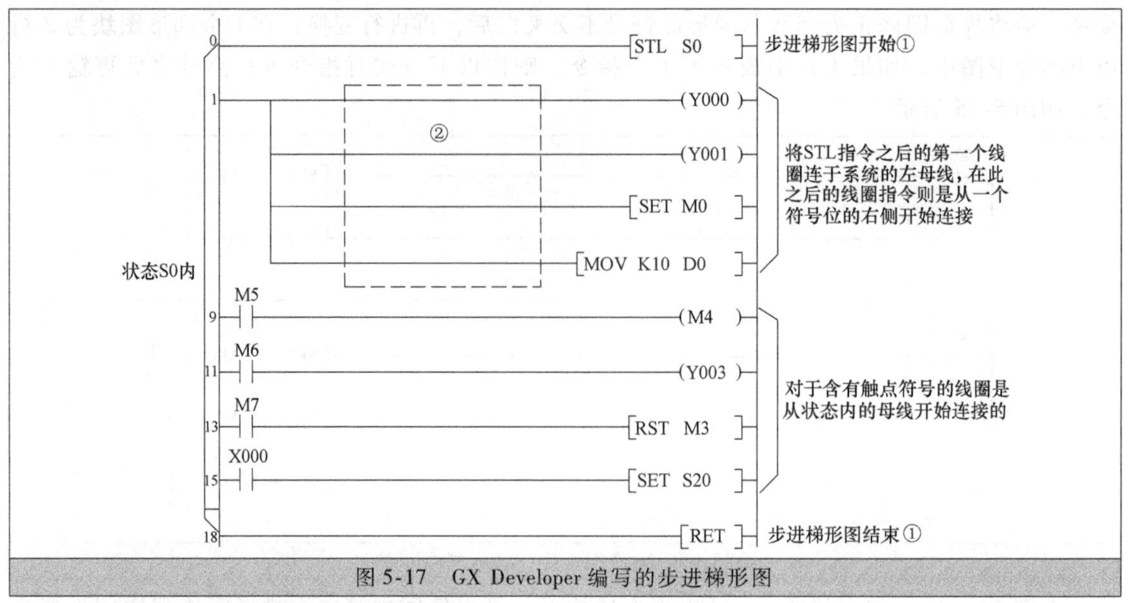

图 5-17　GX Developer 编写的步进梯形图

5.2.3 创建软元件注释 ★★★

软元件注释包括共用注释及各程序注释。共用注释：如果在一个工程中创建多个程序，共用注释在所有的程序中有效。各程序注释：它是一个注释文件，在各个程序内有效的注释，即只在一个特定的程序内有效。

1. 在编辑画面中创建软元件注释

通过对软元件附加注释，使程序易于阅读。在批量创建软元件注释时非常便利。设置步骤如下：

1）创建共用注释：通过“工程数据列表”中的“软元件注释”→COMMENT。

2）创建各程序注释：通过“工程”→“编辑数据”→“新建”→数据类型（各程序注释），设置数据名及索引。

以创建共用注释为例，具体操作是，单击“工程数据列表”中的“软元件注释”前的“+”号标记，再双击“树”下的 COMMENT（共用注释），弹出注释编辑窗口，如图 5-18 所示。选择需要注释的软元件，如 X1，在窗口的“软元件名”文本框中输入需创建注释的软元件名，这里给 X1 输入注释“起动”。注意，注释由不超过 32 个的字符组成。在注释输入完毕后，单击“工程数据列表”中的 MAIN。将显示梯形图编辑窗口，再选择“显示”→“注释显示”（或使用快捷键 Ctrl + F5），则会在显示梯形图的同时显示软元件的注释。

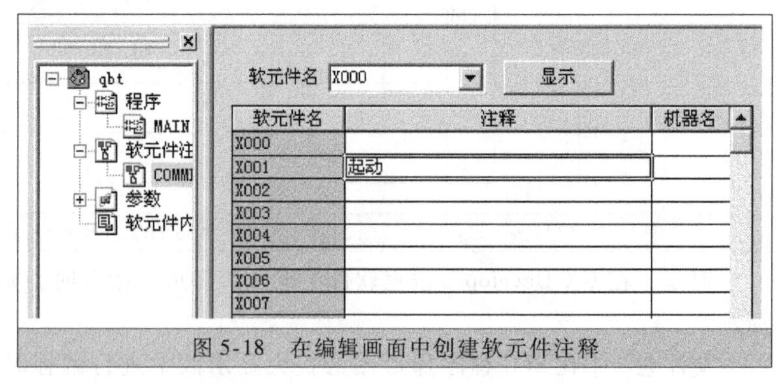

图 5-18　在编辑画面中创建软元件注释

此外，在编辑画面中创建了软元件的注释后，还可以在梯形图编辑画面中编辑注释。其设

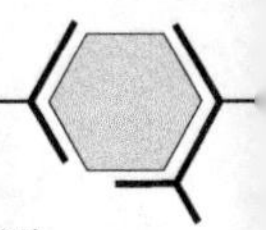

置步骤是，选择“编辑”→“文档生成”→“注释编辑”；将光标移至软元件注释的创建位置；按 Enter 键后将显示注释输入对话框；在对话框输入软元件注释后单击“确定”按钮。

2. 在梯形图中创建软元件注释

除了可以在编辑画面中创建软元件注释，在梯形图中修改及添加软元件注释也是十分方便的。设置步骤如图 5-19 ~ 图 5-22 所示。注意，在创建注释前，PLC 需切换到写入模式下，如在读出模式下则无法进行软元件注释的创建。

1）将光标移至创建软元件注释的位置，如图 5-19 所示。

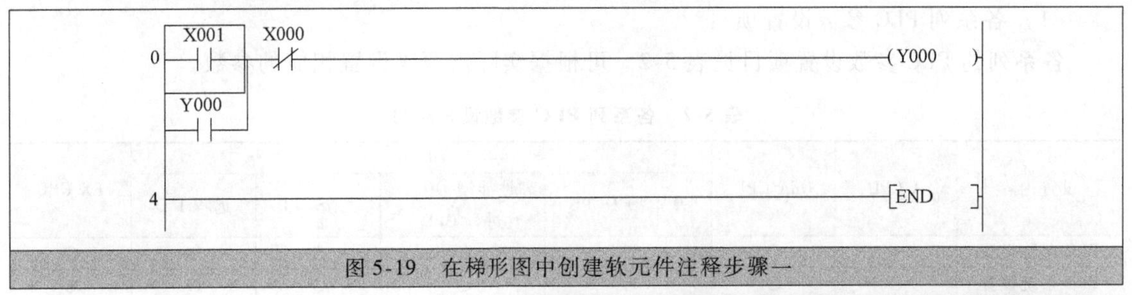

图 5-19　在梯形图中创建软元件注释步骤一

2）按 Enter 键弹出梯形图输入对话框，如图 5-20 所示。

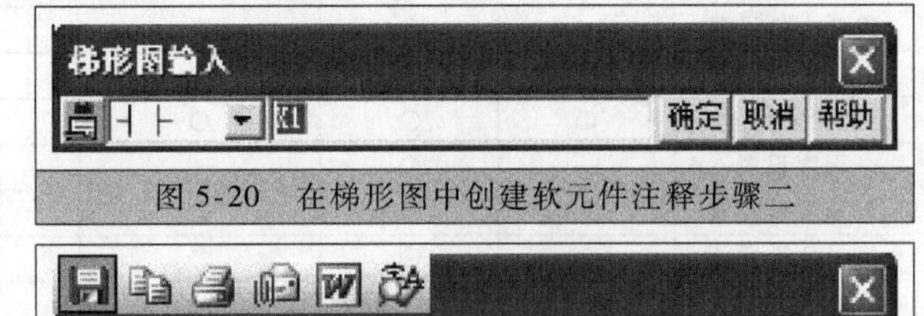

图 5-20　在梯形图中创建软元件注释步骤二

3）在梯形图输入对话框进行如下设置：下拉框选择空白状态后，在软元件名前输入 2 个“半角”的分号，在软元件后面输入等号和具体的注释，如图 5-21 所示。

图 5-21　在梯形图中创建软元件注释步骤三

4）选择“显示”→“注释显示”（或使用快捷键 Ctrl + F5），则注释显示如图 5-22 所示。

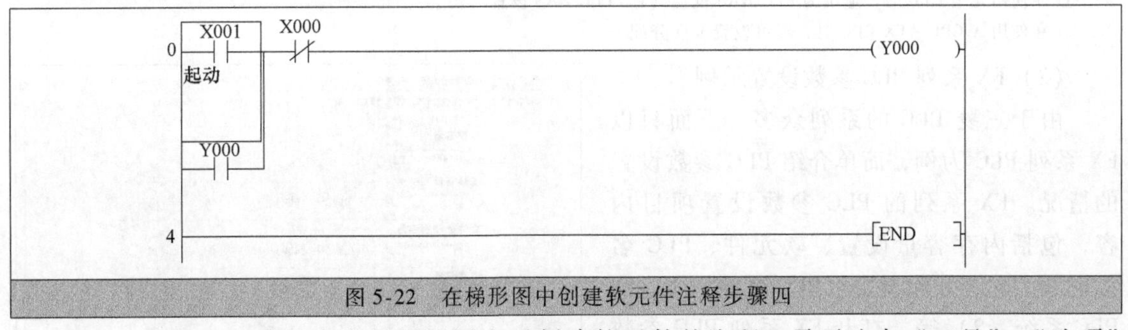

图 5-22　在梯形图中创建软元件注释步骤四

当然，也可以在编写完全部梯形图之后创建软元件的注释，需要选中“工具”→“选项”中的“指令写入时，继续进行”，其他步骤则和在梯形图中创建软元件的步骤是相似的，这里不再详述。

3. 删除软元件注释

（1）删除全部软元件注释/机器名

需在软元件注释编辑画面中进行，单击“工程数据列表”中“软元件注释”的 COMMENT，然后选择“编辑”→“全清除（全软元件）”。

（2）删除所显示软元件注释/机器名

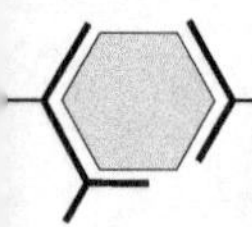

需在软元件注释编辑画面中进行，单击“工程数据列表”中“软元件注释”的COMMENT，然后选择“编辑”→“全清除（显示中的软元件）”。

5.2.4 参数设置 ★★★

参数设置包括PLC参数设置、网络参数设置和设置远程口令等。下面只对参数设置和网络参数设置做一简单的介绍。

1. PLC参数设置

（1）各系列PLC参数设置项目

各系列的PLC参数设置项目见表5-2。可根据实际需要来设置相应的参数。

表5-2 各系列PLC参数设置项目

设置内容	A CPU	QnA CPU	QCPU				FX CPU
			基本型QCPU	高性能型QCPU/过程CPU	冗余CPU	远程I/O	
PLC名称设置	—	○	○	○	○	—	○
PLC系统设置	○	○	○	○	○	○	○
PLC文件设置	—	○	○	○	○	—	—
PLC RAS设置	○	○	○	○	○	○①	—
软元件设置	○	○	○	○	○	—	○
程序设置	—	○	—	○	○	—	—
引导文件设置	—	○	○	○	○	—	—
SFC设置	—	○	○	○	○	—	—
I/O分配	○②	○	○	○	○	○	○
内存容量设置	○	—	—	—	—	—	○
操作设置	—	—	—	—	—	○	—
串口通信设置	—	—	○	—	—	—	—

注：“○”代表可以设置；“-”代表无设置项目。

① 在使用冗余CPU时，显示为PLC RAS设置（1）/PLC RAS设置（2）。

② 在使用A CPU、FX CPU时，不可设置I/O分配。

（2）FX系列PLC参数设置示例

由于三菱PLC的系列众多，下面只以FX系列PLC为例，简单介绍PLC参数设置的情况。FX系列的PLC参数设置项目内容，包括内存容量设置、软元件、PLC名称设置、I/O分配设置、PLC系统（1）和PLC系统（2）等。打开FX系列PLC参数设置的方法是，单击“工程数据列表”中的“参数”前的“+”号标记，再双击“树”下的“PLC参数”，将弹出“PLC参数设置”对话框，如图5-23所示。

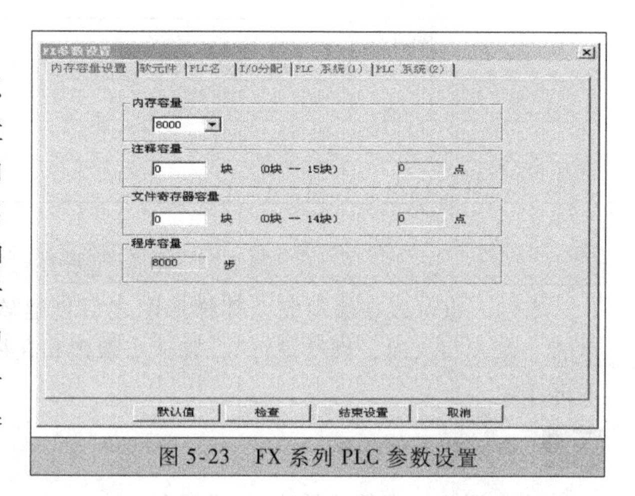

图5-23 FX系列PLC参数设置

（3）PLC参数设置画面说明

“读取PLC数据”按钮的位置在“PLC参数”→“I/O分配”选项卡；在PLC CPU中不存在参数文件时（读取实际安装），删除PLC CPU的参数文件后，对PLC CPU进行RESET→RUN，然后读出PLC数据；在GX Developer中设置模块型号、起始X/Y、基板、电源模块、

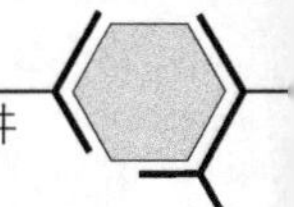

扩展电缆时，数据将被删除。

2. 网络参数设置

（1）各系列网络参数设置

如果需要进行 PLC 的网络连接，可根据实际需要设置网络参数。

（2）网络参数设置项目示例（Q 系列）

各系列的网络参数项目各不相同。QCPU 网络参数项目，在远程 I/O 站工程中，只能设置以太网、CC-Link，对于 MELSECNET/H（多任务远程控制）、MELSECNET/H（多任务远程子站），只能选择过程 CPU。

5.2.5 程序的运行与监控★★★

1. 程序的写入和读取

使用专用通信电缆 SC-09 或其他通信方式将个人计算机与 PLC（不作声明外，均以 FX 系列小型机为例）相连，再将 PLC 通电，并将 PLC 运行开关置于“停止”（STOP）位置，以便程序的写入（下载）。

（1）程序的写入（下载）

程序的写入（下载）具体操作步骤是，用 GX Developer 打开一个保存工程或者新建一个工程，用梯形图或其他编程语言已经编辑好。选择“在线”→“PLC 写入”命令，或者单击工具栏中的按钮，系统弹出“PLC 写入”对话框，如图 5-24 所示。选择要写入的运行内容（程序 + 参数/选择所有），选择写入的步数；如果是第一次写入程序，还需要设定传输设置，以设置 PLC 的通信接口、模块或其他站，再进行通信测试；测试完毕后，进行系统构成的核实；最后单击“执行”按钮，选择是否执行写入。

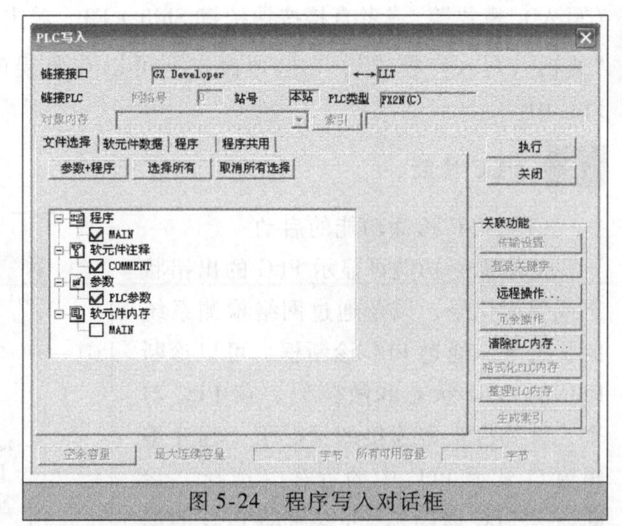

图 5-24　程序写入对话框

（2）程序的读取（上传）

为了程序的查证校对，可以从 PLC 将现有程序读取（上传）到个人计算机中来。具体操作步骤是，进入 GX Developer 软件开发环境，打开一个空白窗口。选择“在线”→“PLC 读取”命令，或者单击工具栏中的按钮，可将现有的程序读取；单击 PLC 读取菜单或工具命令按钮后，可选择 PLC 的机型系列；进行通信设置，这一步与上面的 PLC 写入中通信设置是相似的；选择需要读取的内容（程序 + 参数/选择所有）；读取程序步数不可设定，为默认值；最后单击“执行”按钮，选择是否进行读取，若单击“是”按钮则 PLC 的程序将读取到个人计算机中。

2. 程序在线监控、调试和测试

（1）程序的监控

选择“在线”→“监视”→“监视模式”，或者直接按 F3 键，或者单击工具栏中的命令

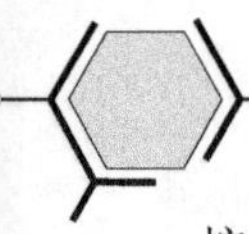

按钮，可以启动程序的监视。通过监视状态窗口，开始进入监视模式。可以看到运行中的程序，接通的触点显示为蓝色导通状态，通电的线圈显示为蓝色通电状态，计数器和定时器则显示其运行的数字。

另外，监视状态栏中可以显示监视对象 PLC CPU 的最大扫描时间、PLC CPU 的运行状态（RUN 或者 STOP）和监视实行状态（监视进行中为闪烁）。

（2）程序的调试（强制输入/输出功能）

利用程序的调试可将创建的程序写入 PLC 的 CPU 内，通过软元件测试来调试程序。具体步骤简单介绍如下：选择“在线”→“调试”→“软元件测试”，或者使用快捷键 Alt+1，可进入调试状态；进入调试状态后，在软元件列表框中选择需要调试的软元件，单击“强制 ON”，或者“强制 OFF”，或者“强制 ON/OFF 取反”，观察软元件的运行状态，以检查用户程序是否正确。

在进行测试时，为了便于观察可以同时启用监视模式。

3. 在监视状态下修改梯形图

当 PLC 与个人计算机已进行通信且显示为梯形图状态时，选择“在线”→“监视”→“监视（写入）模式”，或者直接按快捷键 Shift+F3，单击工具栏中的命令按钮，可以启动程序的“监视（写入）模式”，在这种模式下可以在监视的同时进行程序的修改，并实时地写入到 PLC 中。

4. PLC 诊断

（1）PLC 诊断功能的启动

使用诊断功能可显示 PLC 的出错状态或错误记录，以及通过网络检测系统的状态等。通过 PLC 诊断框，可以诊断 PLC 的 CPU 状态和故障码。在 PLC 与个人计算机正常连接的情况下，程序编辑窗口显示 PLC 中的程序。选择“诊断”→“PLC 诊断”，可以启动 PLC 的诊断功能。

（2）对话框项目说明（以 FX 系列 PLC 为例）

进入 PLC 诊断菜单后，将显示 PLC 的状态和故障记录，如图 5-25 所示。

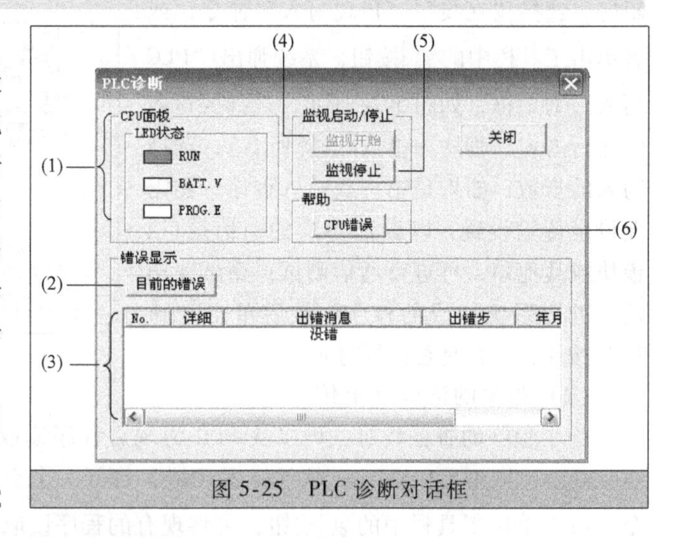

图 5-25　PLC 诊断对话框

5.2.6　FX 系列 PLC 的 SFC 编程简介 ★★★

下面以 6.3 节中的信号灯控制系统为例，简单地介绍在 GX Developer 编程环境中使用 SFC 编程语言对 FX 系列 PLC 进行编程的方法和步骤。该信号灯控制系统的顺序功能图和使用 STL 指令的顺序控制梯形图请参见 6.3 节。

首先，启动 GX Developer 编程开发软件。此信号灯控制系统使用 SFC 编程语言的方法及步骤，如图 5-26 所示。

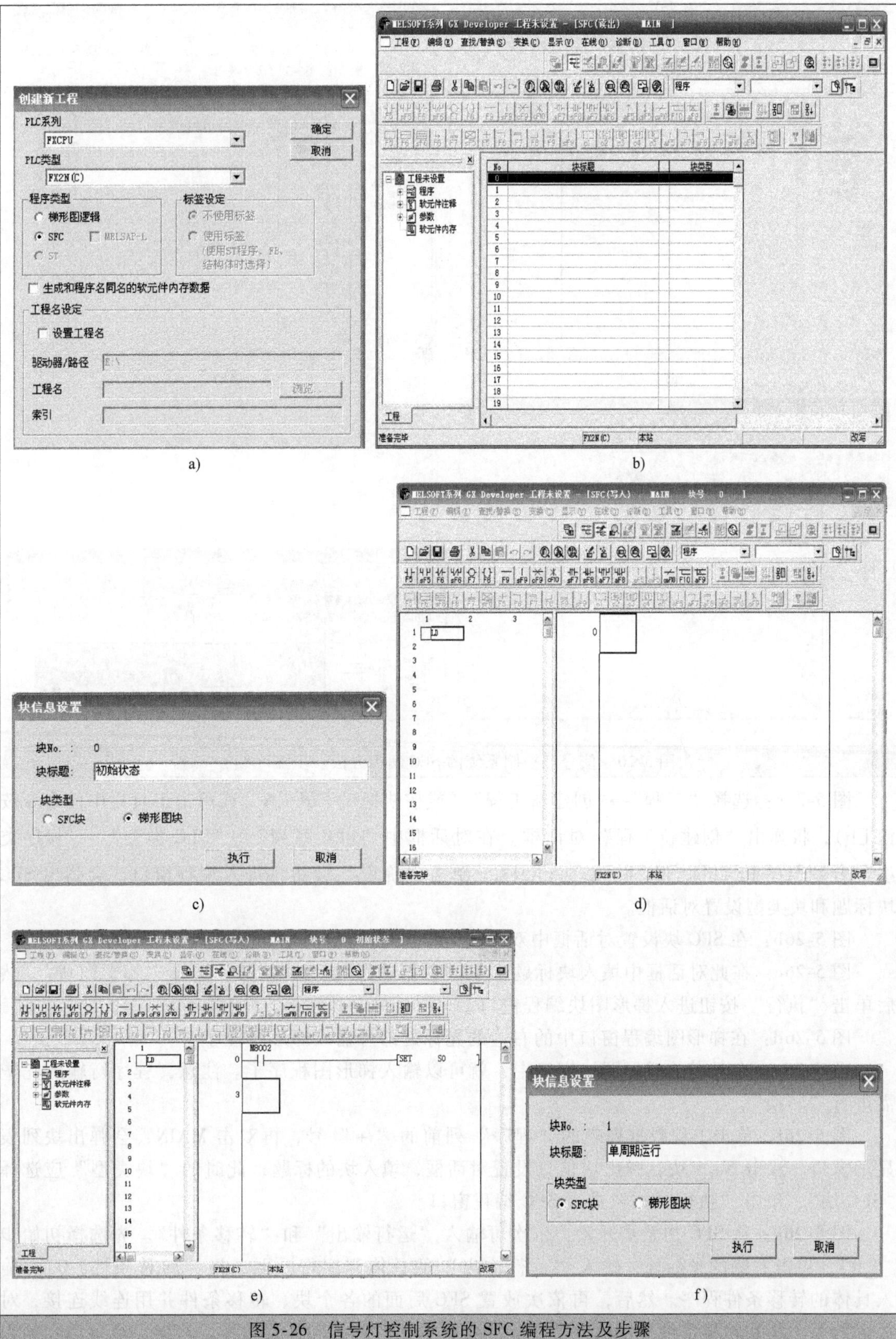

图 5-26 信号灯控制系统的 SFC 编程方法及步骤

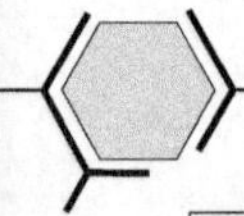

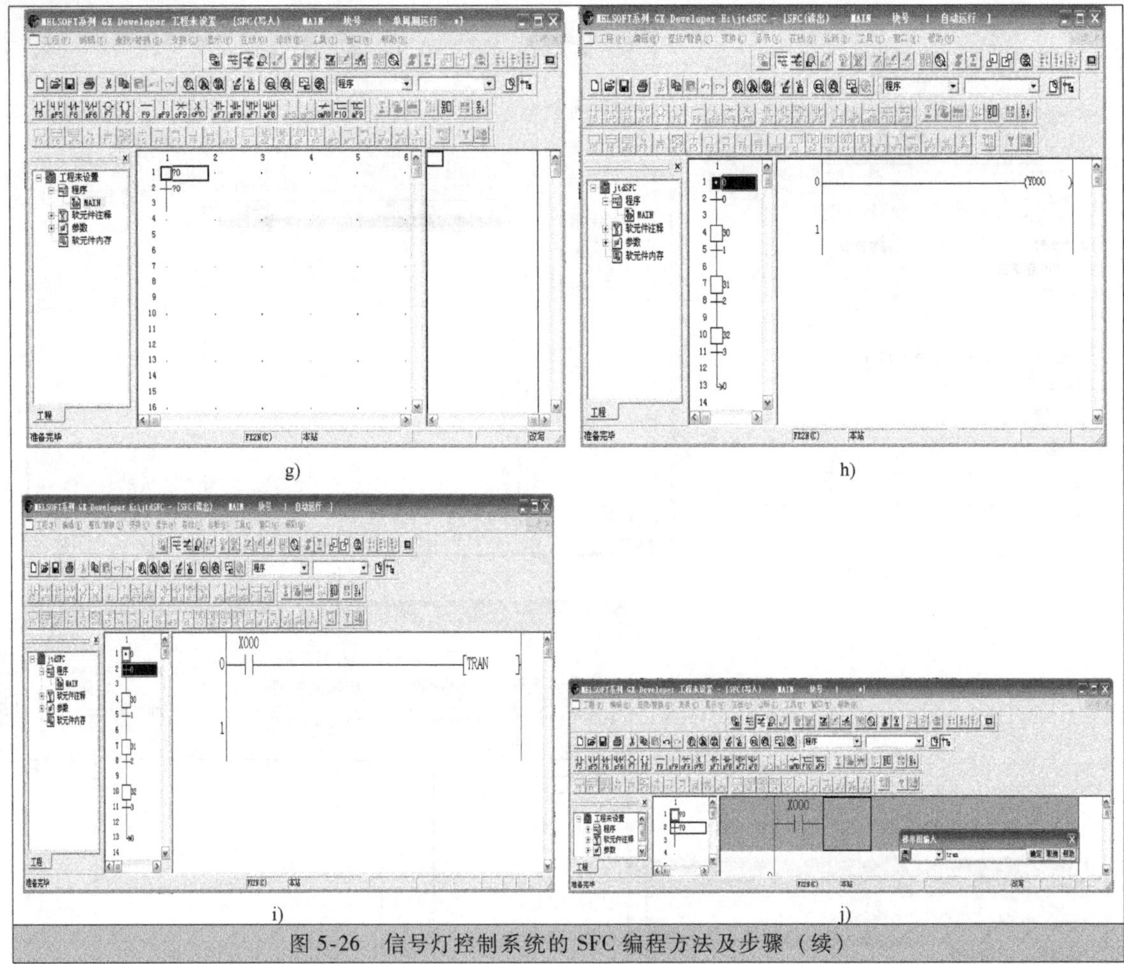

图 5-26 信号灯控制系统的 SFC 编程方法及步骤（续）

图 5-26a：选择“工程”→“创建新工程”（或按快捷键 Ctrl + N，或单击工具栏中的命令按钮 ），将弹出“创建新工程”对话框。在对话框中“PLC 系列”、“PLC 类型”、“程序类型”分别选择 FXCPU、FX2N（C）和 SFC。单击“确定”按钮将进入编程窗口，会弹出 SFC 块标题和块类型设置对话框。

图 5-26b：在 SFC 块设置对话框中双击块 No. 0，将弹出“块信息设置”对话框。

图 5-26c：在此对话框中填入块标题，如“初始状态”，“块类型”选择“梯形图块”，然后单击“执行”按钮进入梯形图块编程窗口。

图 5-26d：在梯形图编程窗口中的右边的光标处即可输入梯形图程序。

图 5-26e：在显示的梯形图块窗口中，就可以输入梯形图程序了。注意，程序行输入完毕需进行“转换”。

图 5-26f：单击工程数据列表的“程序”列前的“ + ”号，再双击 MAIN，会弹出块列表显示窗口。双击 No. 1 块，弹出块信息设置对话框，填入块的标题，此时的“块类型”应选择“SFC 块”，单击“执行”按钮进入 SFC 编程窗口。

图 5-26g：从 SFC 初始步开始，依次可输入“运行输出”和“转移条件”。先选择初始步“？0”，单击右侧的光标处，输入“运行输出”的具体程序行。再选择“转移条件？0”，输入具体的转移条件程序。然后，再依次放置 SFC 后面的各个块、转移条件并用连线连接，对放置的每个块和转移条件分别输入具体程序描述的运行输出和转移条件。当然，也可以在绘制

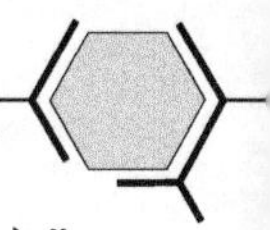

出完整的 SFC 后，再一个个地输入运行输出和转移条件。对于未输入具体程序的“运行输出”和“转移条件”，在 SFC 相应的块号和转移条件号中都会带有“?”。

图 5-26h：单击初始步 0，在右侧的梯形图编程窗口中会显示“运行输出”的具体程序。

图 5-26i：单击转移条件 0，在右侧的梯形图编程窗口中会显示“转移”的具体程序。程序行中的 TRAN 为虚拟输出指令，用于每次的转移输出。在具体的转移条件（如 X0）后可直接输入 TRAN 指令，这时将会弹出“梯形图输入”对话框，如图 5-26j 所示。

制作 SFC 中要素的相关图形需使用 SFC 工具栏中的命令按钮，如图 5-27 所示。

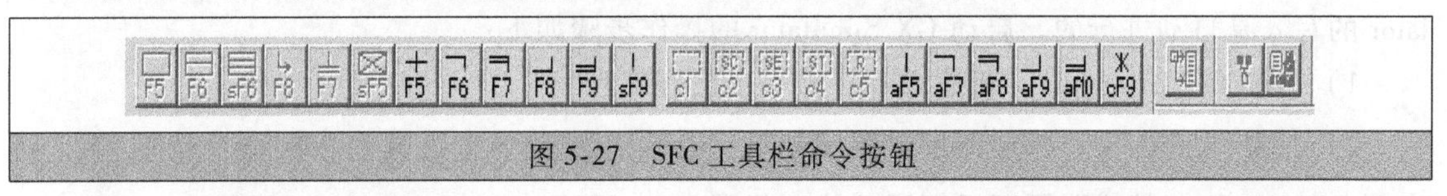

图 5-27 SFC 工具栏命令按钮

例如，如果要在 SFC 中放置“块”，在单击需要输入块的位置后再单击上面工具栏命令按钮前面的 F5 键，如图5-28所示。

再如，如果要在 SFC 中放置“转移条件”，在单击需要输入转移条件的位置后再单击上面工具栏命令按钮后面的 F5 键，如图 5-29 所示。

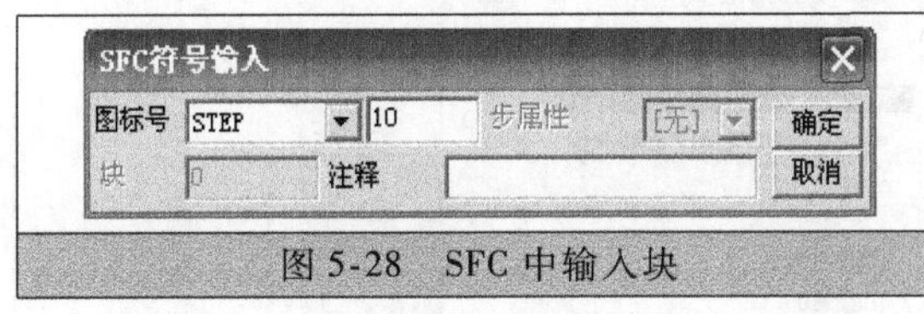

图 5-28 SFC 中输入块

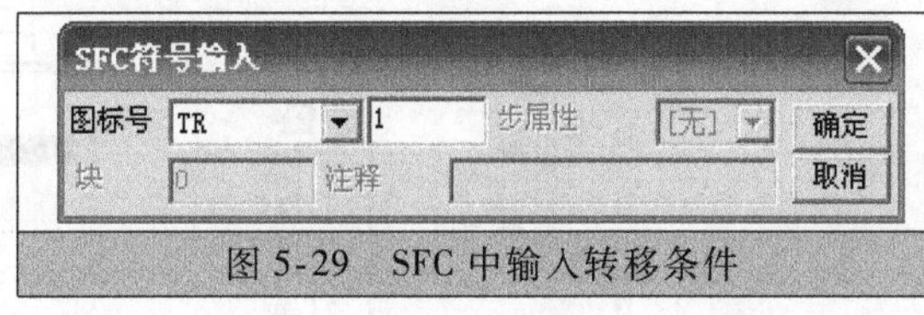

图 5-29 SFC 中输入转移条件

输入 SFC 中其他图形部分（如选择分支、选择合并、并行分支、并行合并、跳等）的操作方法是，在选择好图形部分需要输入的位置后，再单击工具栏命令按钮相应的键，具体过程这里就不再详述了。按照上面的方法和步骤最终可以完成信号灯控制系统的 SFC 编程，如图 5-30 所示。

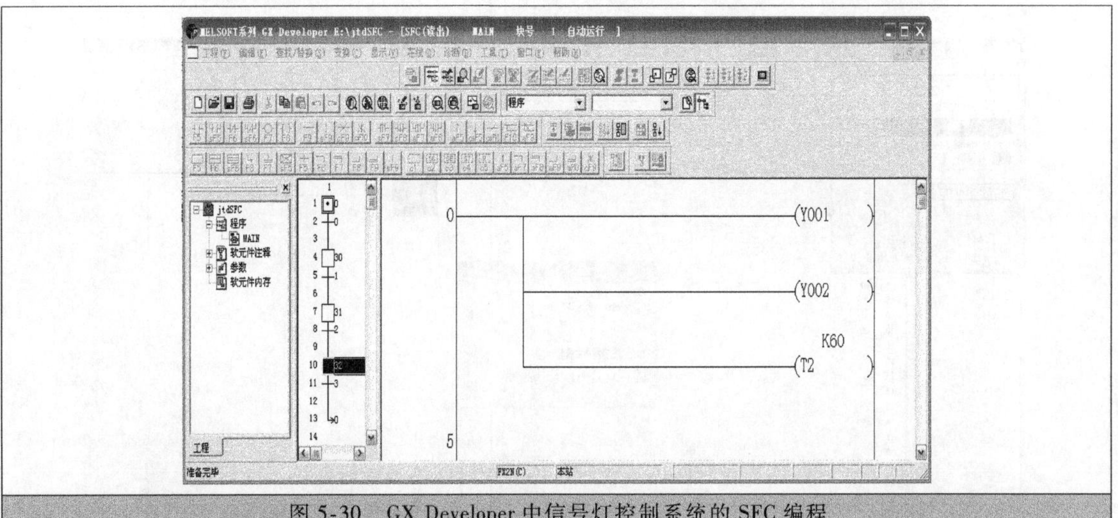

图 5-30 GX Developer 中信号灯控制系统的 SFC 编程

5.2.7 GX Simulator 仿真软件简介 ★★★

PLC 仿真软件的功能是将事先编写好的 PLC 程序通过个人计算机虚拟 PLC 的现场运行，这样可以大大地方便程序的设计、查错和调试工作。应在安装仿真软件 GX Simulator Ver. 6 之

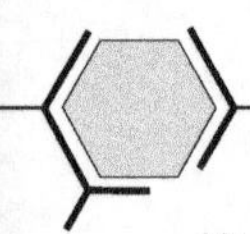

前，事先安装好编程软件 GX Developer，还应注意仿真软件和编程软件的版本需要互相兼容。例如，可以在安装 GX Developer8.86 中文版编程软件之后再安装仿真软件 GX Simulator Ver.6。安装好编程软件和仿真软件后，仿真软件将被集成到编程软件 GX Developer 中，其实仿真软件 GX Simulator 就相当于编程软件 GX Developer 的一个插件或软件包。

1. 启动 GX Simulator Ver.6

启动 GX Simulator 后可把 GX Developer 编写的程序写入 GX Simulator 内，程序在 GX Simulator 的写入是自动进行的。启动 GX Simulator 的操作步骤如下：

1）启动 GX Developer，新建或者打开一个已有工程。

2）选择“工具”→“梯形图逻辑测试起动”命令，或者单击工具栏中的命令按钮，将启动 GX Simulator 的梯形图逻辑测试功能，如图 5-31 所示。

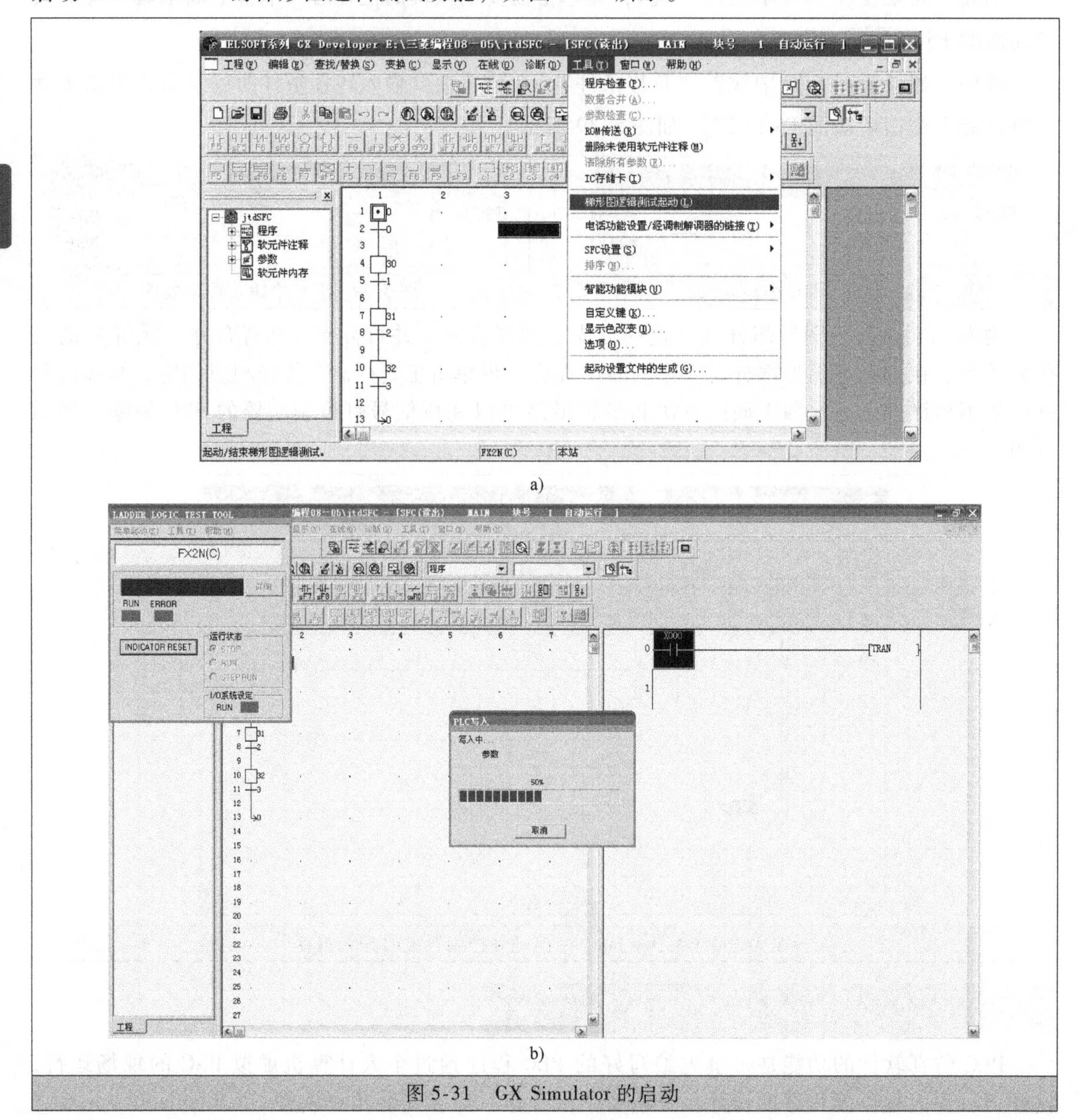

图 5-31　GX Simulator 的启动

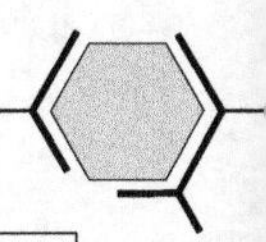

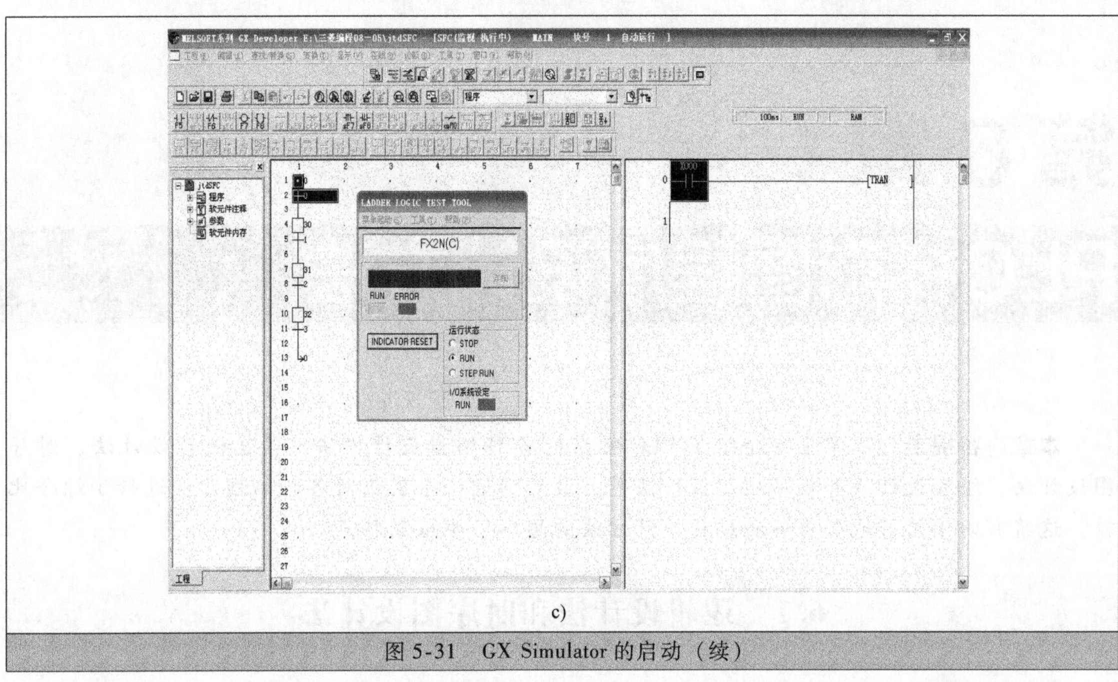

c)

图 5-31　GX Simulator 的启动（续）

在图 5-31 中，图 a 显示通过工具栏菜单启动 GX Simulator；图 b 显示启动 GX Simulator 后，程序将模拟写入 PLC 中；图 c 显示启动完成后，运行指示灯将变为黄色。

2. 监视程序和软元件

启动 GX Simulator 后，可以通过选择“在线”→“调试”→“软件元件测试”，强制一些软元件为 ON，以便接通程序的运行信号启动 PLC 程序的模拟运行。

通过选择“梯形图逻辑测试工具”→“菜单启动”→“软元件内存监视（DEVICE MEMORY MONITOR）”，可以监视相关软元件的通/断状态，也可以通过选择“在线”→“监视”→“软元件批量”→“软元件登录” 来监视这些软元件的状态。

仿真软件的梯形图逻辑测试功能提供了一种离线逻辑测试 PLC 程序运行的方法。需要说明的是，这种测试方法能够处理 FX 系列、A 系列、Q 系列的大部分指令。但是，必须指出的是，程序逻辑测试的方法只是一种调试的辅助方法、手段，它不能代替 PLC 在现场的实际调试和试运行。

第 6 章 PLC梯形图程序设计方法

本章内容提要 本章主要介绍了 PLC 常用的各种编程设计方法，包括逻辑设计法、时序图设计法、经验设计法和顺序控制设计法等。最后通过一个实例对各种编程方法进行了综合比较，这将有助于更好地领会各种编程设计方法的思路、步骤及特点。

6.1 逻辑设计法和时序图设计法

6.1.1 逻辑设计法 ★★★

当主要对开关量进行逻辑控制时，可以优先考虑使用逻辑设计法。逻辑设计法的基础是数字逻辑代数。在程序设计时，对控制任务进行逻辑分析和综合，将控制电路中元件的通电、断电状态看作以触点或线圈通、断状态为逻辑变量的逻辑函数，对逻辑函数进行化简，利用基本逻辑指令可以比较顺利地设计出满足要求的、较为简洁的控制程序。这种方法设计思路清晰，编写的程序易于优化，是一种较为可靠、实用的程序设计方法。下面通过一个简单的通风机控制系统的设计为例，介绍这种编程设计方法。

1. 编程示例

某系统中有 4 台通风机，要求在以下几种运行状态下能够发出不同的显示信号：三台及三台以上开机时，绿灯常亮；两台开机时，绿灯以 1s 的频率闪烁；一台开机时，红灯以 1s 的频率闪烁；全部停机时，红灯常亮。

（1）通风机控制系统各子运行状态的程序设计

由上面的控制要求可知，这是一个对通风机 4 种运行状态进行监视的问题。首先，必须把 4 台通风机的各种运行状态的信号输入到 PLC 中，而各种运行状态对应的显示信号则由 PLC 输出。

为了讨论问题方便，设 4 台通风机分别是 A、B、C、D，红灯为 R，绿灯为 G。因为各种运行情况所对应的显示状态是唯一的，故可将上述的几种运行情况分开进行设计。

1）绿灯常亮部分的程序设计。设通风机开机为“1”，停机为“0”；灯亮为“1”，灯灭为“0”。通过分析可知引起绿灯常亮的情况共有 5 种，列出状态真值，见表 6-1。

表 6-1 绿灯常亮状态真值表

<table>
<tr><th>A</th><th>B</th><th>C</th><th>D</th><th>G</th><th>A</th><th>B</th><th>C</th><th>D</th><th>G</th></tr>
<tr><td>0</td><td>1</td><td>1</td><td>1</td><td>1</td><td>1</td><td>1</td><td>1</td><td>0</td><td>1</td></tr>
<tr><td>1</td><td>0</td><td>1</td><td>1</td><td>1</td><td rowspan="2">1</td><td rowspan="2">1</td><td rowspan="2">1</td><td rowspan="2">1</td><td rowspan="2">1</td></tr>
<tr><td>1</td><td>1</td><td>0</td><td>1</td><td>1</td></tr>
</table>

由上面的状态真值表，得到 G 的逻辑函数为

$$G=\overline{A}BCD+A\overline{B}CD+AB\overline{C}D+ABC\overline{D}+ABCD$$

化简上面的逻辑函数，可得

$$G=AB(C+D)+(A+B)CD$$

由这个化简后的逻辑函数，可画出绿灯常亮的梯形图，如图 6-1 所示。

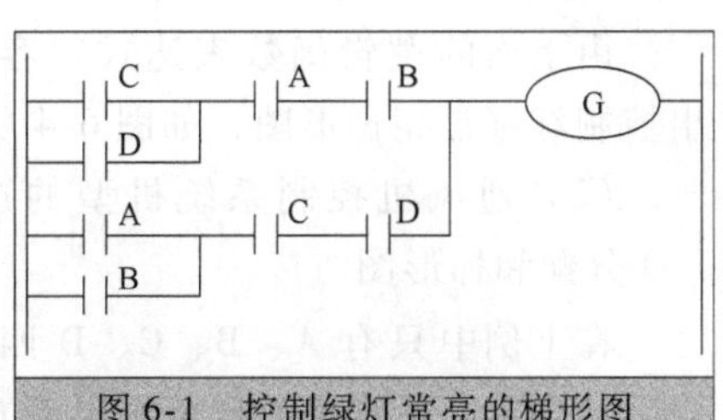

图 6-1　控制绿灯常亮的梯形图

2）绿灯闪烁部分的程序设计。设绿灯闪烁为“1”，列出状态真值表，见表 6-2。

表 6-2　绿灯闪烁状态真值表

A	B	C	D	G	A	B	C	D	G
0	0	1	1	1	1	0	0	1	1
0	1	0	1	1	1	0	1	0	1
0	1	1	0	1	1	1	0	0	1

由状态真值表，得到 G 的逻辑函数为

$$G=\overline{A}\,\overline{B}CD+\overline{A}B\overline{C}D+\overline{A}BC\overline{D}+A\overline{B}\,\overline{C}D+A\overline{B}C\overline{D}+AB\overline{C}\,\overline{D}$$

将上式化简，可得

$$G=(\overline{A}B+A\overline{B})(\overline{C}D+C\overline{D})+AB\overline{C}\,\overline{D}+\overline{A}\,\overline{B}CD$$

根据化简后的逻辑函数，可画出绿灯闪烁的梯形图，如图 6-2 所示。另外，为了达到灯闪烁的效果，在输出线圈之前串联相关型号 PLC 内部时钟脉冲信号，如三菱 FX 系列的 M8013。

3）红灯闪烁部分的程序设计。设红灯闪烁为“1”，列出状态真值表，见表 6-3。

表 6-3　红灯闪烁状态真值表

A	B	C	D	R	A	B	C	D	R
0	0	0	1	1	0	1	0	0	1
0	0	1	0	1	1	0	0	0	1

由状态真值表，得到 R 的逻辑函数为

$$R=\overline{A}\,\overline{B}\,\overline{C}D+\overline{A}\,\overline{B}C\overline{D}+\overline{A}B\overline{C}\,\overline{D}+A\overline{B}\,\overline{C}\,\overline{D}$$

根据上面的逻辑函数表达式可画出红灯闪烁的梯形图，如图 6-3 所示。

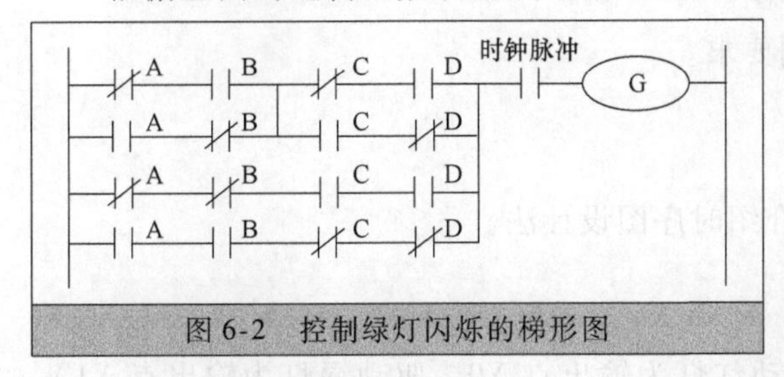

图 6-2　控制绿灯闪烁的梯形图

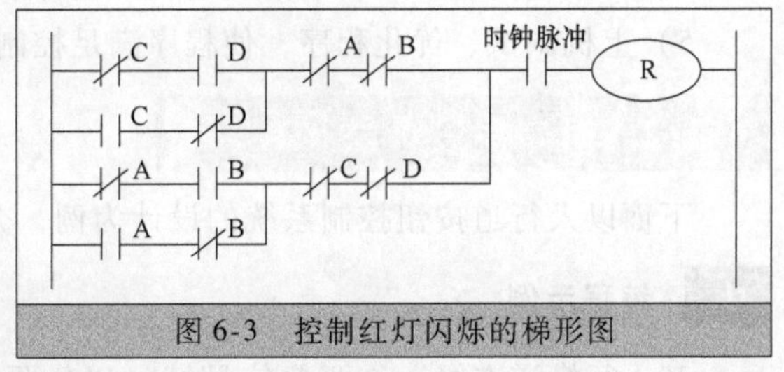

图 6-3　控制红灯闪烁的梯形图

4）红灯常亮部分的程序设计。当 4 台通风机都不开机时，红灯应常亮，即为“1”状态。其状态真值表见表 6-4。

表 6-4　红灯常亮状态真值表

A	B	C	D	R
0	0	0	0	1

由状态真值表，得到 R 的逻辑函数为

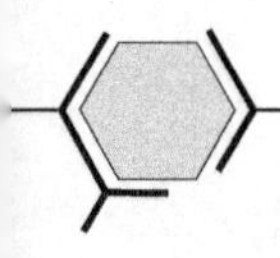

$$R = \overline{A}\,\overline{B}\,\overline{C}\,\overline{D}$$

由上面的逻辑函数表达式很容易画出控制红灯常亮梯形图，如图6-4所示。

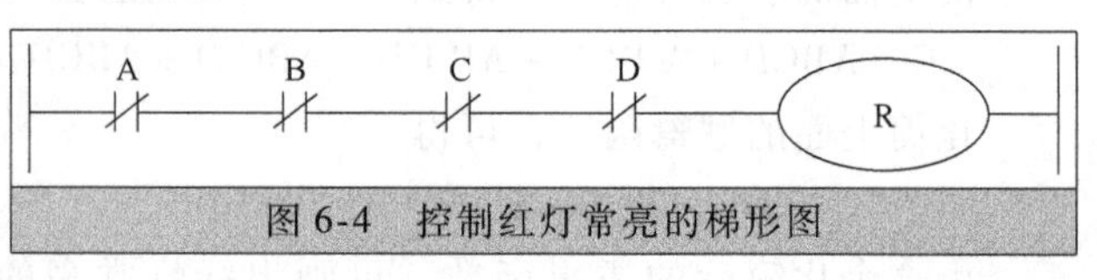

图6-4　控制红灯常亮的梯形图

（2）通风机控制系统机型的选择、I/O分配和梯形图

在上例中只有A、B、C、D四个输入信号，G和R两个输出信号，这里选择的机型是FX_{2N}-16MR。系统的I/O分配见表6-5。

表6-5　通风机I/O分配表

输　入				输出	
A	B	C	D	R	G
X0	X1	X2	X3	Y0	Y1

由表6-5所示的I/O分配和上面控制绿灯和红灯常亮、闪烁各部分的程序，最终可以得到系统总的梯形图，如图6-5所示。

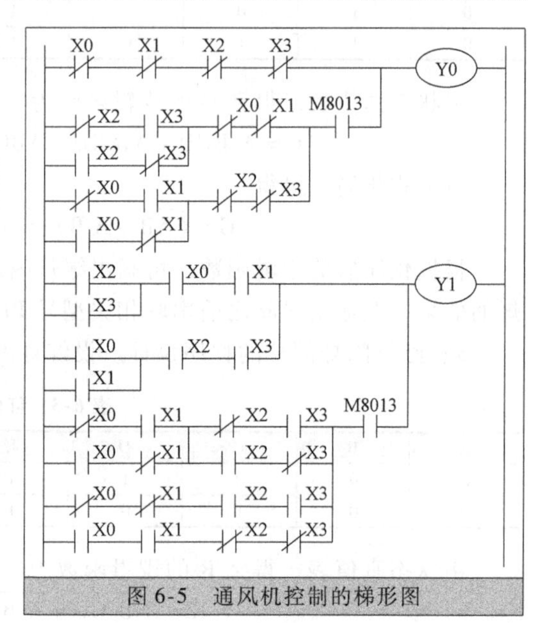

图6-5　通风机控制的梯形图

2. 逻辑设计法的思路步骤

通过上面的这个例子，可以进一步总结归纳逻辑设计法的思路步骤如下：

1）用不同的输入、输出逻辑变量分别表示各个输入、输出信号，并设定对应输入、输出信号各种状态时的逻辑值。

2）根据控制要求，列出状态真值表或画出时序图。

3）由状态真值表或时序图写出相应的逻辑函数表达式，如果是比较复杂的表达式，则需要进行化简。

4）根据化简后的逻辑函数表达式画出梯形图。

5）上机调试、优化程序，使程序满足控制要求。

6.1.2　时序图设计法 ★★★

下面以人行道按钮控制系统的设计为例，介绍时序图设计法。

1. 编程示例

某人行横道有绿、红两盏信号灯（PLC驱动红灯为输出点Y0，驱动绿灯为输出点Y1），在通常情况下是红灯亮，路边设有按钮X0，行人要横穿街道时需按一下按钮。5s之后，红灯灭，绿灯亮；再过10s后，绿灯闪烁3s（亮0.5s，灭0.5s）后熄灭，然后红灯又亮，这样又恢复到系统的初始状态。人行道按钮控制系统的时序图如图6-6所示。从按下按钮X0后到下一次红灯亮之前的这段时间里，再次按下按钮将不起作用。

（1）系统的时序图和各时间区段定时器功能明细

由上面的时序图可知，一个循环中可分为3个时间区段，这3个时间区段对应4个分界

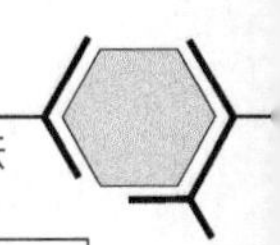

点，即t0、t1、t2和t3，在这4个分界点处信号灯的状态将有可能发生变化。显然，一个循环中的3个时间段必须采用3个定时器来定时。为了明确每个定时器的功能，列出每个定时器的功能明细，见表6-6。

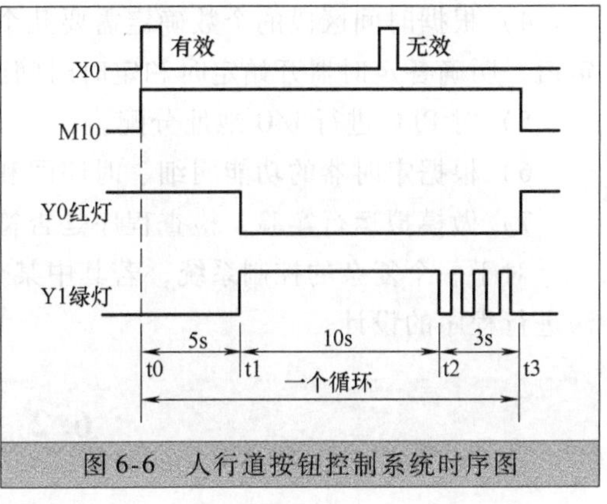

图6-6 人行道按钮控制系统时序图

（2）系统的梯形图程序

根据表6-6中各个定时器的功能明细和I/O分配，可以明确地知道一个工作循环中，每一时间区段都通过哪几个定时器来进行时间的计时和驱动相应输出点的起动和停止条件。人行道按钮控制系统的梯形图如图6-7所示。

表6-6 一个循环中各定时器的功能明细

定时器	t0	t1	t2	t3
T0,定时5s	开始定时。红灯亮,绿灯灭	定时到,输出为ON并保持,红灯灭,绿灯开始亮	输出为ON	通过T2常闭触点的断开,使定时器T0复位
T1,定时10s	不工作	开始定时	定时到,输出为ON并保持,绿灯开始闪烁	通过T2常闭触点的断开,使定时器T1复位
T2,定时3s	不工作	不工作	开始定时	定时到,输出为ON,通过其常闭触点实现各定时器的复位。系统回到初始状态

程序说明：由于按钮按下是短信号，为了保证定时器线圈“通电”有足够长的时间以便定时到设定的时间，这里采用启保停电路驱动线圈M10，将其常开触点作为定时器T0的输入信号。按下按钮后，三个定时器像跑“接力”一样依次对一个工作循环的三个时间区段进行定时（5s、10s和3s）。根据表6-6各定时器开始定时和定时时间到这两个关键时刻，可以很容易地确定出控制输出信号红灯Y0和绿灯Y1的起动和停止条件。在一个循环的最后一个时间区段的t3时刻，定时器T2定时时间到，其常闭触点断开，使M10的线圈“断电”，M10的常开触点断开，三个定时器T0、T1、T2将随之全部复位。T2的常闭触点在一个扫描周期之后旋即又接通，Y0线圈将再次“通电”，系统回到初始状态红灯亮、绿灯灭。

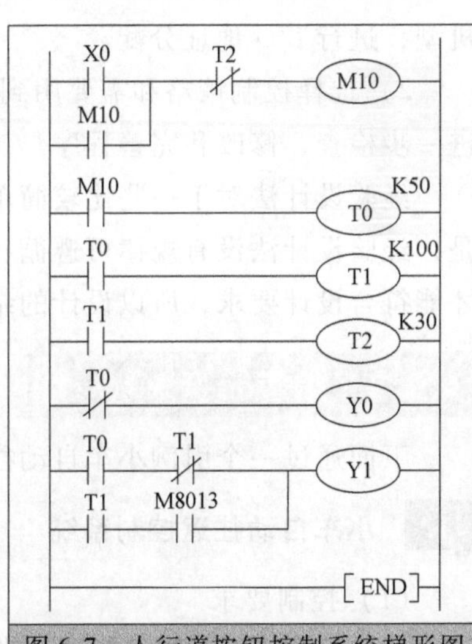

图6-7 人行道按钮控制系统梯形图

2. 时序图设计法的思路步骤

通过上面的这个例子，可以进一步总结归纳时序图设计法的思路步骤如下：

1）详细分析系统的控制要求，明确各输入、输出信号个数，合理选择PLC的机型。

2）明确各输入和各输出信号之间的时序关系，画出各输入和输出信号的工作时序图。

3）将时序图再划分成若干个时间区段，确定各时间区段时间的长度。找出时间区段的分界点，弄清分界点处各输出信号状态的转换关系和转换条件。

4）根据时间区段的个数确定需要几个定时器，并分配定时器元件号，确定各定时器的设定值，明确各定时器开始定时和定时时间到这两个关键时刻对各输出信号状态的影响。

5）对 PLC 进行 I/O 地址分配。

6）根据定时器的功能明细、时序图和 I/O 地址分配，画出梯形图。

7）做模拟运行实验，检查程序是否符合控制要求，进一步修改和完善程序。

对于一个复杂的控制系统，若其中某个或某几个环节属于这类控制，就可以采用此设计方法进行程序的设计。

6.2 经验设计法

在 PLC 发展的早期，沿用了设计继电器控制电路的方法来设计梯形图程序，即在已有的一些基本的典型梯形电路的基础上，根据控制的要求不断地修改和完善梯形图。这种方法没有可以遵循的普遍的规律，设计所用的时间、设计的质量与编程者的经验有着很大的关系，所以有人把这种设计方法称为经验设计法。此方法有时需要多次反复地调试和修改梯形图，不断地增加中间编程元件和触点，最后才能得到一个较为满意的结果。因此，这种方法可以用于逻辑关系较简单的梯形图程序设计，而且可以结合前面的逻辑设计法和时序图设计法一起使用。

6.2.1 设计步骤★★★

采用经验设计法设计 PLC 程序时，大体上可以按照如下步骤来进行：

1）分析系统的控制要求，确定输入元件、检测元件和输出负载、执行元件；选择 PLC 的机型，进行 I/O 地址分配。

2）选择控制策略和需要用到的基本的梯形图电路，设计 PLC 控制系统的程序，试运行并进一步检查、修改和完善程序。

经验设计法对于一些比较简单的程序设计是比较奏效的，可以收到快速、简单的效果。但是，经验设计法没有规律可遵循，具有很大的试探性和随意性，往往需经多次反复修改和完善才能符合设计要求，所以设计的结果往往不很规范，因人而异。

6.2.2 编程示例★★★

下面通过一个引例小车自动往返控制系统的设计介绍经验设计法的思路和过程。

1. 小车自动往返控制系统

（1）控制要求

系统的具体控制要求如下：当按下右行起动按钮 X0 或左行起动按钮 X1 后，要求小车在左限位开关 X3 和右限位开关 X4 之间不停地循环往返运动，直到按下停止按钮 X2。小车自动往返控制系统的示意图如图 6-8 所示。

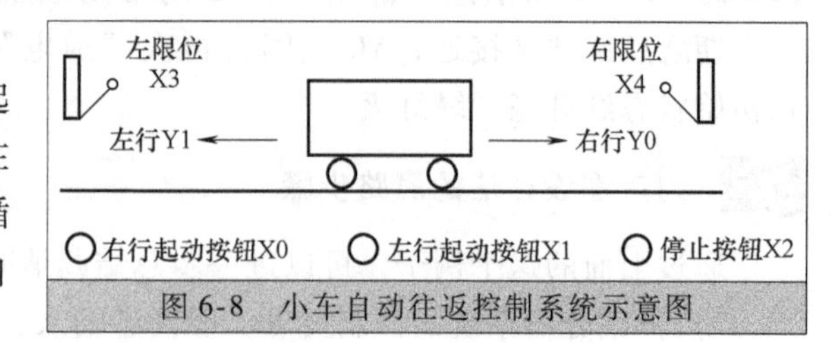

图 6-8 小车自动往返控制系统示意图

（2）程序设计思路

在前面介绍的异步电动机正反转控制（二人抢答器）梯形图电路的基础上，可设计出小车自动往返控制系统的梯形图，如图 6-9 所示。为了使小车能够自动停止运行，将右限位开关

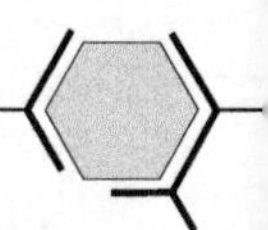

X4 的常闭触点与控制小车右行的 Y0 的线圈串联，将左限位开关 X3 的常闭触点与控制左行的 Y1 的线圈串联。为使小车自动地改变运动方向，将左限位 X3 的常开触点与右行起动按钮 X0 的常开触点并联，将右限位 X4 的常开触点与左行起动按钮 X1 的常开触点并联。为了实现按下停止按钮 X2 后小车的快速停车，在梯形图的最后一行还增加了小车的制动环节，它是通过定时器 T2 控制 Y4 的线圈，再通过 Y4 驱动外部的电磁制动器装置实现的。

2. 一处卸料小车自动控制系统的程序设计

（1）控制要求

在上面的小车自动往返控制系统的基础上，继续添加相应控制要求，要求进行对一处卸料小车自动控制系统的设计。小车右行起动按钮和左行起动按钮分别为 X0 和 X1。送料小车首先停在左限位开关 X3 处装料，15s 后装料结束，小车开始右行，碰到右限位开关 X4 后停下来卸料，10s 后卸料结束，小车开始左行，碰到 X3 后又停下来装料，然后这样不停地循环工作，直到按下停止按钮 X2。

（2）程序设计思路

在上面小车自动往返控制系统梯形图的基础上，设计出的小车一处卸料控制系统的梯形图，如图 6-10 所示。为了使小车自动停止，还是将 X4 和 X3 的常闭触点分别与 Y0 和 Y1 的线圈串联。为使小车自动起动，将控制装料、卸料延时的定时器 T0 和 T1 的常开触点分别与手动右行起动按钮和左行起动按钮的 X0、X1 的常开触点并联，并用两个限位开关对应的 X3、X4 的常开触点分别接通装料、卸料电磁阀 Y2、Y3 和两个用于装料、卸料定时控制的定时器 T0、T1。

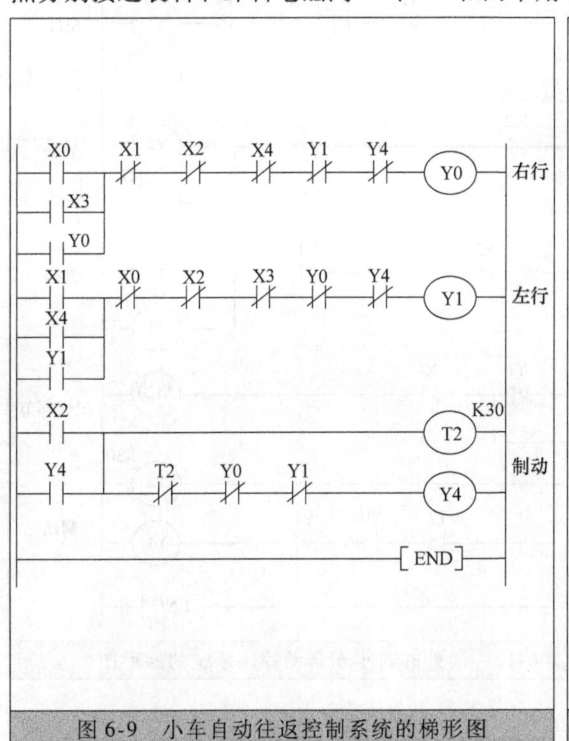

图 6-9　小车自动往返控制系统的梯形图

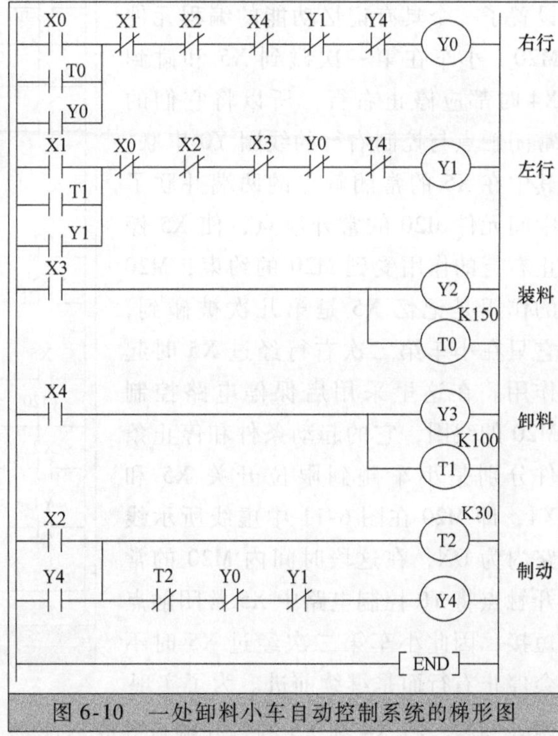

图 6-10　一处卸料小车自动控制系统的梯形图

程序运行分析：设小车在起动时是空车状态，按下左行起动按钮 X1，线圈 Y1 通电，小车开始左行，碰到左限位开关 X3 时，X3 的常闭触点断开，使 Y1 断电，小车停止左行。同时，X3 的常开触点接通，使 Y2 和 T0 的线圈通电，小车开始装料并开始装料定时。15s 后 T0 的常开触点闭合，使 Y0 线圈通电，小车随后便开始右行。小车右行离开左限位开关 X3 后，X3 变为断开，Y2 和 T0 的线圈断电，小车停止装料，同时 T0 被复位。小车右行和卸料的过程与上面的左行、装料过程是相似的，这里不再分析。如果小车在运行时按下停止按钮 X2，小车将停止运动，系统停止运行。

3. 两处卸料小车自动控制系统的程序设计

两处卸料小车运行路线示意图如图 6-11 所示。小车仍然首先在左限位开关 X3 处装料，但要在中限位 X5 和右限位 X4 两处轮流卸料。小车在一个工作循环中有两次右行都要碰到 X5，第一次碰到它时要停下卸料，第二次碰到它时要继续前进。

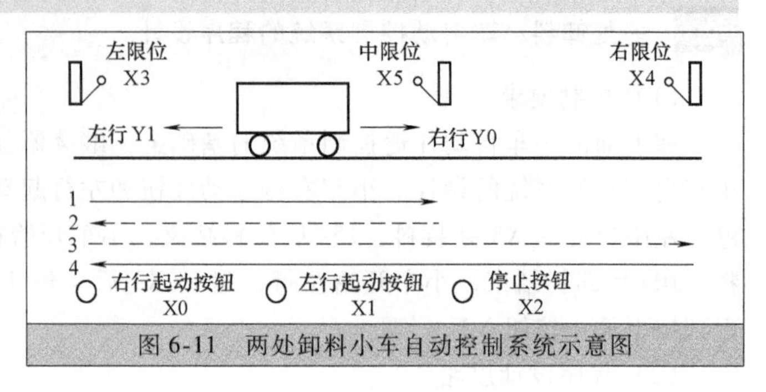

图 6-11 两处卸料小车自动控制系统示意图

两处卸料小车自动控制的梯形图如图 6-12 所示。

两处卸料小车自动控制系统梯形图是在图 6-10 的基础上，根据新的控制要求继续修改而成的。为了区分是第一次还是第二次碰到 X5，这里设置了一个具有记忆功能的编程元件 M20。小车在第一次碰到 X5 和碰到 X4 时都应停止右行，所以将它们的常闭触点与控制右行的线圈 Y0 串联。其中在 X5 的常闭触点的两端并联了中间元件 M20 的常开触点，使 X5 停止右行的作用受到 M20 的约束，M20 的作用是记忆 X5 是第几次被碰到，它只在小车第二次右行经过 X5 时起作用。在这里采用启保停电路控制 M20 的线圈，它的起动条件和停止条件分别是小车碰到限位开关 X5 和 X4，即 M20 在图 6-11 中虚线所示线路内为 ON，在这段时间内 M20 的常开触点将 Y0 控制电路中 X5 常闭触点短接，因此小车第二次经过 X5 时不会停止右行而是继续前进。为了实现

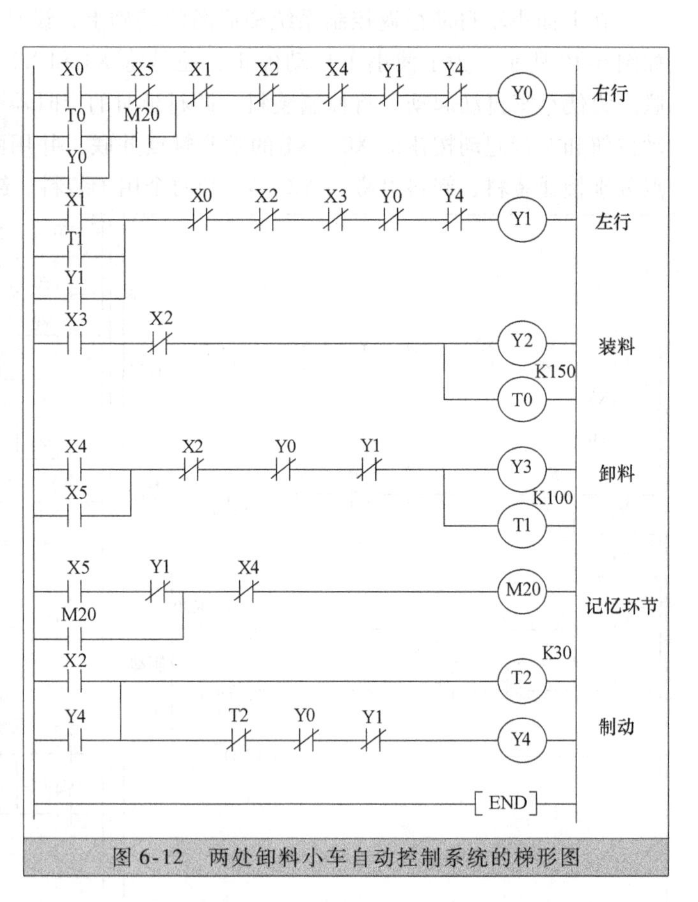

图 6-12 两处卸料小车自动控制系统的梯形图

两处卸料，将 X4 和 X5 的常开触点并联后驱动 Y3 和 T1。在小车调试运行时发现小车在一个工作循环中到达右限位 X4 后开始左行，在经过 X5 时 M20 也被置位（即图 6-11 中的第 4 条运行线路），这将使小车在下一个工作循环第一次右行到达 X5 时无法停止，因此在 M20 的起动电路中串入了 Y1 的常闭触点（Y1 的常闭触点在 M20 的起动电路中起着方向判断的作用）。另

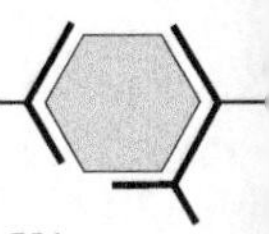

外，还发现小车往返经过 X5 时，虽然不会停止运动，但是出现了短暂的卸料动作，为此将 Y1 和 Y0 的常闭触点与 Y3 的线圈串联，就可解决这个问题。

6.2.3　经验设计法存在的主要问题★★★

经验设计法一般适合设计一些简单的梯形图程序或复杂系统的某一局部程序（如手动程序等）。如果用来设计复杂系统梯形图，则主要存在以下问题：

1）考虑因素多，设计费时费力。用经验设计法设计复杂系统的梯形图程序时，要用大量的中间元件来完成记忆、联锁、保持等功能，由于需要考虑的因素很多，而这些因素往往又交织在一起，分析起来非常困难，很容易遗漏一些问题。而且，在修改某一局部程序时，很可能会对系统其他部分程序产生意想不到的影响，往往花了很长时间，还得不到一个满意的结果。

2）程序可读性差，系统维护困难。用经验设计法设计的梯形图是依照设计者的经验和习惯的思路进行设计的。因此，即使是设计者的同行要阅读、分析这种程序也非常困难，就更不用说维修人员了，这给 PLC 系统的维护、扩展和改造带来了许多困难。

6.3　顺序控制设计法

前面提到过，采用经验设计法进行 PLC 控制系统的程序设计，不仅效率低，容易出错，而且在程序设计阶段往往很难发现错误，需要反复调试、修改和完善才能最终符合系统的控制要求。在电气控制领域，PLC 的顺序控制设计法因其思路清晰，步骤与方法相对固定，对初学者来讲是很容易掌握的。本节给出了四种常见的 PLC 用于顺序控制的设计方法，希望读者能够快速地掌握这种高效率的 PLC 程序的设计方法。

6.3.1　顺序控制的基本概念和基本思想★★★

1.　概述

如果一个控制系统的工艺流程或过程可以分解成为若干个顺序相接而又相互独立的阶段，这些阶段必须严格按照一定的先后次序执行才能保证生产过程的正常、有序运行，那么这样的控制系统就称为顺序控制系统，或称为步进控制系统。可以看出，顺序控制系统的特点是系统按照一定的顺序一步一步地进行的。在工业控制领域中，顺序控制系统存在的范围还是较广的，例如在机械加工行业。

所谓的顺序控制，是指按照生产工艺预先规定的顺序，在各个转移控制信号的作用下，在生产过程中根据输入信号、内部状态和时间的顺序，各个被控执行机构自动有序地进行操作。这些被控生产设备通常是动作顺序不变或相对固定的生产机械。

顺序控制设计法就是针对顺序控制系统一种专门的、采用顺序控制思路的设计方法。对于比较典型的顺序控制系统，在各种编程方法中一般优先采用顺序控制设计法（或称步进控制设计法）进行设计，这样可以大大地提高程序设计的效率和程序的可读性、可维护性。不少典型的机械加工控制系统，都是采用顺序控制设计法来实现控制系统的自动、半自动的循环加工过程。顺序设计方法很容易被初学者接受，同时对于有经验的工程师，也会极大地提高设计效率，增强程序的可读性、可移植性和可维护性，使程序的阅读、调试和修改变得非常方便。对于一个顺序控制系统可以首先绘制出描述顺序控制系统流程、特性的顺序功能图，再配合使

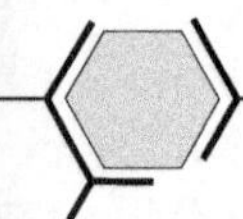

用 FX 系列 PLC 为顺序控制系统程序设计提供大量通用、专用软元件以及步进梯形指令、状态初始化等专用指令，采用下面介绍的各种顺序控制梯形图的编程方法来完成。顺序控制设计法这种崭新的、先进的设计方法已经成为当前 PLC 程序设计的主要方法之一。

2. 顺序控制设计法的基本思想

顺序控制设计法最基本的思想是将控制系统的一个工作周期划分为若干个顺序相连而又相互独立的阶段，这些阶段称为步（STEP），并且用软元件（如辅助继电器 M 或状态继电器 S）来代表各个步。步是根据各输出量的状态变化来划分的，在任意一个步内各个输出量的状态（0 或 1）是不变的，但是相邻两步的输出量的总的状态是不同的。步的这种划分方法使代表各步的软元件与 PLC 各输出量的状态之间有着非常简单的逻辑关系。顺序控制系统步的划分的示例如图 6-13 所示。

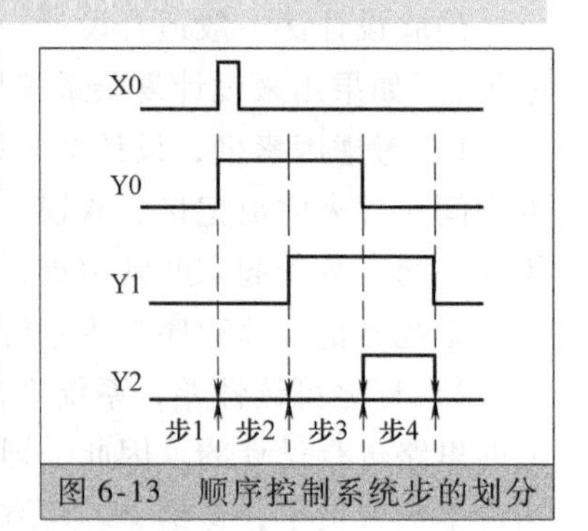

图 6-13　顺序控制系统步的划分

使系统由当前步进入下一步的信号称为转换条件，转换条件可以是 PLC 外部的输入信号，如按钮按压/松开、限位开关的接通/断开等，也可以是 PLC 内部产生的信号，如定时器、计数器常开触点接通/断开等。转换条件还可以是若干个信号的简单或复杂的逻辑组合。

顺序控制设计法用转换条件去控制代表各步的软元件，使它们的状态按照一定的顺序变化，然后用代表各步的软元件驱动各输出继电器。

顺序控制设计法设计思想的由来可以追溯到传统的继电器控制系统。在继电器控制系统中，顺序控制是使用有触点的步进式选线器（或鼓形控制器）实现的，但是由于触点的磨损和接触不良，工作很不可靠。20 世纪 70 年代出现的顺序控制器主要由分立元件和中小规模集成电路组成，因其功能有限、可靠性不高，早已被 PLC 取代。PLC 的设计者们继承并发展了顺序控制的思想，为顺序控制程序提供了大量的通用、专用软元件和专门指令结合顺序功能图，使这种设计方法成为先进的设计方法。

顺序功能图是设计顺序控制程序一种极为重要的图形化的编程语言和辅助工具。下面将介绍有关顺序功能图的相关概念和知识。

6.3.2 顺序功能图 ★★★

1. 概述

在第 3 章已经提及过，顺序功能图（Sequential Function Chart，SFC）又称作状态转移图或功能表图，是描述控制系统的控制过程、功能和特性的一种图形语言。顺序功能图并不涉及所描述控制功能的具体技术，是一种通用的技术语言，可以用于进一步设计和不同专业的人员之间进行技术交流。顺序功能图可以认为是一种结构块控制流程图，非常适用于顺序控制。从某个角度说，顺序功能图实际上是一种方法、一种组织编程的图形工具，有时候需要用其他的编程语言（如梯形图或指令表）将它转换成为 PLC 可执行的程序语言，可以将其作为 PLC 程序设计的辅助工具。

各个 PLC 生产厂商都开发出了相应的顺序功能图编程功能，如西门子公司的 S7-300/400 系列中大型 PLC 的 S7 Graph 和 S7-HiGraph，这种编程语言将符合 IEC 标准的顺序功能图、状

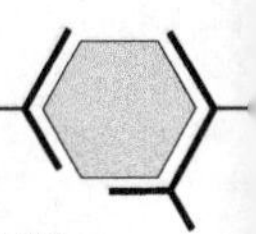

态图集成在S7-300/400的编程开发软件STEP 7中，功能强大、使用方便，在生成顺序功能图后不用转换成其他编程语言便可完成编程任务。三菱的FX系列小型PLC的编程软件中也有SFC这种编程语言，不过一般是首先根据系统的控制流程绘制出顺序功能图后，再转换成为PLC可以直接执行的编程语言，如梯形图或指令表等。

2. 顺序功能图的组成要素

顺序功能图主要由步、有向连线、转换、转换条件和动作（命令）组成，如图6-14所示。其中，步、转换和动作称为顺序功能图的三要素。

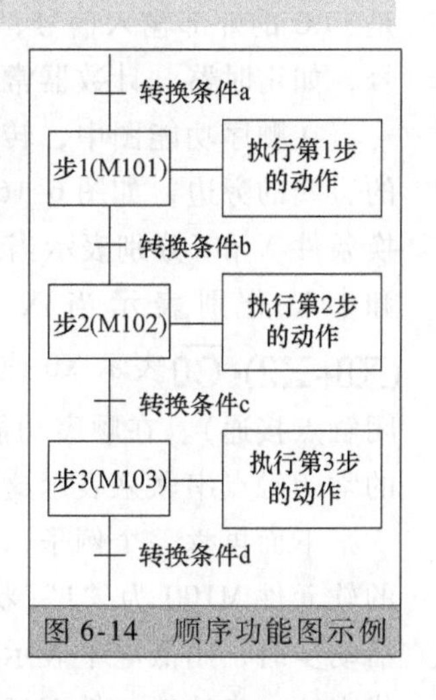

图6-14　顺序功能图示例

（1）步

步（STEP）或状态是一种逻辑块，也就是在一个过程中划分出的各个阶段，编程时一般用PLC内部的软元件来代表各步，因此经常直接用代表该步软元件的元件号作为步的编号，如M100、S20等，这样在根据顺序功能图设计转换为梯形图时较为方便。在顺序功能图中用矩形框表示步，方框内是该步的编号。如图6-14中各步的编号为步1（M101）、步2（M102）、步3（M103）。

初始步是与系统的初始状态相对应的步。初始状态一般是系统等待起动命令的相对静止的状态。初始步用双线方框表示，每一个顺序功能图中至少应该有一个初始步。

当系统正处于某一步时，该步即处于活动状态，称该步为活动步。当步处于活动状态时，与该步对应的动作就被执行。如果为保持型动作，则该步变为不活动步时要继续执行该动作；如果为非保持型动作，则当该步变为不活动步时，动作也停止执行。一般在顺序功能图中保持型动作应该用文字或助记符标注，而非保持型动作则不需标注。

（2）动作

一个控制系统一般可以划分为被控系统和施控系统，例如在数控机床系统中，数控装置是施控系统，而机床的机械部分则是被控系统。对于被控系统，在某一步中要完成某些“动作”（ACTION）；对于施控系统，在某一步中则要向被控系统发出某些“命令”（COMMAND）。简化起见，将动作或命令一起简称为动作，并用与相应步的符号相连的矩形框或者线圈中的文字或符号表示。如果某一步有几个动作，可以用两种画法来表示，如图6-15所示。但是，在图中并不隐含表示这些动作之间的任何顺序。

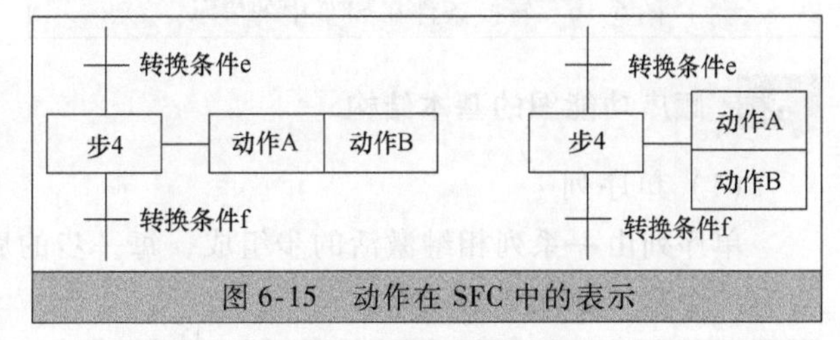

图6-15　动作在SFC中的表示

（3）有向连线

在顺序功能图中，随着时间的推移和转换条件的实现，将会发生步的活动状态的依次进展，这种进展按有向连线规定的路线和方向进行。在绘制顺序功能时，将代表各步的方框按它们成为活动步的先后次序顺序进行排列，并用有向连线将它们依次连接起来。步的活动状态的默认进展方向是从上到下或从左至右，在这两个方向上有向连线上的箭头可以省略不画。如果不是上述的默认方向，应在有向连线上用箭头注明进展方向。

（4）转换

转换（TRANSITION）是系统从当前步前进到下一步的原因，在顺序功能图中转换是用有向连线上与有向连线垂直的短画线来表示，转换将相邻两步分隔开来。步的活动状态的进展是通过转换的实现来完成的，并与控制过程的发展状态相对应。

（5）转换条件

转换条件是与转换相关的逻辑命题，使系统从当前步前进到下一步的信号。转换条件可以是 PLC 的外部输入信号，如开关、按钮、限位开关的通断状态，也可以是 PLC 内部产生的信号，如定时器、计数器常开触点的接通等，还可以是几个信号的与、或、非的逻辑组合。

在顺序功能图中，转换条件可以用文字语言、布尔代数表达式或图形符号标注在表示转换的短线的旁边，如图 6-16 所示。使用最多的转换条件表示方法是布尔代数表达式。例如，转换条件 X 和$\overline{X}$分别表示当二进制逻辑信号 X 为“1”状态和“0”状态时转换实现；符号↑X 和↓X 分别表示当 X 从状态 0→1 和从状态 1→0 时转换实现。再如，转换条件$(X0+X2)\cdot\overline{C0}$表示 X0 或 X2 的常开触点接通，并且计数器 C0 的当前值小于设定值（C0 的常闭触点接通）。在顺序功能图转换以后的梯形图中，可用 X0 和 X2 的常开触点并联后再与 C0 的常闭触点串联来表示这个转换条件。

下面再举一个例子，如图 6-17 所示。当步 10 为活动步时，用高电平表示，此时代表该步的软元件 M100 为“1”状态；转换条件↓（X2 · X3）成立时，发生步的转移，步 10 变为不活动步时，用低电平表示，此时代表该步的软元件 M100 变为“0”状态，系统进入到下一步，代表这一步的软元件 M101 变为“1”状态。

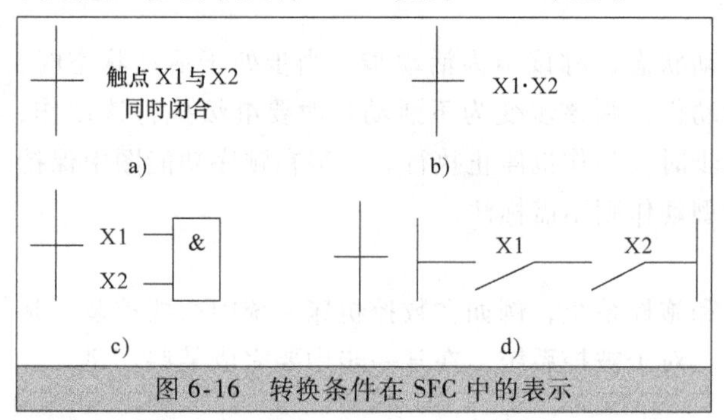

图 6-16 转换条件在 SFC 中的表示

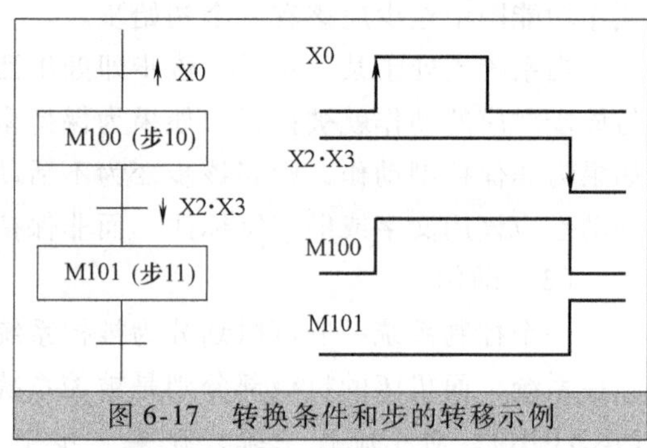

图 6-17 转换条件和步的转移示例

3. 顺序功能图的基本结构

（1）单序列

单序列由一系列相继激活的步组成，每一步的后面仅接有一个转换，每一个转换的后面也只有一个步，如图 6-18a 所示。

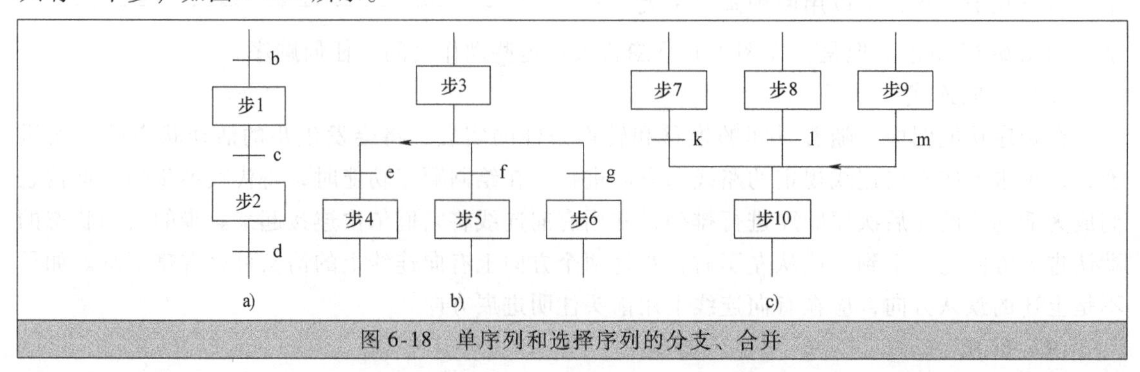

图 6-18 单序列和选择序列的分支、合并

（2）选择序列

选择序列一个步的后面可能有几个转换，通过几个转换也可能进入同一个步，如图 6-18b 和 c 所示。

选择序列的开始称为分支，如图 6-18b 所示。转换符号只能标在水平连线的下方。如果步 3 是活动步，并且转换条件 e=1，则由步 3 转移到步 4；如果步 3 是活动步，并且 f=1，则由步 3 转移到步 5，依次类推。一般在某一时刻只允许同时选择一个序列。如果将转换条件 e 改为 $e\cdot\bar{f}$，则当 e 和 f 同时为 1 状态时，将会优先选择 f 对应的序列。

选择序列的结束称为合并，如图 6-18c 所示。几个选择序列合并到一个共同的序列时，用需要与重新组合的序列相同数量的转换符号和水平连线来表示，转换符号只允许标在水平连线的上方。如果步 7 是活动步，并且转换条件 k=1，则由步 7 转移到步 10。如果步 8 是活动步，并且 l=1，则由步 8 转移到步 10。

（3）并行序列

并行序列用来表示系统中几个同时激活又相互独立的序列部分的工作情况。并行序列的开始称为分支，如图 6-19a 所示，当某个转换条件的成立导致几个序列同时激活时，这些序列称为并行序列（或并进序列）。在图 6-19a中，当步 1 为活动步，并且转换条件 c 成立后，则 2、4、6 这三步将同时变为活动步，同时步 1 变为不活动步。为了强调转换的同步实现，水平连线用双线表示。步 2、4、6 被同时激活后，每个子序列中活动步的进展将是各自独立的。应注意的是，在表示同步的水平双线的上方，只允许有一个转换符号。

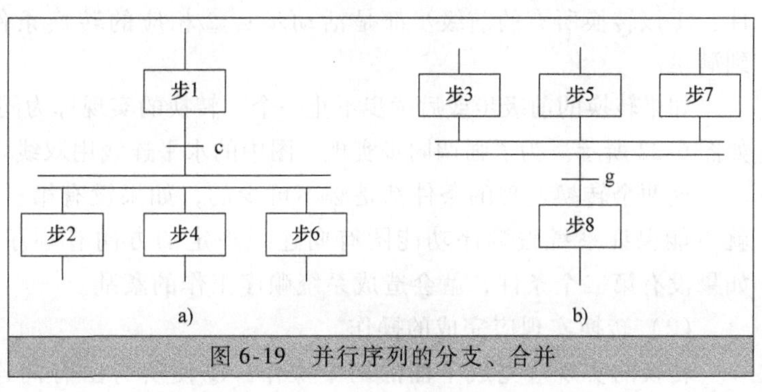

图 6-19　并行序列的分支、合并

并行序列的结束称为合并，如图 6-19b 所示。应注意在表示同步的水平双线之下，只允许有一个转换符号。当直接连于水平双线上的所有前级步都是活动步，并且转换条件 g=1 时，才会发生由步 3、5、7 到步 8 的转移，即步 3、5、7 同时变为不活动步，而步 8 变为活动步。

（4）跳步和循环

跳步和循环结构是顺序功能图中两种特殊的情形。

含有跳步的顺序功能图如图 6-20 所示。如果步 1 是活动步，当转换条件 d=1 时，则发生步 1 到步 3 的进展，这种情况就称为跳步。如果步 3 是活动步，当转换条件 e=1 时，则发生步 3 到步 1 的进展，这种情况就称为循环。

不难看出，跳步和循环是选择序列的一种特殊情况，跳步属于正向选择分支序列的一种，它与系统主序列进展的方向一致。循环则属于逆向选择分支序列的一种，因它与系统主序列进展的方向是相反的。

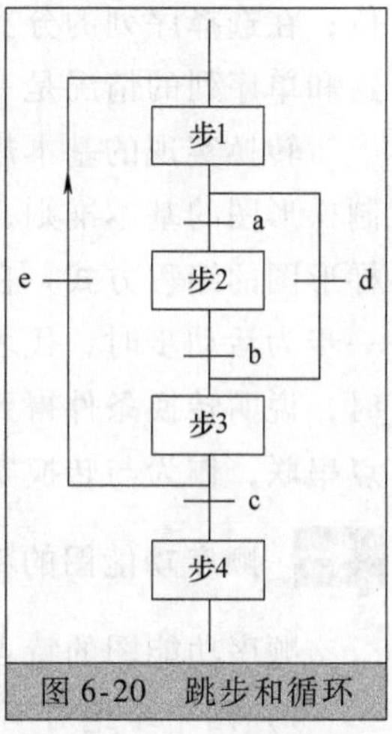

图 6-20　跳步和循环

（5）子步

在较复杂的顺序功能图中，某一步可以包含一系列的子步和转换，如图 6-21 所示。通常这些序列表示整个系统中一个完整的子功能。使用子步可以使系统的设计者在总体设计时较容易抓住系统的主要矛盾，用更加简洁的方式来表示系统的整体功能和概貌，而不至于一开始就陷入细枝末节的设计之中。设计者可以从最简单

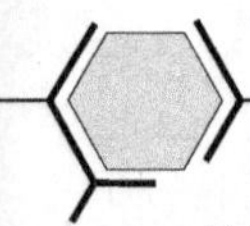

的对整个系统的全面描述开始，然后画出更详细的顺序功能图，子步中还可以包含更详细的子步。这种方法由大及小，先整体后局部使得设计的逻辑性增强，减少了设计中的错误，缩短了总体设计和查错所需要的时间。

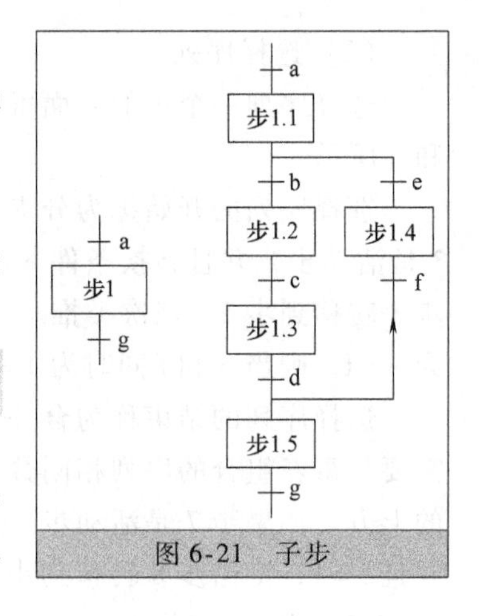

图 6-21　子步

以上介绍了顺序功能图的基本结构和几种特殊的结构，任何复杂的控制流程结构都可以由上述的几种结构组成。

4. 转换实现的基本规则

（1）转换实现的条件

在顺序功能图中，步（状态）的活动状态的进展或步的转移是通过转换的实现来完成的。转换实现必须同时满足两个条件：①该转换所有的前级步都是活动步；②相应的转换条件得到满足。

如果转换的前级步或后续步不止一个，转换的实现称为同步实现，如图 6-22 所示。为了强调同步实现，图中的水平连线用双线表示。

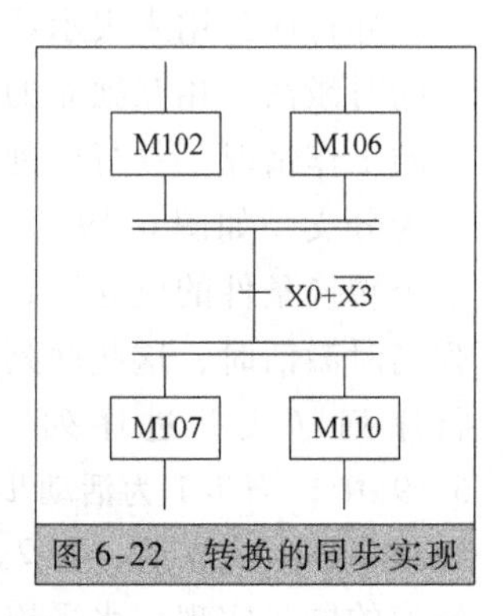

图 6-22　转换的同步实现

这两个转换实现的条件都是必不可少的，如果没有第一个条件，就不能保证系统按顺序功能图有向连线规定的方向有顺序地工作；如果没有第二个条件，就会造成系统顺序工作的紊乱。

（2）转换实现应完成的操作

转换的实现应完成下面的两个操作：①使所有由有向连线与相应转换符号相连的后续步都变为活动步；②使所有由有向连线与相应转换符号相连的前级步都变为不活动步。

上述规则可以用于顺序功能图中任意结构的转换，在不同结构中的区别如下：在单序列中，一个转换只有一个前级步和一个后续步；在并行序列的分支处，转换的后面有几个后续步，在转换实现时应同时将代表它们的软元件置位；在并行序列的合并处，转换的前面有几个前级步，它们均为活动步时才有可能实现转换，在转换实现时应将代表它们的软元件全部复位；在选择序列的分支与合并处，对于一个转换来说实际上也只有一个前级步和一个后续步，这和单序列的情况是一样的。但是，对于一个步来讲可能有多个前级步或有多个后续步。

转换实现的基本规则是根据顺序功能图设计梯形图程序的基础，是设计较复杂系统顺序控制梯形图的基本准则，该规则适用于顺序功能图中的各种基本结构和后面介绍的各种顺序控制梯形图的编程方式。在由顺序功能图编写梯形图时，用 PLC 内部相应软元件代表各步，当某一步为活动步时，代表该步的软元件就为“1”状态。当与转换条件对应的触点或电路接通时，说明转换条件得到了满足，因此可以将该触点或电路与代表所有前级步的软元件的常开触点串联，作为与转换实现两个条件同时满足所对应的梯形图电路。

5. 顺序功能图的特点及注意事项

顺序功能图的特点及注意事项主要如下：

1）两个步绝对不能直接相连，必须用一个转换将它们分隔开来。

2）两个转换也不能直接相连，必须用一个步将它们分隔开来。

3）顺序功能图中初始步是必不可少的。如果没有它，就无法表示系统的初始状态。初始

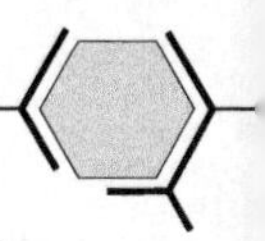

步一般对应于系统等待起动的初始状态，这一步可能没有什么动作执行，因此很容易遗漏这一步。因此，没有初始步，即无法表示系统的初始状态，系统工作一个周期后也无法返回相对静止的状态。

4）自动控制系统应能多次可重复地执行同一工艺过程，因此在顺序功能图中一般应有由步和有向连线组成的闭环结构，即在完成一次工艺过程的全部操作之后，应从最后一步返回到初始步（自动工作方式中的单周期方式）或者下一个工作周期的第一步（自动工作方式中的连续方式）。

5）只有当某一步所有的前级步都是活动步时，该步才有可能变成活动步。如果用无断电保持功能的软元件代表各步，则PLC开始进入运行工作方式时各步均处于“0”状态，因此必须使用初始化脉冲，将初始步预置为活动步，否则顺序功能图中将永远不会出现活动步，系统将无法一步一步地工作下去。如果系统有手动、自动（单周期、连续和单步）两种工作方式，顺序功能图则是用来描述自动工作过程的，这时应在系统由手动工作方式切换到自动工作方式时选择适当的信号将初始步置为活动步。

6. 顺序功能图绘制举例

某组合机床的一个工作滑台带有一个动力头，动力头的进给运动示意图如图6-23所示。设动力头的初始位置（原点位置）在最左边，这时限位开关SQ3（X3）被撞压。按下起动按钮SB1（X0）后，动力头开始向右快速进给，撞压限位开关SQ1（X1）后变为工作进给，碰到SQ2（X2）后动力头停下来并延时停留6s，然后动力头快速退回，返回原点位置后停止运动。

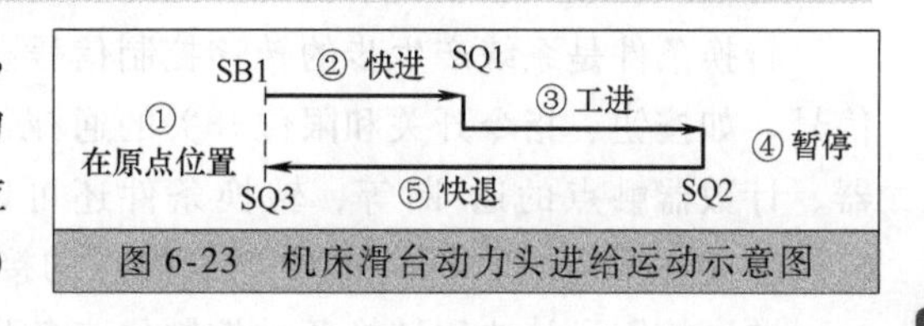

图6-23　机床滑台动力头进给运动示意图

驱动工作滑台动力头3个电磁阀的动作情况，见表6-7。

表6-7　工作滑台动力头各电磁阀的动作

电磁阀工作阶段	YV1	YV2	YV3
1 原点位置	—	—	—
2 快速进给	+	+	—
3 工作进给	+	—	—
4 延时停留	—	—	—
5 快退返回	—	—	+

表6-7中的“-”号表示电磁阀线圈断电，“+”表示电磁阀线圈通电。

通过分析动力头进给工艺过程可见，动力头的一个工作周期可分成初始步、快进步、工进步、暂停步和快退步共五个工步，暂停延时可以用PLC内部定时器控制（如T0），相应的转换条件为SB1、SQ1、SQ2、T0和SQ3常开触点的接通。

如果选用FX_{2N}系列的PLC，可以用软元件辅助继电器M100～M104来代表这五个工步，PLC的I/O地址分配简表见表6-8。

表6-8　PLC控制动力头I/O分配

I/O点	X0	X1	X2	X3	Y0	Y1	Y2
输入元件/输出负载	SB1	SQ1	SQ2	SQ3	YV1	YV2	YV3

根据上述动力头的工作过程的分析和PLC的I/O分配，可以绘制出工作滑台动力头进给

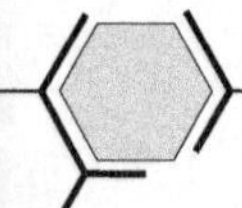

过程的顺序功能图，如图 6-24 所示。在图 6-24 中的 M8002 为 FX 系列 PLC 的初始化脉冲，用它作为进入初始步 M100 的置位信号。

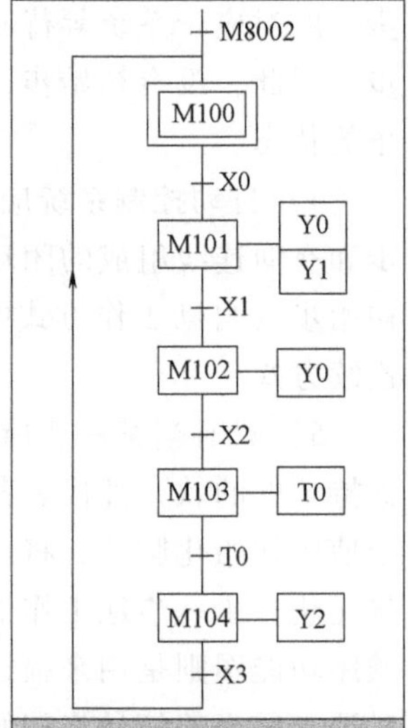

图 6-24　工作滑台动力头进给系统的顺序功能图

7. 顺序控制设计法的基本步骤

采用顺序控制设计法进行 PLC 程序设计的基本步骤和相关内容总结如下：

(1) 分析系统的控制流程

通过分析系统的控制流程，划分系统的各个步并确定步对应的动作和步的活动状态进展（步转移，或状态转移）的转换条件。

步也可根据被控对象工作状态的变化来划分，但被控对象工作状态的变化应是由 PLC 输出状态的变化引起的。由图 6-24 可见，机床工作滑台的整个工作过程可划分为原位（停止）、快进、工进、暂停和快退五步。但这 5 步的状态改变都必须是由 PLC 输出状态的变化控制的，否则就不能这样划分，例如从快进转为工进与 PLC 的输出驱动无关，那么快进和工进就只能算作一步。

转换条件是系统产生步的转移控制信号。可以从此例看出，转换条件可以来自于外部输入信号，如按钮、指令开关和限位开关的通/断等，也可以来自于 PLC 内部产生的信号，如定时器、计数器触点的通/断等，转换条件还可以是若干个信号的与、或、非的逻辑组合。在图 6-24中 X0、X1、X2、T0 和 X3 常开触点的接通是各步活动状态进展的转换条件。

顺序控制设计法用转换条件控制代表各步的软元件（M 或 S），让它们的状态按一定的顺序变化，然后再用代表各步的软元件去控制各输出继电器。

(2) 绘制系统的顺序功能图（SFC）

根据以上系统控制流程分析被控对象工作内容、步骤、顺序和 PLC 的 I/O 地址分配，绘制系统的顺序功能图。绘制 SFC 是顺序控制设计法中非常关键的一个步骤，有关绘制 SFC 的步骤已通过上面的这个例子进行了介绍。

(3) 编写梯形图程序

根据 SFC，按照某种具体的编程方式转换编写出梯形图程序。由顺序功能图转换为梯形图的各种编程方式的具体方法将在下面进行详细介绍。如果 PLC 的型号支持顺序功能图语言，则可以直接使用 SFC 语言进行编程。

6.3.3 顺序控制梯形图编程方式概况 ★★★

1. 特点

前面已经提到过，所谓的顺序控制是指按照生产工艺预先规定的顺序，在各个转移控制信号的作用下，在生产过程中根据输入信号、内部状态和时间的顺序，各个被控执行机构自动有序地进行操作。这些被控生产设备通常是动作顺序不变或相对固定的生产机械。这种控制系统的转换条件（或称作转步控制信号，状态转移控制信号）大多数是 PLC 外部的输入信号（如行程开关、无触点接近开关、光电开关、干簧管开关、霍尔元件、压力继电器等输入信号），也可以是 PLC 内部软元件（如定时器、计数器等）提供的转移控制信号。

为了使顺序控制系统工作可靠，通常采用步进式顺序控制电路结构。所谓步进式顺序控

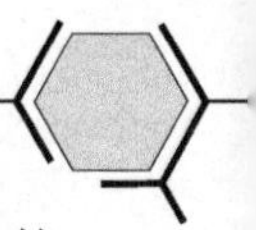

制，是指控制系统的任一程序步（以下简称步）的通电必须以前一步通电并且转移到本步的转换条件成立为条件。对生产机械而言，被控设备任一步的机械动作是否执行，取决于控制系统前一步是否已有输出信号及其被控机械动作是否已完成。若前一步的动作未完成，则后一步的动作无法执行。这种控制系统的互锁严密，即便转换条件触发信号的元件失灵或出现误操作，也不会导致动作顺序紊乱，这也是顺序控制设计法相对于经验设计法的优越之处。

2. 设计步骤及设计思路

下面给出的四种顺序控制设计方式，设计步骤都是，第一步分析系统的生产工艺流程、工作过程，确定各个步、转换条件和各步对应的动作；第二步根据生产工艺流程、工作过程画出系统的顺序功能图（SFC）或称为状态转移图、功能表图；第三步，再根据绘制出的顺序功能图，选取一种相应的顺序控制梯形图编程方式将顺序功能图转换为梯形图。顺序控制设计法设计出的梯形图电路结构及相应的指令大部分可以适用于目前市面上大多数 PLC 机型，具有一定通用性。

6.3.4 使用启保停（仅使用线圈和触点）的编程方式★★★

1. 编程概要

这种编程方式用辅助继电器 M 来代表各步。某一步为活动步时，对应的辅助继电器为“1”状态，在转换实现时，该转换的后续步变为活动步。由于转换条件大都是短时信号，即它存在的时间比它所激活的后续步为活动步的时间要短，因此应使用有记忆或保持功能的电路来控制代表步的辅助继电器。通过前面的介绍属于此类的电路有“启保停电路”和使用置位、复位（SET、RST）指令的电路。

不失一般性，设 M_{i-1}、M_i 和 M_{i+1} 是顺序功能图中顺序相连的三步，X_i 是步 M_i 之前的转换条件，如图 6-25a所示。

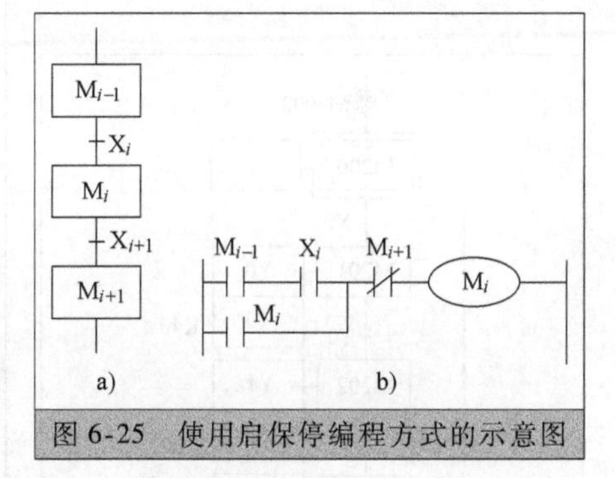

图 6-25 使用启保停编程方式的示意图

编程的关键是找出步 M_i 的启动条件和停止条件。根据转换实现的基本规则，转换实现的条件是转换的前级步为活动步，并且转移到后续步的转换条件成立，所以步 M_i 变为活动步的条件是 M_{i-1} 为活动步，并且转换条件 $X_i=1$。在梯形图中则应将 M_{i-1} 和 X_i 的常开触点串联后作为控制 M_i 线圈的启动电路，如图 6-25b 所示。依次类推，当 M_i 和 X_{i+1} 均为“1”状态时，步 M_{i+1} 就变为活动步，根据转换应完成的操作，这时步 M_i 就应变为不活动步，因此可以将 $M_{i+1}=1$ 作为使 M_i 变为“0”状态的条件，即将 M_{i+1} 的常闭触点与 M_i 的线圈串联作为其停止条件。当然，也可使用 SET、RST 指令来代替“启保停电路”，使用这两条指令的顺序控制的编程方式（以转换为中心的编程方式）下一小节就会介绍。

这种编程方式仅仅使用与触点和线圈有关的指令，任何一种 PLC 的指令系统都有这一类指令，所以是通用性最强的一种编程方式，可以适用于任何厂商、任意型号的 PLC。

2. 编程示例

某信号灯控制系统在初始状态时仅红灯 Y0 亮，按下起动按钮 X0 后，4s 后红灯灭，绿灯

Y1 亮，5s 后绿灯 Y1、黄灯 Y2 亮，再过 6s 后绿灯和黄灯灭，红灯亮，系统又回到初始状态。信号灯控制系统的时序图如图 6-26 所示。试采用启保停的编程方式设计此控制系统的顺序控制梯形图。

根据控制要求，整个工作循环可以划分成四步，包括代表系统初始状态的初始步以及按下起动按钮后接下来的三个步，这里用 M200、M201、M202 和 M203 分别代表这四步。使用三个定时器 T0、T1、T2 分别对后面的三个步进行定时，并以相应定时器的常开触点作为这些步之间的转移条件。

（1）控制系统的顺序功能图

该信号灯控制系统的顺序功能图如图 6-27 所示。

（2）顺序控制梯形图

根据上述启保停的编程方式和绘制的顺序功能图，很容易设计出采用启保停编程方式编写的系统的顺序控制梯形图，如图 6-28 所示。

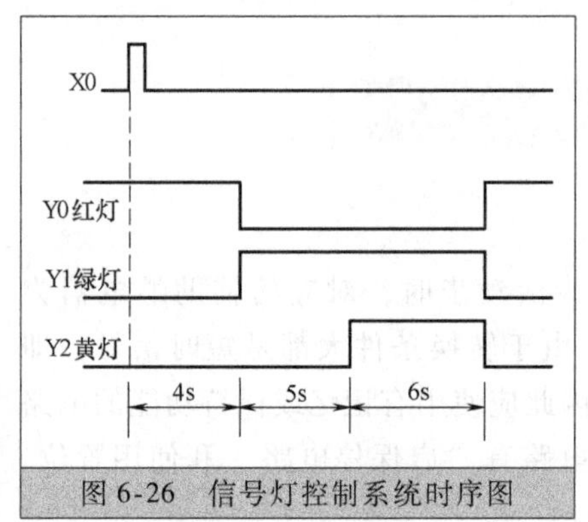

图 6-26　信号灯控制系统时序图

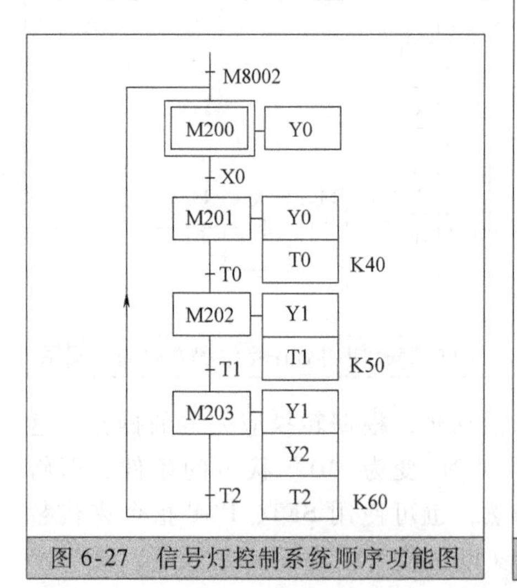

图 6-27　信号灯控制系统顺序功能图

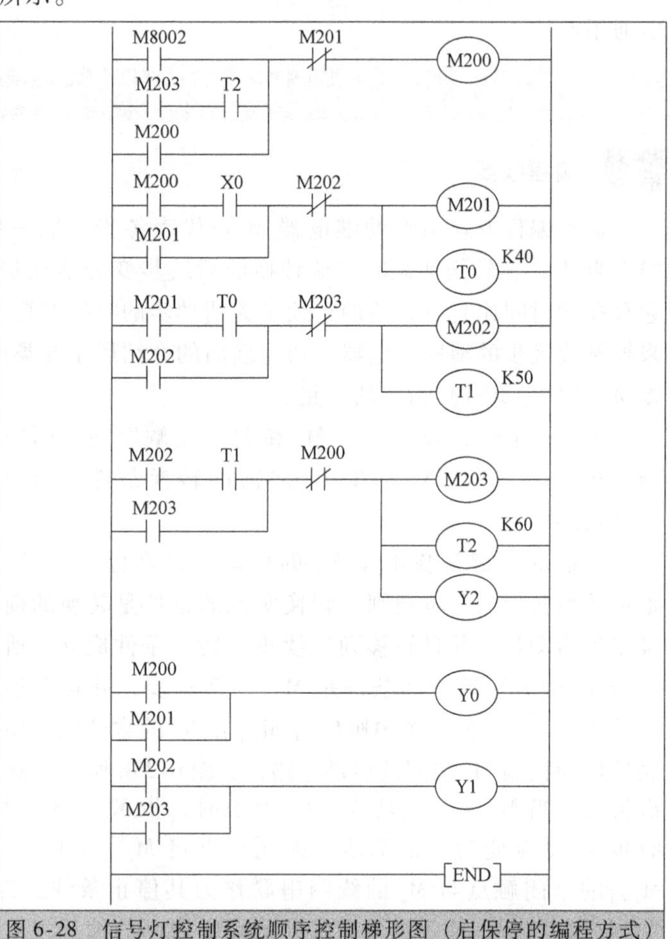

图 6-28　信号灯控制系统顺序控制梯形图（启保停的编程方式）

例如，设步 M_i = M200，由顺序功能图可知，M_{i-1} = M203，X_i = T2。因此将 M203 和 T2 的常开触点串联作为 M200 线圈的起动电路。而 PLC 开始运行时应将 M200 预置为“1”状态，否则系统无法开始工作，故将 M8002 的常开触点与上面的起动电路并联，起动电路还并联了 M200 的自保持触点。另外，将后续步 M201 的常闭触点与 M200 的线圈串联作为停止条件，当 M201 为活动步时，其常闭触点将 M200 的线圈“断电”。系统中其余代表各步的辅助继电器线

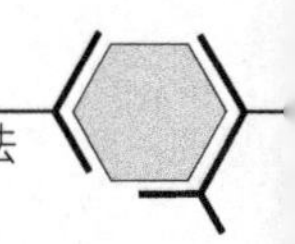

圈的控制电路和上面的分析设计过程都是类似的。

3. 输出驱动处理

由于步是根据输出状态的变化来划分的，所以梯形图中输出部分的编程较为简单，可以分为下述两种情况来处理：

1）某一输出继电器仅在某一步中为“1”状态，如示例中的 Y2（黄灯）就属于这种情况，可以将 Y2 线圈与 M203 线圈并联，组成并行输出电路。看起来好像用这些输出继电器来代表该步（如用 Y2 代替 M203），可以节省一些编程元件，但 PLC 的辅助继电器数量是充足、够用的，而且多使用编程元件并不会增加系统的硬件费用，所以一般情况下全部用辅助继电器 M 来代表各步，具有概念清楚、编程规范、梯形图易于阅读和容易查错等诸多优点。

2）某一输出继电器在几步中都为“1”状态，应将代表各有关步的辅助继电器的常开触点并联后，再驱动该输出继电器的线圈。例如，Y0 在初始步和第一步均为“1”状态，所以将 M200 和 M201 的常开触点并联后控制 Y0 的线圈。应该注意的是，为了避免“双线圈输出”的现象，是不能将 Y0 线圈分别与 M200 和 M201 的线圈并联的。

6.3.5 以转换为中心（使用置位/复位指令）的编程方式 ★★★

1. 编程概要

以转换为中心的编程方式设计的梯形图与顺序功能图的对应关系如图 6-29 所示。图中要实现转换条件 X_i 对应的转换必须同时满足两个条件，即前级步为活动步（$M_{i-1}=1$）和转换条件满足（$X_i=1$），所以用 M_{i-1}和 X_i 的常开触点串联组成的电路来表示上述条件。当两个条件同时满足时，该电路会接通，此时应完成两个操作：将后续步变为活动步，即用 SET 指令将 M_i 置位，同时将前级步变为不活动步，即用 RST 指令将 M_{i-1}复位（前面说过因为前级步和转换条件组成的电路提供的往往是短信号，必须采用具有记忆保持功能的电路）。这种编程方式与转换实现的基本规则之间有着严格的对应关系，体现的概念清晰，程序可读性强，用它绘制复杂的功能表图和编写梯形图时，更能显示出它的优越性。

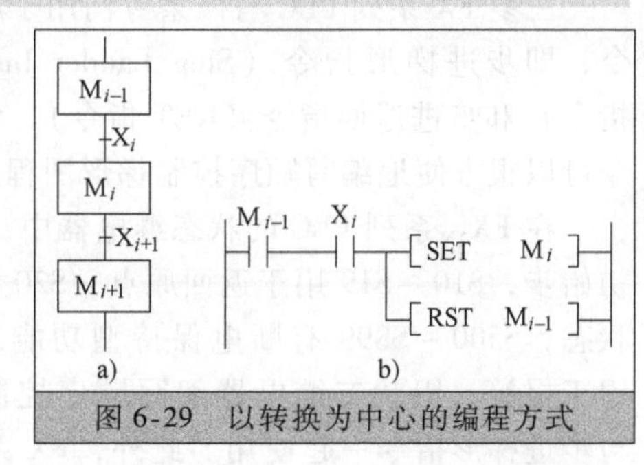

图 6-29 以转换为中心的编程方式

2. 编程示例

下面还是以图 6-26 所示的信号灯控制系统为例，介绍以转换为中心的编程方式。

（1）控制系统的顺序功能图

控制系统的顺序功能如图 6-27 所示。

（2）顺序控制梯形图

以转换为中心的编程方式编写的顺序控制梯形图如图 6-30 所示。

开始执行用户程序时，用 M8002 的常开触点将初始步 M200 置位，使 M200 成为 PLC 上电后系统当前的活动步。在按下起动按钮 X0 后，梯形图第 2 行中 M200 和 X0 的常开触点都接通，转换条件 X0 对应的转换的后续步 M201 置位，前级步对应的辅助继电器 M200 复位。M201 变为活动步（“1”状态）后，控制红灯 Y0 仍然为“1”状态，定时器 T0 的线圈通电，

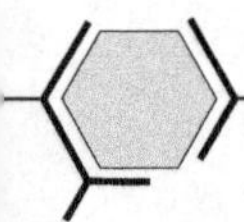

4s后T0的常开触点接通，系统将由第2步转换到第3步，依此逐步实现步的活动状态转移和步对应动作的执行，最后返回到系统的初始步M200待命。

使用这种编程方式时，不能将输出继电器线圈与SET、RST指令并联，这是因为图6-30中前级步和转换条件对应的串联电路接通时间是相当短的，转换条件满足后前级步立即复位，该串联电路被断开，而输出继电器线圈至少应该在某一步为活动状态的全部时间内接通。

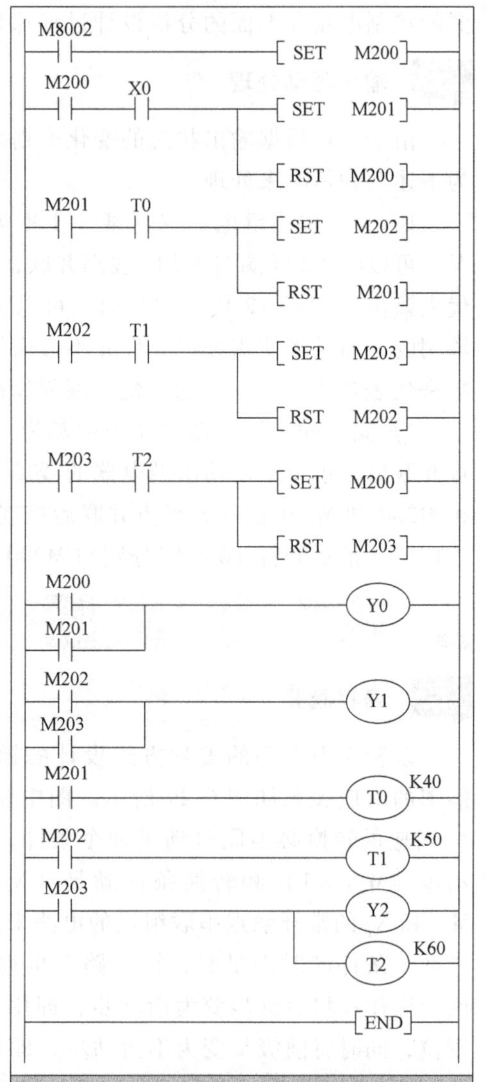

图6-30 信号灯控制系统的顺序控制梯形图（以转换为中心的编程方式）

6.3.6 使用步进梯形和步进返回指令（STL和RET指令）的编程方式 ★★★

1. 编程概要

许多的PLC生产厂商都有专门用于编制顺序控制程序的指令和编程元件，如欧姆龙公司的步进控制指令、东芝公司的步进顺序指令、西门子公司的顺序控制继电器指令和三菱公司的步进梯形指令等。

三菱FX系列PLC有两条专门用于顺序控制的指令，即步进梯形指令（Step Ladder Instruction，STL指令）和步进返回指令（RET指令）。使用这两条指令可以很方便地编写顺序控制梯形图程序。

在FX_{2N}系列PLC的状态继电器中，S0～S9用于初始步，S10～S19用于返回原点，S20～S499为通用状态，S500～S899有断电保持型功能，S900～S999用于报警。用状态继电器编写顺序控制程序时，应与步进梯形指令一起使用。此外，FX系列PLC还有状态初始化的应用指令IST以及许多用于步进控制编程的特殊辅助继电器，使得应用于顺序控制的程序设计非常方便。

使用STL指令的状态继电器的常开触点称为STL触点或状态触点，它们在梯形图中的元件符号如图6-31所示。从图中可以看出顺序功能图与梯形图之间的对应关系，STL触点驱动的电路块具有以下三个功能：对负载的驱动处理、指定转换条件和指定转换目标。

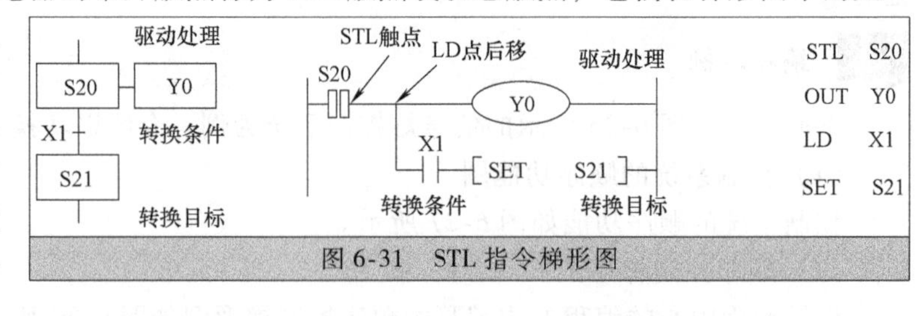

图6-31 STL指令梯形图

除了并行序列的合并对应的梯形图外，STL触点是与左侧母线相连的常开触点，当某一步为活动步时，对应的STL触点接通，该步的负载被驱动。当该步后面的转换条件满足时转换实现，即后续步对应的状态继电器被SET指令置位，后续步变为活动步，同时与前级步对应的状态继电器被系统程序自动地复位，前级步对应的STL触点将断开。

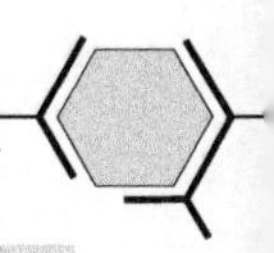

2. 使用 STL 指令的注意事项

使用 STL 指令时需要注意以下几个问题：

1）与 STL 触点相连的触点应使用 LD 或 LDI 指令，即 LD 点后移到 STL 触点的右侧，直到出现下一条 STL 指令或出现 RET 指令，RET 指令使 LD 点返回到系统的左母线。各个 STL 触点驱动的电路一般放在一起，最后一个电路结束时一定要使用步进返回 RET 指令。否则，在编程时会出现“程序错误”信息，PLC 将不能运行。

2）STL 触点可以直接驱动或通过别的触点驱动 Y、M、S、T 等元件的线圈，STL 触点也可以使 Y、M、S 等元件置位或复位，如图 6-32 所示。在图 6-32a 中的 X2 使用 LD 指令，如果对 Y3 使用 OUT 指令，实际上 Y3 与 Y2 的线圈并联，Y3 也受到 X2 的控制，因此该图是错误的，应改为图 6-32b。

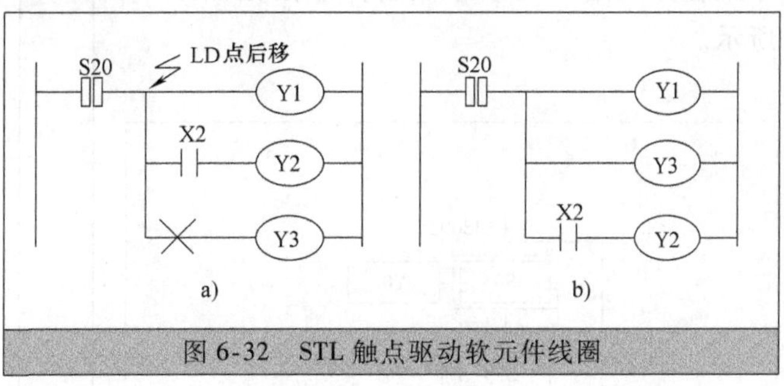

图 6-32　STL 触点驱动软元件线圈

3）STL 触点断开时，CPU 不执行它驱动的电路块，即 CPU 只执行活动步对应的程序。在没有并行序列时，任何时候只有一个活动步，因此大大缩短了扫描周期。

4）由于 CPU 只执行活动步对应的电路块，使用 STL 指令时允许双线圈输出，即同一元件的几个线圈可以分别被不同的 STL 触点驱动。实际上在一个扫描周期内，同一元件的几条 OUT 指令中只有一条是被执行的。

在状态转换过程中，相邻两步的两个状态继电器会同时 ON 一个扫描周期。为了避免不能同时接通的两个外部负载（如控制异步电动机正、反转的两个交流接触器）同时通电，应在 PLC 的外部设置硬件的联锁。应注意的是，同一定时器的线圈可以在不同的步使用，但是如果用于相邻的两步，在步的活动状态转换时，该定时器的线圈不能断电，当前值不能复位。

5）STL 指令只能用于状态继电器，在没有并行序列时，一个状态继电器的 STL 触点在梯形图中只能出现一次。

6）STL 触点驱动的电路块中不能使用主控 MC 指令和主控复位 MCR 指令，但是可以使用条件跳转 CJ 指令。虽然不禁止在 STL 触点驱动的电路块中使用 CJ 指令，但因其操作复杂，建议不要使用。

7）不对状态继电器使用 STL 指令时，可以把它们当作普通的辅助继电器使用。这时就像普通的辅助继电器一样，可以对状态继电器使用 LD、LDI、AND、ANI、OR、ORI、SET、RST 和 OUT 等指令，这时状态继电器触点的画法与普通触点的画法相同。

8）使状态继电器置位的指令如果不在 STL 触点驱动的电路块内，执行置位指令时系统程序不会自动将前级步对应的状态继电器复位。

9）在中断程序和子程序中，不能使用 STL 指令。

3. 编程示例

（1）示例 1：信号灯控制系统

1）顺序功能图。仍然以图 6-26 所示的信号灯控制系统为例，使用 STL 指令的编程方式对

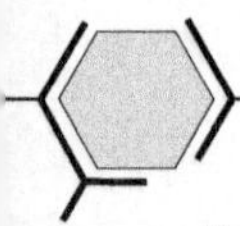

此系统进行编程。因为是使用STL指令，代表各步的编程软件应是状态继电器S而不能再是辅助继电器M。其中，初始步是S0，接下来的三个步分别是S20～S22。系统的顺序功能图如图6-33所示。

2）顺序控制梯形图。使用STL、RET指令编程方式编写的顺序控制梯形图如图6-34所示。

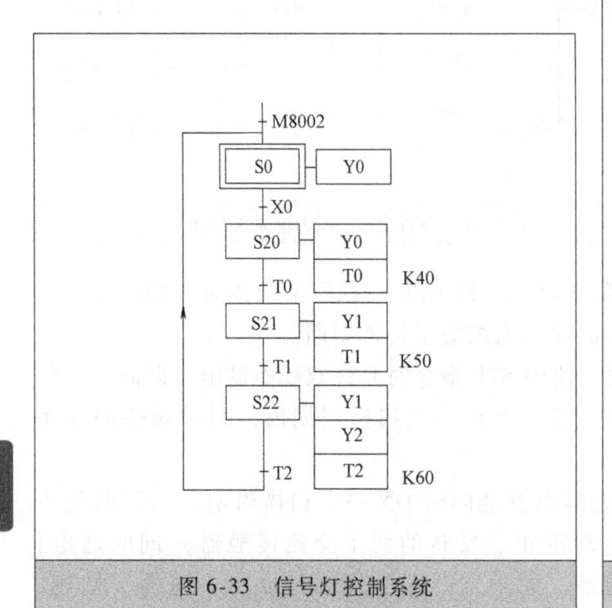

图6-33　信号灯控制系统顺序功能图（使用S元件代表各步）

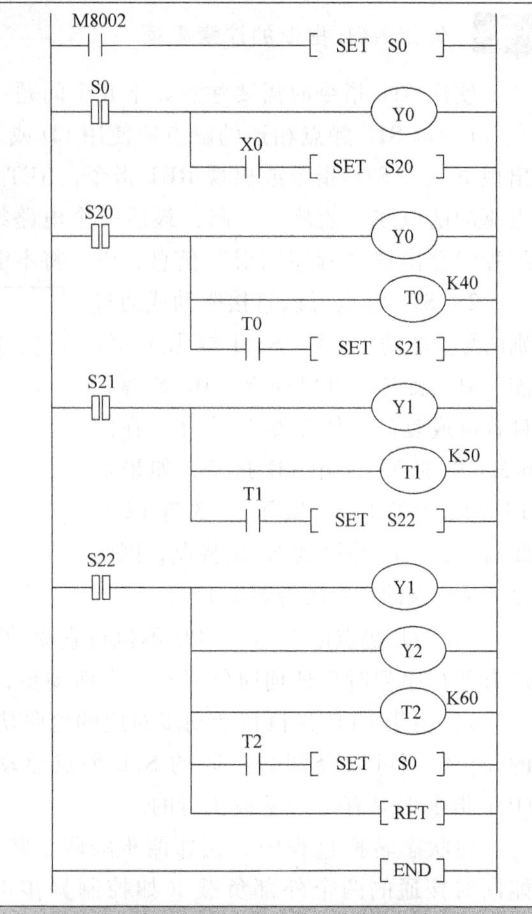

图6-34　信号灯控制系统的顺序控制梯形图（使用STL指令）

（2）示例2：一处卸料小车自动控制系统

1）顺序功能图。用S0代表初始步，小车一个工作周期内的运动路线由四段组成，它们分别对应于S20～S23所代表的四个步，即装料步、右行步、卸料步和左行步，以右行起动按钮X0作为系统的起动信号，这里规定系统开始运行时小车必须停在左限位X3处（即原点位置）。该小车自动控制系统的顺序功能图（SFC）如图6-35所示。

2）顺序控制梯形图。一处卸料小车自动控制系统使用STL指令编写的顺序控制梯形图如图6-36所示。

首先，小车必须停靠在原点位置（或称为零点位置）左限位X3处，PLC上电后系统即处于初始步，S0为“1”状态。按下右行起动按钮X0，系统由初始步S0转换到步S20。S20的STL触点接通，Y2的线圈“通电”，小车开始装料，同时定时器T0的线圈通电开始定时，15s定时时间到后T0的常开触点闭合，Y0的线圈通电小车开始右行；

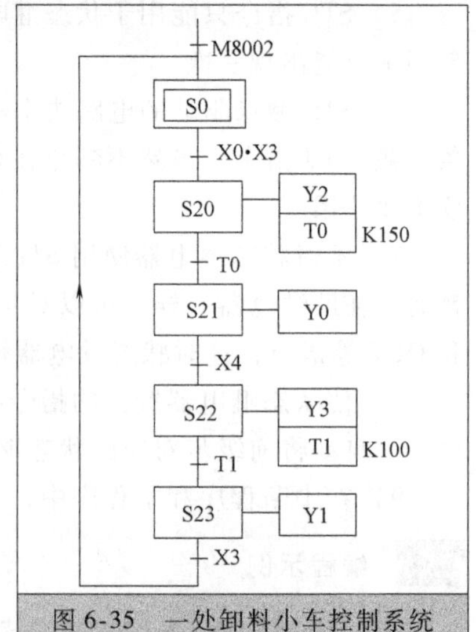

图6-35　一处卸料小车控制系统顺序功能图（使用STL指令）

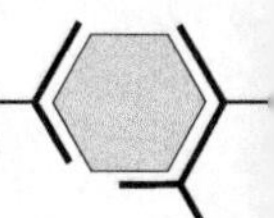

行至右限位开关 X4 时，其常开触点接通，使 S21 置位为“1”，S20 被系统程序自动复位为“0”状态，小车停下来开始卸料，同时定时器 T1 的线圈通电开始定时……小车就这样一步一步地顺序工作下去，最后返回初始步，重新停在原点位置等待再次起动命令。

6.3.7 使用移位指令的编程方式 ★★★

1. 编程概要

在三菱的 FX 系列 PLC 中有移位指令 SFTL（左移位）和 SFTR（右移位），利用这两条指令也可以进行比较简单的单序列顺序控制系统的程序设计。在使用移位指令时，将代表有关各个步的辅助继电器的常开触点和相应的转换条件组成的串联电路并联起来共同作为移位指令的移位脉冲输入信号。每当某个步为活动步，且转换至下一步的转换条件成立时就会产生一个移位脉冲信号，移位目标软元件中为“1”的数据就会发生一次移位，这就代表进行了一次步的活动状态的转移。

2. 编程举例

仍是以前面的信号灯控制系统为例，介绍使用移位指令来实现顺序控制程序的设计。

（1）系统的顺序功能图

信号灯控制系统的顺序功能图可以参考前面的图 6-27，这里不再绘出。

（2）顺序控制梯形图

使用移位指令实现顺序控制的梯形图如图 6-37 所示。

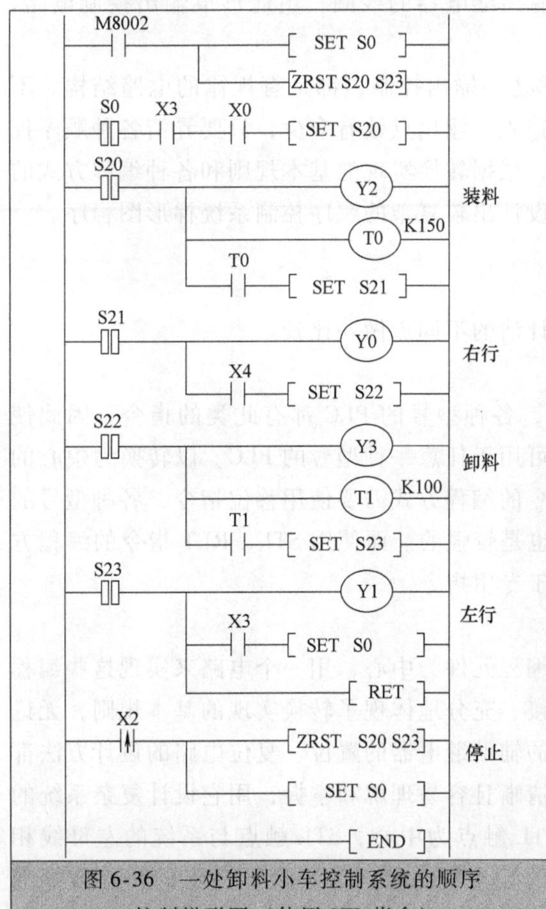

图 6-36 一处卸料小车控制系统的顺序控制梯形图（使用 STL 指令）

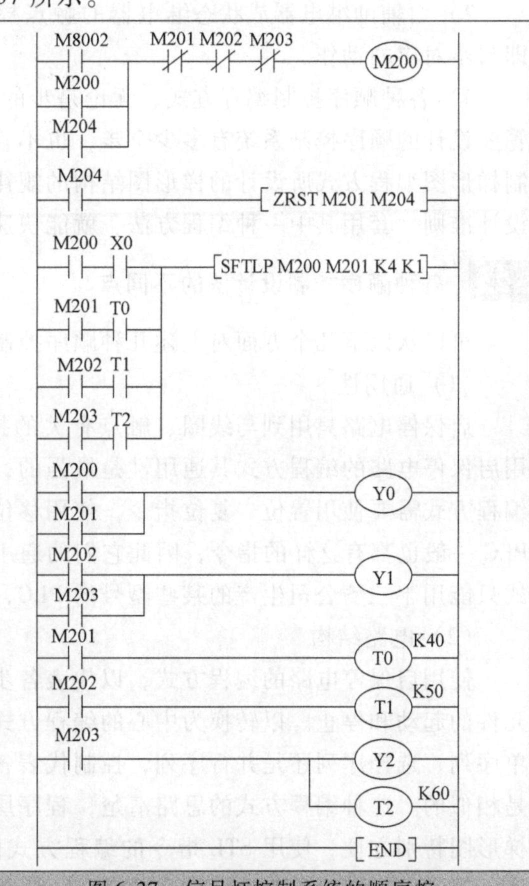

图 6-37 信号灯控制系统的顺序控制梯形图（使用移位指令）

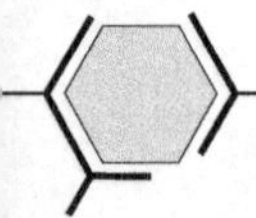

这种编程方式主要使用一条左移位 SFTL 指令实现系统四个步，即步 M200～步 M203 的活动状态的转移。由图 6-37 可见，该移位指令的移位脉冲信号由四条支路并联而成，它们分别是由代表各步的辅助继电器的常开触点和转换至下一步的转换条件串联而成。这四个移位脉冲输入信号均为脉冲上升沿有效。系统运行后进入初始步，在初始步 M200 为“1”时，如果系统起动按钮信号 X0 按下后，将会产生一个移位脉冲信号，在该信号的作用下，M200 的状态“1”便移入到 M201，此时 M201 就成系统当前的活动步，由梯形图的第一行程序可知。与此同时，M200 的状态变为“0”，即 M200 成为不活动步，依次类推。当系统前进最后一步 M203，定时器 T2 定时时间到其常开触点接通，将产生最后一个移位脉冲信号，M203 的状态“1”将转移到 M204（注意，它并不代表该顺序控制系统的一个步），通过 M204 的常开触点的接通使整个控制系统又回到系统的初始步 M200。

6.3.8 各种顺序控制设计法的比较 ★★★

1. 各种顺序控制设计法的共同点

上述四种 PLC 顺序控制梯形图设计方法的共同特点如下：

1）由输入继电器、定时器或计数器的信号控制代表各步的辅助继电器或状态继电器（包括由置位/复位指令和移位指令控制的辅助继电器），由此形成步的活动状态的转移。

2）由辅助继电器或状态继电器的触点控制输出继电器的线圈，由此形成输出控制电路，即与步对应的动作。

3）各种顺序控制编程方式，无论是步的转移还是输出控制，都是有规律的电路结构。不管要设计的顺序控制系统有多少个步，也不管其输入、输出点数有多少，只要弄清各种顺序控制梯形图编程方式所设计的梯形图结构的规律性，根据转换实现的基本规则和各种编程方式的设计准则，套用其中一种编程方法，就能快速地设计出较复杂的顺序控制系统梯形图程序。

2. 各种顺序控制设计法的不同点

可以从以下几个方面对上述几种顺序控制设计法的不同点做一比较。

（1）通用性

启保停电路只用到与线圈、触点有关的指令，各种型号的 PLC 都有此类的指令，因此使用启保停电路的编程方式其通用性是最强的，它可用于任意一种型号的 PLC。以转换为中心的编程方式需要使用置位、复位指令，使用移位指令的编程方式需要使用移位指令，各种型号的 PLC 一般也都有这样的指令，因此它们的通用性也是较强的。而使用 STL、RET 指令的编程方式只能用于三菱公司生产的某些型号的 PLC，属于专用指令。

（2）电路结构

使用启保停电路的编程方式，以代表各步的编程元件为中心，用一个电路来实现这些编程元件的起动和停止。以转换为中心的编程方式直接、充分地体现了转换实现的基本规则，无论单序列、选择序列还是并行序列，控制代表各步的辅助继电器的置位、复位电路的设计方法都是相似的。这种编程方式的思路清楚，程序层次清晰且容易理解和掌握，用它设计复杂系统的梯形图特别方便；使用 STL 指令的编程方式以 STL 触点为中心，STL 触点与系统的左母线相连，当它们闭合时，驱动在该步应为“1”状态的输出继电器，为实现下一步的转移做好准备，同时通过系统程序可以自动地将前级步对应的编程元件复位。使用移位指令的编程方式以

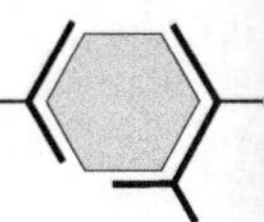

移位指令作为编程的中心，采用多条支路的并联组合作为移位脉冲信号，而每一条支路都由转换的前级步和相应的转换条件组成。

6.4　顺序功能图中复杂结构的编程及各编程方式的比较

6.4.1　顺序功能图中复杂结构的编程 ★★★

选择序列和并行序列编程的关键在于对它的分支和合并的处理。与单序列不同，在选择序列、并行序列的分支和合并处，某一步或某一转换可能有几个前级步或几个后续步，在编程时应特别注意这个问题。而转换实现的基本规则是设计较复杂系统顺序控制梯形图的基本准则和依据。前面提及转换实现必须同时满足两个条件：该转换所有的前级步都是活动步；相应的转换条件得到满足。此外，转换的实现应完成以下两个操作：使所有由有向连线与相应转换符号相连的后续步都变为活动步；使所有由有向连线与相应转换符号相连的前级步都变为不活动步。因此，在对顺序功能图中复杂结构进行编程时，应紧紧把握上述转换实现基本规则中的“所有”和“都”这几个字。

1.　选择序列的编程

（1）使用启保停的编程

含有选择序列的系统的顺序功能图如图6-38a所示。使用启保停方式编写的顺序控制梯形图如图6-38b所示。

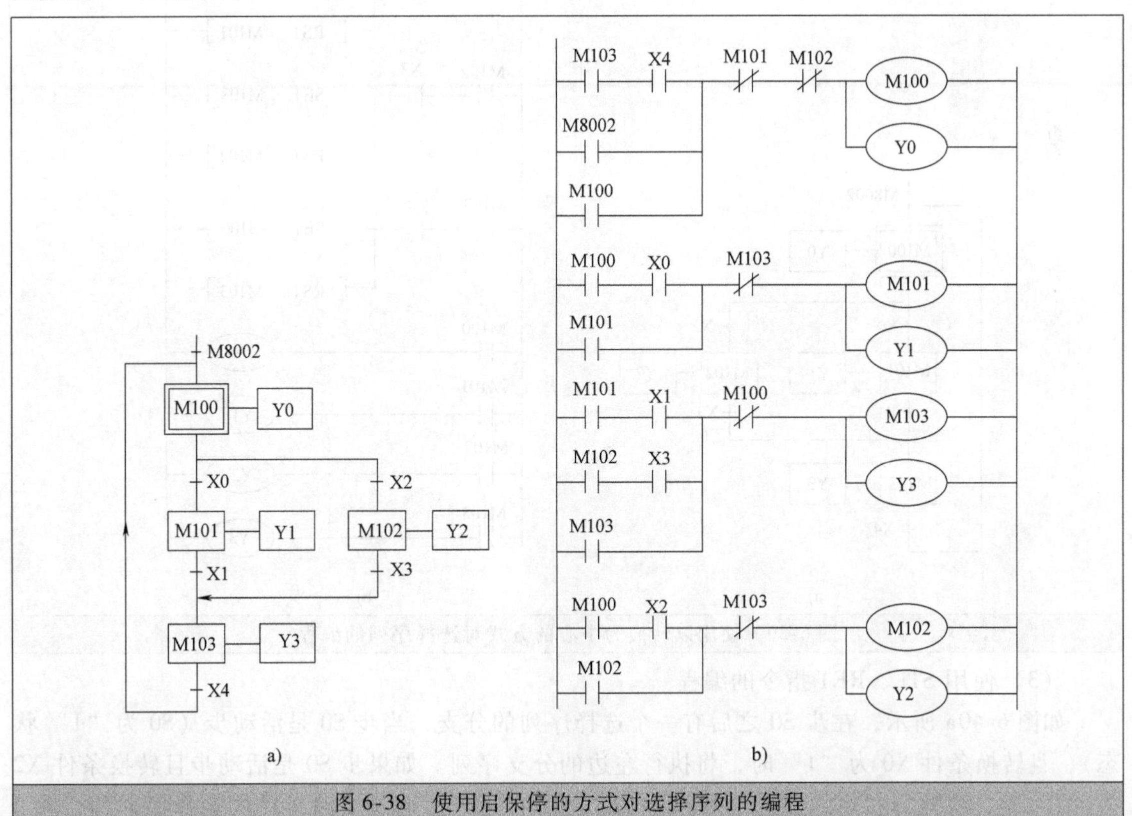

图6-38　使用启保停的方式对选择序列的编程

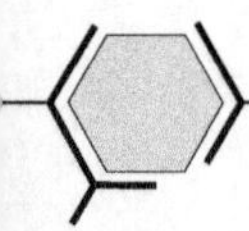

对于选择序列的分支，当后续步 M101 或 M102 变为活动步时，都应使 M100 变为不活动步，所以应将 M101 和 M102 的常闭触点与 M100 线圈串联作为其停止条件。对于选择序列的合并，当步 M101 为活动步，且转换条件 X1 满足，或者步 M102 为活动步，且转换条件 X3 满足，步 M103 都应变为活动步，因此，M103 的起动条件应为 M101 · X1 + M102 · X3，所以 M103 线圈的起动电路由两条支路并联而成，一条支路是由 M101 与 X1 的常开触点串联而成，而另一条支路是 M102 与 X3 的常开触点串联而成。

（2）以转换为中心的编程

对图 6-39a 所示的顺序功能图，使用以转换为中心的编程方法设计的梯形图如图 6-39b 所示。使用以转换为中心的编程方式对于选择序列的编程其实与单序列的编程是相同的，因为对于选择序列来说，某一转换的前级步和后续步都只有一个，需要置位和复位的辅助继电器也各只有一个。

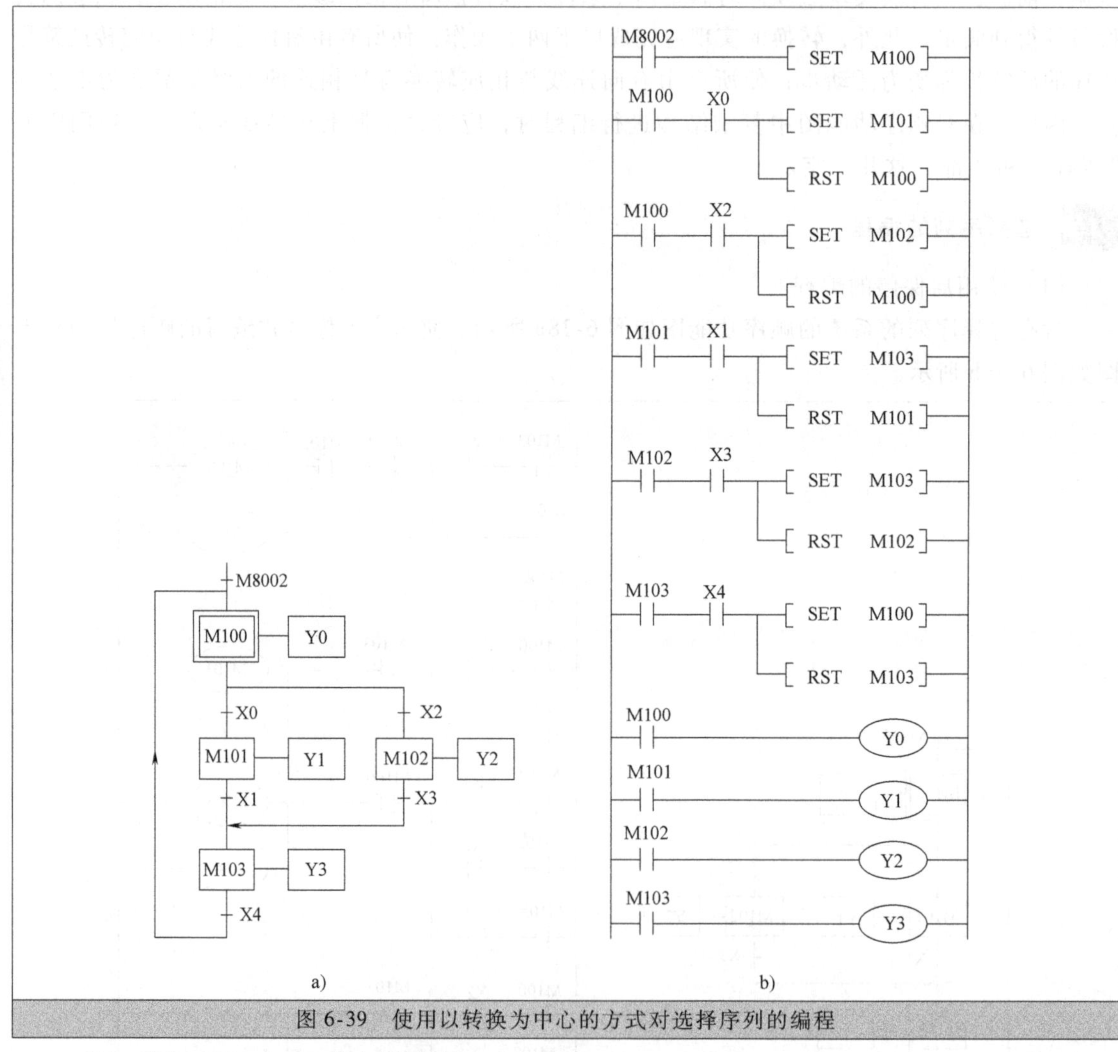

图 6-39 使用以转换为中心的方式对选择序列的编程

（3）使用 STL、RET 指令的编程

如图 6-40a 所示，在步 S0 之后有一个选择序列的分支，当步 S0 是活动步（S0 为“1”状态），且转换条件 X0 为“1”时，将执行左边的分支序列。如果步 S0 是活动步且转换条件 X2 为“1”时，将执行右边的分支序列。步 S22 之前有一个由两条支路组成的选择序列的合并，

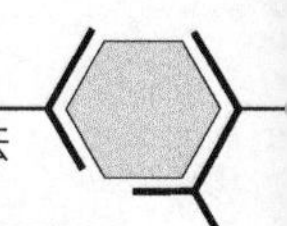

当S20为活动步，转换条件X1得到满足，或者S21为活动步，转换条件X3得到满足，都将使步S22变为活动步，同时系统程序使原来的活动步变为不活动步。

对图6-40a采用STL指令编写的梯形图如图6-40b所示。对于选择序列的分支，步S0之后有两个转换条件，分别为X0和X2，则由S0可能分别前进到步S20和S21，所以在S0的STL触点开始的电路块中，存在着分别由X0和X2作为置位条件的两条支路分别对S20和S21进行置位，即分别指明了可能的两个转换目标。对于选择序列的合并，在步S22之前有一个由两条支路组成的选择序列的合并。当步S20为活动步，且转换条件X1成立，或者步S21为活动步，转换条件X3成立，都会使步S22变为活动步。在梯形图中，由S20和S21的STL触点驱动的电路块中转换目标均为S22，通过SET指令实现对后续步S22的置位（使其变为活动步），而对前级步的复位（使前级步变为不活动步）则是由系统程序自动完成的。

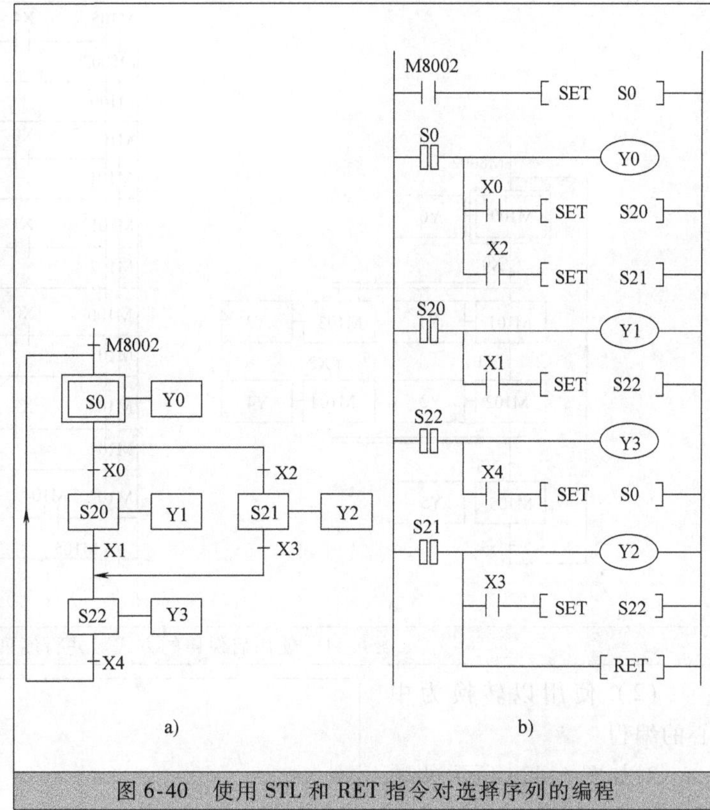

图6-40　使用STL和RET指令对选择序列的编程

在使用STL指令设计顺序控制梯形图时，其实没有必要特别留意选择序列的合并和分支如何处理，只要正确地确定代表每一步的状态继电器的转换条件和转换目标即可。

2. 并行序列的编程

(1) 使用启保停的编程

含有并行序列的系统的顺序功能图如图6-41a所示。使用启保停方式编写的梯形图如图6-41b所示。

在6-41a中，在步M100之后有一个并行序列的分支。当步M100是活动步，且转换条件X0成立，则步M101和步M103同时变为活动步。在图6-41b所示的梯形图中，用M100和X0的常开触点组成的串联电路分别作为控制M101和M103线圈的起动电路。在步M101和步M103变为活动步的同时，步M100应变为不活动步，将M101或M103的常闭触点作为控制M100线圈的停止条件即可（因M101和M103是同时变为活动步的，所以在两者中只需取其中一个的常闭触点就可以）。在步M105之前有一个并行序列的合并，根据转换实现的条件，当步M102和步M104都是活动步且转换条件X3成立时，将发生并行序列的合并。因此，将M102、M104和X3三者的常开触点组成的串联电路作为控制M105线圈的起动电路。

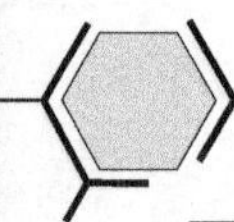

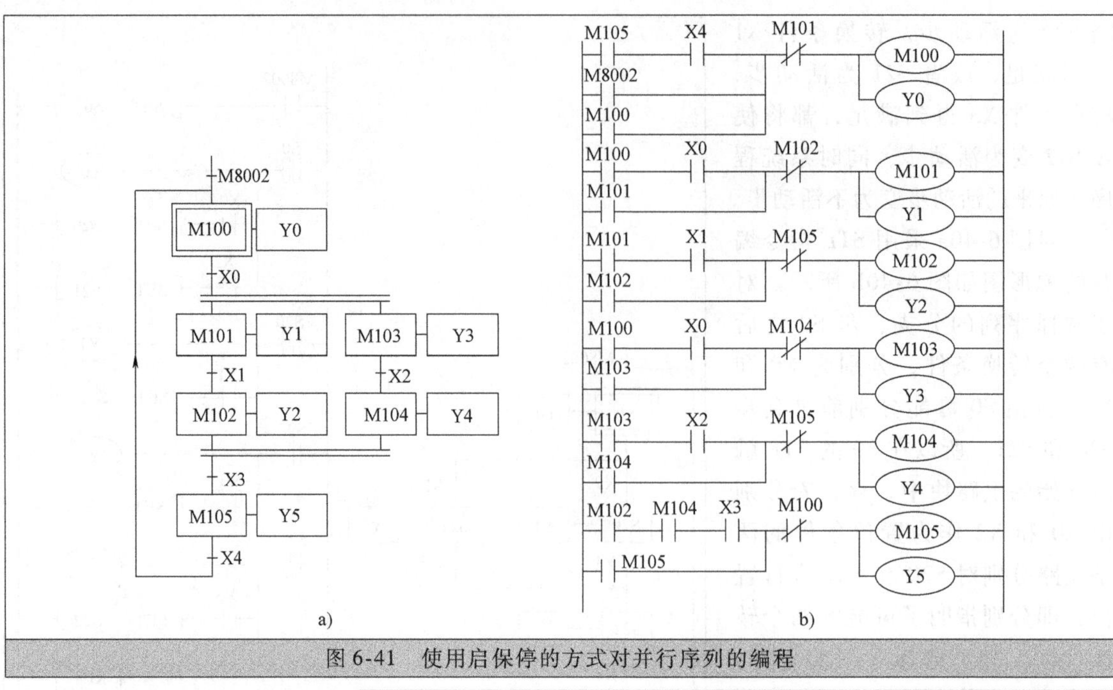

图 6-41　使用启保停的方式对并行序列的编程

（2）使用以转换为中心的编程

对如图 6-42a 所示的顺序功能图，使用以转换为中心的编程方法设计的梯形图如图 6-42b 所示。在图 6-42a中，步 M100 之后有一个并行序列的分支。当步 M100 是活动步，且转换条件 X0 成立，则步 M101 和步 M103 同时变为活动步。在图 6-42b 所示的梯形图中，是通过 M100 和 X0 的常开触点组成的串联电路对 M101 和 M103 进行连续置位实现的，同时对 M100 进行复位。在转换条件 X3 对应的转换之前存在着并行序列的合并，该转换实现的条件是其所有的前级步都是活动步，即步 M102 和步 M104 都是“1”状态，且转换条件 X3 成立。在梯形图中，将 M102、M104 和 X3 三者

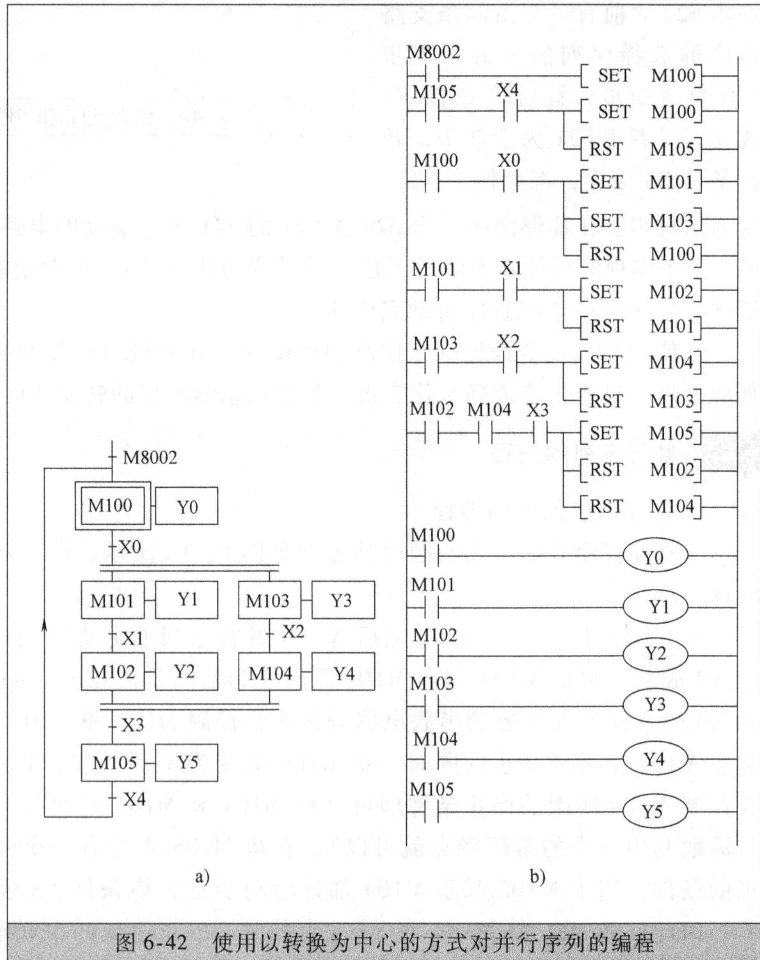

图 6-42　使用以转换为中心的方式对并行序列的编程

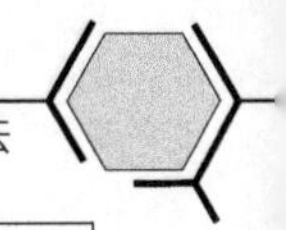

的常开触点组成的串联电路作为对步 M105 进行置位、对步 M102 和步 M104 进行复位的条件。

(3) 使用 STL、RET 指令的编程

含有并行序列的系统的顺序功能图如图 6-43a 所示。使用 STL、RET 指令编写的梯形图如图 6-43b 所示。在步 S0 之后存在着一个并行序列的分支，由步 S20、步 S21 和步 S22、步 S23 组成的两个单序列是并行工作的，即这两个序列是同时被激活，也是同时变为不活动状态的。当步 S0 为活动步且转换条件 X0 成立，两个并行序列的第一步 S20 和 S22 应同时变为活动步，在编程时在 S0 的 STL 触点驱动的电路块中，是通过一个转换条件 X0 对 S20、S22 进行连续置位来实现的。在转换条件 X3 对应的转换之前存在着并行序列的合并，当步 S21 和步 S23 都是活动步，且转换条件 X3 成立时，就会发生并行序列的合并，此时步 S24 变为活动步，步 S21 和步 S23 同时变为不活动步。在编程时，这两个并行序列的最后一步，步 S21 和步 S23 在梯形图中各出现了两次。第一次出现时，它们各自的 STL 触点驱动的电路块只进行负载的驱动处理，而第二次出现时，即对应着并行序列的合并处理。在梯形图中，将 S21、S23 的 STL 触点和 X3 的常开触点组成的串联电路作为条件，对步 S24 进行置位（对步 S21 和步 S23 的复位操作是由系统程序自动完成的）。应当注意的是，如果不涉及并行序列的合并，同一状态继电器的 STL 触点则只能在梯形图中使用一次，即当梯形图中再次使用这个状态继电器时，只能使用该状态继电器一般形式出现的常开触点和使用 LD 指令。另外，FX 系列 PLC 规定串联的 STL 触点的个数不能超过 8 个，换句话说，并行序列中并行工作的单序列个数不能超过 8 个。

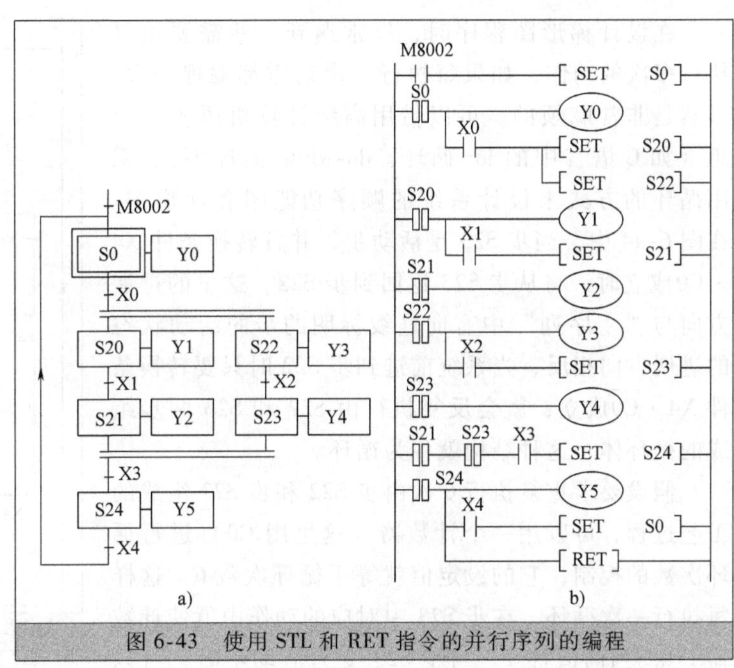

图 6-43 使用 STL 和 RET 指令的并行序列的编程

3. 顺序功能图中几种特殊结构的编程

有的控制系统的控制工艺和流程复杂，因此描述其控制过程、功能及特性的顺序功能图也会相对复杂。这些控制系统的顺序功能图除了包括前面已介绍的基本结构外，还往往包括一些特殊的结构，如跳步和循环控制等。下面就介绍这两种特殊结构的顺序控制梯形图编程。

(1) 跳步

在如图 6-44 所示的顺序功能图中用状态继电器代表各步。当步 S20 是活动步，并且 X6 变为“1”时，将会直接跳过步 S21，由步 S20 前进到步 S22。这种跳步与 S20→S21→S22 等步组成的“主序列”中有向连线标明的步的活动状态的进展方向相同，称为跳步（或正向跳步）。

(2) 循环和循环次数的控制

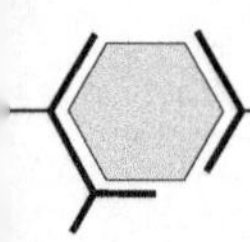

在设计梯形图程序时，经常遇到一些需要重复执行多次的动作，如果每执行一次动作都编程一次，显然是非常麻烦的。可以借用高级计算机语言的思想（如C语言中的for循环、do-while循环等），采用循环的方式来设计系统的顺序功能图和梯形图。在图6-44中，当步S23是活动步，并且转换条件$X4 \cdot \overline{C0}$成立时，将从步S23返回到步S22，这里的进展方向与“主序列”中有向连线标明的步的活动状态的进展方向相反，当系统前进到步S22时只要转换条件$X4 \cdot \overline{C0}$成立，就会反复执行由S22和S23两步组成的循环体，这种结构就称为循环。

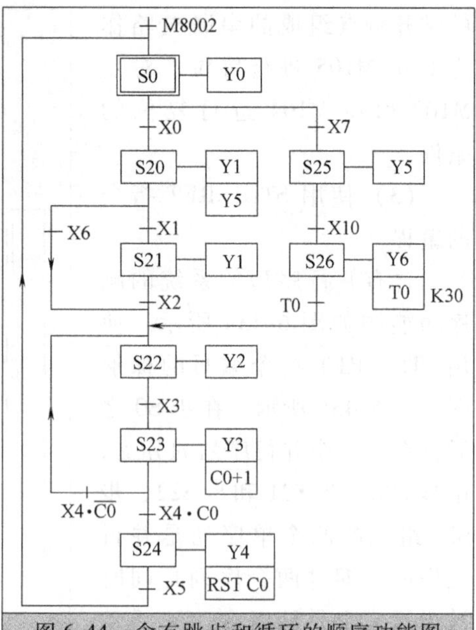

图6-44　含有跳步和循环的顺序功能图

假设要求重复执行6次由步S22和步S23组成的工艺过程，可以用一个计数器（这里用C0）进行循环次数的控制，它的设定值就等于循环次数6。这样每执行一次循环，在步S23中对应的动作中就使计数器C0的当前值加1。当步S23变为活动步时，可以通过S23的STL触点由断开变为接通（或者，放在集中的STL触点驱动的电路之外用S23普通形式的常开触点来驱动计数器），使C0的当前值加1，每次执行完循环体的最后一步，都根据C0的当前值是否等于设定值来判别是否应该结束循环，这是通过图6-44中步S23之后选择序列的分支来实现的。假设X4为“1”，如果循环执行未结束，C0的常闭触点闭合，转换条件$X4 \cdot \overline{C0}$满足，将由步S23返回步S22；当C0的当前值等于其设定值，其常开触点接通，转换条件X4·C0满足，将由步S23前进到步S24。

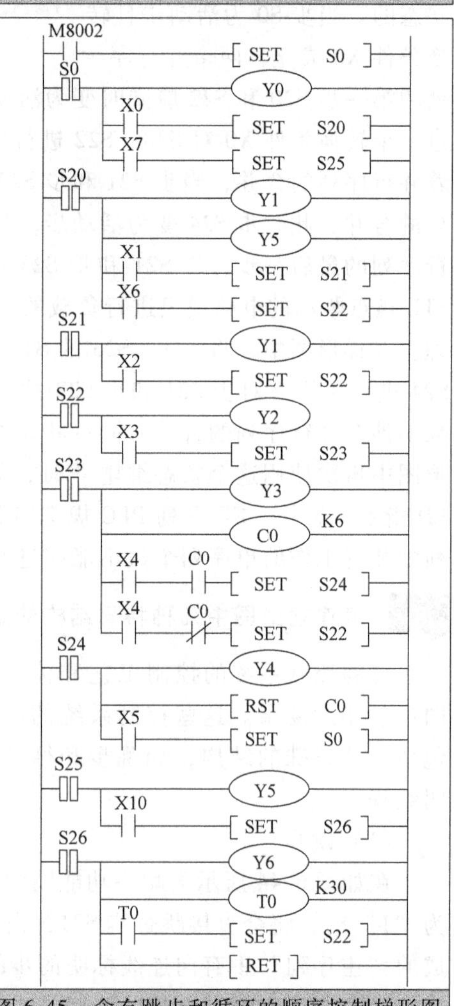

图6-45　含有跳步和循环的顺序控制梯形图

需注意的是，在循环程序执行之前或执行完后，应将控制循环的计数器复位，才能保证下次循环时计数器能够重新开始计数工作。复位操作应放在循环之外，图6-44中计数器复位操作放在步S0或步S24显然是比较方便的。图6-44顺序功能图对应的梯形图如图6-45所示。

可以看出，跳步和循环都属于选择序列的特殊情况，可以按照前面有关选择序列的编程方法来处理。

（3）仅两步组成的小闭环结构

在顺序功能图中如果存在仅有由两步组成的小闭环结构，如图6-46a所示，若不进行特殊的处理在使用启保停的编程方式编程时，则相应的辅助继电器的线圈将不能“通电”，如图6-46b所示。

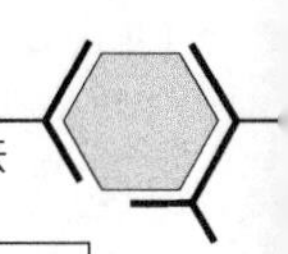

在图 6-46b 中，当 M101 和 X1 均为“1”状态时，控制线圈 M102 的起动电路接通了，但是与起动电路串联的 M101 的常闭触点（作为停止条件）却是断开的，因此 M102 的线圈将不能“通电”。出现上述问题的原因在于步 M101 既是步 M102 的前级步，同时又是它的后续步。解决方法有下面的两种：

图 6-46　仅有两步组成的小闭环结构

1）在小闭环中增设一步延时步来解决这一问题，这一步只起到延时作用，延时时间应取得尽可能的短（等于或略小于一个扫描周期），则对系统的运行不会有什么影响，如图 6-47a 所示。

2）增设一个受转换条件 X1 控制的中间位 M1，用 M1 的常闭触点取代控制 M101 线圈中原先 M102 的常闭触点，用 X2 的常闭触点取代控制 M102 线圈中 M101 的常闭触点，如图 6-47b 所示。这样，如果 M101 为活动步而转换条件 X1 变为“1”状态，当执行图 6-47b 第一个梯级的启保停电路时，M1 的线圈为“断电”状态，其常闭触点是接通的，M101 线圈是“通电”的，那么控制 M102 线圈的起动电路是接通的，M102 线圈就“通电”。当执行完最后一个梯级电路时，M1 变为“1”状态，则在下一个扫描周期 M101 的线圈将变为“断电”。

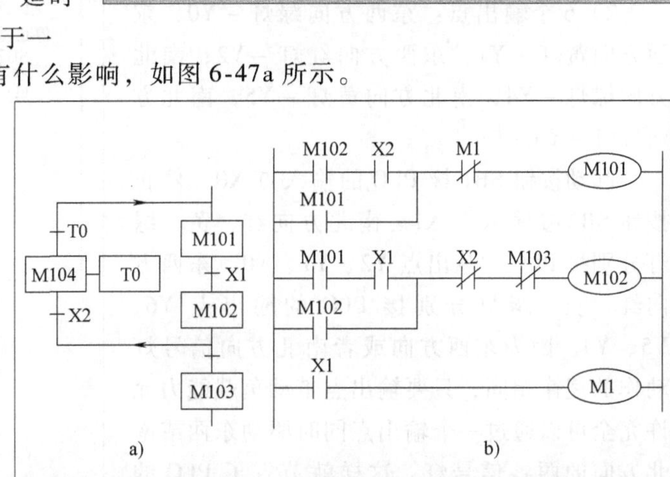

图 6-47　小闭环结构的处理

对于上述这种特殊的小闭环结构，当使用以转换为中心的编程方式和使用 STL、RET 指令的编程方式时，则可不必进行特殊的处理。

6.4.2　十字路口交通灯控制系统简介及硬件设计 ★★★

下面将介绍一个综合性的实例——十字路口交通灯控制系统的设计，通过这个实例可以进一步熟悉第 3、4 章介绍过的一些常用的基本逻辑指令和应用指令，加深对本章上面介绍的各种编程设计方法的理解，了解使用 PLC 解决一个实际问题的全过程。

1.　系统的控制要求

具体控制要求如下：所有的信号灯受一个起动按钮的控制。当起动按钮按下时，信号灯控制系统开始工作，并周而复始地循环动作。先是南北红灯亮 30s，同时东西绿灯也亮并持续 25s，25s 到时，东西绿灯以 1s 的周期闪烁（亮 0.5s，灭 0.5s），东西绿灯闪烁 3s 后熄灭，此时东西黄灯亮并持续 2s，2s 后东西黄灯灭；接下来，东西红灯亮 30s，同时南北绿灯亮并持续 25s，25s 到时，南北绿灯以 1s 的周期闪烁（亮 0.5s，灭 0.5s），南北绿灯闪烁 3s 后熄灭，此时南北黄灯亮并持续 2s，2s 后南北黄灯灭。当停止按钮按下时，所有信号灯都熄灭。交通灯控制系统每 60s 循环一次，一个周期的动作过程见表 6-9。

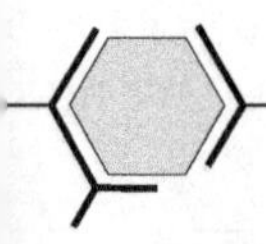

表6-9 交通灯控制系统一个周期的动作

东西	信号	绿灯亮	绿灯闪	黄灯亮	红灯亮		
	时间	25s	3s	2s	30s		
南北	信号	红灯亮			绿灯亮	绿灯闪	黄灯亮
	时间	30s			25s	3s	2s

2. I/O分配和PLC机型的选择

控制系统的I/O分配如下：

1）2个输入点：起动按钮 - X0，停止按钮 - X1。

2）6个输出点：东西方向绿灯 - Y0，东西方向黄灯 - Y1，东西方向红灯 - Y2；南北方向绿灯 - Y4，南北方向黄灯 - Y5，南北方向红灯 - Y6。

起动按钮SB1接PLC的输入点X0，停止按钮SB2接输入点X1。南北方向红、黄、绿灯分别接PLC的输出点Y2、Y1、Y0，东西方向红、黄、绿灯分别接PLC的输出点Y6、Y5、Y4。因为东西方向或者南北方向信号灯动作的规律相同，只要输出点带动负载能力允许完全可以通过一个输出点同时驱动东西或南北方向的两盏信号灯，这样就节省了PLC的I/O点数。

根据系统的I/O点数和控制的要求，选择PLC的机型为FX_{2N}-16MR。

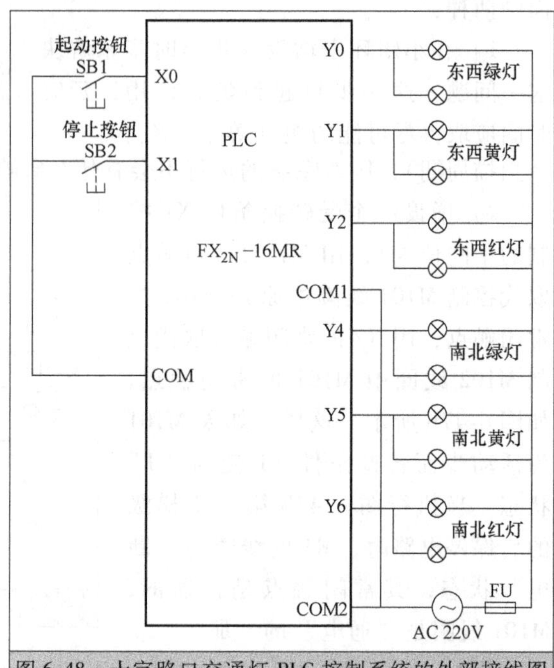

图6-48 十字路口交通灯PLC控制系统的外部接线图

十字路口交通灯PLC控制系统的外部接线图如图6-48所示。

6.4.3 交通灯控制系统的程序设计（各种编程方法的综合比较）★★★

1. 采用经验设计法、时序图设计法进行编程

画出十字路口交通灯PLC控制系统的时序图，如图6-49所示。

如果采用经验设计法、时序图设计法对此系统进行编程时，需要用到前面介绍过的几个常用基本电路。通过分析控制要求可见，系统整个工作周期为60s，前30s是南北方向红灯亮，后30s是东西方向红灯亮，这实际上构成了一个振荡电路。为了实现在前30s和后30s内分别依次定时25s、3s和2s，又需要用到定时器的接力电路。采用经验设计法、时序图设计法的十字路口交通灯控制系统梯形图如图6-50所示。

由系统的时序图，可以很容易地确定一个工作周期中各时间区段对应使用的定时器及其定时时间。整个程序需要用到启保停电路、振荡电路和长延时电路（定时器接力电路）等。通过使用有关定时器的常开、常闭触点作为控制相应输出继电器的起动条件和停止条件。另外，为了实现绿灯的闪烁效果，还在控制绿灯闪的输出电路中串入了PLC内部的秒脉冲——M8013。

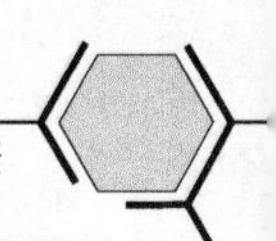

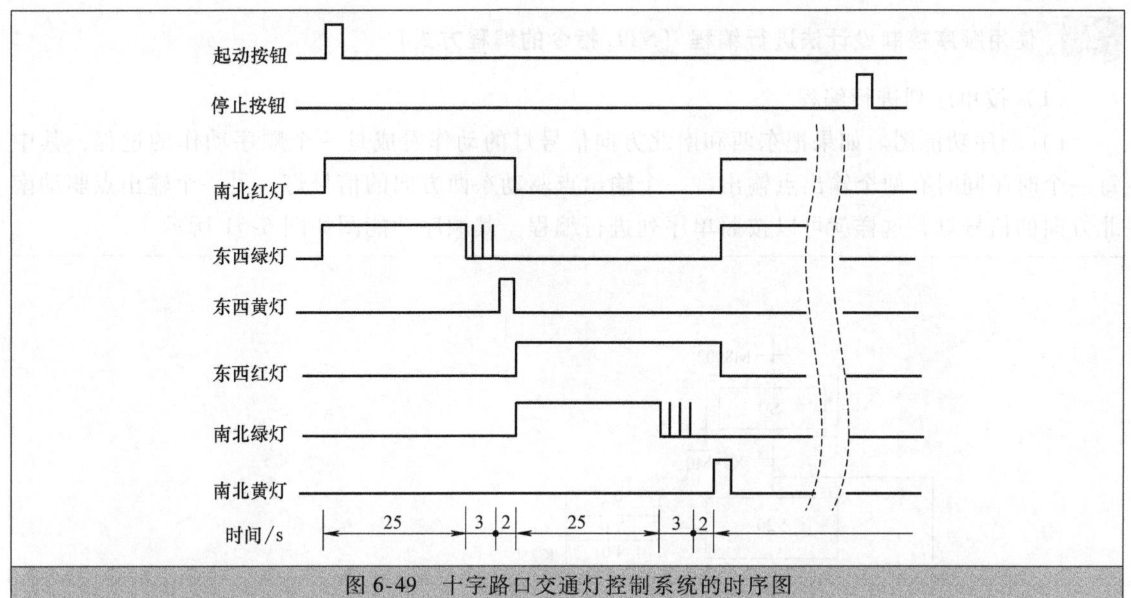

图 6-49 十字路口交通灯控制系统的时序图

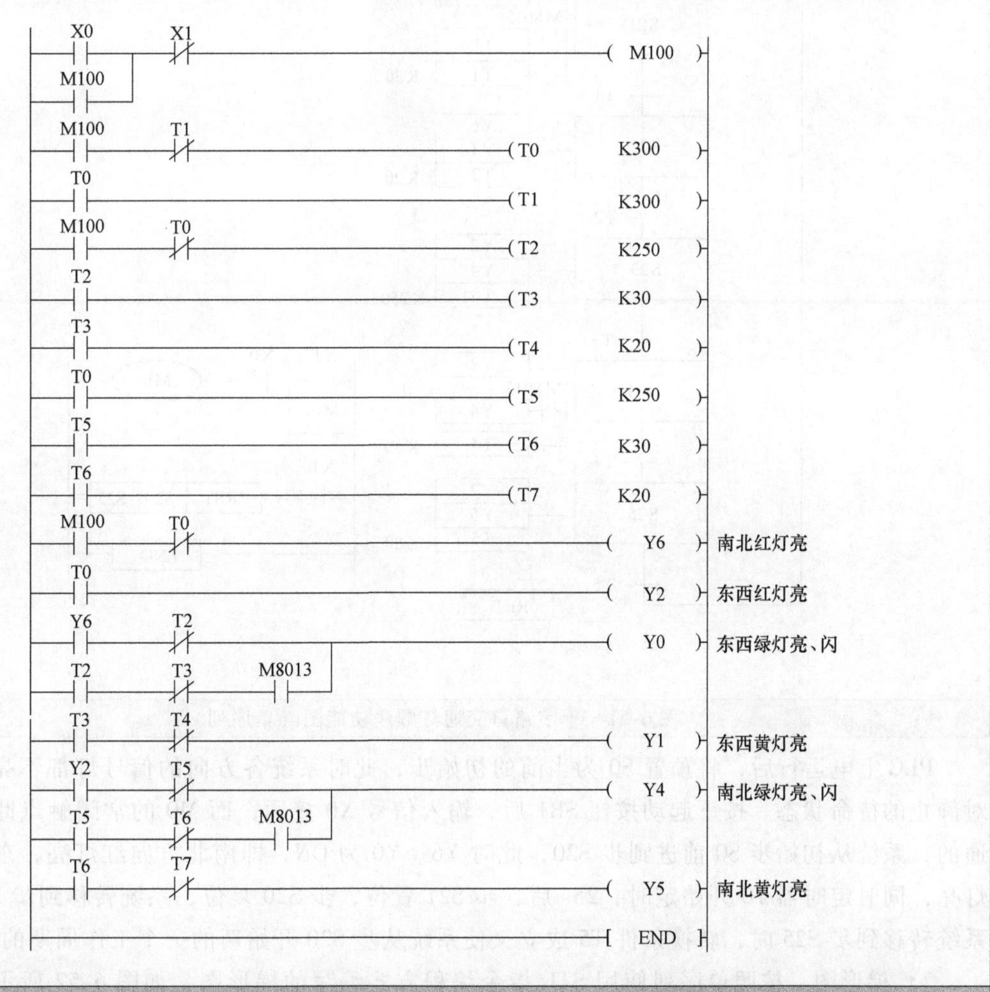

图 6-50 十字路口交通灯梯形图（经验设计法、时序图设计法）

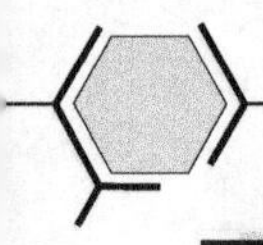

2. 使用顺序控制设计法进行编程（STL 指令的编程方式）

（1）按单序列进行编程

1）顺序功能图。如果把东西和南北方向信号灯的动作看成是一个顺序动作的过程，其中每一个时序同时有两个输出点输出，一个输出点驱动东西方向的信号灯，另一个输出点驱动南北方向的信号灯，这样就可以按照单序列进行编程。其顺序功能图如图 6-51 所示。

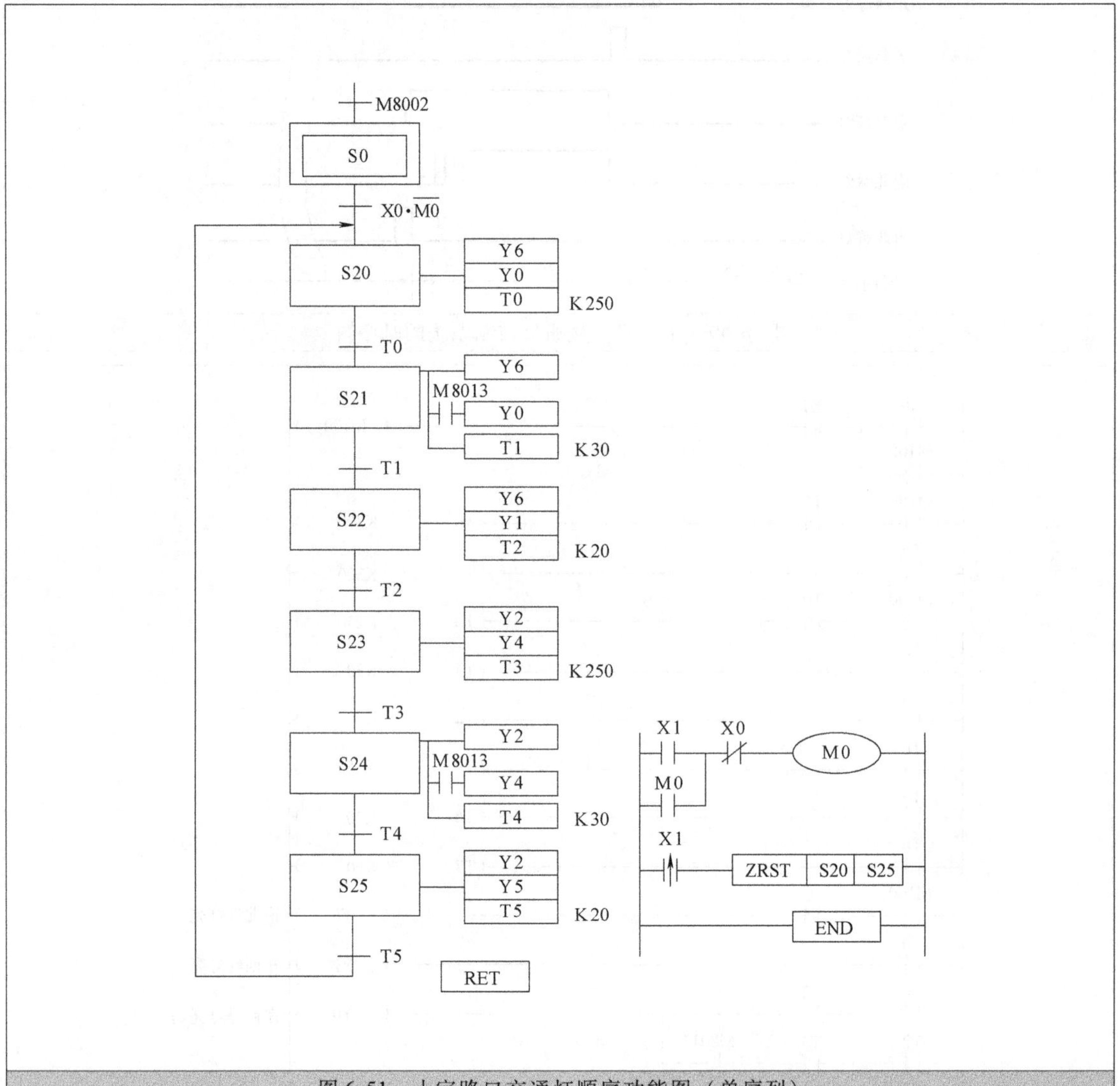

图 6-51　十字路口交通灯顺序功能图（单序列）

PLC 上电运行后，将预置 S0 为当前的初始步，此时系统各方向的信号灯都不亮，处于相对静止的待命状态。按下起动按钮 SB1 后，输入信号 X0 接通，而 M0 的常闭触点此时也是接通的，系统从初始步 S0 前进到步 S20，此时 Y6、Y0 为 ON，即南北方向红灯亮，东西方向绿灯亮，同时定时器 T0 开始定时，25s 后，步 S21 置位，步 S20 复位，系统转移到步 S21……当系统转移到步 S25 时，转换条件 T5 成立又使系统从步 S20 开始新的一个工作周期的循环。

2）梯形图。按照单序列使用 STL 指令编程方式编写的梯形图，如图 6-52 所示。在图中 STL 触点表示为“—| STL |—”，这是它在三菱 FXGP-Win 编程环境中的表示符号，且定时

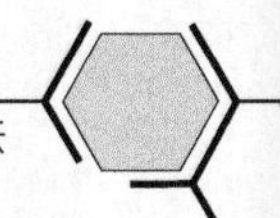

器的设定值如 T0 的设定值 K250 是填写在定时器线圈“（ ）”内部的，即采用（T0 K250）来表示。

（2）按并行序列进行编程

1）顺序功能图。如果把东西方向和南北方向信号灯动作过程看成是两个独立的顺序动作过程，则可以按照并行序列进行编程。其顺序功能图如图 6-53 所示。由图 6-53 可见，系统存在两条状态转移的支路，其结构为并行序列的分支与合并。

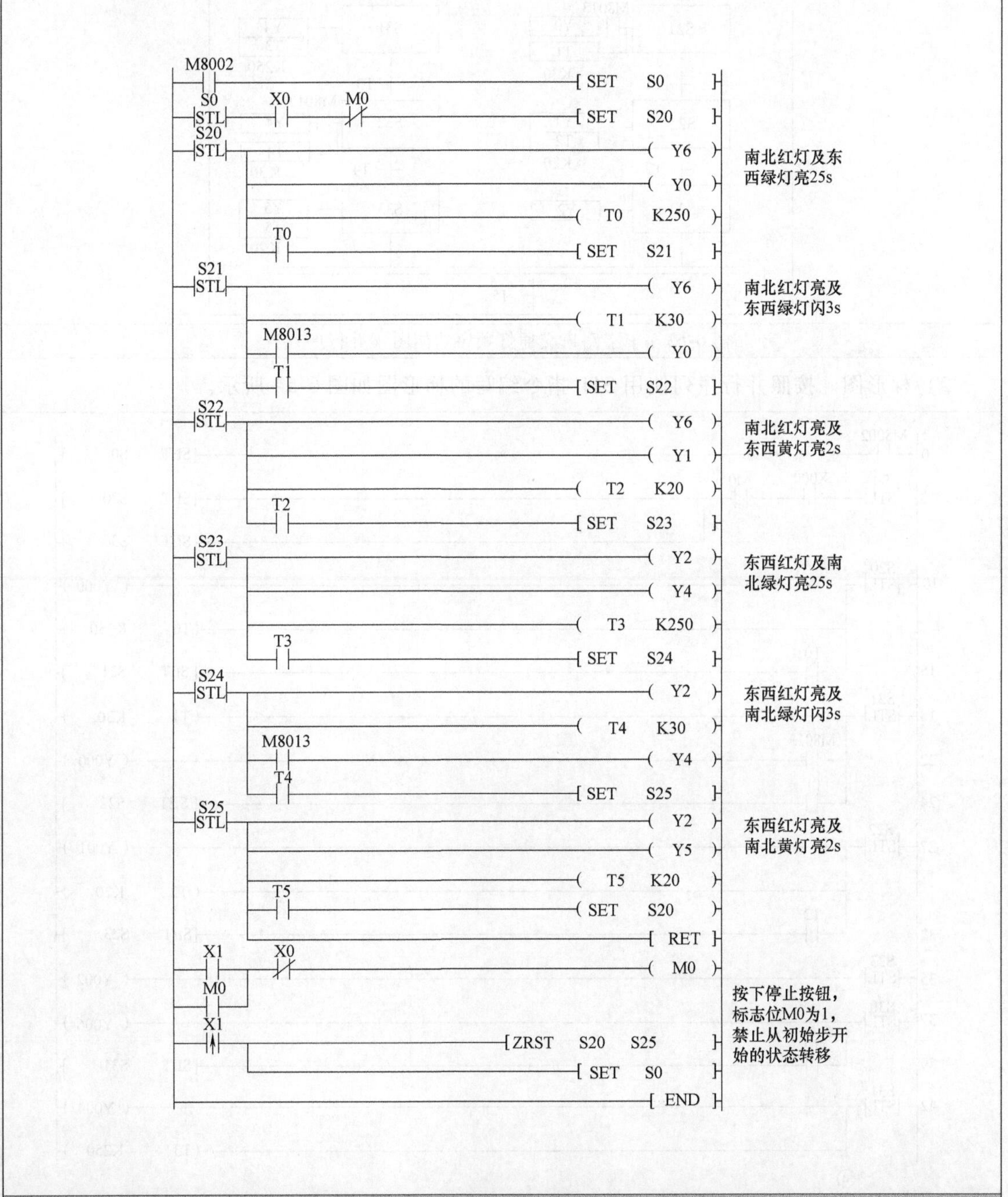

图 6-52 十字路口交通灯梯形图（按单序列编程）

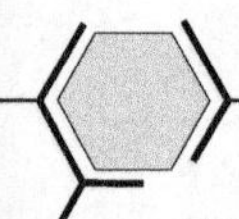

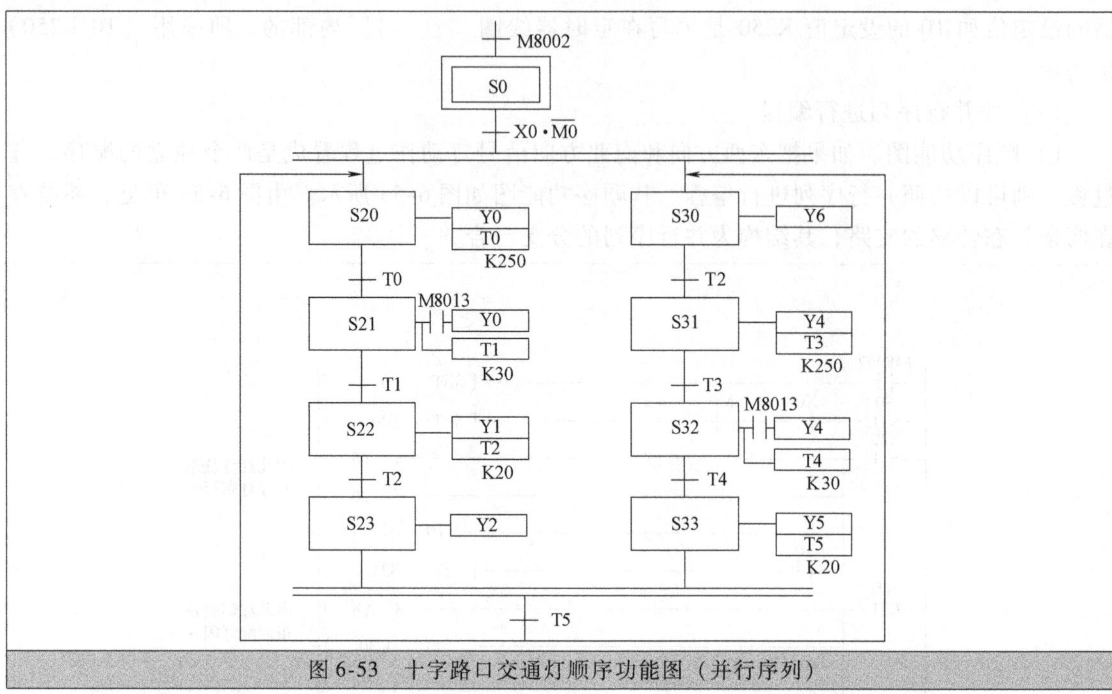

图 6-53 十字路口交通灯顺序功能图（并行序列）

2）梯形图。按照并行序列使用 STL 指令编写的梯形图如图 6-54 所示。

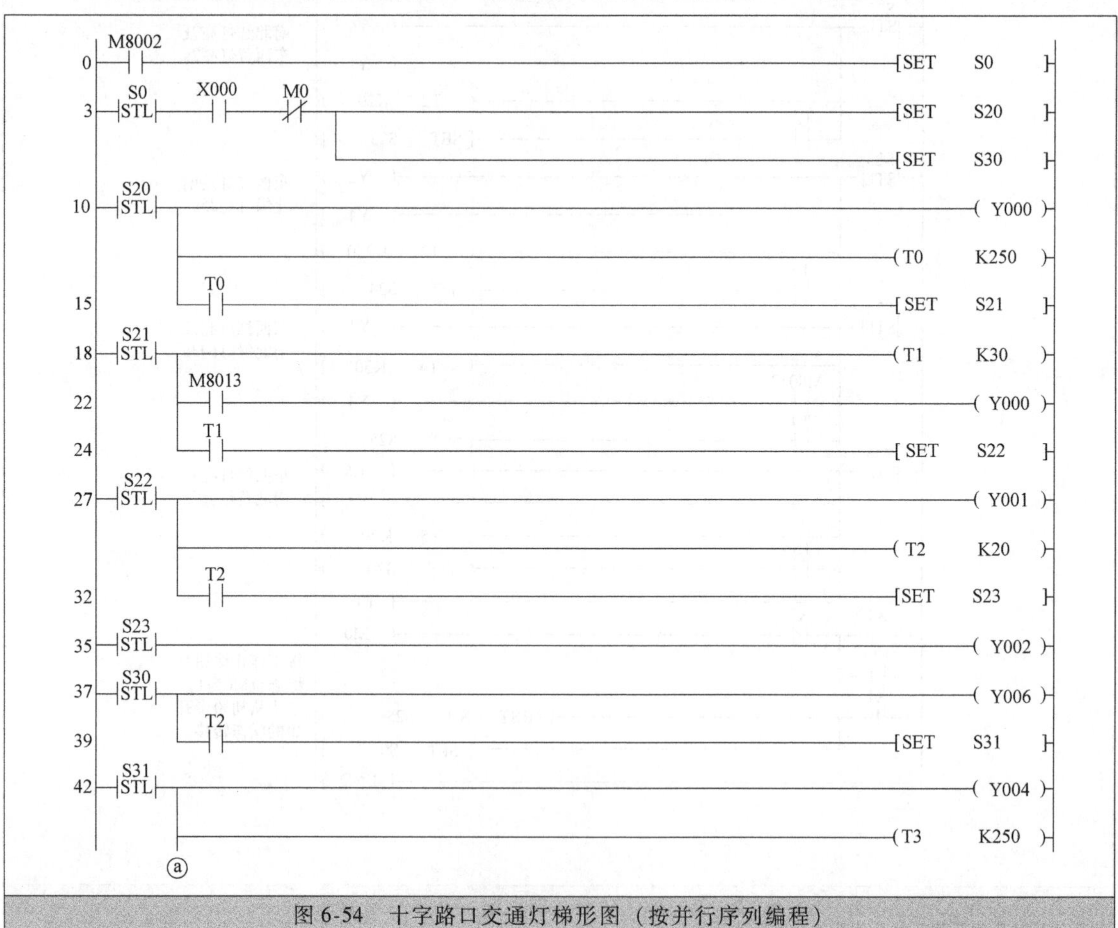

图 6-54 十字路口交通灯梯形图（按并行序列编程）

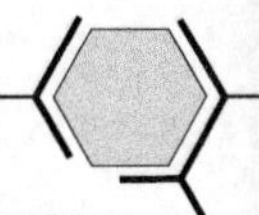

```
     ⓐ
47   T3                                   [SET   S32  ]
50   S32 STL                              (T4    K30  )
54   M8013                                (Y004       )
56   T4                                   [SET   S33  ]
59   S33 STL                              (Y005       )
                                          (T5    K20  )
64   S23 STL  S33 STL  T5                 [SET   S20  ]
                                          [SET   S30  ]
71                                        [RET        ]
72   X001  X000                           (M0         )
     X0
76   X001                      [ZRST  S20    S33  ]
                                          [SET   S0   ]
85                                        [END        ]
```

图6-54　十字路口交通灯梯形图（按并行序列编程）（续）

6.5　具有多种工作方式的系统的编程

6.5.1　系统工作方式简介 ★★★

在实际生产中很多系统都需要具有多种工作方式，例如，系统既能自动地循环执行一个完整的动作过程，又能使用手动操作运行其中某一个特定的动作。系统常见的工作方式可以分为手动、单步、单周期（半自动）和连续（全自动）四种工作方式，而后三种工作方式都属于自动工作方式。

手动工作方式与点动控制是相似的。单步工作方式是指从初始步开始，按一下起动按钮，系统转换到下一步，完成该步的任务后，自动停止工作并停留在该步，再按一下起动按钮，又往前走一步，这样一步一步地运行最终可以返回到初始步。单周期工作方式是指按下起动按钮后，从初始步开始，系统完成一个周期的工作后返回并停留在初始步。连续工作是指在初始状态按下起动按钮后，系统从初始步开始一个周期又一个周期反复连续地工作。按下停止按钮后，系统并不立即停止工作，在完成本周期的最后一个动作后，返回并停留在初始步。

对于一个生产设备来讲，上述的各种工作方式是不能同时运行的。所以，可以借用计算机程序设计中模块化的编程思想对这几种工作方式的程序分别进行编程，最后再综合起来，这样可以大大简化程序的设计，而且设计出来的程序其可读性、可移植性和可维护性也会较强。

在系统的程序设计中，手动程序比较简单，一般采用经验设计法。而自动程序通常较复杂，可以先画出系统的顺序功能图采用前面介绍的几种顺序控制设计法进行设计。下面将以机械手控制系统为例，介绍具有多种工作方式的系统的编程。

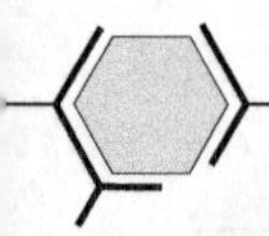

6.5.2 机械手控制系统的控制要求及硬件设计 ★★★

1. 系统的组成及控制要求

机械手控制系统采用气动控制，其任务是将工位 A 处的工件搬运到工位 B 处。系统组成示意图如图 6-55 所示。

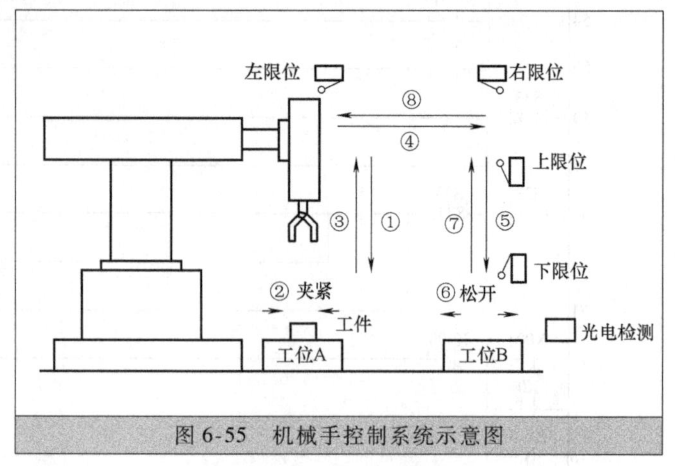

图 6-55 机械手控制系统示意图

系统的工作方式分为手动、单步、单周期和连续四种工作方式，具体控制要求如下：机械手控制系统上装有上、下限位和左、右限位开关，以便对移动机构进行行程限位控制。系统的一个工作周期共有 8 个动作，即下降、夹紧、上升、右行、下降、松开、上升和左行，如图 6-55 所示。机械手的下降、上升、右行和左行等动作的转换是由相应的限位开关来控制的，而夹紧、松开动作是由定时来控制的。机构的上升、下降和左行、右行是由双线圈两位电磁阀推动汽缸来实现的，当某一线圈通电，机构便单方向移动，直到线圈断电才停止在当前位置。夹紧和松开是由单线圈两位电磁阀驱动汽缸来实现的，线圈通电则夹紧，断电则为松开。

为了保证安全，机械手右移到位后，必须在工位 B 上无工件时才能下降，若上一次搬运到工位 B 上的工件尚未移走，机械手应自动暂停等待，为此在工位 B 上方设置了一个光电开关用来检测有无工件信号。

为了满足实际生产的各种需要，机械手控制系统设置了手动工作方式、自动工作方式和回原点工作方式。几种工作方式设置的目的和动作要求如下：

（1）手动工作方式

为了便于对设备进行调整和检修（如限位开关坏的情况下），系统设置了手动工作方式。用手动操作按钮对机械手的每一动作可以单独进行控制。

（2）自动工作方式

自动工作方式上面已经提到过可以用于系统的自动运行，系统一般工作在自动工作方式下。自动工作方式具体可分为单步、单周期和连续三种工作方式。

1）单步工作方式。从原点位置开始，按照自动工作循环的各步顺序，每按下一次起动按钮，系统前进一步，机械手完成此步的工作后，自动地停留在该步上。单步工作方式主要用于系统的调试。

2）单周期工作方式。按下起动按钮，机械手从原点开始，按照各步顺序自动地完成一个周期的动作后，返回到原点位置停止。

3）连续工作方式。按下起动按钮，机械手从原点开始，按照各步顺序自动反复地连续工作，直到按下停止按钮，机械手在完成最后一个周期的动作后，返回原点位置后自动停止。

（3）回原点工作方式

机械手控制系统在原点位置时，各检测元件和执行元件的状态如下：左限位开关压下，上限位开关压下，工作钳处于放松状态。机械手在回到原点处后应有相应的信号灯进行指示。当

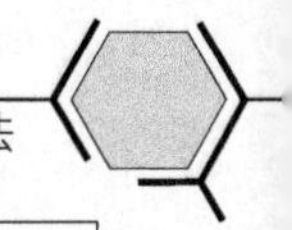

机械手不在原点时，可选择回原点工作方式，然后按回原点起动按钮，使系统自动地返回原点位置。如果系统无回原点工作方式，也可以选择手动工作方式，通过按压相应的手动操作按钮，使机械手回到原点。

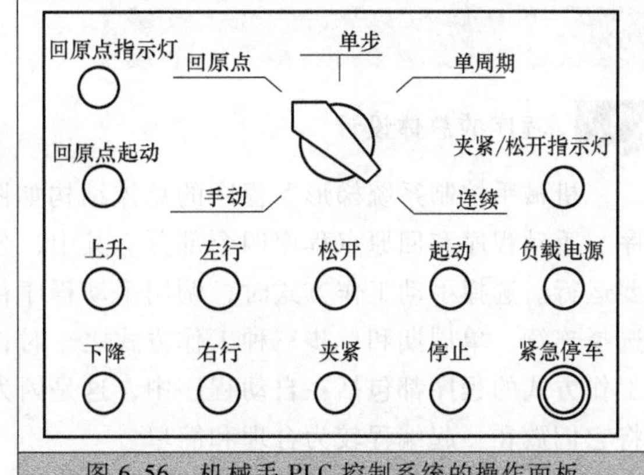

图 6-56　机械手 PLC 控制系统的操作面板

2. 控制系统的硬件设计

（1）操作面板布置

机械手控制系统操作面板的布置如图 6-56 所示。

（2）I/O 地址分配

根据机械手控制系统的控制要求，系统的 I/O 地址分配见表 6-10。

表 6-10　机械手 PLC 控制系统 I/O 地址分配

输入点				输出点	
手动	X0	左限位	X12	下降电磁阀	Y0
回原点	X1	右限位	X13	上升电磁阀	Y1
单步	X2	手动上升	X14	右行电磁阀	Y2
单周期	X3	手动下降	X15	左行电磁阀	Y3
连续循环	X4	手动左行	X16	夹紧/松开电磁阀	Y4
回原点起动	X5	手动右行	X17	回原点指示灯	Y5
起动	X6	松开	X20		
停止	X7	夹紧	X21		
上限位	X10	光电开关	X22		
下限位	X11				

（3）系统的外部接线图

机械手控制系统 PLC 外部接线图如图 6-57 所示。根据系统的控制要求和输入、输出点数，选择 PLC 的机型为 FX_{2N}-48MR。为了保证在紧急情况下（包括 PLC 发生故障时）能够可靠地切断 PLC 的负载电源，在 PLC 的外部电路中设置了交流接触器 KM。在 PLC 开始运行时按下“负载电源”按钮，使 KM 线圈通电并通过其并联在起动按钮 SB2 两端的自保持触点实现自锁，同时接在交流电源上的 KM 的两对主触点接通，实现给外部负载供电，当出现紧急情况时通过按压“紧急停车”按钮用以断开负载电源，使 PLC 所有的输出负载都断电。

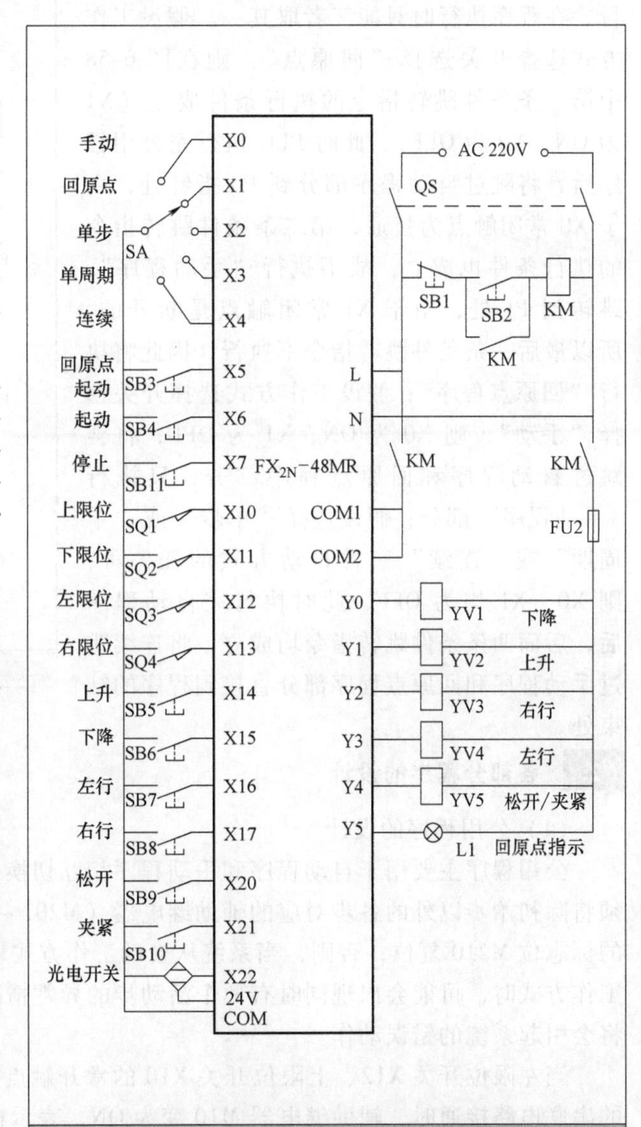

图 6-57　机械手控制系统 PLC 外部接线图

6.5.3 系统的程序设计 ★★★

1. 程序的总体设计

机械手控制系统梯形图程序的总体结构如图 6-58 所示。整个程序分为公用程序、自动程序、手动程序和回原点程序四个部分。其中，公用程序是无条件执行的，在各种工作方式下都要运行。选择手动工作方式时，调用手动程序；选择回原点工作方式时，将调用回原点程序；选择连续、单周期和单步三种工作方式之一时，将会调用自动程序。单步、单周期和连续三种工作方式的程序都包括在自动程序中，这是因为它们的动作都是按照同样的工序进行的，所以将它们放在一起编程较为合理和简单。

梯形图中使用条件跳转（CJ）指令使回原点程序、手动程序和自动程序不会同时被执行，在程序执行时只能三者取其一。假设工作方式选择开关选择“回原点”，则在图 6-58 中第一条条件跳转指令的执行条件成立（X1 为 ON，X0 为 OFF），此时 PLC 执行完公用程序后，将跳过自动程序部分到 P0 指针处，由于 X0 常闭触点为接通，第二条条件跳转指令的执行条件也成立，故不执行“手动程序”，跳转到 P1 处，由于 X1 常闭触点是断开的，所以最后一条条件跳转指令不执行，因此将执行“回原点程序”；假设工作方式选择开关选择“手动”，则 X0 为 ON、X1 为 OFF，将会跳过自动程序和回原点程序部分，只执行“手动程序”部分；假设选择“单步”或“单周期”或“连续”三种自动方式的任一种，则 X0、X1 均为 OFF，此时执行完自动程序后，后面两条条件跳转指令均成立，将连续跳过手动程序和回原点程序部分直接到程序的结束处。

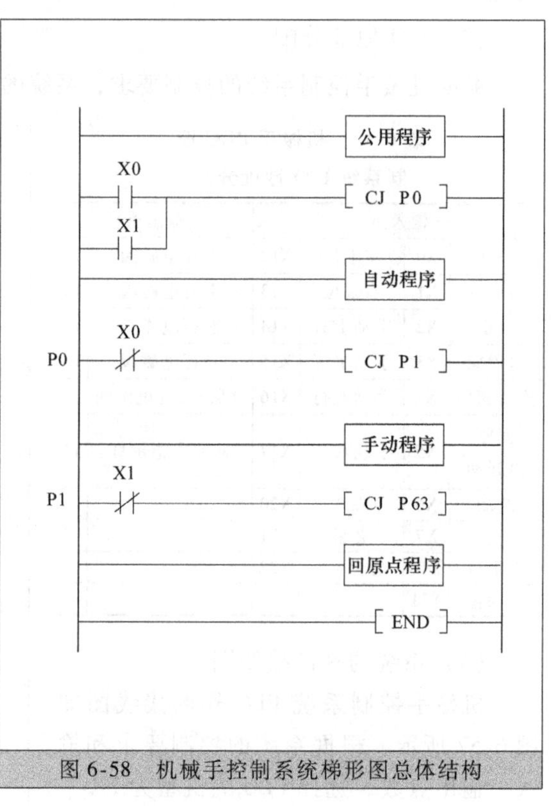

图 6-58 机械手控制系统梯形图总体结构

2. 各部分程序的设计

（1）公用程序的设计

公用程序主要用于自动程序和手动程序相互切换的处理。当系统处于手动工作方式时，必须将除初始步以外的各步对应的辅助继电器（M201 ~ M208）复位，同时将表示连续工作状态的标志位 M210 复位；否则，当系统从自动工作方式切换到手动工作方式，然后又返回到自动工作方式时，可能会出现同时有两个活动步的异常情况，而控制系统并不存在着并行序列，这将会引起系统的错误动作。

当左限位开关 X12、上限位开关 X10 的常开触点和表示机械手松开的 Y4 的常闭触点组成的串联电路接通时，辅助继电器 M10 变为 ON，表示机械手在原点位置处。公用程序如图 6-59 所示。

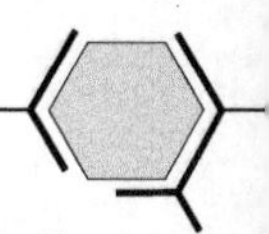

当机械手处于原点条件（M10 为 ON），在开始执行用户自动程序（M8002 为 ON），或系统处于手动状态或回原点状态（X0 或 X1 为 ON）时，初始步对应的 M200 将置位，为切换到单步、单同期和连续等自动工作方式做好准备。如果此时 M10 为 OFF 状态，M200 将复位，初始步为不活动步，系统不能在单步、单周期和连续等自动工作方式下工作。

（2）手动程序

手动程序这里采用经验设计法设计。手动工作时用 X14 ~ X21 对应的 6 个手动操作按钮控制机械手的上升、下降、左行、右行、夹紧和松开等动作。手动程序如图 6-60 所示。为了保证系统的安全运行，在手动程序中设置了一些必要的软件联锁，例如，上升与下降之间、左行与右行之间的联锁，以及上升、下降、左行、右行的限位控制。程序中还将上限位开关 X10 的常开触点与控制左、右行的 Y3 和 Y2 的线圈串联，使得机械手升到最高位置才能进行左右的移动，以防止机械手在较低位置运行时与别的物体碰撞。

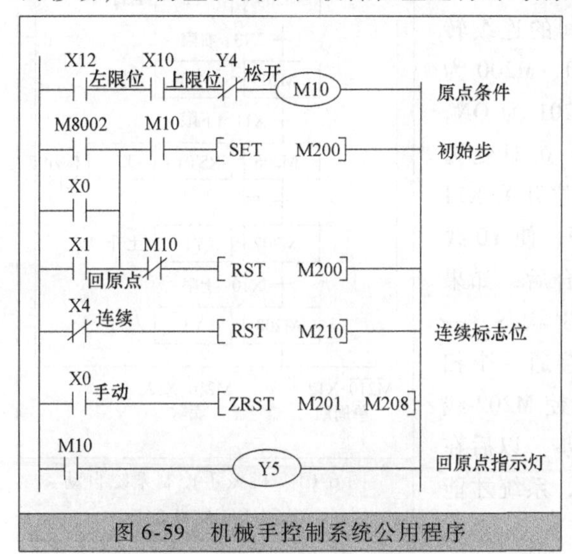

图 6-59 机械手控制系统公用程序

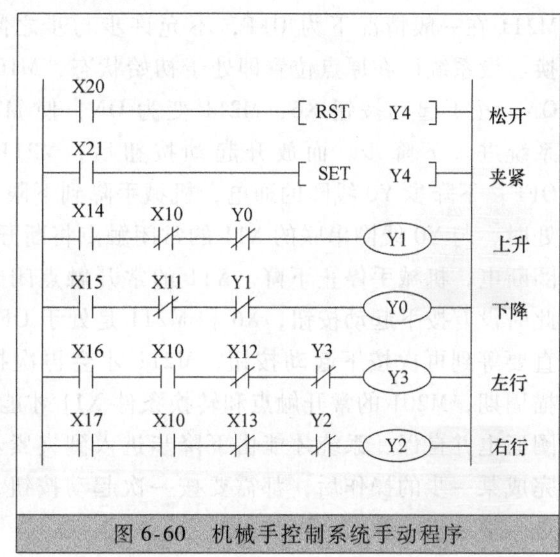

图 6-60 机械手控制系统手动程序

（3）自动程序（使用启保停的编程方式）

自动程序采用顺序设计法设计。机械手控制系统自动程序的顺序功能图如图 6-61 所示。使用启保停的编程方式设计的顺序控制梯形图程序如图 6-62 所示。

当系统工作在连续和单周期（即非单步）这两种自动工作方式时，X2 的常闭触点接通，使 M211（步连续转换允许标志位）为 ON，串联在各步电路中的 M211 的常开触点都接通，允许步与步之间的连续转换。

自动程序各工作方式运行分析如下：

1）单周期工作方式。在单周期工作方式下，在初始步时按下起动按钮 X6，在 M201 的起动电路中，M200、X6 和 M211 的常开触点均接通，使 M201 的线圈为 ON，系统进入下降步，Y0 为 ON，机械手下降；机械手碰到下限位开关 X11 时，M202 变为 ON，系统转换到夹紧步，Y4 被置位，工件被夹紧。同时 T0 通电开始定时，1.5s 后 T0 的定时时间到，其常开触点接通，使系统进入上升步。系统就这样一步一步地自动往下走，当机械手在左行步 M208 返回到左限位时，X12 为 ON，因为此时不是连续工作方式，连续/单周期方式选择标志位 M210 线圈处于 OFF 状态，转换条件 $\overline{M210}\cdot X12$ 满足，系统返回并停留在初始步 M200。

2）连续工作方式。在连续工作方式下，X4 为 ON，在初始状态按下起动按钮 X6，与单周期工作方式时相同，M201 变为 ON，机械手下降，与此同时，连续/单周期方式选择标志位 M210

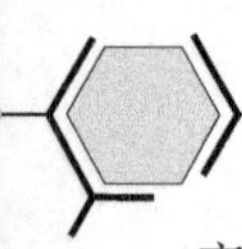

变为 ON，以后的工作过程与单周期工作方式相同。当机械手在一个周期的最后一步 M208 左行步返回到左限位时，X12 为 ON，因为 M210 为 ON，转换条件 M210 · X12 满足，系统将返回到下一个周期的第一步 M201，这样一个周期一个周期反复连续地工作下去。当按下停止按钮 X7 后，M210 变为 OFF，但是系统不会立即停止工作，在完成当前工作周期的全部动作后，在步 M208 返回到原点位置后，左限位开关 X12 变为 ON，转换条件 $\overline{\text{M210}}$ · X12 满足，系统返回并停留在初始步停止工作。

3）单步工作方式。如果系统处于单步工作方式，X2 为 ON，它的常闭触点断开，“步连续转换允许标志位” M211 在一般情况下为 OFF，不允许步与步之间的连续转换。设系统已在原点位置即处于初始状态，M10、M200 为 ON，按下起动按钮 X6，M211 变为 ON，使 M201 为 ON，系统进入下降步。而放开起动按钮后，M211 立即变为 OFF。下降步 Y0 线圈的通电，机械手降到下限位开关 X11 处时，与 Y0 线圈串联的 X11 的常闭触点将断开，使 Y0 线圈断电，机械手停止下降。X11 的常开触点闭合后，如果此时没有按下起动按钮，X6 和 M211 是处于 OFF 状态，一直要等到再次按下起动按钮，M211 才会再次接通一个扫描周期，M201 的常开触点和转换条件 X11 才能使 M202 线圈通电并自保，系统才能由下降步进入到夹紧步。以后在完成某一步的操作后，都需要按一次起动按钮，系统才能进入下一步。

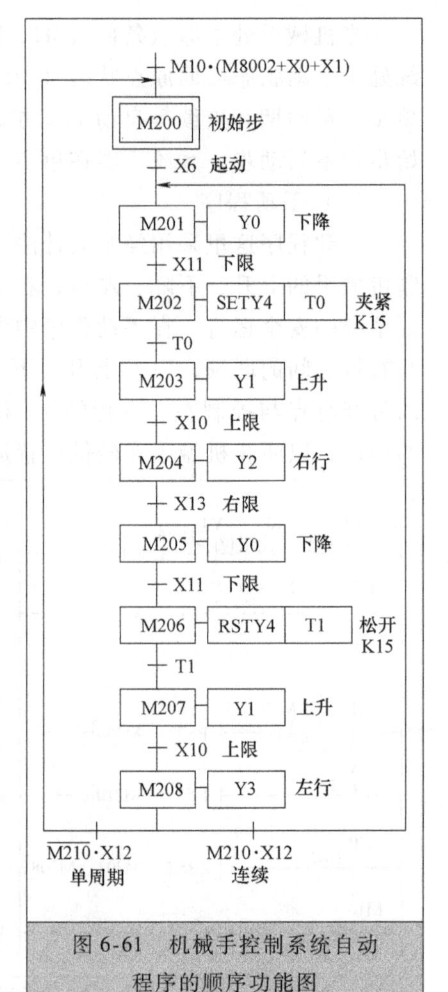

图 6-61 机械手控制系统自动程序的顺序功能图

自动程序需要说明的几点如下：

1）如果将控制初始步 M200 的启保停电路放在控制下降步 M201 的启保停电路之前，在单步工作方式下，当左行步 M208 为活动步且机械手回到原点位置时，若按下起动按钮 X6 在返回到初始步 M200 后，下降步 M201 的起动条件满足，系统将立即进入下降步。在单步工作方式下，像这样连续地跳两步是不允许的。因此，将控制下降步 M201 的启保停电路放在步连续转换允许标志位 M211 线圈的后面，控制初始步 M200 的启保停电路的前面，就可以解决这一问题。因为，在左行步 M208 为活动步且机械手回到原点位置时，若按下起动按钮 X6，初始步 M200 的线圈将通电，此时控制 M201 线圈起动电路中的 M200 的常开触点已经被扫描过了，而 M211 的线圈只瞬时“通电”一个扫描周期，在下一个扫描周期 M200 的常开触点仍不会接通，M201 的线圈是不能“通电”的，这样就只能走一步。

2）基于上面连续跳两步的情况以及防止在单步工作方式下按压起动按钮 X6 时间过长引起的连续跳两步的情况，这里对 X6 使用了上升沿边沿检测触点指令。

3）在自动程序的输出驱动部分，X10 ~ X13 的常闭触点是为单步工作方式设置的。以下降为例，当小车碰到下限位开关 X11 后，与下降步对应的辅助继电器 M201 不会立即变为 OFF，如果 Y0 的线圈不与 X11 的常闭触点串联，机械手不能停在下限位开关 X11 处，还会继续下降，在这种情况下可能造成事故。

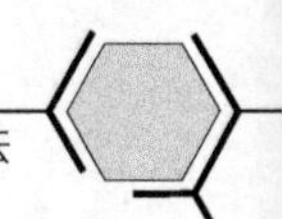

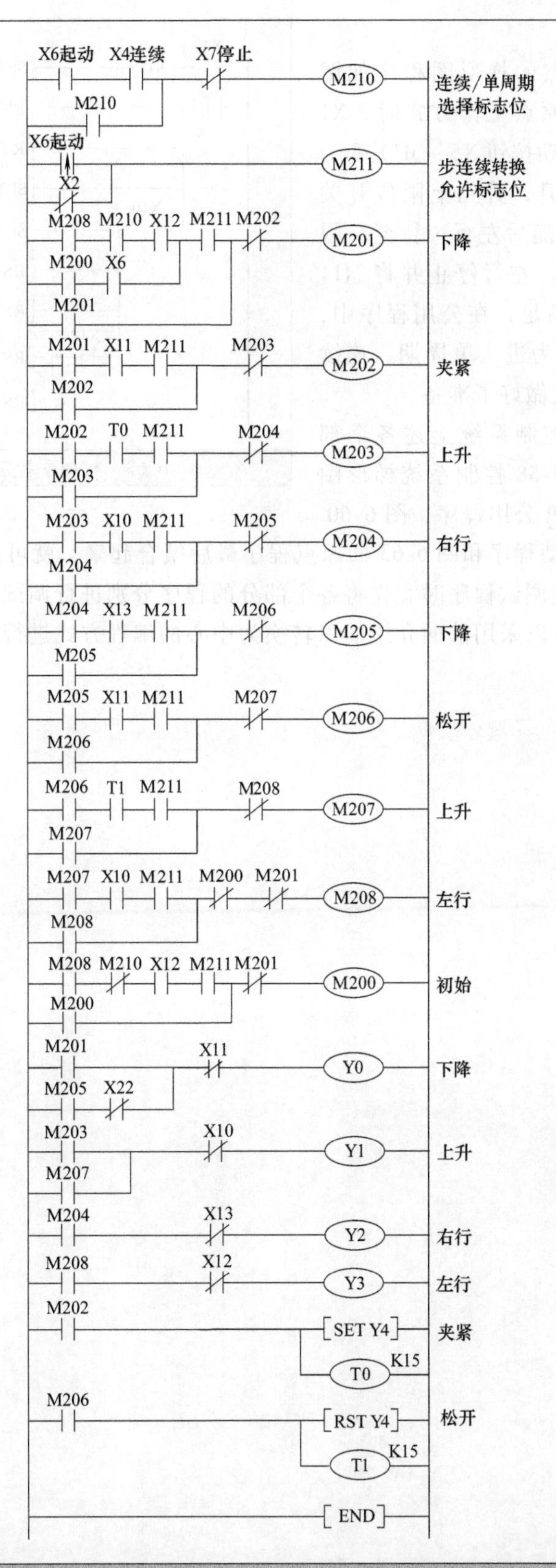

图 6-62 机械手控制系统自动程序（使用启保停的编程方式）

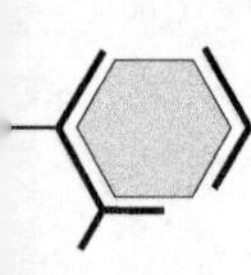

(4) 回原点程序

机械手自动回原点的梯形图程序如图6-63所示。当选择回原点工作方式时，X1为ON。按下回原点起动按钮X5，M11变为ON，机械手松开和上升，升到上限位开关时X10为ON，机械手随后左行，行至左限位处时，X12变为ON，左行停止并将M11复位。这时原点条件满足，在公用程序中，初始步M200将置位，为进入单周期、连续和单步等自动工作方式做好了准备。

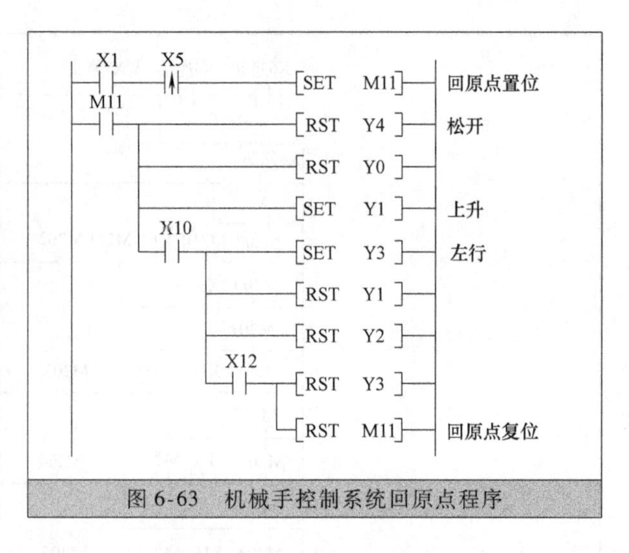

图6-63 机械手控制系统回原点程序

在设计了机械手控制系统上述各个部分的程序后，按照图6-58控制系统梯形图的总体结构，将图6-59公用程序、图6-60手动程序、图6-62自动程序和图6-63回原点程序最后整合起来，就可以得到机械手控制系统完整的梯形图程序。在调试程序时宜先将各个部分的程序分别进行调试，然后再进行整个程序的统调。这个系统也可以采用前面介绍的以转换为中心的编程方式进行程序的设计，这里不再详述。

第7章 »

三菱FX系列特殊功能模块

本章内容提要 要使 PLC 实现一些特定的控制目的，如闭环模拟量的调节、网络通信、定位和高速计数功能等，必须在 PLC 基本单元外扩展特殊功能模块或功能板。本章主要介绍了三菱 FX 系列 PLC 的模拟量输入/输出模块、脉冲发生单元、定位控制模块、通信扩展板、通信模块以及其他常用的特殊功能模块。

7.1 模拟量输入/输出模块

7.1.1 概述 ★★★

模拟量输入模块（A-D 模块）是把现场连续变化的模拟信号转换成合适 PLC 内部处理的数字信号。输入的模拟信号经运算放大器放大后进行 A-D 转换，再经过光耦合器为 PLC 提供一定位数的数字信号。

模拟量输出模块（D-A 模块）是将 PLC 运算处理后的数字信号转换为相应的模拟信号输出，以满足生产过程现场连续控制信号的需求。模拟信号输出接口一般由光电隔离、D-A 转换和信号驱动等环节组成。

FX_{2N}系列 PLC 常用的输入/输出模块主要有模拟量输入模块 FX_{2N}-2AD、FX_{2N}-4AD 和 FX_{2N}-8AD，模拟量输出模块 FX_{2N}-2DA 和 FX_{2N}-4DA，模拟量输入/输出模块 FX_{2N}-5A 和 FX_{0N}-3A，以及温度传感器用模块 FX_{2N}-4AD-PT、FX_{2N}-4AD-TC 和温度调节模块 FX_{2N}-2LC。

FX 系列的模拟量扩展单元包括模拟量输入板 FX_{1N}-2AD-BD、模拟量输出板 FX_{1N}-1DA-BD 和 8 位模拟量功能设定板 FX_{2N}-8AV-BD 等。

1. PLC 模拟量的处理流程

PLC 原先是从继电器控制系统发展而来，其主要的控制对象是机电产品，以开关量控制居多。但是，在实际的工业过程控制中，控制对象很多是温度、压力、流量和物位等模拟量，因此 PLC 也必须具备处理模拟量的能力。PLC 有许多应用指令，可以处理各种形式的数字量（16/32bit，整数/实数），只需加上硬件的 A-D（模拟量-数字量）、D-A（数字量-模拟量）接口，实现模-数、数-模转换，PLC 就可以方便地处理模拟量了。PLC 模拟量处理流程图如图 7-1所示。从该图中可见，实际上用户程序中处理的只是与模拟量成比例的数字值。

以模拟量输入模块 FX_{2N}-4AD-TC 为例，该模拟量输入模块的内部结构框图如图 7-2 所示。

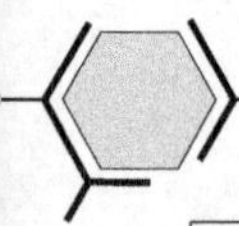

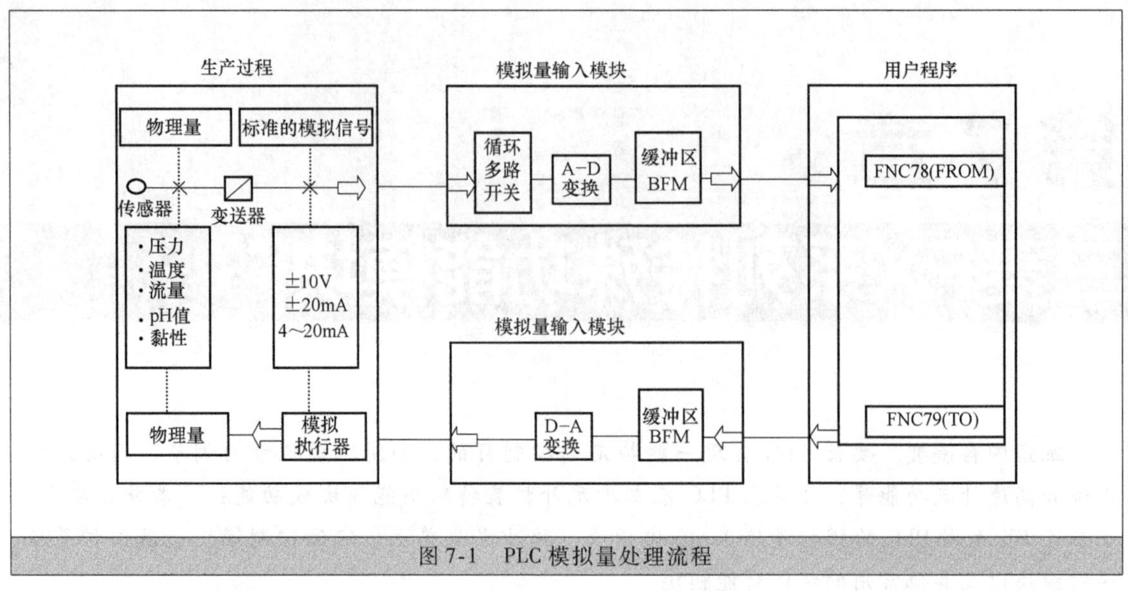

图 7-1　PLC 模拟量处理流程

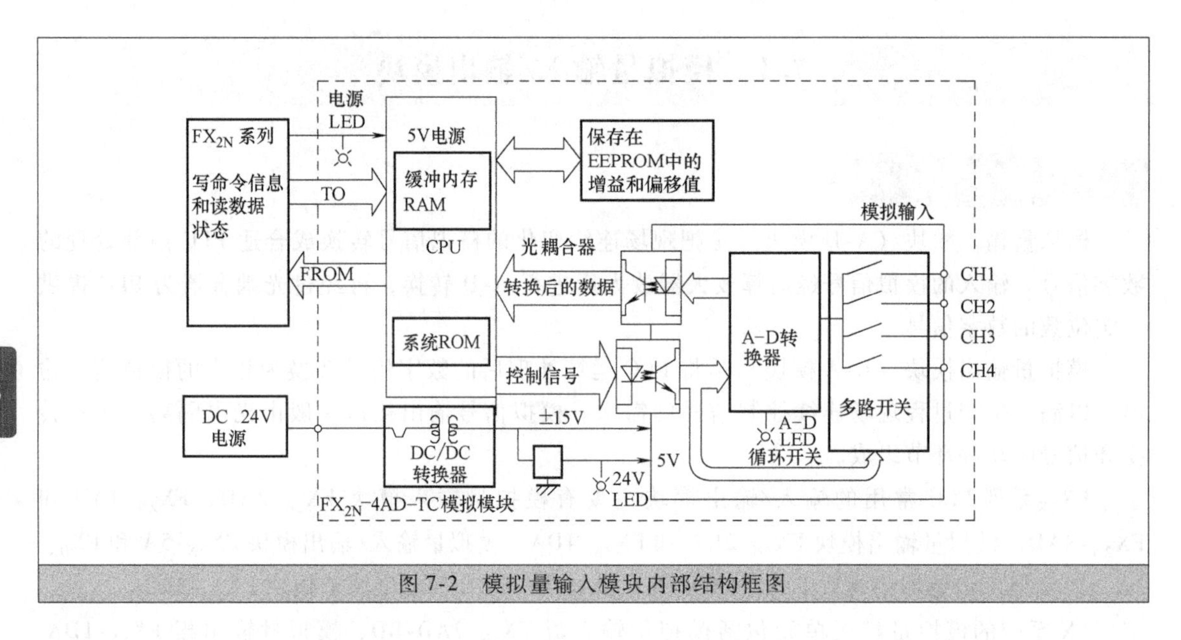

图 7-2　模拟量输入模块内部结构框图

2. 模拟量处理系统设计要点

按照图 7-1 模拟量处理流程图组成的 PLC 模拟量采集控制系统需要解决以下问题：①可以接入 PLC 系统的 A-D、D-A 模块或接口的型号及主要技术数据；②如何确定特殊功能模块的编号；③模拟量输入/输出信号如何接线；④模拟量输入/输出单元中缓冲寄存器 BFM 的分配；⑤确定 A-D、D-A 转换中的比例关系，以便进行工程单位与读入数值之间的换算；⑥怎样编写用户程序。

限于篇幅，本节只对 FX_{0N}-3A、FX_{2N}-4AD、FX_{2N}-2DA、FX_{2N}-4AD-PT、FX_{2N}-4AD-TC 和 FX_{2N}-2LC 等模拟量模块做一简单介绍，其他类型的模拟量输入/输出模块，读者可参考三菱 FX 系列 PLC 有关使用手册。

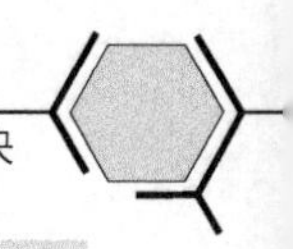

3. FROM 和 TO 指令的使用

使用 FROM 和 TO 指令实现 PLC 基本单元与特殊功能模块数据的读出和写入操作，可参见前面 4.8 节有关内容的介绍。

4. 特殊功能模块的编号规则

FX 系列 PLC 特殊功能模块的编号规则可参见 4.8 节中的图 4-70 及相关内容介绍。

7.1.2 FX_{0N}-3A 模拟量输入/输出混合模块 ★★★

1. 概况

1）FX_{0N}-3A 模拟量输入/输出混合模块有两个输入通道（0～10V 直流或 4～20mA 交流）和一个输出通道，其最大分辨率为 8 位。输入通道接收模拟信号并将模拟信号转换成数字值，输出通道将数字值转换为成比例的模拟量信号输出。

2）输入/输出通道选择的电压或电流形式由用户的接线方式决定。

3）FX_{0N}-3A 可以连接到 FX_{2N}、FX_{2NC}、FX_{1N}、FX_{0N} 等系列的三菱 PLC 上。

4）所有数据传输和参数设置都是使用三菱 FX 系列 PLC 的 TO 与 FROM 指令，通过 FX_{0N}-3A 的程序进行调节控制，FX 系列 PLC 主机和 FX_{0N}-3A 之间的通信由光耦合器保护。

5）FX_{0N}-3A 在 PLC 扩展母线上占用 8 个 I/O 点，这些 I/O 点可以分配给输入或输出。FX_{0N}-3A 模拟量输入/输出模块的外形如图 7-3 所示。

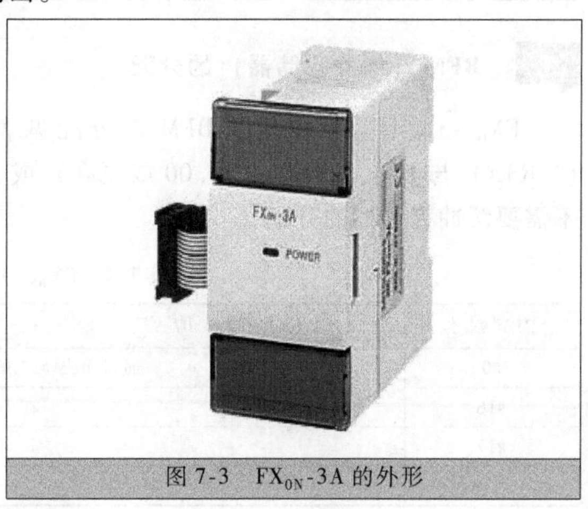

图 7-3　FX_{0N}-3A 的外形

2. 性能指标

FX_{0N}-3A 的性能指标分别见表 7-1～表 7-3。

表 7-1　FX_{0N}-3A 公共项目

项　　目	输入/输出电压	输入/输出电流
最小输出信号分辨率	0～10V 输入:40mV(15V/250) 0～5V 输入:40mV(15V/250)	4～20mA 输入:64μA ((20－4mA)/250)
总体精度	±1%(满量程)	
隔离	模拟和数字电路之间有光电隔离,在模拟通道之间没有隔离	
电源规格	DC 24V×(1±10%)、90mA 直流(基本单元提供的内部电源)	
占用的 I/O 点数	模块占用 8 个输入或输出点(输入或输出均可)	
适用的控制器	FX_{1N}/FX_{2N}/FX_{2NC}(需要 FX_{2NC}-CNV-IF)	
尺寸(宽×厚×高)	43mm×87mm×90mm	
质量	0.2kg	

表 7-2　FX_{0N}-3A 模拟量输入

项目	输入电压	输入电流
模拟量输入范围	0～10V 直流，0～5V 直流（输入电阻 200kΩ） 绝对最大量程：-0.5V 和 +15V 直流	4～20mA（输入电阻 250Ω） 绝对最大量程：-2mA 和 +60mA
数字分辨率	8 位	
转换速度	（TO 指令处理时间 ×2）+FROM 指令处理时间	
A-D 转换时间	100μs	

表 7-3　FX_{0N}-3A 模拟量输出

项目	输入电压	输入电流
模拟量输出范围	0～10V 直流，0～5V 直流（输入电阻 200kΩ） 外部负载：1kΩ～1MΩ	4～20mA，外部负载：不超过 500Ω
数字分辨率	8 位	
转换速度	（TO 指令处理时间 ×3）	

3. BFM（缓冲存储器）的分配

FX_{0N}-3A 中缓冲存储器 BFM 的分配见表 7-4。如果指令 FNC176（RD3A）和 FNC177（WR3A）与 FX_{1N}、FX_{2N}（V3.00 或更高）或 FX_{2NC}（V3.00 或更高）系列 PLC 一起使用，则不需要缓冲存储器的分配。

表 7-4　FX_{0N}-3A 中 BFM 的分配

BFM 编号	b15～b8	b7	b6	b5	b4	b3	b2	b1	b0
#0	保留	通过 BFM#17 的 b0 选择的 A-D 通道的当前值输入数据（以 8 位存储）							
#16		在 D-A 通道上的当前值输出数据（以 8 位存储）							
#17		保留					D-A 起动	A-D 起动	A-D 通道
#1～5，18～31	保留								

说明：

BFM#17：b0 = 0 选择“模拟量输入通道 1”；b0 = 1 选择“模拟量输入通道 2”；b1 = 0→1，起动 A-D 转换处理；b2 = 0→1，起动 D-A 转换处理（这些缓冲存储器是在 FX_{0N}-3A 内部存储和分配的）。

FX_{0N}-3A 模拟量输入/输出混合模块的接线、编程等的具体情况可参见后面第 10 章“空压站恒压供气自动控制系统”的工程实例。

7.1.3　FX_{2N}-4AD 模拟量输入模块 ★★★

1. 概况

FX_{2N}-4AD 的功能是把现场电压或电流的模拟量信号转换成相应的数字量信号传送给 CPU。

1）FX_{2N}-4AD 模拟特殊模块有 4 个输入通道。输入通道接收模拟量信号并将其转换成数字值，即 A-D 转换，其最大分辨率是 12 位。

2）基于电压或电流的输入/输出的选择通过用户接线来实现，可选用的模拟值范围是 DC

-10~10V（分辨率为5mV），或者4~20mA、-20~20mA（分辨率为20μA）。

3）FX_{2N}-4AD和FX_{2N}基本单元之间通过BFM交换数据，该模块共有32个BFM（每个16位）。

4）FX_{2N}-4AD占用FX_{2N}扩展总线的8个I/O点，这些I/O点可以分配成输入或输出，模块消耗FX_{2N}基本单元或有源扩展单元5V电源槽30mA的电流。

FX_{2N}-4AD模拟量输入模块的外形如图7-4所示。

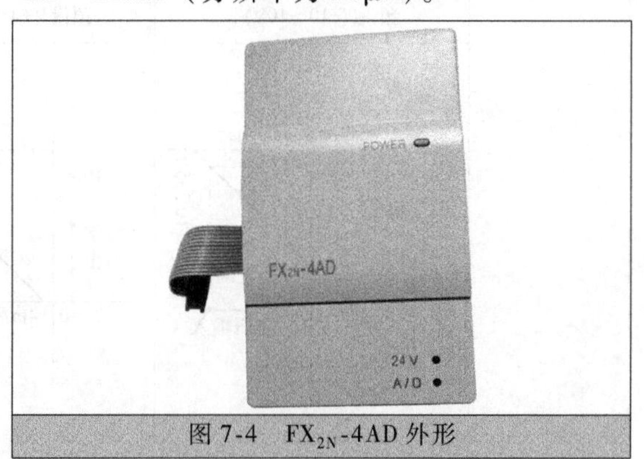

图7-4　FX_{2N}-4AD外形

2. FX_{2N}-4AD的环境指标与电源指标

（1）环境指标

FX_{2N}-4AD的环境指标见表7-5。

表7-5　FX_{2N}-4AD环境指标

项　　目	说　　明
环境指标	与FX_{2N}基本单元的相同
耐压绝缘电压	AC 5000V,1min(在所有端子和地之间)

（2）电源指标

FX_{2N}-4AD的电源指标见表7-6。

表7-6　FX_{2N}-4AD电源指标

项　　目	说　　明
模拟电路	DC 24×(1±10%)V,55mA(基本单元的外部电源)
数字电路	DC 5V,30mA(基本单元提供的内部电源)

3. FX_{2N}-4AD的性能指标及I/O（输入/输出）特性

（1）性能指标

FX_{2N}-4AD的性能指标见表7-7。

表7-7　FX_{2N}-4AD性能指标

项目	电压输入	电流输入
	电压或电流输入的选择由输入端子接线选择,一次可同时使用4个输入点	
模拟输入范围	DC -10~10V(输入阻抗:200kΩ)。注意:如果输入电压超过±15V,模块会损坏	DC -20~20mA(输入阻抗:250Ω)。注意:如果输入电流超过±32mA,模块会损坏
数字输出	12位的转换结果以16位二进制补码形式存储 最大值:+2047,最小值:-2048	
分辨率	5mV(10V的1/2000)	20μA(20mA的1/1000)
总体精度	±1%(对于-10~10V的范围)	±1%(对于-20~20mA的范围)
转换速度	15ms/通道(常速),6ms/通道(高速)	

（2）I/O特性

FX_{2N}-4AD的I/O特性如图7-5所示。

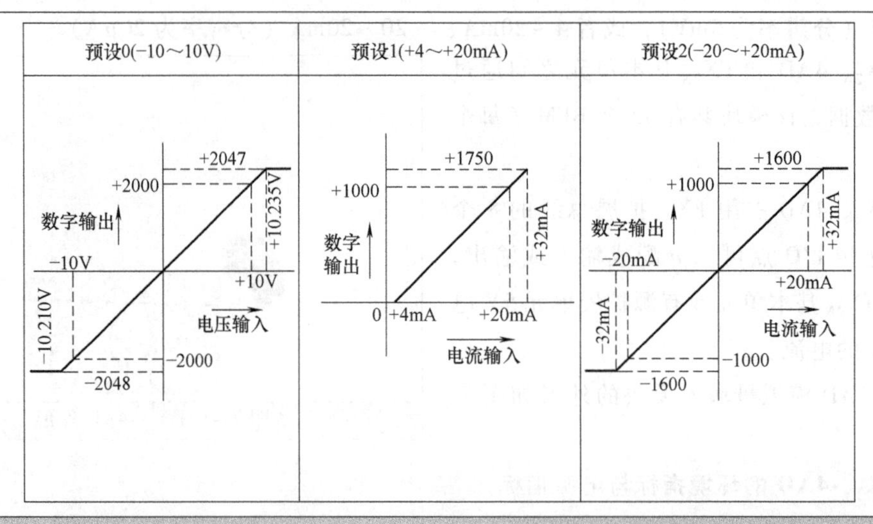

图 7-5　FX_{2N}-4AD 的 I/O 特性

注：预设范围根据模拟量模块缓冲存储器的设置进行选择，所选电压或电流必须与输入端子接线匹配。

4. 缓冲存储器（BFM）的分配

FX_{2N}-4AD 缓冲存储器的分配见表 7-8。

表 7-8　FX_{2N}-4AD BFM 分配表

BFM	内　　容		说　　明
* #0	通道初始化，默认值 = H0000		带 * 号的 BFM 可以使用 TO 指令从 PLC 写入
* #1	通道 1	包含采样数（1 ~ 4096），用于得到平均结果，默认值设为 8（正常速度），高速操作可选择 1	
* #2	通道 2		
* #3	通道 3		
* #4	通道 4		
#5	通道 1	这些缓冲区为指定采样次数的平均输入值，它们由分别输入至#1 ~ #4 缓冲区通道中的数据进行计算	不带 * 号的 BFM 的数据可以使用 FROM 指令读入 PLC
#6	通道 2		
#7	通道 3		
#8	通道 4		
#9	通道 1	这些缓冲区包含每个输入通道读入的当前值	从模拟特殊功能模块读出数据之前，确保这些设置已经送入模拟量模块中，否则将使用模块里面以前保存的数值
#10	通道 2		
#11	通道 3		
#12	通道 4		
#13、#14	保留		
#15	选择 A-D 转换速度	如设为 0，则选择常速，15ms/通道（默认）	BFM 提供了程序调整偏移和增益的手段 偏移（截距）：当数字量为 0 时的模拟量输入值 增益（斜率）：当数字量为 + 1000 时的模拟量的输入值
		如设为 1，则选择高速，6ms/通道	
BFM		b7 b6 b5 b4 b3 b2 b1 b0	
#16 ~ #19	保留		
* #20	复位为默认值和预设，默认值 = H0000		
* #21	禁止调整偏移和增益值，默认值 = (0,1) 允许		
* #22	偏移，增益调整	G4 O4 G3 O3 G2 O2 G1 O1	
* #23	偏移值　默认值 = 0		
* #24	增益值　默认值 = 5000		
#25 ~ 28	保留		
#29	错误状态		
#30	识别码 K2010		
#31	禁用		

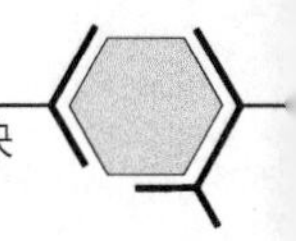

（1）通道选择

通道的初始化由 BFM#0 中 4 位十六进制数 HOOOO 控制。第 1 位字符控制通道 1，而第 4 位字符控制通道 4。设置每一个字符的方式如下：O＝0：预设范围（－10～10V）；O＝2：预设范围（－20～20mA）；O＝1：预设范围（＋4～＋20mA）；O＝3：通道关闭（OFF）。例如，BFM#0 中 4 位十六进制数设置为 H3310，则有 CH1：预设范围（－10～10V）；CH2：预设范围（＋4～＋20mA）；CH3、CH4：通道关闭（OFF）。

（2）模拟到数字转换速度的改变

在 FX_{2N}-4AD 的 BFM#15 中写入 0 或 1，就可以改变 A-D 转换的速度。注意为保持高速转换率，应尽可能少使用 FROM/TO 指令；当改变了转换速度后，BFM#1～BFM#4 将立即设置到默认值，这一操作将不考虑它们原有的数值。如果速度改变作为正常程序执行的一部分时，不要忽略此点。

（3）调整增益和偏移值

1）通过将 BFM#20 设为 1 而将其激活后，该模块所有设置将恢复成默认值，对于消除不希望的增益/偏移调整，这是一种快速的方法。

2）如果 BFM#21 的（b1，b0）设为（1，0），增益/偏移的调整将被禁止，以防止操作者不正确的改动。若需要改变增益/偏移，（b1，b0）必须为（0，1），（0，1）为默认值。

3）BFM#23 和 BFM#24 的增益/偏移量被传送进指定输入通道的增益/偏移的数据寄存器，待调整的输入通道可以由 BFM#22 适当的 G-O（增益-偏移）位来指定。例如，如果位 G1 和 O1 设为 1，当用 TO 指令写入 BFM#22 后，将调整输入通道 1。

4）对于具有相同增益/偏移量的通道，可以单独或一起调整。

5）BFM#23 和 BFM#24 中的增益/偏移量的单位是 mV 或 μA，由于该模块分辨率的限制，实际响应将以 5mV 或 20μA 为最小单位。

（4）BFM#29 状态信息

FX_{2N}-4AD 中 BFM#29 的状态信息见表 7-9。

表 7-9　FX_{2N}-4AD 中 BFM#29 的状态信息

BFM#29 的位	开(ON)	关(OFF)
b0:错误	b1～b4 中任何一个为 ON。如果 b2～b4 中任何一个为 ON,所有通道的 A-D 转换停止	无错误
b1:偏移/增益错误	在 EEPROM 中的偏移/增益数据不正常或者调整错误	增益/偏移数据正常
b2:电源故障	DC 24V 电源故障	电源正常
b3:硬件故障	A-D 转换器或其他硬件故障	硬件正常
b10:数字范围错误	数字输出值小于－2048 或大于＋2047	数字输出值正常
b11:平均采样错误	平均采样数不小于 4097,或者不大于 0 (使用默认值为 8)	平均正常(在 1～4096 之间)
b12:偏移/增益调整禁止	禁止 BFM#21 的(b1,b0)设为(1,0)	允许 BFM#21 的(b1,b0)设为(1,0)

注：b4～b7、b9、b13～b15 没有定义。

（5）BFM#30 识别码

可以使用 FROM 指令读出特殊功能模块的识别号（或 ID）。FX_{2N}-4AD 单元的识别码是 K2010。PLC 中的用户程序可以在编程时使用这个识别码，以在传输/接收数据之前确认此模块。

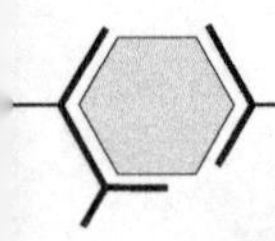

7.1.4 FX_{2N}-2DA 模拟量输出模块 ★★★

1. 概况

模拟输出模块的功能是把 CPU 的数字量信号转换为相应的电压或电流模拟量，以便控制现场设备。FX_{2N}的 D-A 输出模块有两种，即 FX_{2N}-2DA 和 FX_{2N}-4DA，下面只对 FX_{2N}-2DA 模拟量输出模块进行简介。

FX_{2N}-2DA 模拟量输出模块用于将 12 位的数字值转换成 2 点模拟输出（电压输出和电流输出）。FX_{2N}-2DA 可以接到 FX_{0N}、FX_{2N}和 FX_{2NC}系列的 PLC 上。

1）根据接线形式模拟输出可在电压输出或电流输出中进行选择，这里假定设置为两通道公用模拟输出。

2）两个模拟输出通道可接受的为 DC 0~10V、DC 0~5V 或 4~20mA（电压输出/电流的混合使用亦可）。

3）分辨率为 2.5mV（DC 0~10V）和 4μA（4~20mA）。

4）数字到模拟的转换特性可进行调整。

5）此模块占用 8 个 I/O 点，这些 I/O 点被分配为输入或输出。

6）使用 FROM 和 TO 指令与 PLC 基本单元进行数据传输。

FX_{2N}-2DA 的外形如图 7-6 所示。

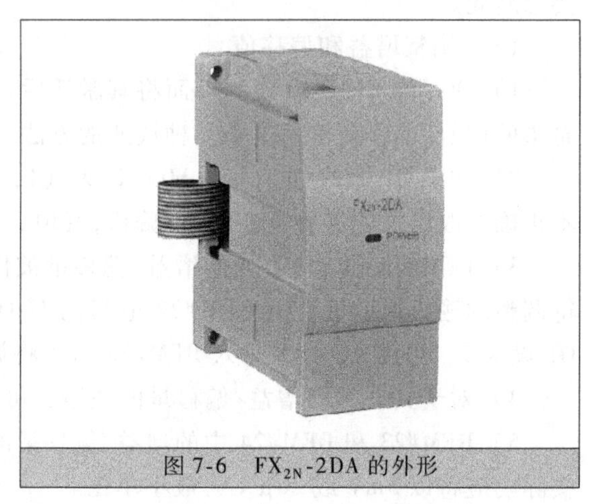

图 7-6 FX_{2N}-2DA 的外形

2. FX_{2N}-2DA 性能指标及输出特性

（1）电源特性及其他

FX_{2N}-2DA 的电源特性及其他项目见表 7-10。

表 7-10 FX_{2N}-2DA 电源特性及其他项目

项目	内容
模拟电路	DC 24×(1±10%)V,50mA(来自于基本单元的内部电源供应)
数字电路	DC 5V,20mA(来自于基本单元的内部电源供应)
隔离	在模拟电路和数字电路之间用光耦合器进行隔离 基本单元的电源用 DC/DC 转换器进行隔离 模拟通道之间不进行隔离
占用 I/O 的点数	模块占用 8 个输入或输出点(可为输入或输出)

（2）输出特性

FX_{2N}-2DA 的输出特性见表 7-11。

表 7-11 FX_{2N}-2DA 输出特性

项目	电压输出	电流输出
模拟输出范围	在安装时,对于直流 0~10V 的模拟电压输出,此模块调整的数字范围是 0~4000,当使用 FX_{2N}-2DA 并通过电流输出或通过直流 0~5V 输出时,有必要调节其偏移和增益	
	DC 0~10V, DC 0~5V(外部负载阻抗为 2kΩ~1MΩ)	4~20mA(外部负载阻抗为 500Ω 或更小)

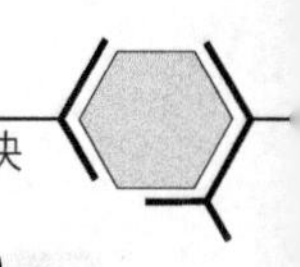

（续）

项目	电压输出	电流输出
数字输入	12 位	
分辨率	25mV(10V/4000)　1.25mV(5V/4000)	4μA((20-4)mA/4000)
集成精度	±1%(全范围 0~10V)	±1%(全范围 4~20mA)
处理时间	4ms/1 通道(顺序程序和同步)	

3. BFM 的分配

FX_{2N}-2DA 的 BFM 分配见表 7-12。

表 7-12　FX_{2N}-2DA BFM 分配表

BFM	b15~b8	b7~b3	b2	b1	b0
#0~#15	保留				
#16	保留	输出数据的当前值(8 位数据)			
#17	保留		D-A 低 8 位数据保持	CH1(通道 1)的 D-A 转换开始	CH2(通道 2)的 D-A 转换开始
#18 或更大	保留				

说明：

1）BFM#16：由 BFM#17（数字值）指定的通道的 D-A 数据被写入。D-A 数据为二进制形式，并分别以低 8 位和高 4 位两部分顺序进行写入。

2）BFM#17：b0—通过 1 变成 0，通道 2 的 D-A 转换开始；b1—通过 1 变成 0，通道 1 的 D-A 转换开始；b2—通过 1 变成 0，D-A 转换的低 8 位数据保持。

7.1.5　FX_{2N}-4AD-PT 温度输入模块 ★★★

温度输入模块的功能是把现场的模拟温度信号转换成相应的数字信号送给基本单元。FX_{2N}有两种温度 A-D 输入模块，一种是热电偶温度传感器，一种是铂电阻温度传感器，两者基本原理相同。下面仅简介 FX_{2N}-4AD-PT 温度输入模块。

1. 概况

1）FX_{2N}-4AD-PT 温度输入模块将来自 4 个铂电阻温度传感器（PT100，3 线，100Ω）的输入信号放大，并将数据转换成 12 位的可读数据，存储在主处理单元（MPU）中，摄氏度和华氏度数据都可读取。读分辨率是 0.2~0.3℃/0.36~0.54°F。所有的数据传输和参数设置都可以通过 FX_{2N}-4AD-PT 的软件控制来调整，由 FX_{2N}-4AD-PT 的 TO/FROM 应用指令来完成。

2）FX_{2N}-4AD-PT 占用 FX_{2N} 扩展总线的 8 个点，这 8 个点可以分配成输入或输出，FX_{2N}-4AD-PT 消耗 FX_{2N} 基本单元或有源扩展单元 5V 电源槽的 30mA 电流。

FX_{2N}-4AD-PT 温度输入模块的外形如图 7-7 所示。

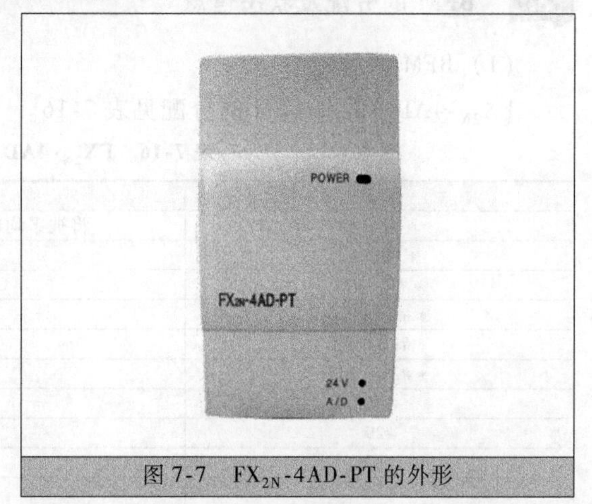

图 7-7　FX_{2N}-4AD-PT 的外形

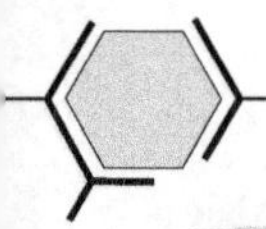

2. 相关指标及转换特性

（1）环境指标

FX_{2N}-4AD-PT的环境指标见表7-13。

表7-13 FX_{2N}-4AD-PT环境指标

项　目	说　明
环境指标(不包括下面一项)	与FX_{2N}主单元的相同
耐压(绝缘电压)	AC 500V,1min(在所有的端子和地之间)

（2）电源指标

FX_{2N}-4AD-PT的电源指标见表7-14。

表7-14 FX_{2N}-4AD-PT电源指标

项　目	说　明
模拟电路	DC 24×(1±10%)V
数字电路	DC 5V,3mA(源于主单元的内部电源)

（3）性能指标

FX_{2N}-4AD-PT的性能指标见表7-15。

表7-15 FX_{2N}-4AD-PT性能指标

项目	摄氏度/℃	华氏度/°F
	通过读取适当的缓冲区,可以得到℃和°F两种可读数据	
模拟输入信号	铂电阻温度传感器PT100(100Ω),3线,4通道(CH1、CH2、CH3、CH4),3850×10⁻⁶/℃(DINEN 60751—2009,JIS C1604—2013)	
传感器电流	1mA传感器:100Ω PT100	
补偿范围	-100~+600	-148~+1112
数字输出	-1000~+6000	-1480~+11120
	12位转换　11数据位+1位符号位	
最小可测温度	0.2~0.3	0.36~0.54
总精度	全范围的±1%(补偿范围)	
转换速度	4通道15ms	

（4）转换特性

FX_{2N}-4AD-PT的转换特性如图7-8所示。

3. BFM的分配及状态信息

（1）BFM的分配

FX_{2N}-4AD-PT中BFM的分配见表7-16。

表7-16 FX_{2N}-4AD-PT中BFM的分配表

BFM	内　容
*#1~#4	将被平均的CH1~CH4的平均温度可读值(1~4096)默认值=8
*#5~#8	CH1~CH4在0.1℃单位下的平均温度
*#9~#12	CH1~CH4在0.1℃单位下的当前温度
*#13~#16	CH1~CH4在0.1°F单位下的平均温度
*#17~#20	CH1~CH4在0.1°F单位下的当前温度
*#21~#27	保留
*#28	数字范围错误锁存
#29	错误状态
#30	识别码K2040
#31	保留

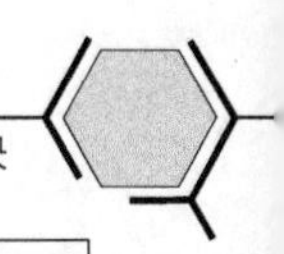

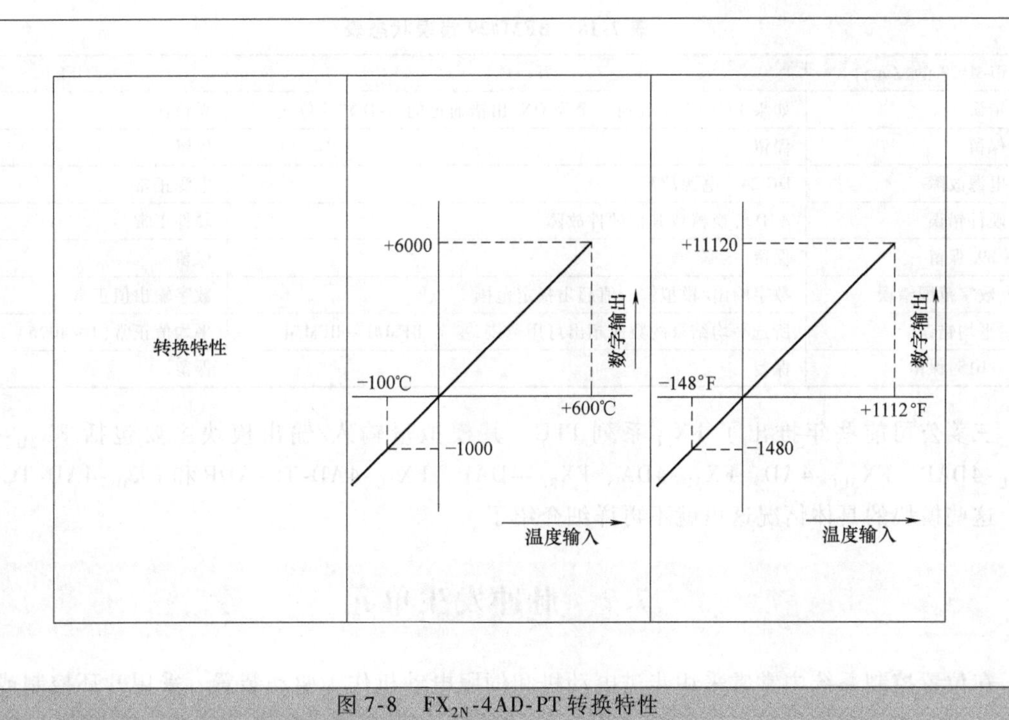

图 7-8　FX_{2N}-4AD-PT 转换特性

BFM 分配说明：①平均后的采样值被分配给 BFM#1～BFM#4，只有 1～4096 的范围是有效的，溢出的值将被忽略，使用默认值 8；②最近转换的一些可读值被平均后，给出一个平滑后的可读值，平均数据保存在 BFM#5～BFM#8 和 BFM#13～BFM#16 中；③BFM#9～BFM#12 和 BFM#17～BFM#20 用于保存数据的当前值，两者分别以 0.1℃或 0.1°F 为单位，不过可用的分辨率只有 0.2～0.3℃或 0.36～0.54°F。

（2）状态信息

1）BFM#28：数字范围错误锁存。FX_{2N}-4AD-PT 中 BFM#28 错误锁存信息见表 7-17。

表 7-17　BFM#28 错误锁存表

b15～b8	b7	b6	b5	b4	b3	b2	b1	b0
未用	高	低	高	低	高	低	高	低
	CH4		CH3		CH2		CH1	

BFM#28 锁存每个通道的错误状态，并且可用于检查热电偶是否断开。在表 7-17 中，若某一通道对应的比特位为低，则说明：当温度测量值下降，并低于最低可测量温度极限时，锁存 ON。若为高，则说明：当测量温度升高，并高过最高温度极限或者热电偶断开时，锁存 ON。如果出现错误，则在错误出现之前的温度数据被锁存。如果测量值返回到有效范围内，则温度数据返回正常运行（错误仍然被锁存在 BFM#28 中）。用 TO 指令向 BFM#28 写入 K0 或者关闭电源，可清除错误。

2）BFM#29：错误状态。FX_{2N}-4AD-PT 中 BFM#29 错误状态信息见表 7-18。

BFM#29 的 b10（数字范围错误）用以判断测量温度是否在允许范围内。

3）BFM#30：识别码。可以使用 FROM 指令从 BFM#30 中读出特殊功能模块的识别码或 ID 号。FX_{2N}-4AD-PT 单元的识别码是 K2040。在 PLC 的用户程序中可以使用这个号码，以在传输接收数据之前确认此特殊功能模块。

表 7-18 BFM#29 错误状态表

BFM#29 的位元件	开(ON)	关(OFF)
b0:错误	如果 b1 ~ b3 中任何一个为 ON,出错通道的 A-D 转换停止	无错误
b1:保留	保留	保留
b2:电源故障	DC 24V 电源故障	电源正常
b3:硬件错误	A-D 转换器或其他硬件故障	硬件正常
b4 ~ b9:保留	保留	保留
b10:数字范围错误	数字输出/模拟输入值超出指定范围	数字输出值正常
b11:平均错误	所选平均结果的数值超出可用范围,参考 BFM#1 ~ BFM#4	平均值正常(1 ~ 4096)
b12 ~ b15:保留	保留	保留

三菱公司前些年推出了 FX_{3U} 系列 PLC，其模拟量输入/输出模块主要包括 FX_{3U}-4AD、FX_{3U}-4DAP、FX_{3UC}-4AD、FX_{3U}-4DA、FX_{3U}-4DAP、FX_{3U}-4AD-TC-ADP 和 FX_{3U}-4AD-TC-DAP 等，这些模块的具体情况这里就不再详细介绍了。

7.2 脉冲发生单元

在位置控制系统中常常采用步进电动机和伺服电动机作为驱动装置，采用开环控制或闭环控制。对于步进电动机可以采用调节发送脉冲的频率改变机械的工作速度。在位置控制应用中，除了使用晶体管输出型 FX 系列 PLC 基本单元的脉冲输出功能驱动步进电动机或伺服电动机以外，还经常通过 FX 系列 PLC 扩展能够输出脉冲的脉冲发生单元或定位模块，如脉冲发生单元 FX_{2N}-1PG 和定位控制模块 FX_{2N}-10GM 等，也能够实现一点或多点的定位控制。下面主要简要介绍 FX 系列 PLC 的脉冲发生单元 FX_{2N}-1PG。

1. 概况

在机械工作运行过程中工作的速度与精度往往存在着矛盾，当为提高机械效率而提高速度时有可能会在停车控制上出现问题。例如，电动机带动机械由起动位置返回原点，如以最快的速度返回，由于高速停车惯性大，则在返回原点时产生的偏差必然会较大，因此进行定位控制是十分必要的。三菱公司 PLC 专用扩展定位模块 FX_{2N}-1PG，称为脉冲发生单元（Pulse Generation Unit，PGU），可用于对步进电动机或伺服电动机的位置和速度进行精确控制。由 PLC 控制 FX_{2N}-1PG 能输出 1 相脉冲数和脉冲频率可调的定位脉冲，输出脉冲通过伺服驱动器、步进驱动器的控制或放大实现单轴简单定位控制。该模块只可用于 FX_{2N} 子系列，使用 FROM/TO 指令设定模块各种参数或读出定位值和运行速度，可实现单速定位、运动轴回原点等简单的位置控制功能。FX_{2N}-1PG 的脉冲输出形式，可以是“定位脉冲 + 方向”或“正反向运动脉冲”两种。FX_{2N}-1PG 模块占用 8 个 I/O 点，可以输出最高频率为 100kHz（或 PLS/s，每秒脉冲数）的脉冲串。

FX_{2N}-1PG 脉冲发生单元的外形如图 7-9 所示。

图 7-9 FX_{2N}-1PG 脉冲发生单元的外形

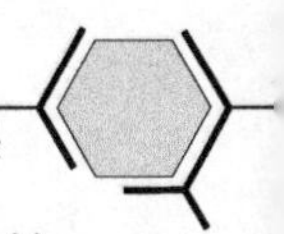

该模块的特点主要如下：①具有便于定位控制的 7 种操作模式；②一个模块控制一个轴，最多 8 个模块可连接到 FX_{2N}系列 PLC 上，最多 4 个模块可连接到 FX_{2NC}系列 PLC 上，可以实现多轴的单独控制；③定位目标的追踪、运行速度及各种参数通过 PLC 主机使用 FROM、TO 指令设定；④除脉冲序列输出外，还有各种高速响应的输出端子，而其他的输入/输出通常需要通过 PLC 进行控制，如启动输入，正、反限位开关等。

FX_{2N}-1PG 脉冲发生单元组成的定位控制系统如图 7-10 所示。

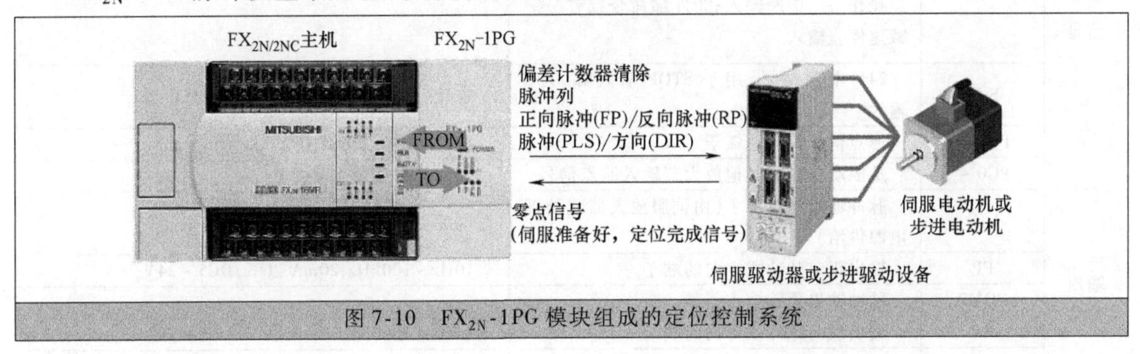

图 7-10　FX_{2N}-1PG 模块组成的定位控制系统

2. 输入/输出性能规格

FX_{2N}-1PG 输入/输出性能规格见表 7-19。

表 7-19　FX_{2N}-1PG 输入/输出性能规格

项　　目	性　能　规　格
控制轴数	1 轴，不能做插补控制
脉冲频率	10Hz～100kHz（指令单位可内部折算，单位可在 Hz、cm/min、in/min、10°/min 中进行选择）
定位范围	－999999～＋999999（指令单位可选）
输入/输出占用点数	每个模块占用 PLC 的 8 个输入或输出点
脉冲输出方式	集电极开路的晶体管输出，DC5～24V，20mA 以下
控制输入	操作系统：STOP，机械系统：DOG，支持功能：PG0、正转极限、反转极限等。其他输入接在 PLC 上
控制输出	支持功能：FP、RP、CLR 等

FX_{2N}-1PG 模块通过扩展电缆与 PLC 基本单元或扩展单元相连接，通过 PLC 内部总线传送控制指令、交换数据、输出一定数量和频率的脉冲等。

3. 输入/输出端子和控制信号

FX_{2N}-1PG 输入/输出端子分配如图 7-11 所示。

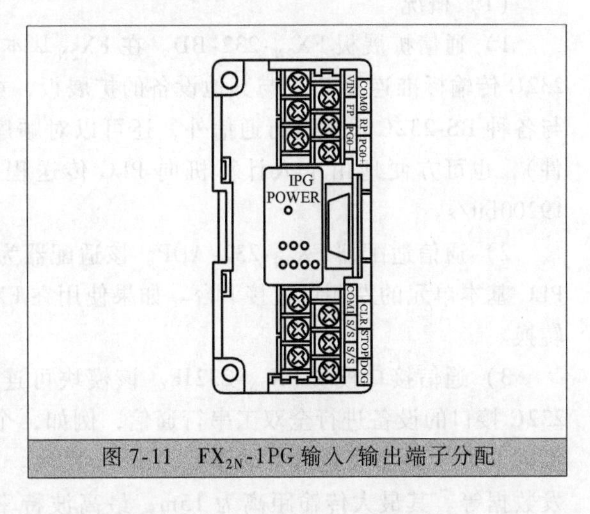

图 7-11　FX_{2N}-1PG 输入/输出端子分配

FX_{2N}-1PG 脉冲发生单元的控制，需要 STOP、DOG、PG0 等控制输入信号，能够输出 FP、RP 和 CLR 等输出信号。FX_{2N}-1PG 的输入/输出信号及其功能见表 7-20。

表 7-20 FX_{2N}-1PG 输入/输出信号及其功能

信号类型及代号		功能	备注说明
输入信号	STOP	减速停止输入	在外部操作模式下可作为停止命令输入
	DOG	根据操作模式不同具有以下功能：①机器回原点操作——近点 DOG 输入；②中断单速操作——中断输入；③外部命令操作——减速停止输入	
	S/S	24V 电源端子，用于 STOP 输入和 DOG 输入	连接到 PLC 的传感器电源或外部电源
	PG0 +	原点信号的电源端子	DC 5 ~ 24V，20mA 以下
	PG0 -	从驱动单元或其他放大器输入原点信号	相应脉冲宽度 4ns 以上
输出信号	VIN	脉冲输出电源端子（由伺服放大器或外部电源供给）	电源 DC 5 ~ 15V，电流 35mA 以下
	FP	输出正向脉冲或方向的端子	10Hz ~ 100kHz，20mA 以下，DC5 ~ 24V
	COM0	脉冲输出公共端	
	RP	输出反向脉冲或方向的端子	10Hz ~ 100kHz，20mA 以下，DC5 ~ 24V
	COM1	CLR 输出的公共端	
	CLR	剩余定位脉冲清除	DC5 ~ 15V，20mA 以下，输出脉冲宽度 20ms

7.3 通信扩展板和通信模块

PLC 的通信扩展板、通信适配器和通信接口模块是用来完成与别的 PLC、其他智能控制设备或计算机之间的通信。下面简单介绍 FX 系列 PLC 常用的一些通信用适配器、功能扩展板及通信模块。FX_{2N} 系列 PLC 的通信适配器、通信接口模块主要有 FX_{0N}-232-ADP、FX_{0N}-485-ADP 和 FX_{2N}-232IF 等。FX_{2N}系列 PLC 通信功能扩展板主要有 RS-232 通信扩展板 FX_{2N}-232-BD、RS-485 通信扩展板 FX_{2N}-485-BD、RS-422 通信扩展板 FX_{2N}-422-BD 和 FX_{0N}通信模块扩展板 FX_{2N}-CNV-BD 等。

1. FX_{0N}-232-ADP、FX_{2N}-232-BD 和 FX_{2N}-232IF

（1）概况

1）通信扩展板 FX_{2N}-232-BD。在 FX_{2N}基本单元上可内装 1 台 FX_{2N}-232-BD，它是以 RS-232C 传输标准连接 PLC 与其他设备的扩展板，如个人计算机、条码阅读器或打印机等。除了与各种 RS-232C 设备进行通信外，还可以对顺序程序进行传送、监视（专用个人计算机用软件），也可方便地由个人计算机向 PLC 传送程序。其最大传输距离为 15m，最高波特率为 19200bit/s。

2）通信适配器 FX_{0N}-232-ADP。该适配器为绝缘型 RS-232C 通信用适配器。在 FX_{0N}系列 PLC 基本单元的左侧可连接 1 台。如果使用在 FX_{2N}系列 PLC 上，则需要加装 FX_{2N}-CNV-BD 作转换。

3）通信接口模块 FX_{2N}-232IF。该模块可连接到 FX_{2N}系列 PLC 上，实现与其他配有 RS-232C 接口的设备进行全双工串行通信，例如，个人计算机、打印机和条码阅读器等。在 FX_{2N}系列 PLC 上最多可连接 8 块 FX_{2N}-232IF 模块。利用 FROM/TO 指令进行通信格式的指定和收发数据等。其最大传输距离为 15m，最高波特率为 19200bit/s，占用 8 个 I/O 点，数据长度、

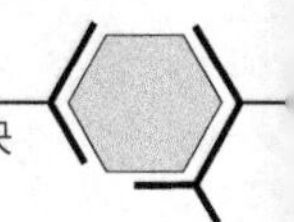

串行通信波特率等都可由特殊数据寄存器设置。

FX_{0N}-232-ADP、FX_{2N}-232-BD 和 FX_{2N}-232IF 的外形如图 7-12 所示。

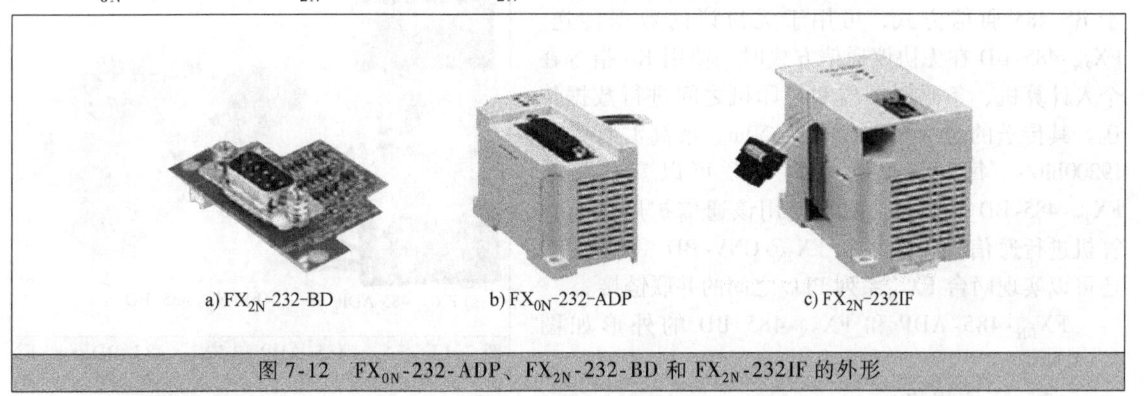

a) FX_{2N}-232-BD　b) FX_{0N}-232-ADP　c) FX_{2N}-232IF

图 7-12　FX_{0N}-232-ADP、FX_{2N}-232-BD 和 FX_{2N}-232IF 的外形

（2）通信规格

上述通信适配器、通信扩展板和通信接口模块的通信规格见表 7-21。

表 7-21　FX_{0N}-232-ADP、FX_{2N}-232-BD 和 FX_{2N}-232IF 的通信规格

项目		内　容		
型号		FX_{0N}-232-ADP	FX_{2N}-232-BD	FX_{2N}-232IF
适用 PLC		FX_{0N}系列	FX_{2N}系列	FX_{2N}系列
传送规格		RS-485/RS-422		
绝缘方式		光耦合绝缘	非绝缘	光耦合绝缘
传送距离		15m	15m	15m
消耗电流		30mA/DC 5V	60mA/DC 5V	40mA/DC 5V、80mA/DC 24V
通信方式		半双工通信		全双工通信
通信格式	数据长度	7 位，8 位		
	奇偶校验	无、奇数、偶数		
	停止	1 位，2 位		
	波特率	300/600/1200/4800/9600/19200 bit/s		
	帧头和帧尾	无或者任意数据		无或收到信息大于 4 字节
主要可连接器		各种 RS-232 设备		
附属件		无	螺钉两个	无

2.　FX_{0N}-485-ADP 和 FX_{2N}-485-BD

FX_{2N}系列 PLC 可以通过下面两种连接方式实现两台同系列 PLC 之间的并行通信，即第一种方式通过 FX_{2N}-485-BD 内置通信板和专用的通信电缆；第二种方式通过 FX_{2N}-CNV-BD 内置通信板、FX_{0N}-485-ADP 通信适配器和专用的通信电缆。两台 FX 系列 PLC 之间的最大有效距离为 50m。

当 FX_{2N}系列 PLC 加装了通信扩展板 FX_{2N}-485-BD 后，便能进行简单的 8 台 PLC 的联网通信。FX_{2N}系列 PLC 也可以与连接了 RS-485 模块的 FX_2、FX_{0N}和 A 系列 PLC 进行联网通信。FX_{2N}系列 PLC 同时也可以使用 FX_{0N}系列 PLC 的特殊功能扩展模块。

（1）概况

FX_{0N}-485-ADP 是可用于 RS-485 通信的一种绝缘型通信适配器，它使用无通信协议即可完成数据传输功能。

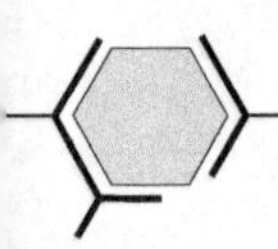

FX_{2N}-485-BD是可以与计算机通信的绝缘型通信扩展板，除与计算机通信外还可以在2台FX_{2N}基本单元之间进行并行链接。FX_{2N}-485-BD用于RS-485通信方式，可用于无协议的数据传送。FX_{2N}-485-BD在无协议通信方式时，使用RS指令在个人计算机、条码阅读器和打印机之间进行数据传送。其传送的最大传输距离为50m，最高波特率为19200bit/s。每一台FX_{2N}系列PLC可以安装一块FX_{2N}-485-BD通信板。除了使用该通信扩展板与计算机进行通信外，如果和FX_{2N}-CNV-BD一起使用，还可以实现两台FX_{2N}系列PLC之间的并联链接。

a) FX_{0N}-485-ADP　　b) FX_{2N}-485-BD

图7-13　FX_{0N}-485-ADP和FX_{2N}-485-BD的外形

FX_{0N}-485-ADP和FX_{2N}-485-BD的外形如图7-13所示。

（2）通信规格

FX_{0N}-485-ADP和FX_{2N}-485-BD的通信规格见表7-22。

表7-22　FX_{0N}-485-ADP和FX_{2N}-485-BD的通信规格

项目		内容	
型号		FX_{0N}-485-ADP	FX_{2N}-485-BD
适用PLC		FX_{0N}系列	FX_{2N}系列
传送规格		RS-485/RS-422	
绝缘方式		光耦合绝缘	非绝缘
传送距离		500m	50m
消耗电流		60mA/DC 5V	60 mA/DC 5V
通信方式		半双工通信	
通信格式	数据长度	7位,8位	
	奇偶校验	无	
	停止位	1位,2位	
	波特长度	300/600/1200/4800/9600/19200 bit/s	
	帧头	无或任意数据	
	控制线	无、硬件、调制解调器方式	
	和校验	附加码或无	
	结束符号	无或者任意数据	
协议和步骤		专用协议	
主要可连接器		计算机连接、并联连接和简易PLC连接	
附件		电阻	螺钉两个、电阻

注：FX_{0N}-485-ADP在FX_{2N}系列PLC上使用时，需要加装FX_{2N}-CNV-BD。

3. 通信扩展板FX_{2N}-422-BD

（1）概况

通信扩展板FX_{2N}-422-BD可用于RS-422串行通信，将其连接在FX_{2N}系列PLC上作为编程或控制工具的一个端口。利用此端口在PLC上可连接PLC的外部设备、数据存储单元和人机界面。FX_{2N}-422-BD可连接两个数据存储单元（DU），或一个DU系列单元和一个编程工具，但一次只能连接一个编程工具。每一个基本单元只能连接一个FX_{2N}-422-BD，且不能与FX_{2N}-485-BD或FX_{2N}-232-BD一起使用。

图7-14　FX_{2N}-422-BD的外形

该通信扩展板的主要特点如下：可连接PLC的外部设备以及数据存取单元（DU）、人机界面（GOT）等；可以与标准设备的外部设备连接器一起，可同时将2台外部设备接在FX_{2N}系列PLC上；因为安装在PLC基本单元上，所以不需要额外的安装空间。

FX_{2N}-422-BD的外形如图7-14所示。

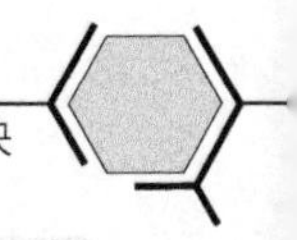

（2）通信规格

通信扩展板 FX_{2N}-422-BD 的通信规格见表 7-23。

表 7-23　FX_{2N}-422-BD 的通信规格

项目	内容
型号	FX_{2N}-422-BD
适用 PLC 系列	FX_{2N}系列
传送系列	RS-422
绝缘方式	非绝缘
传送距离	50m
消耗电流	30mA/ DC5V(由 PLC 供电)
通信协议和程序	专用,编程规定
主要连接设备	DU、GOT 及编程工具
附属件	螺钉(2 个)

7.4　其他特殊功能模块简介

FX_{2N}的其他特殊功能模块主要还包括定位控制模块 FX_{2N}-10GM（FX_{2N}-20GM）、高速计数模块 FX_{2N}-1HC、凸轮控制模块 FX_{2N}-1RM-SET、CC-LINK 总线连接模块 FX_{2N}-32CCL 和远程输入/输出模块 FX_{2N}-16LNK-M 等。下面仅对高速计数模块和凸轮控制模块的特点、性能规格做一简要介绍。

1. 高速计数模块 FX_{2N}-1HC

（1）特点

高速计数模块 FX_{2N}-1HC 的主要特点如下：①单相或双相计数，50kHz 计数器硬件可实现高速计数输入；②具有高速一致输出功能，可通过硬件比较器实现；③对于双相计数，可以设置×1、×2、×4乘法模式；④通过 PLC 或外部输入进行计数或复位；⑤可以连接线驱动器输出型编码器。

（2）性能规格

高速计数器模块 FX_{2N}-1HC 的性能规格见表 7-24。

表 7-24　FX_{2N}-1HC 高速计数器模块性能规格

项目	内　容
信号等级	5V、12V 和 24V,由端子的连接进行选择
最大频率	单相单输入:不超过 50kHz 单相双输入:每个不超过 50kHz 双相双输入:不超过 50kHz(1 倍数);不超过 25kHz(2 倍数);不超过 12.5kHz(3 倍数)
计数器范围	32 位二进制计数器:-2147483648 ~ +2147483648;16 位二进制计数器:0 ~65535(上限可由用户指定)
计数方式	自动向上/向下(单相双输入或双相输入);当工作在单相单输入方式时,向上/向下由 PLC 指令或外部输入端子确定
比较类型	YH:直接输入,通过硬件比较器处理 YS:软件比较器处理后的输出,最大延迟时间 300ms
输出类型	NPN 开路输出,2.5 ~24V,直流 0.5A/点
辅助功能	可以通过 PLC 的参数设置模式和比较结果 可以监视当前值、比较结果和误差状态
占用的 I/O 点数	占用 8 个输入或输出点(输入或输出均可)
基本单元提供的电源	DC5V,90mA(基本单元提供的内部电源或电源扩展单元)
适用的控制器	FX_{1N}/FX_{2N}/FX_{2NC}(需要 FX_{2NC}-CNV-IF)
尺寸(长×宽×高)	55mm×87mm×90mm
质量	0.3kg

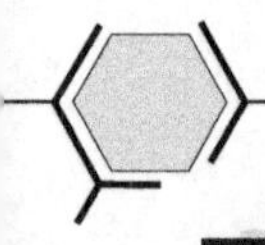

2. 凸轮控制模块 FX_{2N}-1RM-E-SET

（1）概况

在机械传动控制中经常要对角位置进行检测。在不同的角度位置时发出不同的导通、关断信号。过去采用机械凸轮开关，但机械式开关虽精度高但易磨损。FX_{2N}-1RM-SET 可编程凸轮开关可用来取代机械凸轮开关实现高精度的角度位置检测，配套的转角传感器电缆长度最长可达 100m。使用时与其他可编程凸轮开关主体、无刷分解器等一起可进行高精度的动作角度设定和监控，其内部有 EEPROM，无须电池，可存储 8 种不同的程序。FX_{2N}-1RM-SET 可连接在 FX_{2N} 系列 PLC 上（最多可连 3 块），也可以单独使用。该模块在程序中占用 PLC 的 8 个 I/O 点。

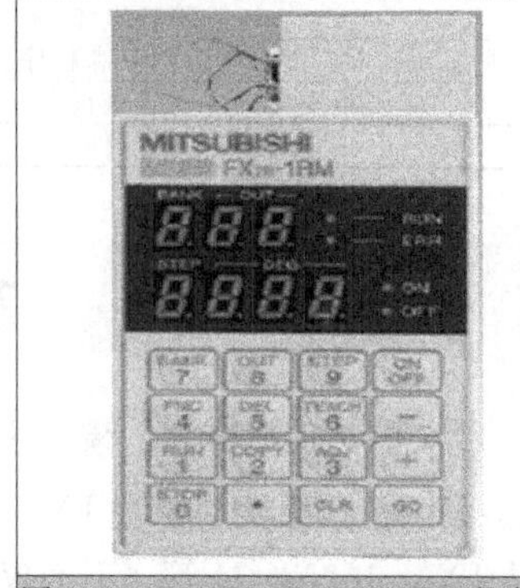

图 7-15 FX_{2N}-1RM-E-SET 的外形

凸轮控制模块 FX_{2N}-1RM-E-SET 的外形如图7-15所示。

该模块主要特点如下：利用可与本模块构成一体的数据设定组件，可以简单地进行动作角度设定及监视显示；旋转角的检测可达到 415r/min/0.5°或 830r/min/1.0°为单位的高精确度；保存和传送程序，可以使用 PLC 的个人计算机专用软件以及 FX-20P-E；通过连接 FX_{0N}、FX_{2N} 系列 PLC 晶体管扩展模块，可以得到最多 8 点的 ON/OFF 输出。

可编程凸轮控制器系列产品的组成见表 7-25。

表 7-25 可编程凸轮控制器产品的组成

可编程凸轮控制器	FX_{2N}-1RM-SET
本体	FX_{2N}-1RM
旋转角传感器	F_2-720-RSV
转角传感电缆	FX_{2N}-RS-5CAB
扩展电缆	FX_{0N}-55EC
旋转角传感延长电缆	F_2-RS-5CAB

（2）性能规格

FX_{2N}-1RM-E-SET 的性能规格见表 7-26。

表 7-26 FX_{2N}-1RM-E-SET 的性能规格

项目	内　容
适用	FX_{2N} 系列的 PLC 总线连接，占用输入/输出点数为 8 点，可单独使用
程序存储器	内置 EEPROM 存储器（无须电池）
凸轮输出点数	内部输出 48 点，读出到 PLC 上，或通过连接晶体管扩展模块，可输出 48 点
检测器	无刷旋转角传感器（FX-32RM 用的 FX-720RS 共用）
控制分辨率	1 次旋转作 720 分割或 360 分割
响应速度	415r/min/0.5°或 830r/min /1°
程序库数目	8 个（指定 PLC）或 4 个（指定外部输入）
ON/OFF	8 次 11 个凸轮输出
输入	轴输入 2 点，DC 24V/7mA，光耦合响应时间 3ms
设定开关	RUN/PRG 转换开关-16 键
LED 显示	POWER、RUN、ERROR，7 段 7 个，LED 4 个

第8章 网络通信基础与三菱PLC通信

本章内容提要 在工业控制现场，经常需要把不同生产厂商的工业控制计算机、PLC、变频器、触摸屏等连接成一个网络，彼此之间进行数据通信。一般来说，在这些智能的设备之间交换的信息往往是数字信号（“0”或者“1”）。数字信号一般先要按照某种方式进行编码，根据智能设备相关通信协议的要求，确定通信数据的格式。选取适当的数据通信方式、传输介质和通信接口，就可以将计算机、PLC、变频器、触摸屏和其他智能设备连接起来。本章主要介绍了数据通信、工业控制网络基础和三菱 PLC 的通信系统。

8.1 数据通信和工业控制网络基础

在工业生产过程中，除了计算机与外围设备，还存在大量检测工艺参数数值、状态的变送器和控制生产过程的控制设备，在这些测量、控制设备的各功能单元之间、设备与设备之间以及这些设备与计算机之间遵照通信协议、利用数据传输技术传递数据信息的过程，一般称为工业数据通信。这种节点众多的数据通信系统一般都采用串行通信方式。串行数据通信的最大优点是经济。串行数据通信的导线称为总线，其上可以挂接数十个、上百个甚至更多的传感器、执行器，具有安装简单、通信方便的优点。总线上除了传输测量控制的数值外，还可以传输设备状态、参数调整和故障诊断等信息。

1. 数据通信基础

（1）并行通信与串行通信

数据通信主要有并行通信和串行通信两种方式。并行通信是以字节或字为单位的数据传输方式，除了8根或16根数据线和一根公共线外，还需要数据通信联络用的控制线。并行通信的传送速度快，但是传输线的根数多、成本高，一般用于近距离的数据传送。并行通信一般用于PLC的内部，如PLC内部元件之间、PLC基本单元与扩展模块之间或近距离智能模块之间的数据通信。

串行通信是以二进制的位（bit）为单位的数据传输方式，每次只传送一位，除了公共线外，在一个数据传输方向上只需要一根数据线，这根线既作为数据线又作为通信联络控制线，数据和联络信号在这根线上按位进行传送。串行通信需要的信号线少，最少的只需要两三根线，适用于距离较远的场合进行通信。在串行通信中，传输速率常用比特率（每秒传送的二进制位数）来表示，其单位是比特/秒（bit/s）。传输速率是评价通信速度的重要指标。常用的标准传输速率有 300bit/s、600bit/s、1200bit/s、2400bit/s、4800bit/s、9600bit/s 和 19200bit/s 等。计算机和 PLC 都备有通用的串行通信接口，串行通信多用于 PLC 与计算机之

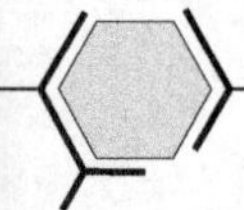

间、多台 PLC 之间的数据通信，工业控制中一般使用串行通信。

（2）异步通信与同步通信

在串行通信中，通信的速率与时钟脉冲有关，接收方和发送方的传送速率应相同。但是实际的发送速率与接收速率之间总是存在一些微小的差别，如果不采取一定的措施，在连续传送大量的信息时，将会因积累误差造成错位，使接收方收到错误的信息。为了解决这一问题，需要使发送和接收同步。按同步方式的不同，可将串行通信分为异步通信和同步通信。

异步通信的信息格式如图 8-1 所示，发送的数据字符由 1 个起始位、7 ~ 8 个数据位、1 个奇偶校验位（也可以没有）和停止位（1 位或 2 位）组成。通信双方需要对所采用的信息格式和数据的传输速率做相同的约定。接收方检测到停止位和起始位之间的下降沿后，将它作为接收的起始点，在每一位的中点接收信息。由于一个字符中包含的位数不多，即使发送方和接收方的收发频率略有不同，也不会因两台机器之间的时钟周期的误差积累而导致错位。异步通信传送附加的非有效信息较多，它的传输效率较低，一般用于低速通信，PLC 一般使用异步通信。

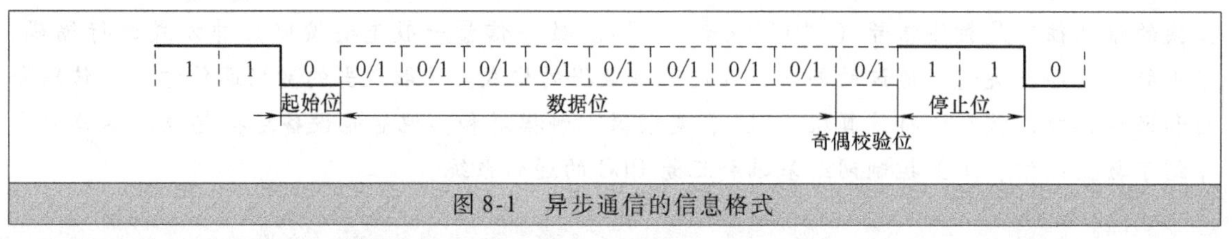

图 8-1　异步通信的信息格式

（3）单工通信与双工通信

按照信息在设备间的传送方向，从通信双方信息的交互方式看，数据通信方式又可分为单工通信、双工通信两种方式。

单工通信方式只能沿单一方向发送或接收数据。

双工通信方式的信息可沿两个方向传送，每一个站既可以发送数据，也可以接收数据。双工方式又分为全双工和半双工两种方式。数据的发送和接收分别由两根或两组不同的数据线传送，通信的双方都能在同一时刻接收和发送信息，这种传送方式称为全双工方式；用同一根线或同一组线接收和发送数据，通信的双方在同一时刻只能发送数据或接收数据，这种传送方式称为半双工方式。在 PLC 通信中经常采用半双工和全双工通信。单工通信、半双工通信和全双工通信的示意图如图 8-2 所示。

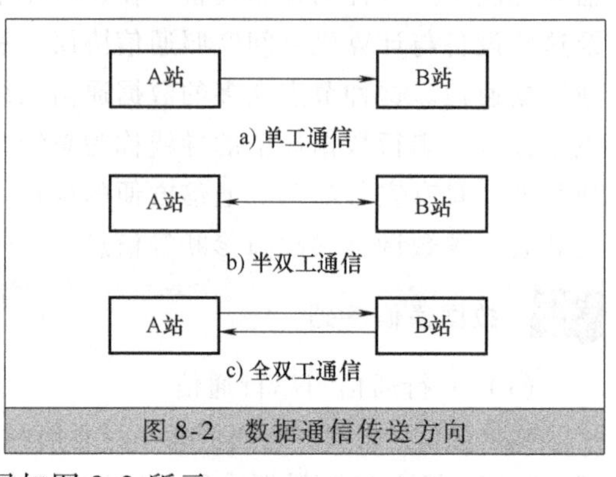

图 8-2　数据通信传送方向

（4）传输介质

传输介质就是在通信系统中位于发送端与接收端之间的物理通路。传输介质一般可分为有线和无线介质两种。有线介质有双绞线、同轴电缆和光纤等，这种介质将引导信号的传播方向；无线介质一般通过空气传播信号，它不为信号引导传播方向，如短波、微波和红外线通信等。下面仅简单介绍几种常用的有线传输介质。

1）双绞线。双绞线是一种廉价又广为使用的传输介质，它由两根彼此绝缘的导线按照一定规则以螺旋状绞合在一起的。这种结构能在一定程度上减弱来自外部的电磁干扰及相邻双绞线引起的串音干扰。但在传输距离、带宽和数据传输速率等方面双绞线仍有其一定的局限性。双绞线常用于建筑物内局域网数字信号传输。这种局域网所能实现的带宽取决于所用导线的质

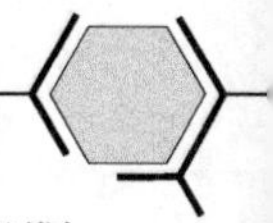

量、长度及传输技术。只要选择、安装得当，在有限距离内数据传输率可达到10Mbit/s。当距离很短且采用特殊的电子传输技术时，传输率可达100Mbit/s。

非屏蔽双绞线电缆价格便宜、直径小、节省空间、使用方便灵活、易于安装，是目前经常使用的传输介质。但是，非屏蔽双绞线易受干扰，缺乏安全性。因此，往往采用金属包皮或金属网包裹以进行屏蔽，这种双绞线就是屏蔽双绞线。屏蔽双绞线抗干扰能力强，有较高的传输速率，100m内可达到155Mbit/s，但其价格相对较高，使用时不是很方便。

2）同轴电缆。同轴电缆由内、外两层导体组成。内层导体是由一层绝缘体包裹的单股实心线或绞合线（通常是铜制的），位于外层导体的中轴上；外层导体是由绝缘层包裹的金属包皮或金属网。同轴电缆的最外层是能够起保护作用的塑料外皮。同轴电缆的外层导体不仅能够充当导体的一部分，而且还起到屏蔽作用。这种屏蔽一方面能防止外部环境造成的干扰，另一方面能阻止内层导体的辐射能量干扰其他导线。

与双绞线相比，同轴电缆抗干扰能力强，能够应用于频率更高、数据传输速率更快的情况。对其性能造成影响的主要因素来自衰损和热噪声，采用频分复用技术时还会受到交调噪声的影响。虽然目前同轴电缆大量被光纤取代，但它仍广泛应用于有线电视和某些局域网中。

3）光纤。光纤是一种传输光信号的传输介质。处于光纤最内层的纤芯是一种截面积很小、质地脆、易断裂的光导纤维，制造这种纤维的材料可以是玻璃也可以是塑料。纤芯的外层裹有一个包层，它由折射率比纤芯小的材料制成。正是由于在纤芯与包层之间存在着折射率的差异，光信号才得以通过全反射在纤芯中不断向前传播。在光纤的最外层则是起保护作用的外套。通常都是将多根光纤扎成束并裹以保护层制成多芯光缆。

与一般的有线传输介质相比，光纤具有很多优点。光纤支持很宽的带宽，这个带宽范围覆盖了红外线和可见光的频谱，具有很快的传输速率。光纤抗电磁干扰能力强，由于光纤中传输的是不受外界电磁干扰的光束，而光束本身又不向外辐射，因此它适用于长距离的信息传输及安全性要求较高的场合。光纤衰减较小，中继器的间距较大。采用光纤传输信号时，在较长距离内可以不设置信号放大设备，从而减少了整个系统中继器的数目。当然，光纤也存在一些缺点，如系统成本较高、不易安装与维护、质地脆、易断裂等。

2. 常用的串行异步通信接口

在工业控制中主要采用串行异步通信，其常用的串行通信接口标准有RS-232C、RS-422A和RS-485等。

（1）RS-232C

RS-232C是美国电子工业协会（EIA）于1969年公布的通信协议，它的全称是“数据终端设备（DTE）和数据通信设备（DCE）之间串行二进制数据交换接口技术标准”。RS-232C接口标准是目前计算机和PLC中最常用的一种串行通信接口。

RS-232C采用负逻辑，用－5～－15V表示逻辑“1”，用＋5～＋15V表示逻辑“0”。噪声容限为2V，即要求接收器能识别低至＋3V的信号作为逻辑“0”，高到－3V的信号作为逻辑“1”。RS-232C只能进行一对一的通信，RS-232C可使用9针或25针的D型连接器，表8-1列出了RS-232C接口各引脚信号的定义以及9针与25针引脚的对应关系。

表8-1 RS-232C接口引脚定义

引脚号(9针)	引脚号(25针)	信号	方向	功能
1	8	DCD	IN	载波检测
2	3	RXD	IN	数据接收
3	2	TXD	OUT	数据发送

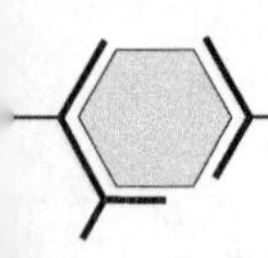

（续）

引脚号(9针)	引脚号(25针)	信号	方向	功能
4	20	DTR	OUT	数据终端设备准备就绪
5	7	GND	—	信号地
6	6	DSR	IN	数据通信设备准备就绪
7	4	RTS	OUT	请求发送
8	5	CTS	IN	清除发送
9	22	CI(RI)	IN	响铃指示器

PLC一般使用9针的连接器，在距离较近时只需要3根线连接，如图8-3所示。RS-232C一般使用单端驱动、单端接收的电路，如图8-4所示。这种通信接口容易受到公共线上的电位差和外部引入干扰信号的影响。

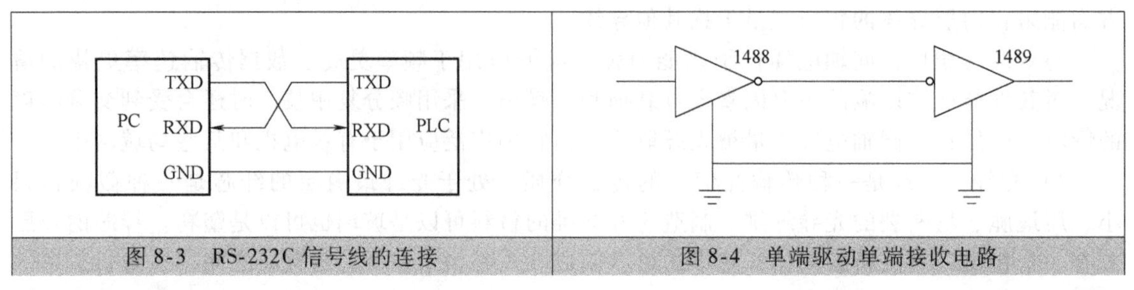

图8-3　RS-232C信号线的连接　　图8-4　单端驱动单端接收电路

(2) RS-422A

针对RS-232C的不足，美国EIA于1977年推出了串行通信标准RS-499，对RS-232C的电气特性进行了改进，RS-422A是RS-499的子集。由于RS-422A采用平衡驱动、差分接收电路，如图8-5所示，它从根本上取消了信号地线，大大减少了地电平所带来的共模干扰。平衡驱动器相当于两个单端驱动器，其输入信号相同，两个输出信号互为反相信号，图中的小圆圈表示反相。外部输入的干扰信号是以共模方式出现的，两极传输线上的共模干扰信号相同，因接收器是差分输入，共模信号可以互相抵消。只要接收器有足够的抗共模干扰能力，就能从干扰信号中识别出驱动器输出的有用信号，从而克服外部干扰的影响。

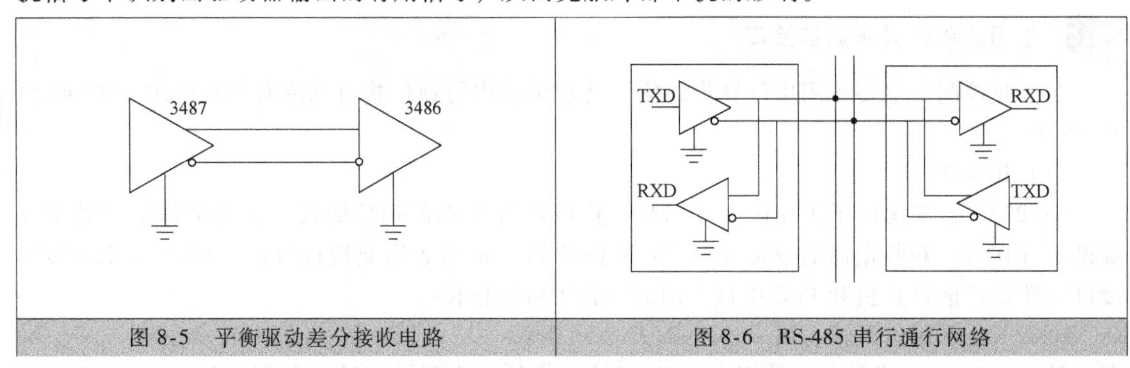

图8-5　平衡驱动差分接收电路　　图8-6　RS-485串行通行网络

RS-422A在最大传输速率10Mbit/s时，允许的最大通信距离为12m；在传输速率为100kbit/s时，最大通信距离为1200m。一台驱动器可以连接10台接收器。

(3) RS-485

RS-485是RS-422A的变形，RS-422A是全双工，采用两对平衡差分信号线分别用于发送和接收，所以采用RS-422A接口通信时最少需要4根线。RS-485为半双工，只有一对平衡差分信号线，不能同时发送和接收，最少只需两根连线。

使用RS-485通信接口和双绞线可组成串行通信网络，如图8-6所示，构成分布式系统，

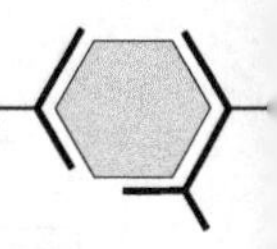

系统中最多可有 32 个站，如果采用新的接口器件则可连接 128 个站。

RS-485 的逻辑“1”以两线间的电压差为 +(2~6)V 表示，逻辑“0”以两线间的电压差为 -(2~6)V 表示。接口信号电平比 RS-232C 降低了，因此不易损坏接口电路的芯片，而且该电平与 TTL 电平兼容，可以方便地与 TTL 电路连接。由于 RS-485 接口具有良好的抗噪声干扰性、高传输速率（10Mbit/s）、长传输距离（1200m）和多站能力（最多 128 站）等优点，所以在工业控制中应用广泛。RS-422A/RS-485 接口一般采用 9 针的 D 形连接器。普通的计算机一般不配备 RS-422A 和 RS-485 接口，但工业控制计算机上一般都配有这两种接口。

3. 工业控制网络的概况及发展动向

（1）工业控制网络概况

常用工业控制网络主要有三类，分别是以太网（Ethernet）、控制网（ControlNet）和设备网（DeviceNet）。这几类网络的存取控制方法如下：

1）以太网带有检测冲突的载波侦听多路存取，是非确定性网络，不支持优先级；控制网带有仲裁消息优先权的载波侦听多路存取，设备控制局域网多采用串口控制访问协议；设备网中的许多控制网都是典型的令牌总线或令牌环网。

2）从工业控制网络的层次结构来看，控制网络可分为面向设备的控制网络与面向控制系统的主干控制网络两类。面向设备的控制网络对应于设备层，面向控制系统的主干控制网络对应于控制层。

3）在设备层多采用各种类型的现场总线。现场总线控制网络针对工业控制的要求而设计，采用了简化的 OSI 参考模型，并有 IEC 的国际标准支持。工业以太网则采用了 IEEE802.3 协议族，具有良好的开放性。

（2）工业控制网络发展动向

为了实现控制网络和信息网络的集成（实现网络间信息与资源的共享），控制网络发展的动向如下：

1）以太控制网络。由于以太控制网络的成本低、传输速率高（有 10Mbit/s、100Mbit/s、1000Mbit/s），加上其技术成熟、应用广泛，又有丰富的软硬件资源和广大工程技术人员的支持，因此以太控制网络在工业自动化和过程控制方面的应用正在迅速增加。以太控制网络优势主要体现在：嵌入式控制器、智能现场测控仪表和传感器可以很方便地接入以太控制网；以太控制网容易与信息网络集成，组建起统一的企业网络；可以使现场总线技术和一般的网络技术很好融合起来，从而打破任何总线技术的垄断，实现网络控制系统的彻底开放。

2）分布式控制网络。分布式控制网络的目标是屏蔽各种现场总线控制网络间的差异，实现各现场总线控制网络透明互联，使现场总线之间及现场设备之间的通信畅通无阻；实现与设备的协同工作，构筑一个开放式的分布式控制网络，实现与信息网络的无缝集成，建立统一的企业网络。

8.2 三菱 PLC 通信简介

三菱 FX 系列 PLC 具有较强的通信能力，通过加装通信模块或通信功能扩展板可以实现与其他 PLC、智能控制装置（如变频器、直流调速器等）和上位计算机之间的通信。FX 系列 PLC 有多种通信模块和通信功能扩展板可供选择，有关通信模块和通信扩展板的内容可参见第 7 章的介绍。FX_{2N}系列 PLC 的通信功能示意图如图 8-7 所示。

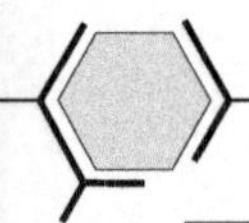

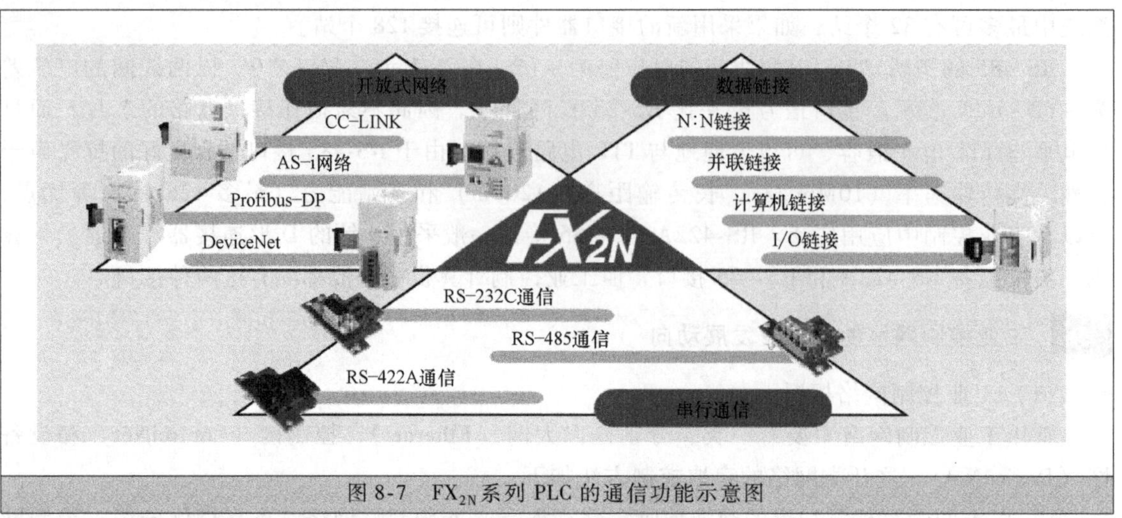

图 8-7　FX_{2N}系列 PLC 的通信功能示意图

8.2.1　PLC 数据链接类型和无协议通信 ★★★

数据链接类型包括并联链接、N: N 链接、计算机链接和 I/O 链接等。另外，PLC 通过现场总线通信模块还可以组成各种开放式的现场总线网络系统，如 CC-LINK、Profibus-DP 等。而串行通信方式则用于 PLC 与带 RS-232、RS-422、RS-485 物理接口的设备之间的通信。

PLC 的网络及通信，按照层次还可以把各种链接的对象分为以下四类：①计算机与 PLC 之间的连接（上位链接）；②PLC 与 PLC 之间的连接（同位链接）；③PLC 主机与它们的远程模块之间的连接（下位链接）；④PLC 与计算机网络之间的连接（网络链接）。

1.　并联链接和 N:N 链接

（1）并联链接

并联链接用来实现两台同一组的 FX 系列 PLC 之间通信数据的自动交换。FX_{2N}、FX_{2NC}、FX_{1N}、FX_{1C}和 FX_{2C}系列 PLC 的数据传输可在 1:1 的基础上通过 100 个辅助继电器和 10 个数据寄存器完成。FX_{1S}和 FX_{0N}系列 PLC 的数据传输可在 1:1 的基础上通过 50 个辅助继电器和 10 个数据寄存器完成。

1）与并联链接有关的标志寄存器和特殊数据寄存器。与并联链接有关的标志寄存器和特殊数据寄存器见表 8-2。

表 8-2　与并联链接有关的标志寄存器和特殊数据寄存器

元件号	操　作
M8070	接通时，PLC 作为并联链接中的主站
M8071	接通时，PLC 作为并联链接中的从站
M8072	PLC 运行在并联链接时为 ON
M8073	在并联链接时，M8070 或 M8071 中设置出错时为 ON
M8162	并联链接接通时为高速模式，仅 2 个数据字读/写。断开时为标准模式
D8070	并联链接监视时间（默认值为 50ms）

2）并联链接工作模式的设置与连接。并联链接有标准模式和高速模式两种工作模式，通过特殊辅助继电器 M8162 来设置（见表 8-2）。主、从站之间通过周期性的自动通信，由特殊辅助继电器和数据寄存器实现数据的共享。在并联链接标准模式下使用的这些通信软元件见表 8-3。

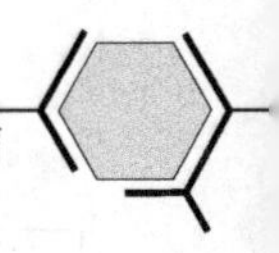

表 8-3　并联链接标准模式下的通信软元件

通信元件类型		说明
位元件(M)	字元件(D)	
M800 ~ M899	D490 ~ D499	主站数据传送到从站所用的数据通信软元件
M900 ~ M999	D500 ~ D509	从站数据传送到主站所用的数据通信软元件
通信时间/ms		70ms + 主站扫描周期 + 从站扫描周期

并联链接高速通信模式下的通信软元件见表 8-4。

表 8-4　并联链接高速通信模式下的通信软元件

通信元件类型		说明
位元件(M)	字元件(D)	
无	D490 ~ D491	主站数据传送到从站所用的数据寄存器
无	D500 ~ D501	从站数据传送到主站所用的数据寄存器
通信时间/ms		20ms + 主站扫描周期 + 从站扫描周期

3）使用和示例。当两个 FX 系列 PLC 的基本单元分别安装一块通信功能模块后，可使用单根带屏蔽的双绞线进行连接。编程时需设定主站和从站，用特殊辅助继电器在两台 PLC 之间进行自动的数据传送，很容易实现数据通信链接。主站和从站的设定通过 M8070 和 M8071 进行设定，并联链接的标准和高速两种工作模式，则由 M8162 的 ON/OFF 进行设定。两台 FX_{2N} 系列基本单元各使用一块 FX_{2N}-485-BD 通信扩展板进行并联链接通信，如图 8-8 所示。

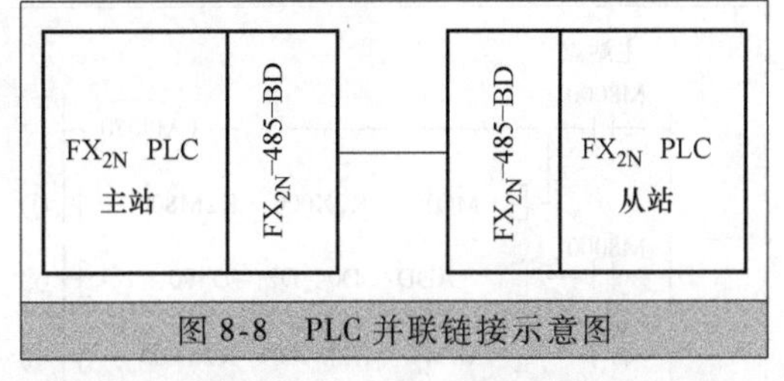

图 8-8　PLC 并联链接示意图

当并联链接工作在标准模式（特殊辅助继电器 M8162 为 OFF）时，主、从站的设定和通信使用的特殊辅助继电器和数据寄存器如图 8-9 所示。

两台 PLC 并联链接投入运行后，主站内的 M800 ~ M899 的状态可以随时被从站读取，即从站通过这些 M 元件的触点状态就可以知道主站内相应线圈的状态。但是从站不可以再使用同样地址的线圈（M800 ~ M899）；同样，从站内的 M900 ~ M999 的状态也可以被主站读取，即主站通过这些线圈的触点就可以知道从站内相应线圈的状态，但是主站也不能再使用 M900 ~ M999 线圈。

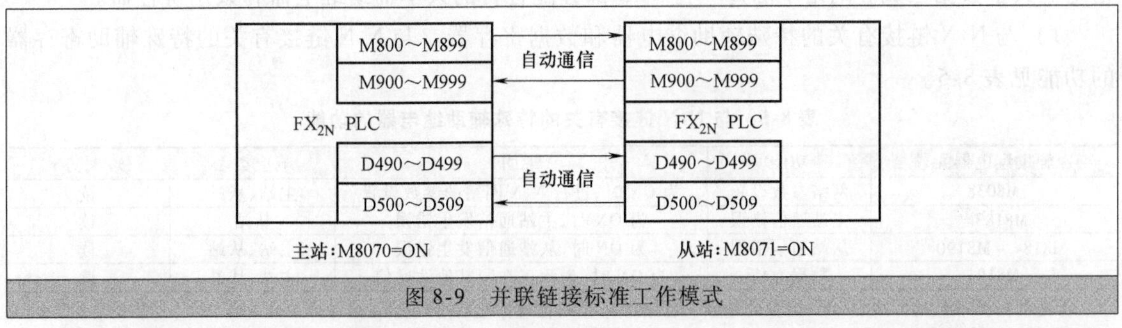

图 8-9　并联链接标准工作模式

当并联链接工作在高速模式（特殊辅助继电器 M8162 为 ON）时，主、从站的设定和通信用数据继电器，如图 8-10 所示。

按照并联通信方式连接好两台 PLC 后，将其中一个 PLC 中的特殊辅助继电器 M8070 置为 ON 状态，表示该 PLC 为主站，将另一个 PLC 中的 M8071 置为 ON 状态，表示该 PLC 为从站。但应注意的是，这里主站和从站的区别仅在于供通信用的特殊数据寄存器和逻辑线圈的地址分配不同，并不表示两个 PLC 在通信中的主、从关系，实际上两个 PLC 的关系是平等的。

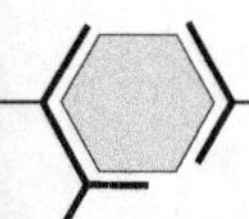

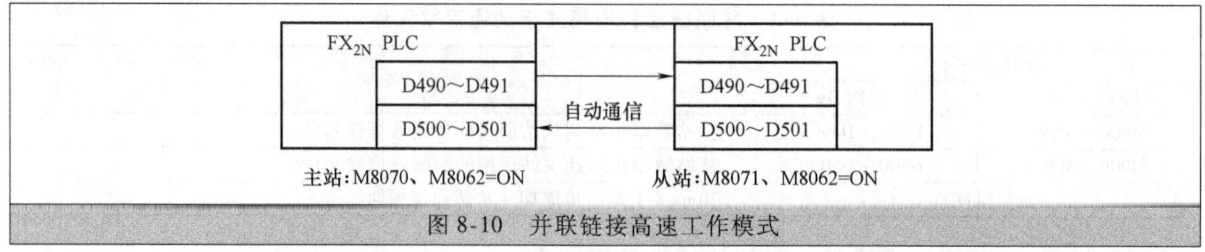

图 8-10　并联链接高速工作模式

【例 8-1】 两台 PLC 采用并联链接的标准模式进行通信，其中一台为 FX_{2N}-48MT，一台为 FX_{2N}-32MR。试将 FX_{2N}-48MT 设为主站，FX_{2N}-32MR 设为从站，要求两台 PLC 之间能够完成如下的控制要求：①主站点输入 X0～X7 的 ON/OFF 状态输出到从站点的 Y0～Y7；②当主站点的计算结果（D0+D2）大于或小于 100 时，从站点的 Y10 接通；③从站点 M0～M7 的 ON/OFF 状态输出到主站点的 Y0～Y7；④从站点中 D3 的值被用来设置主站点中的定时器 T0 的设定值。

例 8-1 的梯形图程序如图 8-11 所示。

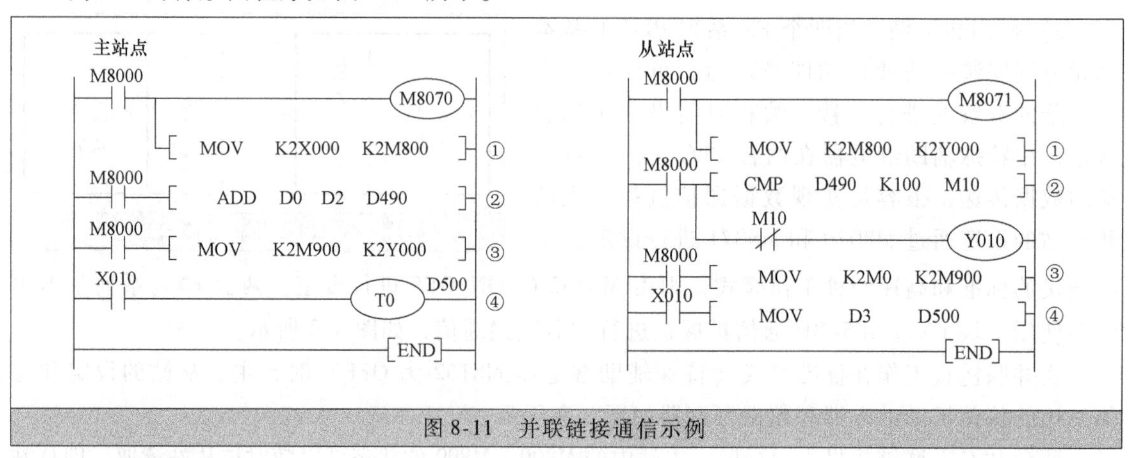

图 8-11　并联链接通信示例

（2）N:N 链接

N:N 链接又称 PLC 间简易链接，该通信协议用于最多 8 台 FX 系列 PLC 之间的自动数据交换，其中一台为主机，其余的为从机。在每台 PLC 的辅助继电器和数据寄存器中分别有一片系统指定的共享数据区域。网络中的每一台 PLC 都分配各自的共享辅助继电器和数据寄存器。

1）与 N:N 链接有关的特殊辅助继电器和数据寄存器。与 N:N 链接有关的特殊辅助寄存器的功能见表 8-5。

表 8-5　与 N:N 链接有关的特殊辅助继电器的功能

特殊辅助继电器元件号	功能	说明	响应类型	读/写方式
M8038	网络参数设置	为 ON 时，进行 N:N 网络的参数设置	主站、从站	读
M8183①	主站通信错误	为 ON 时，主站通信发生错误	从站	读
M8184～M8190②	从站通信错误	为 ON 时，从站通信发生错误	主站、从站	读
M8191	数据通信	为 ON 时，表示正在同其他站通信	主站、从站	读

①通信错误不包括各站的 CPU 发生的错误、各站工作在编程或停止状态的指示。
② 特殊辅助继电器 M8184～M8190 对应的 PLC 从站号为 No. 1～No. 7。

与 N:N 链接有关的特殊数据寄存器的功能见表 8-6。

表 8-6　与 N:N 链接有关的特殊数据寄存器的功能

特殊数据寄存器元件号	功能	说明	响应类型	读/写方式
D8173	站号	保存 PLC 自身的站号	主站、从站	读
D8174	从站数量	保存网络中从站的数量	主站、从站	读
D8175	刷新范围	保存要更新的数据范围	主站、从站	读

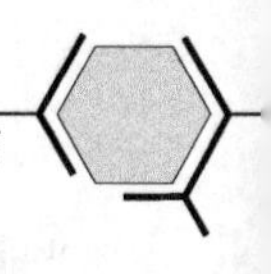

（续）

特殊数据寄存器元件号	功能	说明	响应类型	读/写方式
D8176	站号设置	对网络中 PLC 站号的设置	主站、从站	写
D8178	刷新范围设置	设置刷新的范围	主站	写
D8179	重试次数设置	设置网络中通信重试次数	从站	读/写
D8180	通信超时设置	设置网络中通信超时的等待时间	从站	读/写
D8201	当前网络扫描时间	保存当前的网络扫描时间	主站、从站	读
D8202	最大网络扫描时间	保存网络允许的最大扫描时间	主站、从站	读
D8203①	主站发生错误的次数	保存主站发生错误的次数	主站	读
D8204 ~ D8210①	从站发生错误的次数	保存从站发生错误的次数	主站、从站	读
D8211②	主站通信错误代码	保存主站通信错误代码	主站	读
D8212 ~ D8218②	从站通信错误代码	保存从站通信错误代码	主站、从站	读

① 通信错误的次数不包括本站的 CPU 发生错误、本站工作在编程或停止状态引起的网络通信错误。

② 特殊数据寄存器 D8204 ~ D8210 对应的 PLC 从站号为 No. 1 ~ No. 7。特殊数据寄存器 D8212 ~ D8218 对应的 PLC 从站号为 No. 1 ~ No. 7。

2）N:N 网络链接的参数设置。N:N 网络链接的设置只有在程序运行或 PLC 启动时才有效。N:N 网络的设置主要包括如下内容：①设置站号（D8176）。D8176 的取值范围为 0 ~ 7，主站站号应设置为 0，从站站号可以设置为 1 ~ 7。②设置从站数量（D8177）。该设置只适用于主站，D8177 的设定范围为 1 ~ 7，默认值为 7。

3）设置刷新范围（D8178）。刷新范围是指主站与从站共享的辅助继电器和数据寄存器的范围。刷新范围由主站的 D8178 设定。刷新范围可以设定为 0、1、2（默认值为 0）。刷新范围只能由主站设定，但是设置的刷新模式适应于 N:N 链接中所有的工作站。N:N 链接通信数据刷新范围的模式见表 8-7。

表 8-7　通信数据刷新范围的模式

通信软元件类型	模式 0	模式 1	模式 2
位元件（M）	0 点	32 点	64 点
字元件（D）	4 点	4 点	8 点

N:N 链接的共享辅助继电器和数据寄存器见表 8-8。

表 8-8　N:N 链接的共享辅助继电器和数据寄存器

站号	模式 0		模式 1		模式 2	
	位元件	4 点字元件	32 点位元件	4 点字元件	64 点位元件	8 点字元件
0	–	D0 ~ D3	M1000 ~ M1031	D0 ~ D3	M1000 ~ M1063	D0 ~ D7
1	–	D10 ~ D13	M1064 ~ M1095	D10 ~ D13	M1064 ~ M1027	D10 ~ D17
2	–	D20 ~ D23	M1128 ~ M1159	D20 ~ D23	M1128 ~ M1191	D20 ~ D27
3	–	D30 ~ D33	M1192 ~ M1223	D30 ~ D33	M1192 ~ M1255	D30 ~ D37
4	–	D40 ~ D43	M1256 ~ M1287	D40 ~ D43	M1256 ~ M1319	D40 ~ D47
5	–	D50 ~ D53	M1320 ~ M1351	D50 ~ D63	M1320 ~ M1383	D50 ~ D57
6	–	D60 ~ D63	M1384 ~ M1415	D60 ~ D63	M1384 ~ M1447	D60 ~ D67
7	–	D70 ~ D73	M1448 ~ M1479	D70 ~ D73	M1448 ~ M1511	D70 ~ D77

表 8-8 中的辅助继电器和特殊数据寄存器是供各个站共享的。以模式 1 为例，如果使用主站的 X0 控制 2 号站的 Y0，可以用主站的 X0 来控制 2 号站的 M1000。通过通信，各从站 M1000 的状态与主站 M1000 相同。这样用 2 号站的 M1000 来控制它的 Y0，相当于用主站 X0 来控制 2 号站的 Y0。

4）其他相关辅助继电器和数据寄存器。M8038：设置网络参数。M8183：当主站发生通信错误时为 ON。M8184 ~ M8190：当从站发生通信错误时为 ON。M8191：在与其他从站点通信时为 ON。D8179：设置通信重试次数，设定值为 0 ~ 10，默认值为 3，该设置仅用于主站，

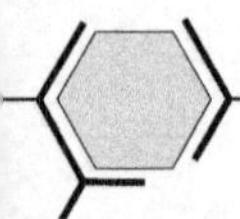

当通信出错时，主站就会根据设置的次数自动重试通信。D8180：设置主站点和从站点间的通信超时时间，设定值为5～255，对应时间为50～2550ms。

【例8-2】 一个N:N链接通信网络系统如图8-12所示。图中的系统共有3个站点，每个站点的PLC都装有一个FX_{2N}-485-BD通信扩展板，通信板之间用单根双绞线连接。其中1个为主站，2个为从站，刷新范围选择模式1，重试次数选择3，通信超时选择50ms。要求系统的控制要求如下：①主站点的输入点X0～X3输出到从站点1和2的输出点Y10～Y13；②从站点1的输入点X0～X3输出到主站和从站点2的输出点Y14～Y17；③从站点2的输入点X0～X3输出到主站和从站1的输出点Y20～Y23。

根据以上的系统控制要求，设计的主站梯形图程序如图8-13所示。从站点1和从站点2的梯形图程序如图8-14所示。

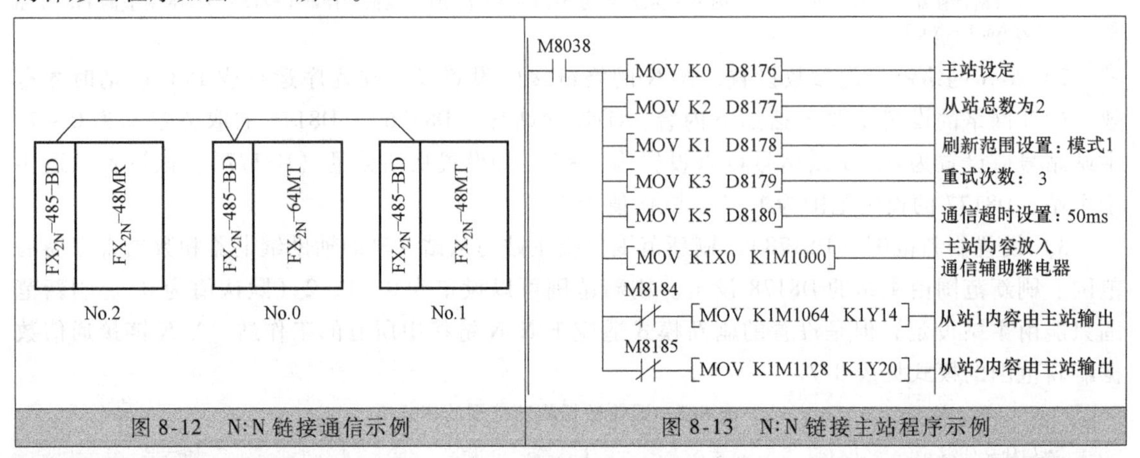

图8-12 N:N链接通信示例　　图8-13 N:N链接主站程序示例

2. 计算机链接和无协议通信

(1) 计算机链接

对于由小型PLC作为主控制器的电气控制系统，一般在程序上传和下载时需要PLC和上位计算机进行链接通信，在通常情况下不需要它和其他的设备进行通信。三菱FX系列PLC的编程接口是采用RS-422串口，而计算机的串口是RS-232C，因此在计算机编程环境中上传、下载程序到PLC时需要使用专用的RS-232转RS-422接口的编程电缆或通信适配器。为了实现上位计算机(PC)与FX系列PLC之间的程序传送，可以使用编程电缆SC-09。

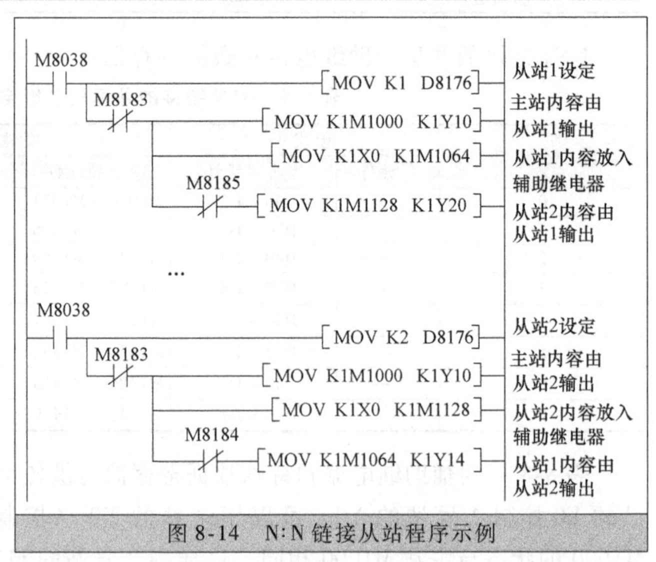

图8-14 N:N链接从站程序示例

另外，通过PLC加装通信功能扩展板FX-485-BD和使用RS-232C与RS-485的转换接口FX-485PC-IF，可以实现计算机与PLC的多点连接，如图8-15所示。当然，也可以通过其他的通信模块实现PC与PLC的连接，这里就不再一一地列举了。

三菱FX系列PLC的计算机链接（Computer Link）通信协议可用于一台计算机与1～16台PLC

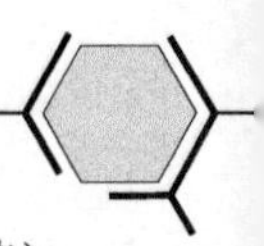

的通信，由计算机发出读写 PLC 数据的命令报文（命令帧），PLC 收到后返回响应报文（响应帧）。用户一般不需要在 PLC 一侧编程，响应帧是由 PLC 自动生成的，但是上位计算机一侧的程序仍需要用户编写。计算机链接通信协议与 Modbus 通信协议中的 ASCII 方式有一定的相似之处。

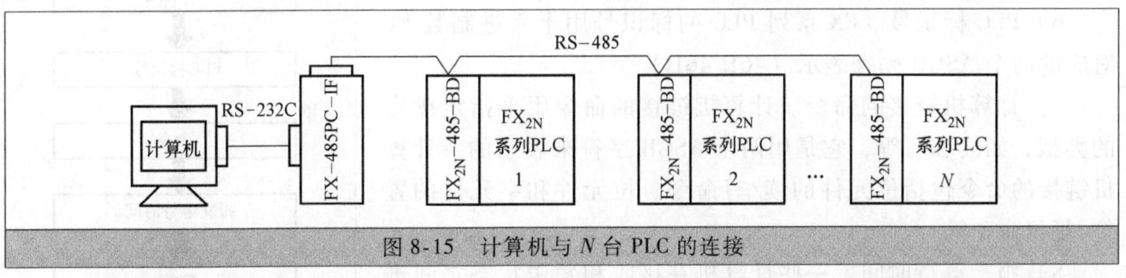

图 8-15　计算机与 N 台 PLC 的连接

1）串行通信的格式设置。在计算机链接和无协议通信时，需要定义特殊数据寄存器 D8120 的相关数据位进行串行通信格式的设置。D8120 中各位的具体含义、功能描述见前面第 4 章的表 4-31。在设置好通信格式 D8120 后，需要在 PLC 断电后重新上电才能使通信格式生效。

例如，对串行通信格式的要求如下：数据长度为 8 位，无奇偶校验，1 位停止位，波特率为 9600bit/s，无起始符和终止符，控制线为普通模式 1 的 RS-485 接口，无添加校验和，无协议，传输控制采用协议格式 1。查表 4-31 可知，通信格式 D8120 应该设为 0000 1100 1000 0001（二进制），对应的十六进制数为 0C81 H。

2）通信中使用的特殊辅助继电器和特殊数据寄存器。通信过程中可能使用的特殊辅助继电器 M 和特殊数据寄存器 D 见表 8-9。

表 8-9　特殊辅助继电器与特殊数据寄存器

特殊辅助继电器	功能描述	特殊数据寄存器	功能描述
M8121	数据发送延时(RS 指令)	D8120	通信格式(RS 指令、计算机链接)
M8122	数据发送标志(RS 指令)	D8121	站号设置(计算机链接)
M8123	接收结束标志(RS 指令)	D8122	未发送数据数(RS 命令)
M8124	载波检测标志(RS 指令)	D8123	接收的数据数(RS 命令)
M8126	全局标志(计算机链接)	D8124	起始字符(默认值为 STX, RS 指令)
M8127	请求式握手标志(计算机链接)	D8125	结束字符(默认值为 ETX, RS 指令)
M8128	请求式出错标志(计算机链接)	D8127	请求式起始元件号寄存器(计算机链接)
M8129	请求式字/字节转换(计算机链接)超时判断标志(RS 指令)	D8128	请求式数据长度寄存器(计算机链接)
M8161	8/16 位转换标志(RS 指令)	D8129	数据网络的超时定时器设定值(RS 指令和计算机链接，单位为 10ms，为 0 时表示 100ms)

3）数据传输规定协议的基本格式。数据传输规定协议的基本格式如图 8-16 所示。

通过特殊数据寄存器 D8120 的 b15 位可以选择计算机链接的两种格式，即协议格式 1 或协议格式 4。只有当数据寄存器 D8120 的 b13 位为 1 时，PLC 才会在报文中添加和校验代码。只有在选择协议格式 4 时 PLC 才在报文的末尾添加控制代码 CR/LF（回车、换行符）。因此，在图 8-16 中，和校验代码和控制代码这两部分加上了括号，标明它们是可选的。

4）控制代码。通信传输用到了相关通信控制字符。PLC 接收到单独的控制代码 EQT 和 CL 时，将会初始化传输过程，PLC 此时不会对计算机（PC）做出响应。

5）PLC 站号。PLC 的站号决定计算机（PC）对哪一台 PLC 进行访问，同一网络中 PLC

的站号不能重复，否则将会通信出错。网络中 PLC 的站号编号可以是不连续的。在 FX 系列 PLC 中，使用 D8121 设置 PLC 的站号，见表 8-9。

6）PLC 标识号。FX 系列 PLC 的标识号用十六进制数 FF 对应的两个 ASCII 码来表示（46H 46H）。

7）计算机链接的命令。计算机链接的命令用来指定操作的类型，如读和写等，它是用两个 ASCII 字符来表示的。计算机链接的命令包括位元件的读/写命令、位元件和字元件的置位/复位命令等。

8）报文等待时间。一些计算机在接收和发送状态之间进行转换时需要一定的延迟时间。报文等待时间是用来决定当 PLC 接收到从计算机（PC）发送过来的数据后，需要等待最少多长时间才能向 PC 发送数据。报文等待时间以 10ms 为单位，可以在 0～150ms 之间设置，使用 ASCII 表示。

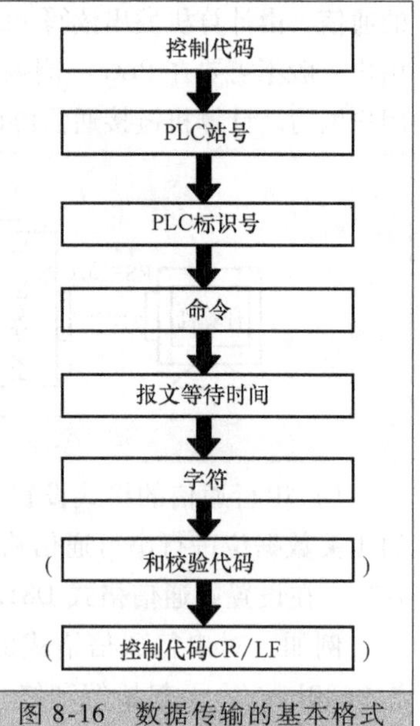

图 8-16　数据传输的基本格式

9）报文格式。上位计算机（PC）向 PLC 发送的报文格式如图 8-17 所示。

在图 8-17 中，STX 为开始标志（02H），ETX 为结束标志（03H），CMD 为命令的 ASCII 码。SUMH、SUML 是按字节求取累加和，溢出不计。由于每字节十六进制数变为两字节的 ASCII 码，故校验和为 SUMH（高位）与 SUML（低位）。

PLC 向 PC 发送的应答报文格式如图 8-18 所示。

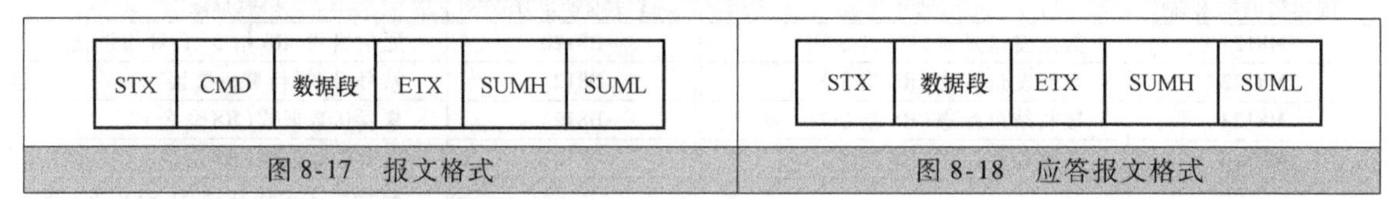

图 8-17　报文格式　　图 8-18　应答报文格式

对读命令的应答报文中，数据段为要读取的数据，一个数据占用两字节，分为高位和低位。数据段包括 N 个数据，每个数据也分为高位和低位；对写命令的应答报文无数据段，用 ACK（确认）及 NAK（不能确认）作应答内容。

10）PC 与 PLC 的链接数据流。PC 与 FX 系列 PLC 间采用应答方式通信，如果传输出错，则组织重发。PC 和 PLC 的数据链接数据流包括以下三种形式：PC 从 PLC 读数据、PC 向 PLC 写数据和 PLC 向 PC 写数据。

（2）无协议通信

对于各种 RS-232C 设备，包括个人计算机、条形码阅读器和打印机等的数据通信，都可通过无协议通信实现。FX 系列 PLC 的 RS 指令可用于 PLC 和上位计算机、条形码阅读器或其他 RS-232C 设备之间的无协议通信。这种通信方式最为灵活，PLC 与带有 RS-232C 接口的设备之间可以使用用户自定义的通信规定，但是这种通信方式 PLC 的编程工作量较大，对编程人员的要求也较高。串行通信 RS 指令的使用在第 4 章已有介绍，读者可以参见有关内容的介绍。

应注意的是，如果不同厂商设备使用的通信协议规定不同，即使它们的物理接口都是 RS-485，也不能将它们连接在同一网络内。有关无协议通信的具体内容，限于篇幅这里不再详细地介绍。

第9章 变频器和人机界面技术

本章内容提要 变频器是PLC控制系统中重要的执行器，通过它可以实现交流异步电动机的变频调速控制。本章首先介绍了变频器的基本原理和应用技术，以三菱的FR-A700系列变频器为例，介绍了其外部接线、端子功能、内部参数设定和有关控制方法等；人机界面的设计是控制系统设计的重要组成部分，组态技术在自动控制系统中的应用日益广泛，本章以国产工业组态软件KingView为例介绍了组态设计的一般过程。最后介绍了触摸屏的原理、结构，并以三菱F900系列触摸屏为例简单介绍其组态过程。

9.1 变频器应用简介

1. 三菱变频器概况

交流变频调速系统因其性能的日益完善，调速方便简单，现已成为电力拖动自动控制系统的主流。节能的需要为变频器的应用带来了巨大的契机，三菱变频驱动产品得到了很大的发展。三菱公司的变频器以其高性能、合理的价格满足了工业控制各个行业的需要，在国内得到了广泛的应用。三菱公司变频器主要有以下几个系列：FR-S500系列、FR-E500系列和FR-A700系列等。

FR-S500系列变频器是三菱电机公司推出的简单易用型变频器，广泛应用于一般调速场合，可以提供RS-485通信功能，具有较高的性价比；FR-E500系列三菱变频器是一款小型高性能通用型变频器，采用磁通矢量控制可以实现1Hz运行，150%转矩输出，内置RS-485通信接口，柔性PWM可实现低噪声运行；新一代FR-F700系列通用型三菱变频器最适合风机、泵类负载使用。继承了F500的优良特性，操作简单，并全面提升了各种功能。新开发的节能监视功能让节能效果一目了然，内置噪声滤波器，并带有浪涌电流吸收回路，新增了RS-485端子，增加了支持Modbus-RTU（Binary）协议；FR-A700系列变频器是三菱电机公司推出的新一代多功能重负载用变频器，它具有无传感器矢量控制最高性能，采用了长寿命设计，网络功能更加丰富，支持开放式现场总线CC-Link通信（选件），RS-485串口通信及各种主要网络（Device-Net、Profibus-DP、LonWorks、EtherNet和CAN等）。下面以FR-A700系列变频器为例，介绍通用变频器的使用操作、参数设置和应用。

2. FR-A700系列变频器端子接线图及端子功能说明

（1）端子接线图

A700系列变频器的端子接线图如图9-1所示。图中，◎表示主回路的接线端子，○表示控制回路的接线端子。

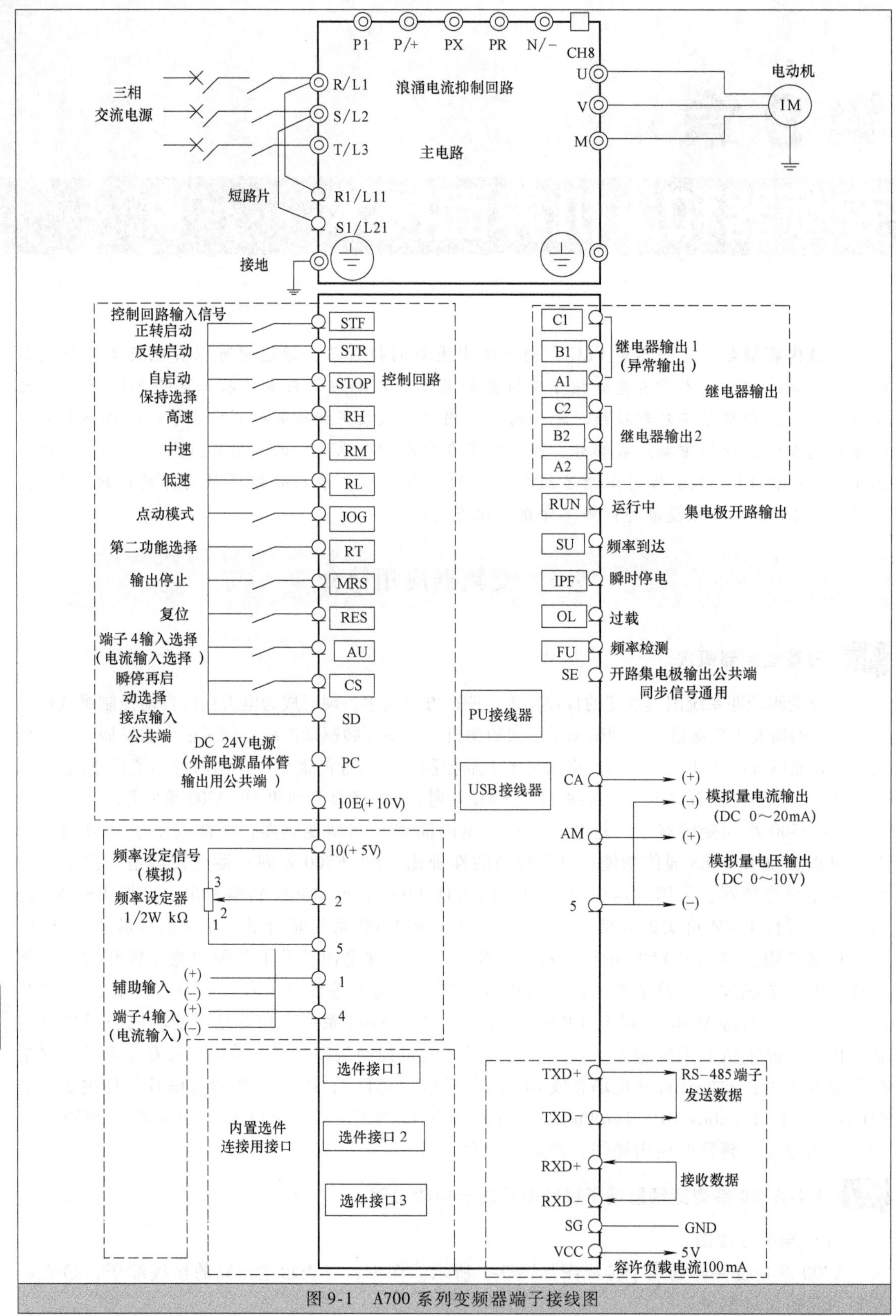

图 9-1　A700 系列变频器端子接线图

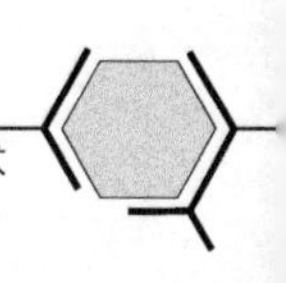

（2）主回路端子功能说明

主回路端子功能说明见表 9-1。

表 9-1　主回路端子功能说明

端子符号	端子名称	端子功能说明
R/L1,S/L2,T/L3	交流电源输入	连接工频电源。当使用高功率因数变流器(FR-HC,MT-HC)及共直流母线变流器(FR-CV)时,不要连接任何东西
U,V,W	变频器输出	接三相笼型异步电动机
R1/L11,S1/L21	控制回路用电源	与交流电源端子 R/L1,S/L2 相连。在保持异常显示或异常输出时,以及使用高功率因数变流器(FR-HC,MT-HC),共直流母线变流器(FR-CV)等时,应拆下端子 R/L1-R1/L11、S/L2-S1/L21 间的短路片,从外部对该端子输入电源。在主回路电源(R/L1,S/L2,T/L3)设为 ON 的状态下勿将控制回路用电源(R1/L11,S1/L21)设为 OFF,这可能造成变频器损坏。控制回路用电源(R1/L11,S1/L21)为 OFF 的情况下,应在回路设计上保证主回路电源(R/L1,S/L2,T/L3)同时也为 OFF。15kW 以下:60VA,18.5kW 以上:80VA
P/+,PR	制动电阻器连接(22kW 以下)	拆下端子 PR-PX 间的短路片(7.5kW 以下),连接在端子 P/+与 PR 间连接作为任选件的制动电阻器(FR-ABR) 22kW 以下的产品通过连接制动电阻,可以得到更大的再生制动力
P/+,N/-	连接制动单元	连接制动单元(FR-BU、BU 或 MT-BU5,共直流母线变流器(FR-CV)电源再生转换器(MT-RC)及高功率因数变流器(FR-HC,MT-HC)
P/+,P1	连接改善功率因数直流电抗器	对于 55kW 以下的产品应拆下端子 P/+与 P1 间的短路片,连接上 DC 电抗器。75kW 以上的产品已标配有 DC 电抗器,必须连接。FR-A740-55K 通过 LD 或 SLD 设定并使用时,必须设置直流电抗器(选件)
PR,PX	内置制动器回路连接①	端子 PX-PR 间连接有短路片(初始状态)的状态下,内置的制动器回路为有效(7.5kW 以下的产品已配备)
⏚	接地	变频器外壳接地用,必须接大地

① 连接专用外接制动电阻器（FR-ABR）与制动单元（FR-BU、BU）时，应拆下端子 PR-PX 间的短路片（7.5kW 以下）。

（3）控制回路端子功能说明

控制回路端子功能说明分别见表 9-2、表 9-3 和表 9-4。

表 9-2　控制回路端子功能说明

种类	端子符号	端子名称	端子功能说明	
触点输入	STF	正转启动	STF 信号处于 ON 便正转,处于 OFF 便停止	STF、STR 同时为 ON 时变成停止指令
	STR	反转启动	STR 信号为 ON 为反转,OFF 为停止	
	STOP	启动自保持选择	使 STOP 信号处于 ON,可以选择启动信号自保持	
	RH,RM,RL	多段速度选择	用 RH,RM 和 RL 信号的组合可以选择多段速度	
	JOG	点动模式选择	JOG 信号 ON 时选择点动运行(初始设定),用启动信号 STF 或 STR 可以点动运行	
		脉冲列输入	JOG 端子也可作为脉冲列输入端子使用	
	RT	第二功能选择	RT 信号 ON 时,第二功能被选择。设定了第二转矩提升(第 2V/f(基准频率))时也可以用 RT 信号处于 ON 时选择这些功能	
	MRS	输出停止	MRS 信号为 ON(20ms 以上)时,变频器输出停止。用电磁制动停止电动机时用于断开变频器的输出	
	RES	复位	在保护电路动作时的报警输出复位时使用,使端子 RES 信号处于 ON 在 0.1s 以上,然后断开。工厂出厂时,通常设置为复位。根据参数 Pr.75 的设定,仅在变频器报警发生时可能复位。复位解除后约 1s 恢复	
	AU	端子 4 输入选择	只有把 AU 信号置为 ON 时端子 4 才能用(频率设定信号在 DC 4~20mA 之间可以操作)。AU 信号置为 ON 时端子 2(电压输入)的功能将无效	

（续）

种类	端子符号	端子名称	端子功能说明
触点输入	AU	PTC 输入	AU 端子也可以作为 PTC 输入端子使用(电动机的热继电器保护)。用作 PTC 输入端子时要把 AU/PTC 切换开关切换到 PLC 侧
	CS	瞬停再启动选择	CS 信号预先处于 ON,瞬时停电再恢复时变频器便可自动启动。但用这种运行必须设定有关参数,因为出厂设定为不能再启动(参照参数 Pr. 57 再启动自由运行时间)
	SD	公共输入端子(漏型)	触点输入端子(漏型)的公共端子。DC24V,0.1A 电源(PC 端子)的公共输出端子。它与端子 5 及端子 SE 绝缘
	PC	外部晶体管公共端,DC24V 电源,输入触点输入公共端(型)	漏型时当连接晶体管输出(即电极开路输出),如可编程序控制器,将晶体管输出用的外部电源公共端接到该端子时,可以防止因漏电引起的误动作,可作为直流 24V,0.1A 的电源使用。当选择源型时,该端子作为触点输入端子的公共端
频率设定	10E	频率设定用电源	按出厂状态连接频率设定电位器时,与端子 10 连接。当连接到端子 10E 时,应改变端子 2 的输入规格(参照参数 Pr. 73 模式输入选择)
	10		
	2	频率设定(电压)	输入 DC 0~5V(或者 0~10V,4~20mA)时,最大输出频率 5V(10V,20mA),输出输入成正比。输入 DC 0~5V(初始设定)和 DC 0~10V,4~20mA 的切换在电压/电流输入切换开关设为 OFF(初始设定为 OFF)时通过参数 Pr. 73 进行。当电压/电流输入切换开关设为 ON 时,电流输入固定不变(参数 Pr. 73 必须设定电流输入)。端子功能的切换通过参数 Pr. 858 进行设定
	4	频率设定(电流)	输入 DC 4~20mA(或者 0~5V,0~10V),当 20mA 为最大输出频率,输出频率与输入成正比。只有 AU 信号置为 ON 时此输入信号才会有效(输入端子 2 的输入将无效)。4~20mA(出厂值),DC 0~5V,DC 0~10V 的输入切换在电压/电流输入切换开关设为 OFF(初始设定为 ON)时通过参数 Pr. 267 进行。当电压/电流输入切换开关设为 ON 时,电流输入固定不变(参数 Pr. 267 必须设定电流输入)。端子功能的切换通过参数 Pr. 858 进行设定
	1	辅助频率设定	输入 DC 0~ ±5V 或 DC 0~ ±10V 时,端子 2 或 4 的频率设定信号与这个信号相加,用参数 Pr. 73 进行输入 DC 0~ ±5V 和 DC 0~ ±10V(初始设定)的切换。端子功能的切换可通过参数 Pr. 868 进行设定
	5	频率设定公共端	频率设定信号(端子 2、1 或 4)和模拟输出端子 CA、AM 的公共端子,不要接大地

表 9-3　控制回路输出信号端子功能说明

种类	端子符号	端子名称	端子功能说明	
触点	A1,B1,C1	继电器输出 1(异常输出)	指示变频器因保护功能动作时输出停止的 1 转换触点。故障时:B—C 间不导通(A—C 间导通),正常时:B—C 间导通(A—C 间不导通)	
	A2,B2,C2	继电器输出 2	1 个继电器输出(常开/常闭)	
集电极开路	RUN	变频器正在运行	变频器输出频率为启动频率(初始值 0.5Hz)以上时为低电平,正在停止或正在直流制动时为高电平①	
	SU	频率到达	输出频率达到设定频率的 ±10%(初始值)时为低电平,正在加/减速或停止时为高电平①	报警代码 4 位输出
	OL	过载报警	当失速保护功能动作时为低电平,失速保护解除时为高电平①	
	IPF	瞬时停电	瞬时停电,电压不足保护动作时为低电平①	
	FU	频率检测	输出频率为任意设定的检测频率以上时为低电平,未达到时为高电平①	
	SE	集电极开路输出公共端	端子 RUN、SU、OL、IPF、FU 的公共端子	
脉冲	CA	模拟电流输出	可以从输出频率等多种监视项目中选一种作为输出②	输出项目:输出频率(初始值设定)
模拟	AM	模拟电压输出		

① 低电平表示集电极开路输出用的晶体管处于 ON（导通状态），高电平为 OFF（不导通状态）。

② 变频器复位时没有输出。将电压/电流输入切换开关置于 OFF，并将参数 Pr. 73、Pr. 267 选择为电流输入时，电源 OFF 时，输入电阻为（10 ±1）kΩ。

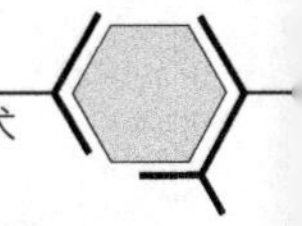

表 9-4　控制回路通信信号端子功能说明

种类	端子符号		端子名称	端子功能说明
RS-485	—		PU 接口	通过 PU 接口，进行 RS-485 通信（仅 1 对 1 连接） 遵守标准：EIA-485（RS-485） 通信方式：多站点通信，通信速率：4800 ~ 38400bit/s，最长距离：500m
	RS-485 端子	TXD +	变频器发送端子	通过 RS-485 端子，进行 RS-485 通信 遵守标准：EIA-485（RS-485），通信方式：多站点通信，通信速率：300 ~ 38400 bit/s，最长距离：500m
		TXD-		
		RXD +	变频器接收端子	
		RXD-		
		SG	接地	
USB	—		USB 连接器	与个人计算机通过 USB 连接后，可以实现 FR-Configurator 的操作。接口：支持 USB1.1，传输速度：12 Mbit/s，连接器：USB B 连接器（B 插口）

3. 变频器输出频率设定方式

变频器输出频率的设定主要有以下几种方式：

（1）操作面板控制方式

这种控制方式通过操作面板上的按钮手动设置输出频率的一种操作方式，具体操作又有两种方法，一种是按面板上的频率上升或频率下降的按钮来调节输出频率，另一种是通过直接设定频率数值调节输出频率。通过操作面板可以进入不同的工作模式，分别为监视模式、频率设定模式、参数设定模式、运行模式和帮助模式等。各模式的切换可以通过按面板上的模式键来实现。

（2）外输入端子数字量频率选择操作方式

变频器常设有多段频率选择功能，各段频率值通过功能码设定，频率端通过外部端子选择。变频器通常在控制端子中设置一些控制端，这些端子的接通组合可以通过外部设备，如PLC 控制来实现。

（3）外输入端子模拟量频率选择操作方式

为了方便与输出量为模拟电流或电压的调节器、控制器的连接，变频器还设有模拟量输入/输出端。当接在这些端口上的电流或电压量在一定范围内平滑变化时，变频器的输出频率在一定范围内平滑变化。

（4）数字通信操作方式

为了方便与网络接口，变频器一般都设有网络接口，都可以通过通信方式接收频率控制指令，不少变频器厂商还为自己的变频器与 PLC 通信设计了专用的通信协议，如西门子公司的USS 协议即是西门子 MM400 系列变频器的专用通信协议。

4. 变频器重要参数及其功能介绍

变频器参数的数量非常巨大（一般都有上千个），但重要的参数主要包括以下几类：

（1）*V/f* 类型的选择

V/f 类型的选择包括上限频率、基准频率和转矩类型等。最高频率是变频器—电动机系统可以运行的上限频率。由于变频器自身的上限频率可能较高，当电动机容许的上限频率低于变频器的上限频率时，应按电动机及其负载的要求进行设定。基准频率是变频器对电动机进行恒功率控制和恒转矩控制的分界线，应按电动机的额定电压设定。转矩类型指的是负载是恒转矩负载还是变转矩负载。用户根据变频器使用说明书中的 *V/f* 类型图和负载的特点，选择其中的

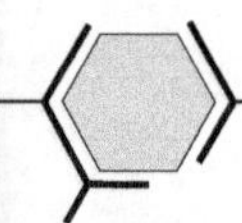

一种类型。根据电动机的实际情况和实际要求，来设定上限频率和基准频率。基准频率一般设定为工频 50Hz。

（2）调整启动转矩

调整启动转矩是为了改善变频器启动时的低速性能，使电动机输出的转矩能满足生产启动的要求。在异步电动机变频调速系统中转矩的控制较复杂。在低频段由于电阻、漏电抗的影响不容忽略，若仍保持 V/f 为常数，则磁通将减小，进而减小了电动机的输出转矩。为此，在低频段要对电压进行适当补偿以提升转矩。可是，漏阻抗的影响不仅与频率有关，还和电动机电流的大小有关，准确补偿是很困难的。近年来国外开发了一些能自行补偿的变频器，但所需计算量大，硬件、软件都较复杂，因此一般变频器均需由用户进行人工设定补偿。

（3）设定加/减速时间

电动机的加速度取决于加速转矩，而变频器在启动、制动过程中的频率变化率则由用户设定。若电动机转动惯量、电动机负载变化按预先设定的频率变化率升速或减速时，有可能出现加速转矩不够，从而造成电动机失速，即电动机转速与变频器输出频率不协调，从而造成过电流或过电压。因此，需要根据电动机转动惯量和负载合理设定加、减速时间，使变频器的频率变化率能够与电动机转速变化率相协调。一般按照经验来进行加、减速时间设定。若在启动过程中出现过电流，则可适当延长加速时间；若在制动过程中出现过电流，则适当延长减速时间；另一方面，加、减速时间不宜设得太长，时间太长将影响生产效率，特别是需频繁启动、制动时。

（4）频率跨跳

V/f 控制的变频器驱动异步电动机时，在某些频率段电动机的电流、转速会发生振荡，严重时系统无法运行，甚至在加速过程中出现过电流保护使得电动机不能正常起动，在电动机轻载或转动量较小时更为严重。因此通用变频器均备有频率跨跳功能，用户可以根据系统出现振荡的频率点，在 V/f 曲线上设置跨跳点及跨跳点宽度。当电动机加速时可以自动跳过这些频率段，保证系统正常运行。

（5）过载率设置

该设置用于变频器和电动机过载保护。当变频器的输出电流大于过载率设置值和电动机额定电流确定的 OL 设定值时，变频器则以反时限特性进行过载保护（OL），过载保护动作时变频器停止输出。

（6）电动机铭牌参数的输入

变频器的参数输入项目中有一些是电动机基本参数的输入，如电动机的功率、额定电压、额定电流、额定转速和极数等。这些参数的输入非常重要，将直接影响变频器中一些保护功能的正常发挥，一定要根据电动机的实际参数正确输入，以确保变频器的正常使用。

变频器可以在初始设定值不做任何改变的状态下实现单纯的可变速运行。一般需要根据负载或运行规格等设定必要的参数。通过操作面板（FR-DU07）可以进行参数的设定、改变及确认操作。表 9-5 列出了 FR-A700 系列变频器部分重要参数的参数号、名称、设定范围、最小设定值和初始值等。

表 9-5　FR-A700 部分重要参数简表

项目	参数号	名称	设定范围	最小设定值	初始值
基本功能	0	转矩提升	0%～30%	0.1%	6/4/3/2/1%①
	1	上限频率	0～120Hz	0.01Hz	120/60Hz②
	2	下限频率	0～120Hz	0.01Hz	0Hz
	3	基准频率	0～400Hz	0.01Hz	50Hz

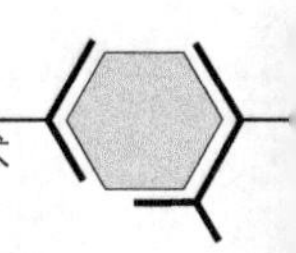

（续）

项目	参数号	名称	设定范围	最小设定值	初始值
基本功能	4	多段速设定(高速)	0~400Hz	0.01Hz	50Hz
	5	多段速设定(中速)	0~400Hz	0.01Hz	30Hz
	6	多段速设定(低速)	0~400Hz	0.01Hz	10Hz
	7	加速时间	0~3600/360s	0.1/0.01s	5/15s
	8	减速时间	0~3600/360s	0.1/0.01s	5/15s
	9	电子过电流保护	0~500/0~3600A②	0.01/0.1A②	额定电流
加减速时间	20	加减速基准频率	1~400Hz	0.01Hz	50Hz
	21	加减速时间单位	0,1		0
多段速度及补偿设定	24~27	多段速设定(4~7速)	0~400Hz,9999	0.01Hz	9999
	28	多段速输入补偿选择	0,1	1	0
加减速曲线	29	加减速曲线选择	0~5	1	0
频率跳变	31	频率跳变1A	0~400Hz,9999	0.01Hz	9999
	32	频率跳变1B	0~400Hz,9999	0.01Hz	9999
	33	频率跳变2A	0~400Hz,9999	0.01Hz	9999
	34	频率跳变2B	0~400Hz,9999	0.01Hz	9999
	35	频率跳变3A	0~400Hz,9999	0.01Hz	9999
	36	频率跳变3B	0~400Hz,9999	0.01Hz	9999
报警代码	76	报警代码选择输出	0,1,2	1	0
参数写入	77	参数写入选择	0,1,2	1	0
操作模式	79	操作模式选择	0~7	1	0
电动机参数	80	电动机容量	0.4~55kW,9999/0~3600kW,9999②	0.01/0.1kW②	9999
	81	电动机极数	2,4,6,8,10,12,14,16,18,20,112,122,9999	1	9999
	82	电动机励磁电流	0~500A,9999/0~3600kW,9999②	0.01/0.1A②	9999
	83	电动机额定电压	0~1000V	0.1V	200/400V
	84	电动机额定频率	10~120Hz	0.01Hz	50Hz
	85	速度控制增益	0%~200%,9999	0.1%	9999
PID运行	127	PID控制自动切换频率	0~400Hz,9999	0.01Hz	9999
	128	PID动作选择	10,11,20,21,50,51,60,61	1	10
	129	PID比例带	0.1%~1000%,9999	0.1%	100%
	130	PID积分时间	0.1~3600s,9999	0.1s	1s
	131	PID上限	0%~100%,9999	0.1%	9999
	132	PID下限	0%~100%,9999	0.1%	9999
	133	PID动作目标值	0%~100%,9999	0.01%	9999
	134	PID微分时间	0.01~1000s,9999	0.01s	9999
第二功能	135	工频电源切换输出端子选择	0,1	1	0
	136	MC切换互锁时间	0~1000s	0.1s	1s
	137	起动等待时间	0~100s	0.1s	0.5s
	138	异常时的工频切换选择	0,1	1	0
	139	变频/工频自动切换选择	0~60Hz,9999	0.01Hz	9999
输入端子功能的分配	178	STF端子功能选择	0~20,22~28,37,42~44,60,62,64~71,9999	1	60
	179	STR端子功能选择	0~20,22~28,37,42~44,60,61,64~71,9999	1	61
	180	RL端子功能选择	0~20,22~28,37,42~44,62,64~71,9999	1	0
	181	RM端子功能选择		1	1
	182	RH端子功能选择		1	2

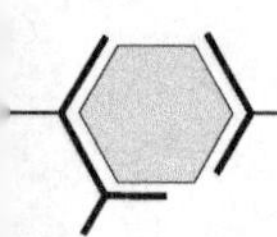

（续）

项目	参数号	名称	设定范围	最小设定值	初始值
输入端子功能的分配	183	RT 端子功能选择	0～20,22～28,37,42～44,62,64～71,9999	1	3
	184	AU 端子功能选择	0～20,22～28,37,42～44,62～71,9999	1	4
	185	JOG 端子功能选择	0～20,22～28,37,42～44,62,64～71,9999	1	5
	186	CS 端子功能选择		1	6
	187	MRS 端子功能选择		1	24
	188	STOP 端子功能选择		1	25
	189	RES 端子功能选择		1	62
输出端子功能的分配	190	RUN 端子功能选择	0～8,10～20,25～28,30～36,39,41～47,64,70,84,85,90～99,100～108,110～116,120,125～128,130～136,139,141～147,164,170,184,185,190～199,9999	1	0
	191	SU 端子功能选择		1	1
	192	IPF 端子功能选择		1	2
	193	OL 端子功能选择		1	3
	194	FU 端子功能选择		1	4
	195	ABC1 端子功能选择	0～8,10～20,25～28,30～36,41～47,64,70,84,85,90,91,94～99,100～108,110～116,120,125～128,130～136,139,141～147,164,170,184,185,190,191,194～199,9999	1	99
	196	ABC2 端子功能选择		1	9999
多段速度设定	232～239	多段速度设定(8～15 速)	0～400Hz,9999	0.01Hz	9999
RS-485 通信	331	RS-485 通信站号	0～31(0～247)	1	0
	332	RS-485 通信速率	3,6,12,24,48,96,192,384	1	96
	333	RS-485 通信停止位长	0,1,10,11	1	1
	334	RS-485 通信奇偶校验选择	0,1,2	1	2
	335	RS-485 通信再试次数	0～10,9999	1	1
	336	RS-485 通信校验时间间隔	0～999.8s,9999	0.1s	0s
	337	RS-485 通信等待时间设定	0～150ms,9999	1	9999
通信	549	协议选择	0,1	1	0
	550	网络模式操作权选择	0,1,9999	1	9999
	551	PU 模式操作权选择	1,2,3	1	2

① 随容量不同设定值而各不相同（0.4kW、0.75kW/1.5～3.7kW、5.5kW、7.5kW/11～55kW/75kW 以上）。
② 随容量不同设定值而各不相同（55kW 以下/75kW 以上）。

5. 变频器的控制模式

A700 系列变频器可以选择 *V/f* 控制（初始设定）、先进磁通矢量控制、实时无传感器矢量控制和矢量控制等控制模式。

（1）*V/f* 控制

V/f 控制指当频率（*f*）可变时，控制频率与电压（*V*）的比率保持恒定。

（2）先进磁通矢量控制

先进磁通矢量控制是指进行频率和电压的补偿，通过对变频器的输出电流实施矢量演算，分割为励磁电流和转矩电流，以便流过与负载转矩相匹配的电动机电流。

（3）实时无传感器矢量控制

通过推断电动机速度，实现具备高精度电流控制功能的速度控制和转矩控制。有必要实施

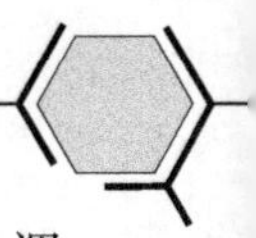

高精度、高响应的控制时可以选择实时无传感器矢量控制，并实施离线自动调谐及在线自动调谐。该控制适用于以下所述的用途：负载的变动较剧烈但希望将速度的变动控制在最小范围；需要低速转矩时；为防止转矩过大导致机械破损（转矩限制）；欲实施转矩控制。

（4）矢量控制

安装 FR-A7AP，并与带有 PLG 的电动机配合可实现真正意义上的矢量控制，可进行高响应、高精度的速度控制（零速控制、伺服锁定）、转矩控制和位置控制。

矢量控制相对于 V/f 控制等其他控制方法，控制性能更加优越，可达到与直流电动机相同的控制性能。矢量控制适用于下列用途：负载的变动较剧烈但希望将速度变动控制在最小范围；需要低速转矩时；为防止转矩过大导致机械损伤（转矩限制）；欲实施转矩控制和位置控制；在电动机轴停止的状态下，对产生转矩的伺服锁定转矩进行控制。

9.2　工业组态软件简介

9.2.1　工业组态软件技术概况 ★★★

在使用工业控制软件中，人们经常会提到“组态”一词，组态的英文单词是 Configuration。简单地讲，组态就是用应用软件中提供的工具、方法，完成工程中某一具体任务的过程。组态软件是指一些数据采集与过程控制的专用软件，它们是处于自动控制系统监控层一级的软件平台和开发环境，使用灵活的组态方式，为用户提供快速构建工业自动控制系统监控功能、通用层次的软件工具。组态软件应该能支持各种工控设备和常见的通信协议，并且通常应提供分布式数据管理和网络功能。对应于原有的 HMI（Human Machine Interface，人机界面）的概念，组态软件应该是一个使用户能快速建立自己的 HMI 的软件工具或开发环境。在组态软件出现之前，工控领域的用户通过手工或委托第三方编写 HMI 软件，开发时间长、效率低、可靠性差；或者，购买专用的工控系统，通常是封闭的系统，选择余地小，往往不能满足需求，很难与外界进行数据交互，升级和增加功能都受到严重的限制。

组态软件的出现，把用户从这些困境中解脱出来，实时数据库、实时控制、SCADA（Supervisory Control and Data Acquisition，数据采集和监控）、通信及联网、开放数据接口、对 I/O 设备的广泛支持已经成为它的主要内容，随着技术的发展，监控组态软件将会不断被赋予新的内容。因此，组态软件是一种为适应工业自动化控制需要，针对工业控制过程中的数据采集、数据处理、图像显示以及工程控制、程序管理等而开发的多功能系统软件包。它也是伴随着分布式控制系统（Distributed Control System，DCS）及计算机控制技术、网络技术的日趋成熟而发展起来的。由于组态软件提供良好的 HMI 设计、报警和报表处理、实时历史数据处理等功能，因此在冶金、石油、化工、电力、水处理、制冷、机械制造和交通管理等控制领域得到了广泛的应用。

目前，在国内市场组态软件相当一部分份额为国外专业厂商所占领，主要如下：

1）InTouch。美国 Wonderware 的 InTouch 软件是最早进入我国的组态软件。在 20 世纪 80 年代末、90 年代初，基于 Windows3.1 的 InTouch 软件曾让工控业耳目一新，并且 InTouch 提供了丰富的图库。但早期的 InTouch 软件采用 DDE 方式与驱动程序通信，性能较差，最新的 InTouch7.0 版已经完全基于 32 位的 Windows 平台，并提供了 OPC 技术支持。

2）Fix。Interllution 公司以 Fix 组态软件起家，Fix6.x 软件提供了工控人员熟悉的概念和操作界面，并提供完备的驱动程序。其最新产品命名为 IFix，在 IFix 中 Interllution 提供了强大

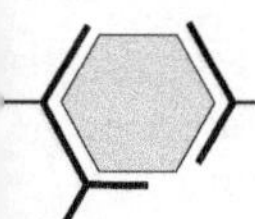

的组态功能，并在内部集成了微软的VBA脚本语言的开发环境。Interllution是OPC组织的发起成员之一。

3）WinCC。德国西门子公司的WinCC组态软件也提供了一套完备的组态开发环境。西门子公司提供类C语言的脚本，包括一个调试环境。WinCC内嵌了OPC支持，并可对分布式系统进行组态。但是，WinCC的组态结构较为复杂。

目前，国产组态软件产品逐渐被市场接受。在市场上应用的比较成功的国产组态软件有KingView（组态王）、MCGS、紫金桥、开物和力控等。

1）北京亚控公司的组态王。北京亚控公司是国内第一家较有影响的组态软件开发公司。它开发的组态王组态软件是运行于Microsoft Windows平台的中文界面的人机界面软件，采用了多线程、COM组件等新技术，实现了实时多任务和软件的运行可靠。TouchView是“组态王”软件的实时运行环境，它从设备中采集数据，并存于实时数据库中，还负责把数据的变化以动画的形式形象地表示出来，同时可以完成变量报警、操作记录、趋势曲线等监视功能，并按实际需求记录在历史数据库中。趋势曲线、工程记录、安全防范等重要功能都有简洁的操作方法。“组态王”软件以其可靠性高、通信速度快、功能强大、界面友好和开发简单方便等优点而得到了广泛的应用。它提供了脚本语言、COM和OPC技术支持，另外还提供了大量的驱动程序供用户使用。

2）北京昆仑通态公司的MCGS。北京昆仑通态成功推出了MCGS组态软件的三大系列产品，分别是MCGS通用版组态软件、MCGS网络版组态软件和MCGS嵌入版组态软件。MCGS工控组态软件功能全面、应用灵活，提供从设备驱动、流程控制到数据处理、动画及报表显示、报警输出等一套完整的系统软件，并且具有开放性结构，用户可以挂接自己的应用程序模块，具有良好的通用性和可维护性。系统是真正的32位、多任务应用系统，支持Windows的多任务技术，有效地优化了计算机资源，打印任务作为一个独立工作运行于后台，实现多任务的并行处理。

国产的组态软件具有较强的价格竞争优势，但在软件的可靠性、商品化程度上还有待提高。下面就以组态王组态软件为例，简要介绍通过工业组态软件设计一个人机界面的方法及步骤。

9.2.2 组态王组态软件简介 ★★★

组态王KingView是运行于Microsoft Windows 98/2000/NT中文平台的中文界面的人机界面软件，采用了多线程、COM组件等新技术，实现了实时多任务，软件运行可靠。目前组态王软件最新的版本已经到了6.5以上（KingView6.51、KingView6.52和KingView6.53）。

下面将以组态王KingView6.5版为例，简要介绍其组态过程、步骤及操作方法。

1. 新建组态王工程过程

创建一个组态王新工程的一般过程如下：①设计图形界面（定义画面）；②定义I/O设备；③构造数据库（定义变量）；④建立动画连接；⑤运行和调试。应说明的是这五个步骤并不是完全独立开来的，事实上，①~④这四个部分常常是交错进行的。

在用组态王画面开发系统编制工程时，依照此过程需要考虑三个方面：①图形——设计人员怎样用抽象的图形画面来模拟实际的工业现场和相应的工控设备；②数据——怎样用数据来描述工控对象的各种属性，也就是创建一个具体的数据库，此数据库中的变量反映了工控对象的各种属性，如电梯指示灯，开关门、楼层显示等；③连接——定义数据和图形画面中图素的连接关系，也就是画面上的图素以怎样的动画来模拟现场设备的运行，以及怎样让操作者输入控制设备的指令。

2. 组态软件的一般设计步骤

根据上述组态王组态的一般过程，根据系统设计的实际需要，可按照以下步骤进行监控系统的设计：①将所有的 I/O 触点的参数收集齐全，并填写表格，以备在监控组态软件和 PLC 上组态时使用；②明确所使用 I/O 设备的生产商、种类、型号，使用的通信接口类型，采用的通信协议，以便在定义 I/O 设备时做出准确选择；③将所有的 I/O 点的 I/O 标识整理齐全，并填写表格。I/O 标识是唯一确定一个 I/O 点的关键字，组态软件通过向 I/O 设备发出 I/O 标识来请求相应的数据。在大多数情况下，I/O 标识是 I/O 点的地址或位号名称；④根据工艺过程绘制、设计画面结构和画面草图；⑤按照第 1 步统计出的表格，建立实时数据库，正确组态各种变量参数；⑥根据第 1 步和第 3 步的统计结果，在实时数据库中建立实时数据库变量与 I/O 点的一一对应关系，即定义数据连接；⑦根据第 4 步的画面结构和画面草图，组态每一幅静态的操作画面（主要是绘图）；⑧将操作画面的图形对象与实时数据库变量建立动画连接关系，规定动画属性和幅度；⑨对组态内容进行分段和总体调试；⑩系统投入运行。

3. 组态王软件使用操作简介

（1）建立组态王新工程

按照上面介绍的组态设计步骤就可以进行一个控制系统组态软件的设计了，下面以 6.4 节中十字路口交通灯控制系统为例介绍其上位机监控组态软件设计的简要过程。

要建立新的组态王工程，应首先为工程指定工作目录（或称“工程路径”）。“组态王”用工作目录标识工程，不同的工程应置于不同的目录。工作目录下的文件由“组态王”自动管理。启动“组态王”工程管理器，如图 9-2 所示。

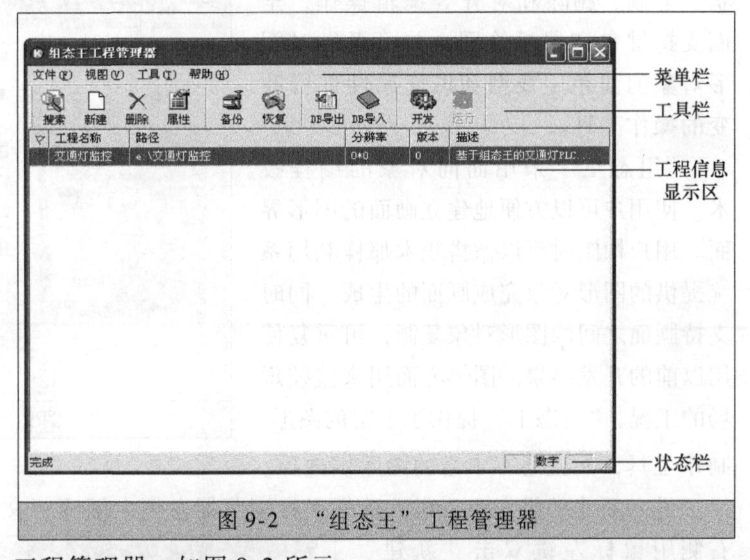

图 9-2 “组态王”工程管理器

选择“文件”→“新建工程”命令或单击“新建”按钮，弹出“新建工程向导之一”对话框，如图 9-3 所示。

在弹出的对话框中单击“下一步”按钮，弹出“新建工程向导之二”对话框，如图 9-4 所示。

在工程路径文本框中输入一个有效的工程路径，或单击“浏览”按钮，在弹出的路径选择对话框中选择一个有效的路径。单击

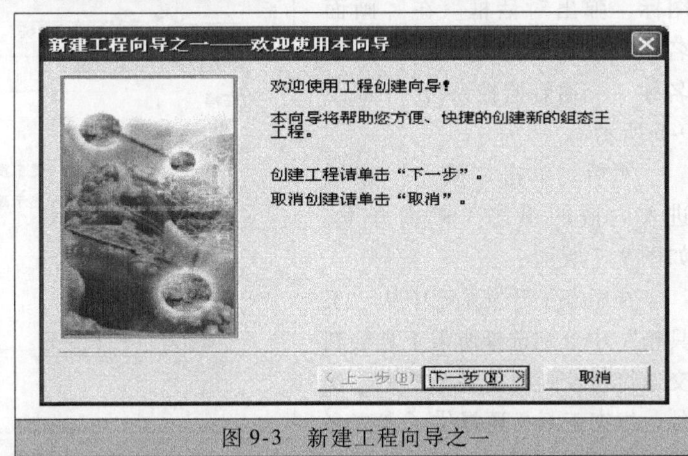

图 9-3 新建工程向导之一

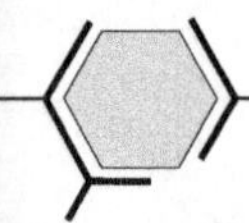

击“下一步”按钮，弹出“新建工程向导之三”对话框，如图9-5所示。

在“工程名称”文本框中输入工程的名称“十字路口交通灯监控系统”，单击“完成”按钮完成工程的新建。

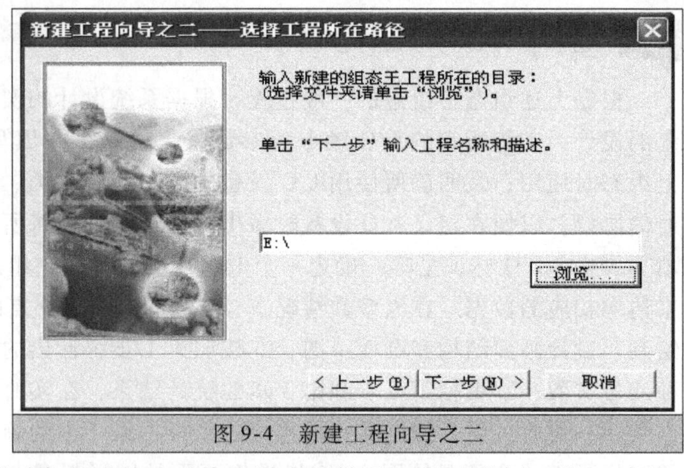

图9-4　新建工程向导之二

(2) 创建组态画面

进入组态王开发系统后，就可以为每个工程建立数目不限的画面，在每个画面上生成互相关联的静态或动态图形对象。这些画面都是由“组态王”提供的类型丰富的图形对象组成的。系统为用户提供了矩形（圆角矩形）、直线、椭圆（圆）、扇形（圆弧）、点位图、多边形（多边线）和文本等基本图形对象以及按钮、趋势曲线窗口、报警窗口、报表等复杂的图形对象。提供了对图形对象在窗口内任意移动、缩放、改变形状、复制、删除和对齐等编辑操作，全面支持键盘和鼠标绘图，并可提供对图形对象的颜色、线型和填充属性进行改变的操作工具。

“组态王”采用面向对象的编程技术，使用户可以方便地建立画面的图形界面。用户构图时可以像搭积木那样利用系统提供的图形对象完成画面的生成。同时支持画面之间的图形对象复制，可重复使用以前的开发结果。图形界面用来监控现场的工况，“组态王”提供了丰富的图形制作工具，而且还有丰富的图库供选择。

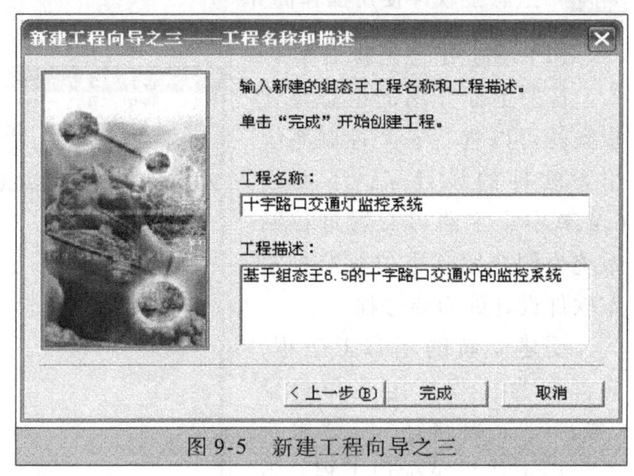

图9-5　新建工程向导之三

进入新建的组态王工程，选择工程浏览器左侧大纲项“文件”→“画面”，在工程浏览器右侧用鼠标左键双击“新建”图标，弹出对话框。在“画面名称”文本框中输入新的画面名称“交通灯监控系统”，如图9-6所示。

然后，单击“确定”按钮进入内嵌的组态王画面开发，如图9-7所示。

在组态王开发系统中从“工具箱”中分别选择所需工具绘制交通灯监控画面的各个图素。此外，组态王6.5还提供了丰富多彩功能强大的图库，可以直接从

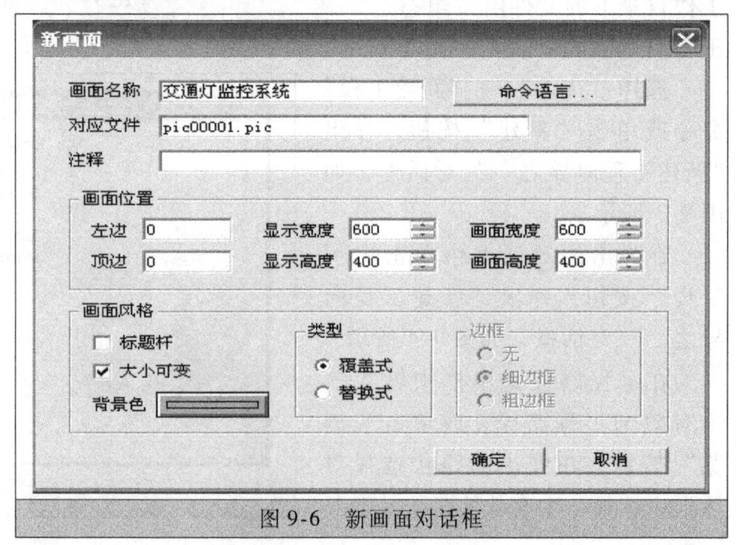

图9-6　新画面对话框

中选择添加。选中想要的图形通过左键的拖放即可在开发系统中添加，如图 9-8 所示。

完成画面设计后，选择“文件”→“全部存”命令保存现有的画面。

(3) 定义 I/O 设备

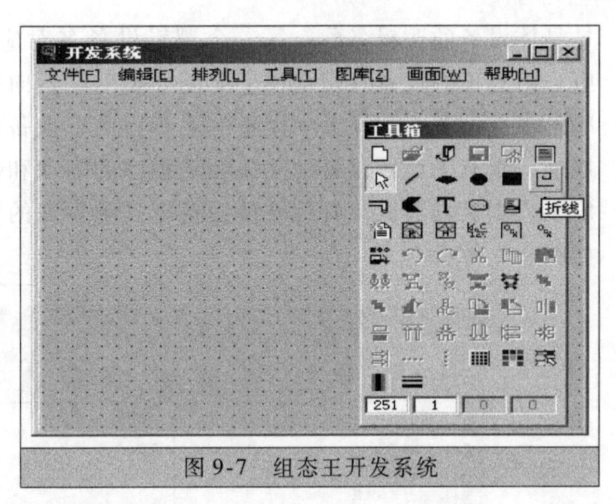

图 9-7　组态王开发系统

组态王软件系统与最终工程人员使用的具体 PLC 的型号或现场部件无关。对于不同的硬件设施，只需为组态王配置相应的通信驱动程序即可。组态王驱动程序采用最新软件技术，使通信程序和组态王构成一个完整的系统。这种方式既保证了运行系统的高效率，也使系统能够达到很大的规模。组态王支持的硬件设备主要包括 PLC、智能模块、板卡、智能仪表和变频器等。工程人员可以把每一台下位机看作一种设备，而不必关心具体的通信协议，只需要在组态王的设备库中选择设备的类型，然后按照“设备配置向导”的提示一步步完成安装即可，使驱动程序的配置更加方便。组态王支持以下几种通信方式：串口通信、数据采集板、DDE 通信、人机界面卡、网络模块和 OPC。

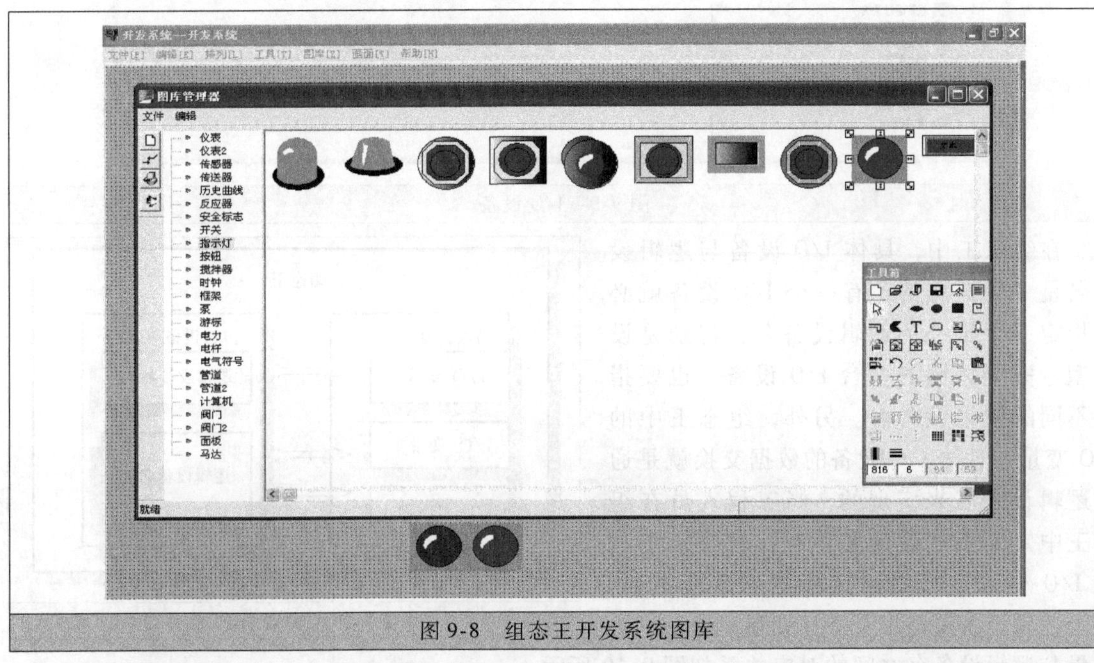

图 9-8　组态王开发系统图库

组态王把那些需要与之交换数据的硬件设备或程序通称为外部设备，这些设备一般通过串行口和上位机交换数据。其他 Windows 应用程序，一般通过 DDE 交换数据。外部设备还包括网络上的其他计算机。只有在定义了外部设备之后，组态王才能通过 I/O 变量和它们交换数据。

组态王对设备的管理是通过对逻辑设备名的管理实现的，具体讲就是每一个实际 I/O 设备都必须在组态王中指定一个唯一的逻辑名称（简称逻辑设备名，以此区别 I/O 设备生产厂商提供的实际设备名），此逻辑设备名就对应着该 I/O 设备的生产厂商、实际设备名称、设备通信方式、设备地址、与上位 PC 的通信方式等信息内容。

组态王的设备管理结构列出已配置的与组态王通信的各种 I/O 设备名，每个设备名实际上是具体设备的逻辑名称，每一个逻辑设备名对应一个相应的驱动程序，以此与实际设备相对应。组态王的设备管理增加了驱动设备的配置向导，工程人员只要按照配置向导的提示进行相应的参数设置，选择I/O设备的生产厂商、设备名称、通信方式，指定设备的逻辑名称和通信地址，组态王就可以自动完成驱动程序的启动和通信，不再需要工程人员人工进行。组态王采用工程浏览器界面来管理硬件设备，已配置好的设备统一列在工程浏览器界面下的设备分支，如图9-9所示。

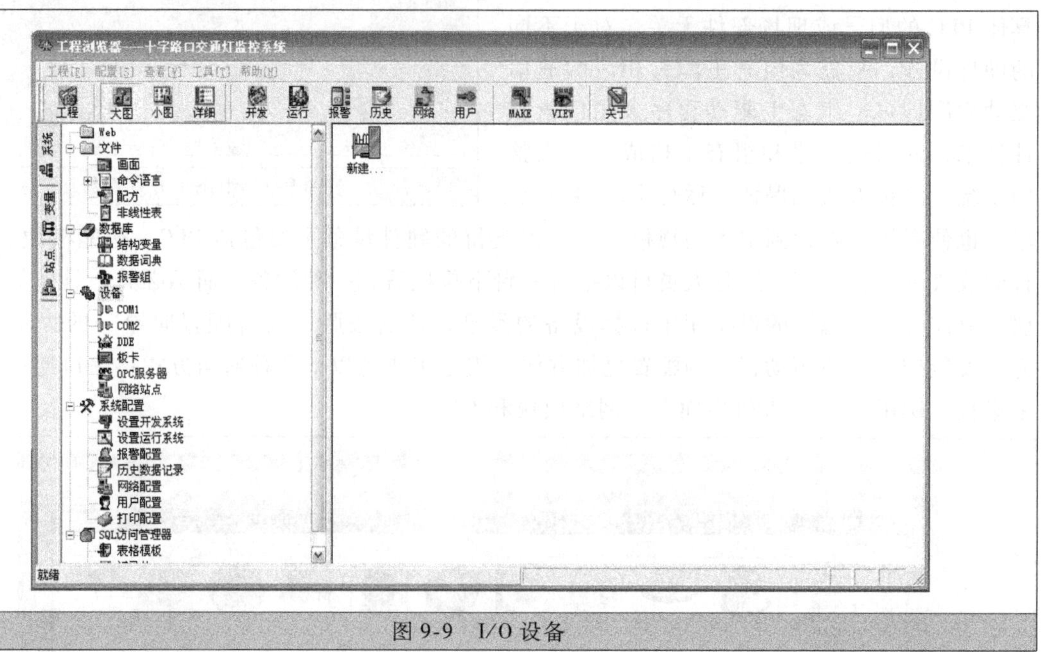

图9-9 I/O设备

在组态王中，具体I/O设备与逻辑设备名是一一对应的，有一个I/O设备就必须指定一个唯一的逻辑设备名，特别是设备型号完全相同的多台I/O设备，也要指定不同的逻辑设备名。另外，组态王中的I/O变量与具体I/O设备的数据交换就是通过逻辑设备名来实现的，当工程人员在组态王中定义I/O变量属性时，就要指定与该I/O变量进行数据交换的逻辑设备名，一个逻辑设备可与多个I/O变量对应。I/O变量与逻辑设备名之间的对应关系如图9-10所示。

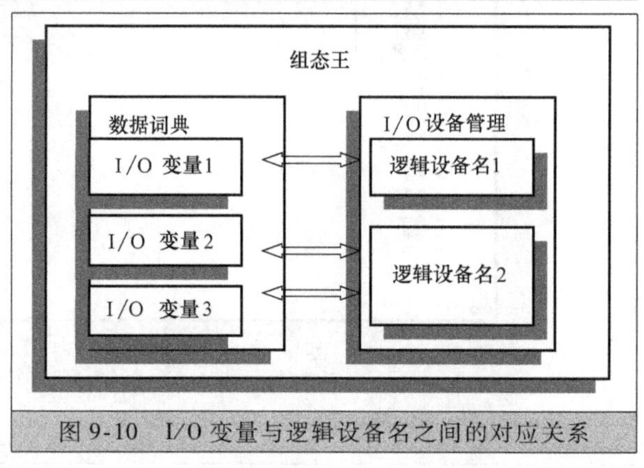

图9-10 I/O变量与逻辑设备名之间的对应关系

由于交通灯监控系统是使用FX系列PLC的RS-232串行口通信的，下面着重介绍串口类逻辑设备。串口类逻辑设备实际上是组态王内嵌的串口驱动程序的逻辑名称。内嵌的串口驱动程序不是一个独立的Windows应用程序，而是以DLL形式供组态王调用，这种内嵌的串口驱动程序对应着实际与计算机串口相连的I/O设备。因此，一个串口逻辑设备也就代表了一个实际与计算机串口相连的I/O设备。为方便定义外部设备，组态王设计了“设备配置向导”引导用户一步步完成设备的连接。

设置串口设备的步骤如下：首先双击工程浏览器左侧大纲项“设备”下的“COM1”，弹出串口设置对话框，如图 9-11 所示。

要用组态软件进行实时监控首先要完成通信的连接，组态王通信参数应与 PLC 侧的通信参数设置保持一致。由于系统是 PLC 与组态王之间进行通信，因此将 PLC 的生产厂商、设备名称和通信方式等填入相应的对话框即可。如果使用的是三菱 FX_{2N} 系列的 PLC，使用 RS-232 与上位机相连时，PLC 与组态王连接的 I/O 设备的默认值、推荐值见表 9-6。按照表 9-6 中的“推荐值”设定设置串口通信的相关参数。

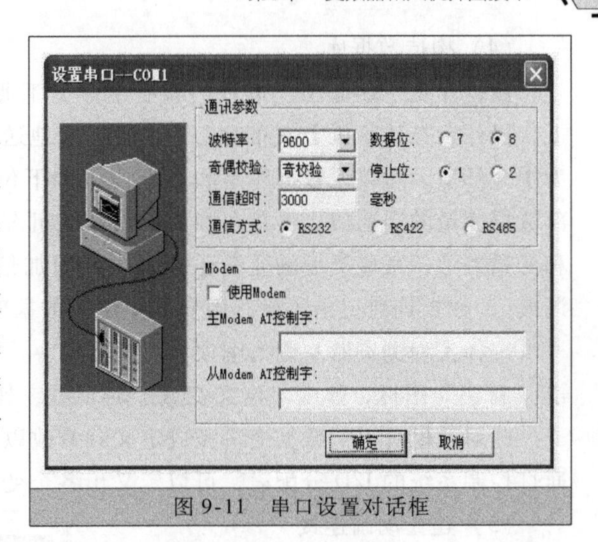

图 9-11　串口设置对话框

然后选择工程浏览器左侧大纲项“设备”下“COM1”，在工程浏览器的右侧用鼠标左键双击“新建”图标，运行“设备配置向导”，然后选择“PLC”→“三菱”→“FX2”→“编程口”，如图 9-12 所示。

表 9-6　I/O 设备的通信参数

设置项	默认值	推荐值
波特率	9600	9600
数据位长度	7	7
停止位长度	1	1
奇偶校验位	偶校验	奇校验

单击“下一步”按钮，为新 I/O 设备取一个名称，输入“FXPLC”；再单击“下一步”按钮，还要为设备选择连接串口号，这里应为 COM1；单击“下一步”按钮，填写设备地址为“0”；单击“下一步”按钮，设置通信参数（设置通信故障恢复参数，一般情况下使用系统默认设置即可）；单击“下一步”按钮，弹出“设备安装向导——信息总结”对话框，如图9-13 所示。检查各项设置是否正确，确认无误后，单击“完成”按钮。设备定义完成后，可以在工程浏览器的右侧看到新建的外部设备“FXPLC”。在定义数据库变量时，只要把 I/O 变量连接到这台设备上，就可以和组态王交换数据。

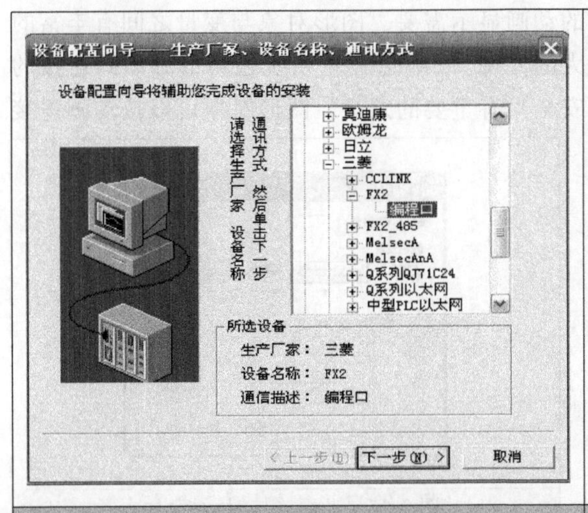

图 9-12　设备配置向导对话框

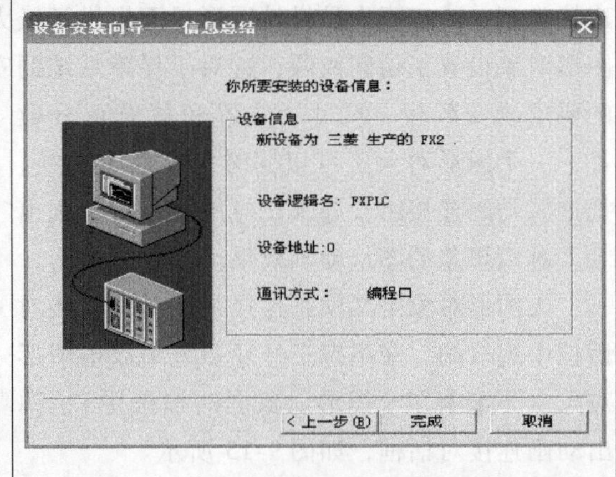

图 9-13　“设备安装向导——信息总结”对话框

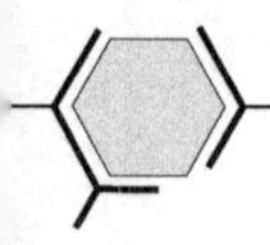

（4）构造数据库

数据库是“组态王”软件的核心部分，工业现场的生产状况要以动画的形式反映在屏幕上，操作者在计算机上发布的指令也要迅速地送达生产现场，所有这一切都是以实时数据库作为中介环节，所以说数据库是联系上位机和下位机的桥梁。在Touch View运行时，它含有全部数据变量的当前值。变量在画面制作系统组态王画面开发系统中定义，定义时要指定变量名和变量类型，某些类型的变量还需要一些附加信息。数据库中变量的集合形象地称为“数据词典”，数据词典记录了所有用户可使用的数据变量的详细信息。

选择工程浏览器左侧大纲项“数据库”→“数据词典”，在工程浏览器右侧用鼠标左键双击“新建”图标，弹出“定义变量”对话框，如图9-14所示。

此对话框可以对数据变量完成定义和修改以及数据库的管理工作等操作。根据十字路口交通灯控制系统的I/O分配表，可以定义出各个变量。

（5）建立动画连接

图形界面只是一幅静态画面，要想用它来反映监控系统的动态运行状况，还要定义动画连接。工程人员在组态王开发系统中制作的画面都是静态的，通过实时数据库可以反映工业现场的实时状况，因为只有数据库中的变量才是与现场状况同步变化的。通过“动画连接”数据库变量的变化可以引起画面的动画效果。“动画连接”就是建立画面的图素与数据库变量的对应关系。定义动画连接是指在画面的图形对象与数据库的数据变量之间建立一种关系，当变量的值改变时，在画面上以图形对象的动画效果显示出来；或者由软件使用者通过图形对象改变数据变量的值，以实现图形界面与对象间的双向控制。一个图形对象可以同时定义多个连接，组合成复杂的效果，以便满足实际中任意的动画显示需要。图形对象与变量之间有丰富的连接类型，给工程人员设计图形界面提供了极大的方便。“组态王”系统还为部分动画连接的图形对象设置了访问权限，这对于保障系统的安全具有重要的意义。图形对象可以按动画连接的要求改变颜色、尺寸、位置和填充百分数等，一个图形对象又可以同时定义多个连接，把这些动画连接组合起来，应用程序将呈现出令人难以想象的图形动画效果。

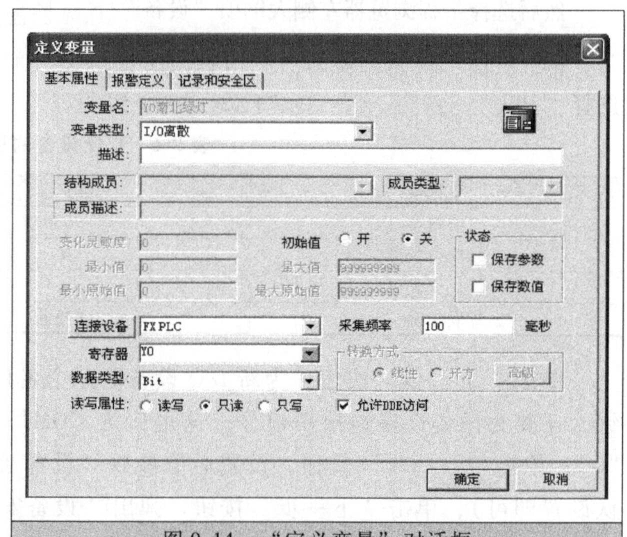

图9-14 “定义变量”对话框

为图形对象定义动画连接是在动画连接对话框中进行的。在组态王开发系统中双击图形对象（不能有多个图形对象同时被选中），弹出动画连接对话框，如图9-15所示。

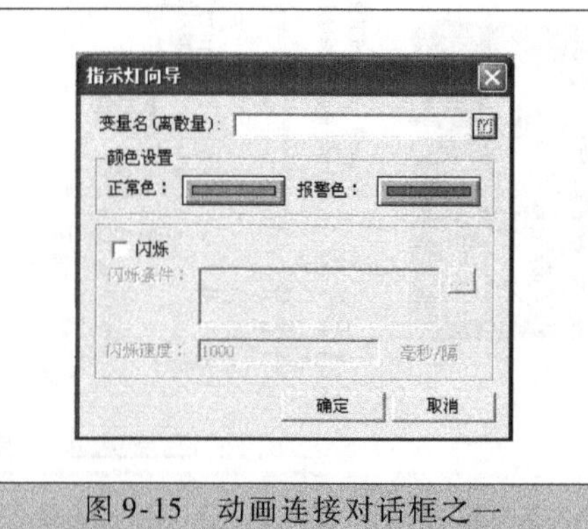

图9-15 动画连接对话框之一

单击右上角的▣按钮，弹出“选择

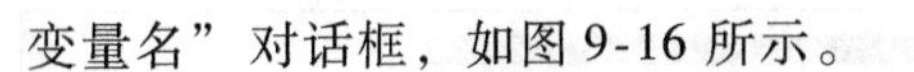
变量名”对话框，如图9-16所示。

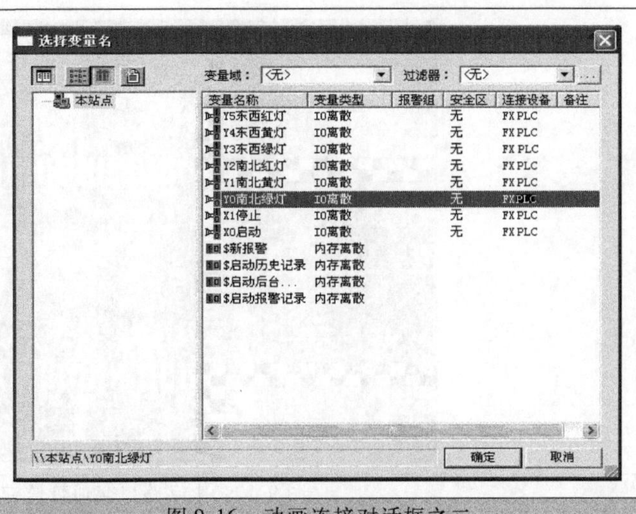

图9-16　动画连接对话框之二

双击对应的“Y0南北绿灯”，弹出变量连接对话框，如图9-17所示。

再单击“颜色选择”进行颜色设置，最后单击“确定”按钮，完成Y0南北绿灯的动画连接设置。用同样的方法，完成其他信号灯的动画连接设置。

(6) 运行和调试

以上基于组态王的交通灯组态工程已经初步建立起来，下面就可以进入到软件的运行和调试阶段。在运行组态王工程之前首先要在开发系统中对运行系统环境进行配置。在开发系统中选择“配置”→“运行系统”命令，或者“工程浏览器”→“系统配置”→“设置运行系统”选项，弹出“运行系统设置”对话框。根据需要选择相应的设置，如图9-18所示。

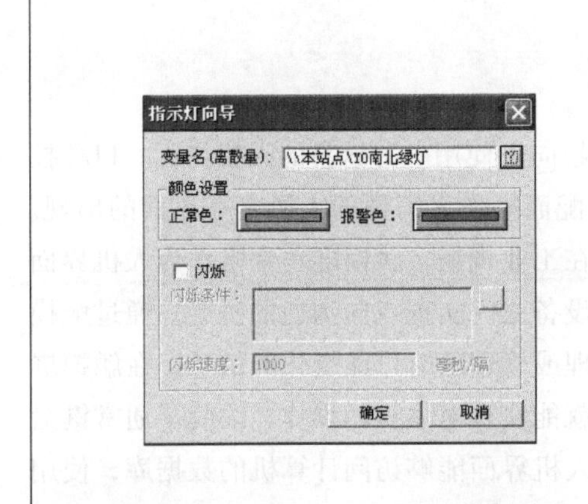

图9-17　动画连接对话框之三

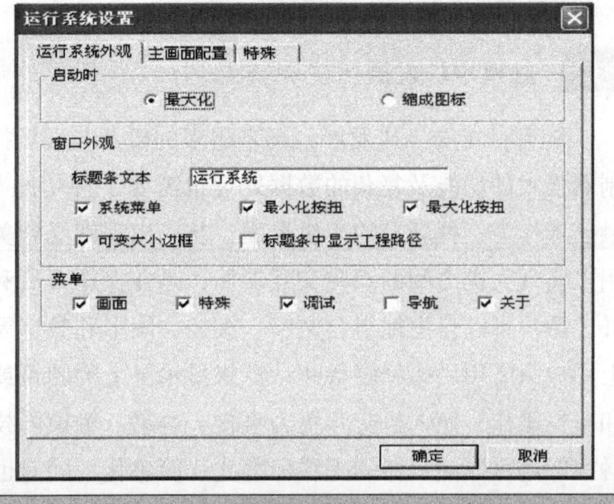

图9-18　“运行系统设置”对话框

在这个阶段的目的主要是检查交通灯监控组态软件与实际的交通灯PLC控制系统间能否实现上位机和PLC的双向通信。按下交通灯PLC控制系统的指令按钮，检查上位机组态人机界面中的各按钮的状态和交通信号灯运行的状态，在组态监控画面上动画是否有动态的变化。另外，在组态监控画面上操作指令按钮，查看交通灯PLC控制系统运行的状态是否能和按下交通灯PLC控制系统的外接按钮一样进行控制，并且动态显示在组态监控画面上。

配置好运行系统之后，就可以启动运行系统环境了。在组态王开发系统中选择“文件”→“切换到View”命令，进入组态王运行系统环境。在运行环境中选择“画面”→“打开”，从“打开画面”窗口选择“十字路口交通灯监控系统”画面。显示出组态王运行系统画面，如图9-19所示。从中可以看到设计的交通灯组态人机界面启动后按照要求动态地变化。

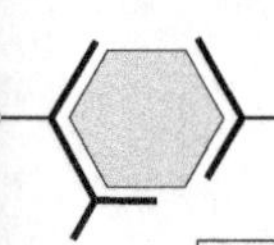

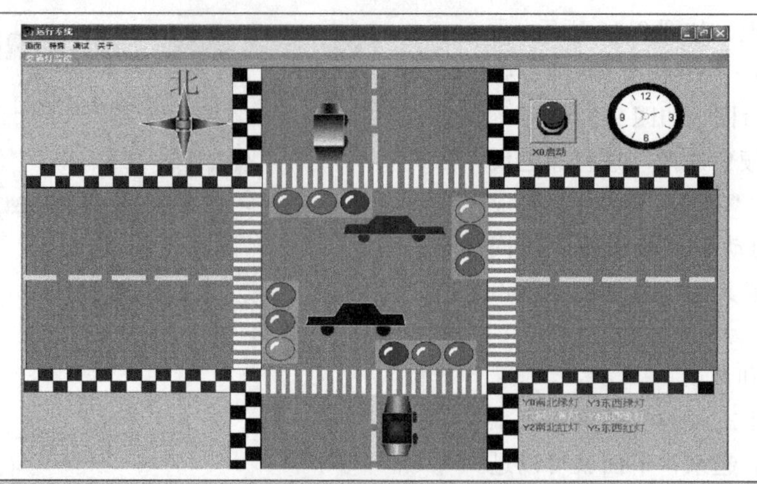

图 9-19　十字路口交通灯监控系统运行画面

9.3　触摸屏技术简介

9.3.1　触摸屏概况 ★★★

1. 触摸屏的发展历史和特点

随着科技的飞速发展，越来越多的机器与现场操作都趋向于使用一种崭新的人机界面，PLC 控制器强大的功能及复杂的数据处理也需要一种功能与之匹配而操作又简便的人机交互界面的出现。触摸屏作为一种新型的人机界面，从一出现就受到关注。在工业现场，触摸屏也常常作为人机界面用以实现人机之间的双向交互功能，是在操作人员和机器设备之间实现双向沟通的桥梁。通过触摸屏，用户可以自由地组合文字、按钮、图形和数字等来处理或管理随时可能变化的信息。在触摸屏上用户只需用手指轻轻触碰计算机显示屏上的图符或文字就能实现对主机的操作，摆脱了通常键盘和鼠标操作，使人机交互更为直接、容易。触摸屏技术使人机界面能够访问计算机的数据库，使用触摸屏还可以使机器的配线标准化、简单化，同时也能减少 PLC 控制器所需的 I/O 点数，降低生产的成本。但由于面板控制的小型化及高性能，相对地提高了整套设备的附加价值。

触摸屏凭借其易于使用、坚固耐用、反应速度快、节省空间等诸多优点，使得电气控制设计师们越来越多地体会到使用触摸屏的巨大优越性。因此触摸屏从一般的通用机械到大型复杂的控制系统都得到了广泛应用。目前，各行各业都已将触摸屏成功地应用于各自的领域中，触摸屏技术的优点主要如下：①简化了人机界面，使用户无须经过任何培训就能使用计算机；②提高了精确度，消除了操作员误操作的可能性，因为供用户选择的菜单设置非常明确；③触摸屏可以取代键盘和鼠标；④结实耐用，可以在键盘和鼠标易受损坏的恶劣环境中使用；⑤通过触摸屏可以快速访问所有类型的数字媒体，不会受到文本界面的妨碍；⑥底座更小，保证空间（桌面或其他地方）不被浪费，因为输入设备已完全整合到显示器中。

2. 触摸屏结构与工作原理简介

触摸屏由触摸检测部件和触摸屏控制器组成。触摸屏在工作时，首先用手指或其他物体触

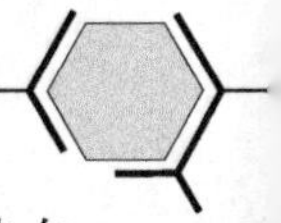

碰屏幕，系统随后根据手指触摸的图标或菜单位置来定位选择信息输入。触摸检测部件安装在显示器屏幕前面，用于检测用户触摸位置，接收后送至触摸屏控制器。而触摸屏控制器的主要作用是从触摸点检测装置上接收触摸信息，并将它转换成触点坐标再送给 CPU，它同时能接收 CPU 发来的命令并加以执行。

按照触摸屏的工作原理和传输信息的介质，触摸屏可分为四种：电阻式、电容感应式、红外线式以及表面声波式。每一类触摸屏都有其各自的优缺点，要了解哪种触摸屏适用于何种场合，了解每一类触摸屏技术的工作原理和特点尤为重要。下面只简单介绍电阻式触摸屏的结构、工作原理和特点。

1）电阻式触摸屏的结构及工作原理。电阻式触摸屏的屏体部分是一块多层复合薄膜，由一层玻璃或有机玻璃作为基层，表面涂有一层透明的导电层（ITO 膜），上面再盖有一层外表面经过硬化处理、光滑防刮的塑料层。它的内表面也涂有一层 ITO，在两层导电层之间有许多细小（小于千分之一英寸）的透明隔离点把它们隔开。当手指接触屏幕时，两层 ITO 发生接触，电阻发生变化，控制器根据检测到的电阻变化来计算接触点的坐标，再依照这个坐标来进行相应的操作。

2）电阻式触摸屏的特点。电阻式触摸屏是一种对外界完全隔离的工作环境，不怕灰尘和水汽，它可以用任何物体来触摸，比较适合工业控制领域及办公室内使用。电阻式触摸屏的缺点是，因为复合薄膜的外层采用塑胶材料，人用力太大或使用锐器，可能划伤触摸屏甚至导致整个触摸屏报废。

3. 发展趋势

触摸屏技术方便了人们对计算机的操作使用，作为一种极有发展前途的交互式输入技术。世界各国对此普遍给予重视，并投入大量的人力、物力进行研发，因此新型的触摸屏不断涌现。触摸屏的发展呈现出专业化、多媒体化、立体化和大屏幕化等趋势。可以预见，随着触摸屏技术的迅速发展，触摸屏的应用领域会越来越广，性能也会越来越好。

9.3.2 三菱触摸屏简介 ★★★

三菱触摸屏（Graph of Terminal，GOT）是三菱公司推出的人机界面产品。三菱触摸屏以其较高的性能、适中的价格在工控中得到了较广泛的应用。F900 系列触摸屏是三菱电机公司推出的小型、高性能触摸屏，它体积小巧、性能可靠，在小型机械电子设备中得到了广泛的应用。A900 系列触摸屏有 256 色、16 色、8 色等多种机型，可供不同需要的用户选择。显示效果出众，具有良好的通信兼容性。

三菱触摸屏还包括 GT16 系列、GT15 系列、GT12 系列、GT11 系列、GT10 系列和 GOT1000 系列。其中，GOT1000 系列是三菱电机公司推出的新一代人机界面产品，其显示、运算、通信、高速化等各项性能得到了全面提升。GT11 为基本功能机型，而 GT15 为高性能机型。它们均采用 64 位处理器，内置 USB 接口。对应 GOT1000 系列的画面设计软件为 GT Designer2 Version2 软件。

下面简单地介绍 F900 系列触摸屏的画面、功能模式、操作环境设置。

1. F900 系列触摸屏用户定义画面

三菱 F900 系列触摸屏包括 F920GOT、F930GOT 和 F940 等子系列。F900GOT 系列是将人机界面与编程器合二为一的新型触摸屏，可在触摸屏上直接对 PLC 进行监控及编程。

三菱 F940GOT-SWE-D 触摸屏的外观如图 9-20 所示。

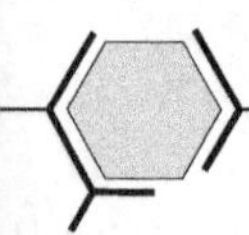

在 F940 触摸屏的侧面有 COM0 和 COM1 两个串口插槽。其中，COM0 为串口 RS-422，用于与 PLC 的连接；COM1 为 RS-232C，用于和上位计算机的连接。如果 PLC 与 F940 连接后，上位机对 PLC 和 F940 的数据访问即可通过 COM1 口。

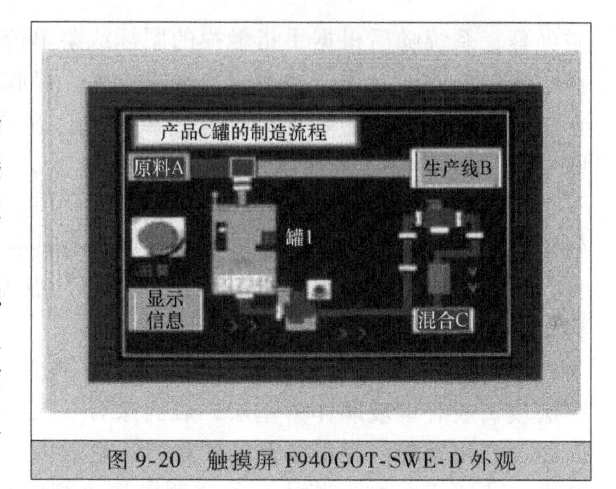

图 9-20　触摸屏 F940GOT-SWE-D 外观

触摸屏（GOT）与 PLC 连接后，通过触摸屏的画面可以访问和改变 PLC 中的数据、监视现场的各种设备。GOT 内置了几个画面可以提供各种功能，而且还可以创建用户定义画面。用户定义画面和系统画面（内置画面）分别有下列功能。

用户定义画面具有以下功能：

1）画面显示功能。每个画面可以指定显示功能、监视功能和数据改变等多种功能。可用画面还可以使用安全功能进行访问限制。可显示的用户画面多达 500 个。在创建画面时，两个或更多的画面可以互相覆盖或任意切换。能显示直线、圆和长方形等简单图形，还可以显示数字和英文、日文、中文等多种文字。位图也可以作为预定义画面组件导入和显示。

2）监视功能。监视功能可以显示 PLC 中的字元件设定值和当前值，数值能够以数字或棒图的形式显示以供监视使用。图形组件的指定区域可根据 PLC 位元件的通断状态翻转显示。

3）数据改变功能。数据改变功能可以监视并改变软元件的数值数据。

4）开关功能。通过操作 GOT 内的操作键，PLC 内的位元件可以被设置为 ON 或 OFF。显示面板可以指定为触摸键以提供开关功能。

系统画面具有以下功能：

1）监视功能。利用此功能可以以指令清单的形式读出程序，写入和监视程序。还可以读出、写入和监视特殊功能模块的缓冲存储器（BFM）中的内容。

2）软元件监视。软元件监视功能可以监视和改变每个软元件的通断状态和 PLC 中每个定时器、计数器的设定值、当前值以及数据寄存器的数值。

3）数据采样功能。数据采样功能以恒定周期或在满足触发条件时获取指定数据寄存器的当前值。采样数据可以以列表或图形的形式进行显示。采样数据可以以清单的形式输出到打印机。

4）报警功能。报警功能可将报警信息指定到 PLC 中多达 256 个的连续位元件中。如果指定元件变成 ON，就在用户画面上覆盖显示指定的报警信息。

另外，可以通过将相应的位元件设置为 ON 来显示指定的用户画面。一个位元件变成 ON 时，在用户画面上显示相应的消息。还可以显示信息清单。可以将报警存储为报警历史，数目可多达 1000 个。每个元件的报警频率可作为历史数据存储。

5）其他功能。系统画面还内置有许多其他功能。内置的实时时钟可以设定和显示当前时间和日期。GOT 可以作为接口在 PLC 和运行编程软件的个人计算机之间进行通信，此时也可以显示 GOT 画面。可以调节画面的对比度和蜂鸣器的音量。

2. 功能模式

GOT 的功能被分为 6 个模式：用户画面模式、HPP 模式、采样模式、报警模式、测试模

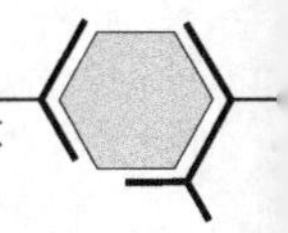

式和其他模式。操作人员可以通过选择相应的模式使用各个功能。

3. 操作环境设置

操作环境设置功能执行对 GOT 操作非常重要的初始设置。在启动电源的同时按住画面的左上角可以显示 SET UP MODE（设置模式）画面或在 OTHER MODE（其他模式）画面中选择 SET UP MODE。

如果在安全功能（为了保护画面）里登记了进入密码，用户输入的进入密码和登记的进入密码和登记的操作密码一致才能设置操作环境。

在操作环境设置中可以设置系统的语言、连接 PLC 的类型、串行通信口、开机画面、调用主菜单和设置时钟、背光和蜂鸣器等。

9.3.3 触摸屏编辑软件 GT Designer 简介 ★★★

GT Designer Version3 是三菱电机公司开发的用于触摸屏显示画面制作的 Windows 系统可视化编辑软件，该软件支持所有的三菱图形操作终端（GOT）。

在个人计算机上先安装 GT Designer 软件，启动该软件后编辑界面如图 9-21 所示。

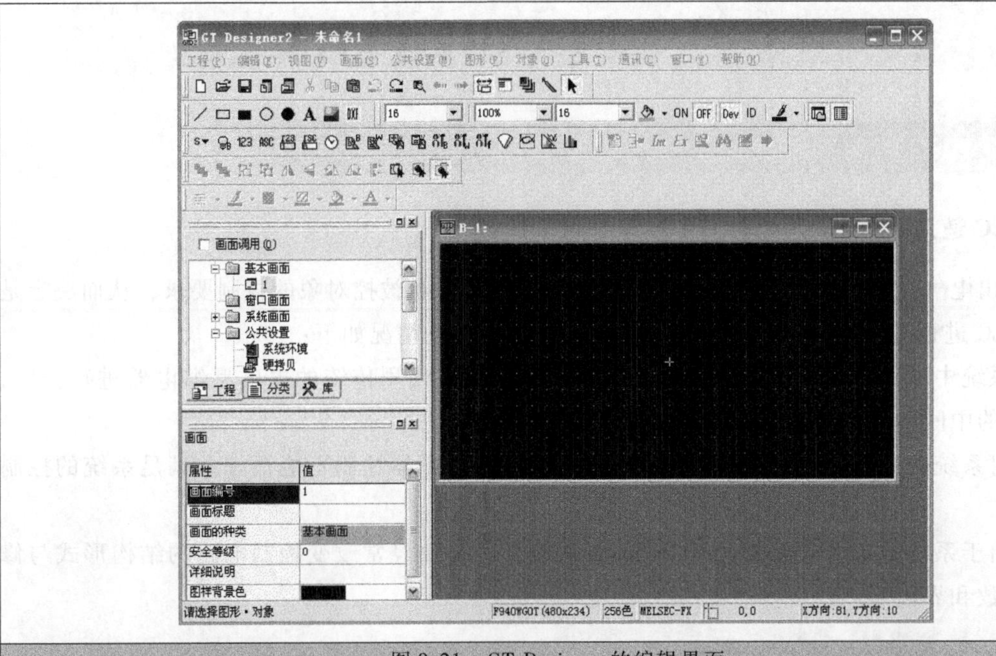

图 9-21　GT Designer 的编辑界面

使用 GT Designer 工具栏图形中的折线、趋势、条形图标和多用动作开关可以制作各种类型的用户画面。虽然画面制作方法触摸屏与组态软件在某些方面有所不同，但大体相似，也是用各种图形对象、位图等画图，主要的图形对象与 PLC 中需要监视的软元件相对应。使用触摸屏编辑软件 GT Designer 制作人机交互界面的步骤、方法，限于篇幅这里就不再详细介绍，读者可参考三菱触摸屏使用、组态手册。在使用触摸屏编辑软件制作完成用户画面后，应存储所制作的画面、注释等。用通信电缆与计算机连接后，可把已编译的程序下载到触摸屏中以供实际运行。在安装了触摸屏仿真软件 GT Simulator 之后，可在现场实际运行前实现制作画面的仿真模拟运行。

第10章 PLC控制系统设计实例

本章内容提要 本章通过两个PLC控制系统设计的实例，比较详细地介绍了PLC控制系统的硬件选型与程序设计。对基于PLC实现过程控制和定位控制以及人机界面的设计、开发过程进行了较详细的介绍，力求通过实例使读者熟悉PLC控制系统及其外围控制技术设计、开发的全过程。

10.1 PLC控制系统设计规划概要

10.1.1 PLC控制系统设计主要内容及设计与调试步骤 ★★★

1. PLC适用范围

在做出电气系统控制方案的决策之前，需要详细地了解被控对象的控制要求，从而决定是否选用PLC进行控制。电气系统可以考虑使用PLC控制的情况如下：

1）系统中的I/O点数很多，控制要求较复杂，如果使用传统的电磁型继电器进行控制，需要大量的中间继电器、时间继电器和计数器等元器件。

2）对系统的可靠性、稳定性要求非常高，电磁型继电器控制不能很好地满足系统的控制要求。

3）由于系统的工艺流程和生产产品品种的变化，需要经常改变控制电路的结构形式与修改控制参数和界面等。

2. PLC控制系统设计主要内容

PLC控制技术最主要是应用于自动化控制工程中，需要综合地运用所学的理论、知识和技术，根据工程实际控制要求合理地组成一个功能完善的控制系统。下面简单介绍PLC控制系统设计的主要内容。

1）确定控制系统设计的各技术条件。技术条件一般以设计任务书的形式提供，它是整个控制系统设计的重要依据。

2）选择适当的电气传动形式（直流传动还是交流传动，是否需要直流调速器和变频器等），确定PLC的输入/输出设备，如按钮、选择开关、拨码开关等输入元件及电动机、继电器、接触器、数码显示管和电磁阀等各类执行机构。

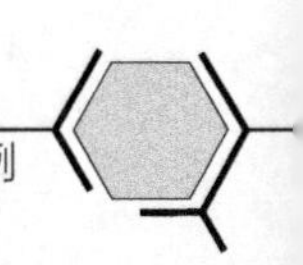

3）选择 PLC 的型号。

4）编写 PLC 的 I/O 地址分配表，绘制 PLC 的外部接线图（系统 I/O 接线图）。

5）根据系统设计的要求编写软件规格说明书，然后再用相应的编程语言（如梯形图、指令表、SFC）进行程序的设计。

6）了解并遵循用户认知心理学，重视、美化人机界面的设计，增强操作者与机器设备之间的友善关系。

7）设计操作台（站）、电气柜及非标准电器元件、部件。

8）编写设计说明书和用户使用、操作说明书。

根据具体的任务要求，上述 PLC 控制系统的设计内容可以适当地进行调整。

3. PLC 控制系统设计与调试主要步骤

PLC 控制系统的设计与调试的主要步骤如图 10-1 所示。

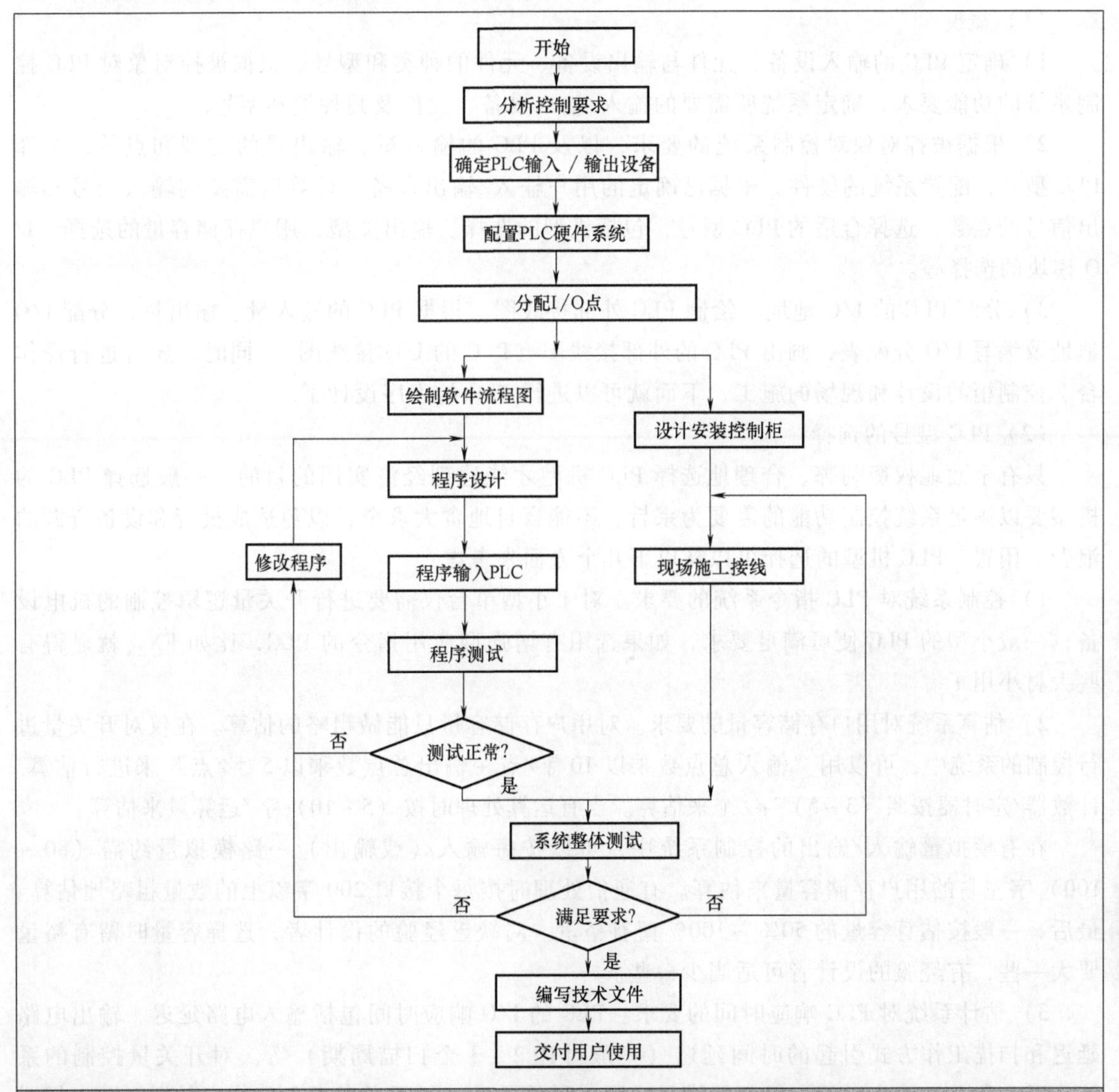

图 10-1　PLC 控制系统设计、调试的主要步骤

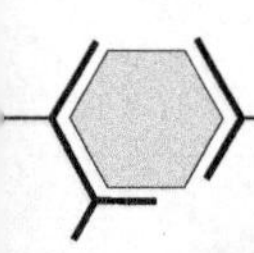

10.1.2 PLC控制系统设计具体实践 ★★★

1. 熟悉控制系统工艺流程和控制要求

深入了解被控制系统的工艺流程和控制要求。在进行PLC硬件设计、软件设计之前，需深入地了解和分析被控对象的工艺流程和控制要求。这里的被控对象就是受控的各类机械、电气设备、自动化生产线或生产过程。

控制要求主要指控制的基本方式，机械、设备应完成的动作，工作方式（手动工作方式、自动工作方式）和必要的保护、联锁等。对于比较复杂的控制系统，还可以将控制要求分成几个相对独立的部分，这样可以化繁为简，有利于编程和系统调试的工作。

2. PLC选型和硬件配置

（1）概况

1）确定PLC的输入设备、元件与输出设备、元件的种类和型号。根据被控对象对PLC控制系统的功能要求，确定系统所需要的输入/输出设备、元件及其种类和型号。

2）根据被控对象对控制系统的要求，以及PLC的输入量、输出量的类型和点数，选择PLC型号，配置系统的硬件。根据已确定的用户输入/输出设备，计算所需要的输入信号和输出信号的点数，选择合适的PLC型号，包括机型的选择、输出类型、用户存储容量的选择、I/O模块的选择等。

3）分配PLC的I/O地址，绘制PLC外部接线图。根据PLC的输入量、输出量，分配I/O地址及编写I/O分配表，画出PLC的外部接线图（PLC的I/O接线图）。同时，还可进行操作台、控制柜的设计和现场的施工，下面就可以进行PLC的程序设计了。

（2）PLC型号的选择

只有全面地权衡利弊、合理地选择PLC机型才能达到经济实用的目的。一般选择PLC的机型要以满足系统控制功能的需要为宗旨，不能盲目地贪大求全，以免造成投资和设备资源的浪费、闲置。PLC机型的选择可以从以下几个方面来考虑：

1）控制系统对PLC指令系统的要求。对于小型单台仅需要进行开关量逻辑控制的机电设备，一般小型的PLC便可满足要求，如果选用有增强型应用指令的PLC，比如FX_{2N}就显得有些大材小用了。

2）估算系统对用户存储容量的要求。对用户存储容量只能做粗略的估算。在仅对开关量进行控制的系统中，可以用“输入总点数乘以10字/点+输出总点数乘以5字/点”来进行估算。计数器/定时器按照（3~5）字/个来估算。当有运算处理时按（5~10）字/运算量来估算。

在有模拟量输入/输出的控制系统中，可以按每输入/（或输出）一路模拟量约需（80~100）字左右的用户存储容量来估算。有通信处理时按每个接口200字以上的数量粗略地估算。最后，一般按估算容量的50%~100%留有裕量。对缺乏经验的设计者，选择容量时留有裕量要大一些，有经验的设计者可适当少一些。

3）估计系统对PLC响应时间的要求。PLC的I/O响应时间包括输入电路延迟、输出电路延迟和扫描工作方式引起的时间延迟（一般可达2~3个扫描周期）等。对开关量控制的系统，PLC和I/O响应时间一般都能满足实际工程的要求，可不必考虑I/O响应时间问题。但对于模拟量控制的系统，特别是在实现闭环模拟量的调节时就要考虑这个问题。

为了减少 PLC 的 I/O 响应的延迟时间，可以选用扫描速度高的 PLC，使用前面第 4 章介绍过的 FX 系列高速处理这一类的应用指令，或者选用快速响应模块和中断输入模块。

4）对 PLC 物理结构的选择。在相同功能和相同 I/O 点数的情况下，整体式 PLC 要比模块式 PLC 价格低一些。但模块式 PLC 具有功能扩展灵活、维修方便（更换模块容易）、容易判断故障等一系列的优点，应按照实际需要对 PLC 的结构形式加以选择。

5）对 PLC 功能的特殊要求。在需要满足 PID 闭环模拟量调节、快速响应、高速计数和运动控制等特殊要求时，可以选择具有相应功能的特殊功能模块、功能扩展板的 PLC。

6）对 PLC 通信联网的要求。如果 PLC 控制的系统需要联入工厂自动化网络，则 PLC 需要具有通信联网功能，即要求 PLC 应具有连接其他 PLC、上位计算机和各种通信设备的功能。大、中型 PLC 都有很强的通信功能，目前不少小型 PLC 也具有较强的联网通信功能，像三菱 FX_{2N}、FX_{1N} 系列 PLC 的通信功能就比较强。

7）系统对可靠性的要求。对可靠性要求极高的系统，应考虑是否采用冗余控制系统，冗余网络拓扑结构，双/多 CPU 控制，或者热备用系统。

8）编程设备与用户存储器的选择。随着计算机的普及，越来越多的用户使用基于个人计算机的编程开发软件，如第 5 章介绍的三菱 PLC 的可视化编程软件 FXGP-WIN 和 GX Developer。如果需要经常变更用户程序，或用户的程序较短，用户又有能力将程序写入 PLC 中的 RAM，则没有必要再选择使用 EEPROM。

另外，还应使系统中 PLC 的机型尽量的统一，或者尽量使用同一厂商的 PLC 和外围控制设备，如变频器和触摸屏等。这样一方面可以减少所需备品备件的数量，PLC 的外部设备和工具软件，像编程软件和图形编程器等，也可以供各台 PLC 公用。另一方面，使用同一厂商的 PLC 有利于技术培训，便于用户程序的开发、设计和修改。中小型 PLC 的通信一般使用各 PLC 厂商专用的通信网络，同一厂商的控制设备之间的通信所需的硬件费用比不同厂商控制设备之间的通信所需费用要低一些，编程工作量也会减少和相对变得容易。

（3）开关量 I/O 模块的选择

1）开关量输入模块的选择。交流输入方式的触点接触可靠，适合于在有油雾、粉尘的恶劣环境下使用。直流输入电路的延迟时间较短，可直接与接近开关、光电开关等电子输入装置连接。

2）开关量输出模块的选择。选择开关量输出模块时应考虑负载电压的种类和等级、系统对延迟时间的要求、负载状态的变化是否频繁等，还应注意同一输出模块对电阻性负载、电感性负载和白炽灯的驱动能力的差异。继电器输出型 PLC 有着许多优点，如导通压降小，有隔离作用，价格相对较便宜，承受瞬时过电压和过电流的能力较强，其负载电压灵活（可带交流、直流负载）且电压等级范围大等，所以动作不频繁的交、直流负载可以选择继电器输出型的 PLC。但是对于频繁通断的感性负载，应该选择晶体管或晶闸管输出型的 PLC，而不应选用继电器输出型的 PLC，这样可以满足负载动作频率较高的要求。

（4）控制系统的结构与控制方式的选择

PLC 控制系统可以采用的物理结构和控制方式主要包括如下几种：单机控制系统、集中控制系统、集散控制系统、网络控制系统和冗余控制系统，以及由上述几种系统结构结合后组成的混合控制系统等。

用户应根据被控对象的具体情况选择适当的控制结构，确定相应的控制方案。目前，PLC 采用集散控制、网络控制结构的情况已经越来越常见。

3. 程序设计

控制系统程序的设计。对于比较复杂的控制系统，可以先绘制系统的顺序功能图或状态流程图，然后再选择相应的编程语言进行程序的设计即编程。这一步是整个控制系统设计中最核心的工作，也是比较困难的一步。进行程序的设计工作应首先熟悉系统的控制要求，同时还应掌握程序的编程方法及技巧，具备一定的程序开发、设计的实际经验。

程序编写完成后就可以下载到 PLC。一般使用基于个人计算机的编程软件，通过专用的编程连接电缆将程序下载到 PLC 中。

4. 程序的测试与模拟运行

在下载 PLC 程序后可以进行程序的测试。在程序现场运行之前，应先进行程序的测试工作。因为在程序设计过程中，难免会有疏漏、错误和不完善的地方。因此，在将 PLC 连接到现场设备上去之前，必须进行软件测试，以排除程序中的错误，同时也为整体调试打好基础，缩短整体调试的周期。

利用三菱的 GX Simulator 仿真软件，可以很好地进行程序的测试、模拟试运行，缩短程序的设计、开发周期。

5. 现场调试程序

在进行了 PLC 的硬件、软件设计并完成电气控制柜安装和现场施工后，就可以进行整个系统的联机调试。如果控制系统是由几个部分组成，则应先进行局部的调试，然后再进行整体调试。

如果控制系统的程序步数较多、结构较复杂，则可以先分段调试，然后再各部分连起来进行统调。调试中发现的各种问题需要逐一排除，直至调试成功。

6. 编写技术文件

需要编写的技术文件主要包括电气原理图、电器布置图、电缆接线表、元器件明细表、PLC 程序说明和用户使用、操作说明书等。

10.2 空压站恒压供气自动控制系统

10.2.1 空压站控制系统总体方案设计 ★★★

1. 原空压站电气控制系统存在的问题

（1）原控制系统工作过程

某机车车辆厂空压站原先采用继电器控制系统对 5 台空压机组进行控制。每台机组均有一个起动柜实施Y—△减压起动，系统仅有手动操作方式。在原系统中，1#、2#为主工作空压机组（功率各为 110kW），2 台空压机组按一定的周期轮流工作。3# ~ 5#为备用空压机组（功率各为 30kW），当 1#或 2#空压机组工作而系统仍供气压力不足时，将起动其中 1 台乃至 3 台直到满足供气压力为止。

（2）原控制系统存在主要问题

1）各工作机组虽然采取Y—△减压起动，但起动时的冲击电流仍较大，严重影响到了电网的稳定运行和空压站周围其他用电设备运行的可靠性、安全性。

2）当主空压机组处于工频运行时，空压机运行时噪声大，对周围造成严重的声音环境污染。

3）主电动机工频起动对设备的冲击大，电动机轴承易磨损，机械设备的维护工作量大。

4）主空压机组经常处于空载运行，浪费电能现象严重，很不经济。

5）空压机组控制系统采用继电器控制，只有手动操作方式，因此控制系统工作的可靠性、安全性较差，人员操作麻烦，自动化水平低，生产效率不高。

2. 改造技术要求

实施技术改造后系统应满足的主要技术要求如下：

1）三相异步电动机变频运行时应保持供压系统出口压力稳定，压力波动范围不能超过±0.1MPa。

2）控制系统可以选择在变频和工频两种工况下运行。

3）系统采用闭环控制，具有闭环模拟量回路的调节功能。

4）一台变频器可拖动两台主空压机组，可使用操作按钮进行切换。

5）根据空压机组的工况要求，系统应保证拖动的交流三相异步电动机具有恒转矩的运行特性。

6）为了防止高次谐波干扰空压机组变频器，变频器的输入端应当具有抑制电磁干扰的有效措施。

7）在供压系统用气量较小的情况下，变频器处于低频运行时，应保障电动机绕组温度和电动机的噪声不超过允许的范围。

8）考虑到控制系统今后的扩展和升级，变频器的容量和主控制器输入/输出点数应当有适当的裕量，以满足将来工作状况扩展的要求。

3. 控制系统总体方案设计和控制原理简介

根据系统原先存在的问题并考虑到技术改造后的生产工艺要求和技术要求，空压机组采用PLC作为主控制器并扩展模拟量输入/输出模块，由变频器拖动主空压机组，采用触摸屏作为系统人机界面的总体设计方案。

控制系统由PLC基本单元扩展出模拟量输入/输出模块，通过压力传感器（变送器）实时检测压力值送入模拟量模块进行PLC内部的PID调节运算，然后由模拟量输出模块输出直流0~10V的电压信号至变频器，变频器的输出频率信号通过模拟量输出端子回送到PLC，构成模拟量闭环控制回路。由压力反馈测量值与压力设定值进行比较运算，经PID调节运算实时控制变频器的输出频率，从而调节三相异步电动机的转速，使供气系统空气压力稳定在压力设定值上。通过变频器PU接口的RS-485串行通信可以读入除频率外的变频器的其他运行参数，如电流、电压和功率等。

这样由PLC、变频器、三相交流异步电动机、压力传感器（变送器）等组成压力反馈闭环控制系统，能够自动地调节三相交流异步电动机的转速，使供气系统空气压力稳定在设定范围内，实现空压站的恒压控制。

10.2.2 控制系统的硬件选型和设计 ★★★

1. 系统的主要控制要求

采用PLC控制进行空压站技术改造后，系统的主要控制要求如下：

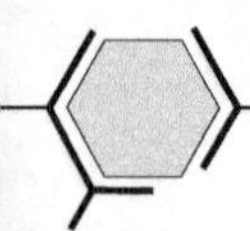

1）控制系统有手动和自动两种方式。在自动运行时（可预先设定变频器控制的机组，1#或2#机组）根据压力传感器输出的模拟电流信号（4～20mA）由PLC进行PID调节运算，控制变频器在25～50Hz之间节能地运行。

3#～5#机组的控制要求为：①当管道压力低于工作压力下限值（可预先设定）并且变频器输出频率在上限值（可预先设定）时，经过延时（延时时间可设置）由PLC控制3#、4#其中一台机组起动，直至3#～5#机组全部起动；②当管道压力大于工作压力上限值（可预先设定）并且变频器输出频率在下限值（可预先设定）时，经过延时（延时时间可设置）按照“先起先停”的原则由PLC停止3#～5#中已经运行的一台机组。同样，在上述工作压力和变频器输出频率两条件不变时，可继续停一台空压机组直到停完所有备用的空压机组。

2）压力信号取自压力变送器，工作压力上下限可由PLC设置。

3）手动工作时只有3#、4#、5#机组的起、停可以通过手动按钮操作，其他工作情形和自动工作方式时一样。

4）变频器在PID调节故障时可以使用电位器进行人工调速。

5）人机界面要求。变频器的运行监视参数可通过RS-485串行接口，经PLC由触摸屏进行远程显示。机组的起、停延时时间可通过触摸屏修改（20～600s）。

2. 系统的硬件选型

根据控制要求和控制规模的大小，这里选用三菱公司的FX系列小型PLC作为系统的主控制器，通信扩展板选用FX_{1N}-485-BD，变频器选用三菱的FR-A700系列，触摸屏选用F940系列，压力传感器则选择TPT503压力传感器。

1）系统的主控制器——FX_{1N}-40MR。FX_{1N}系列属于FX系列PLC中普及型的子系列，经过扩展适当的模拟量模块并使用PID指令，完全可以满足对中等规模空压站控制系统闭环模拟量的控制要求。根据系统的控制规模和对I/O点数的要求，这里系统的控制器选择的是FX_{1N}-40MR，为继电器输出型，有24点开关量输入，16点开关量输出。

FX_{1N}系列PLC在加装了通信扩展板FX_{1N}-485-BD后，通过网线与变频器的PU接口相连后可与之进行PU接口的RS-485串行通信，变频器的运行监控参数，如电流、电压和功率等都可读入到PLC中。

2）模拟量输入/输出模块——FX_{0N}-3A。FX_{0N}-3A模拟量输入/输出混合模块有两个模拟量输入通道（0～10V电压或4～20mA电流）和一个模拟量输出通道。输入通道接收模拟信号并将模拟信号转换成数字值，输出通道将内部数字值转换成对应比例的模拟信号。输入/输出通道选择的电压或电流形式由用户的接线方式决定。FX_{0N}-3A可以连接到FX_{2N}、FX_{2NC}、FX_{1N}、FX_{0N}等系列的PLC上。

FX_{0N}-3A的最大分辨率为8位。FX_{0N}-3A在PLC扩展母线上占用8个I/O点。这8个I/O点可以分配给输入或输出。所有数据传输和参数设置都是使用PLC中的FROM/TO指令，通过编程调节控制的。PLC基本单元和FX_{0N}-3A之间的通信由光耦合器进行保护。

FX_{0N}-3A的端子和外部接线如图10-2所示。

3）变频器——FR-A700。变频器的基本原理和应用技术在第9章中已有介绍，读者可以参见前面的相关内容介绍。根据空压站系统的压力负载，选择的变频器是三菱FR-A700系列的A740，功率为110kW。

4）触摸屏——F940。触摸屏的基本原理和工业组态软件技术在第9章中已有简单介绍。

在本控制系统中，采用F940作为人机交互的界面，它具有界面美观、组态编程灵活、交互功能强等特点，便于与系统其他部分的集成。

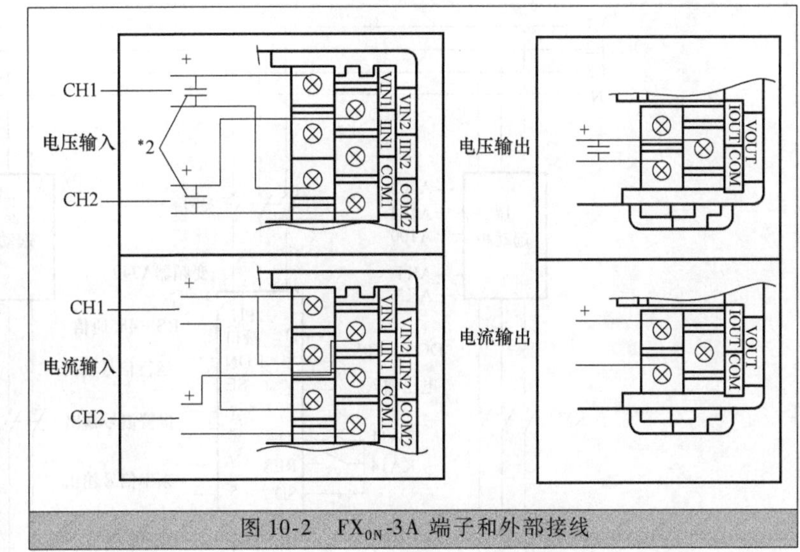

图 10-2　FX_{0N}-3A 端子和外部接线

5）压力传感器。TPT503压力传感器采用全不锈钢封焊结构，具有良好的防潮能力及较好的介质兼容性，可以广泛用于工业设备、水利、化工、医疗、电力、空调、金刚石压机、冶金、车辆制动、楼宇供水等压力测量与控制。

TPT503 压力传感器的主要性能指标如下：量程——0～1MPa（最小），0～450MPa（最大）；综合精度——0.1% FS、0.2% FS、0.5% FS、1.0% FS；输出型式——4～20mA/0～5V/1～5V/0～10V；工作温度——-10～80℃（最窄），-10～150℃（最宽）；供电电压——9～36V；长期稳定性——0.1% FS/年；负载阻抗——电流型最大800Ω，电压型50kΩ以上。选用TPT503压力传感器可以满足空压站供气压力测量的要求。

空压站PLC控制系统的硬件组成框图如图10-3所示。

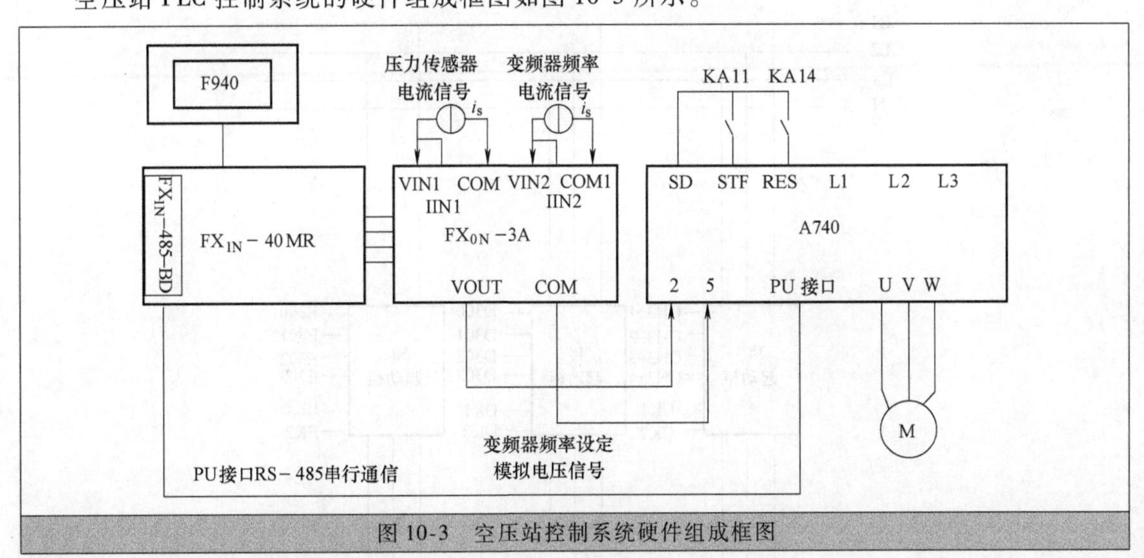

图 10-3　空压站控制系统硬件组成框图

3. 系统的主电路和控制电路

空压站PLC控制系统的硬件设计主要包括主电路和控制电路的设计。

1）主电路。空压站PLC控制系统的主电路图如图10-4所示。

2）PLC外部接线图和控制电路。空压站控制系统PLC外部接线图和控制电路图（部分）分别如图10-5和图10-6所示。

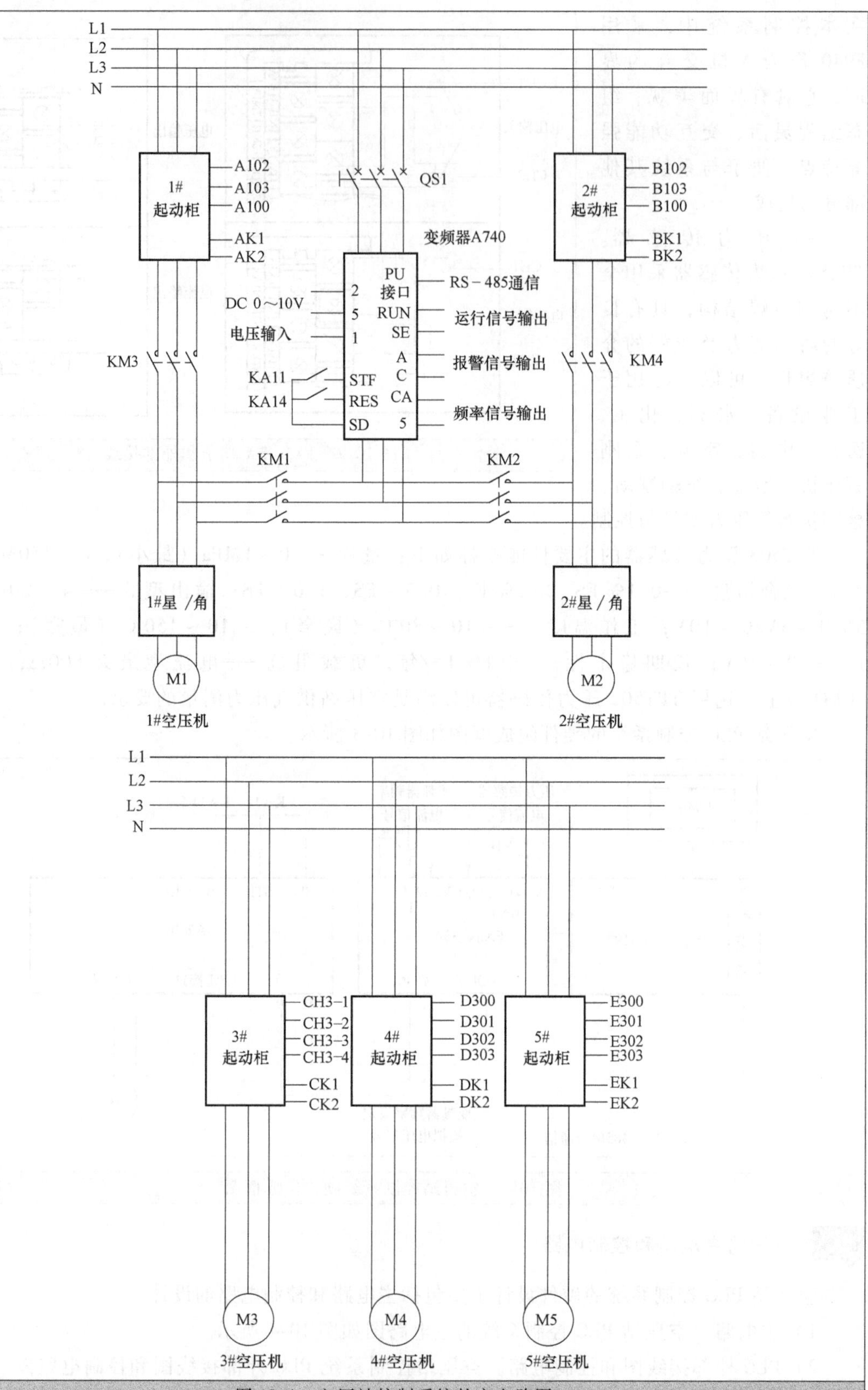

图 10-4　空压站控制系统的主电路图

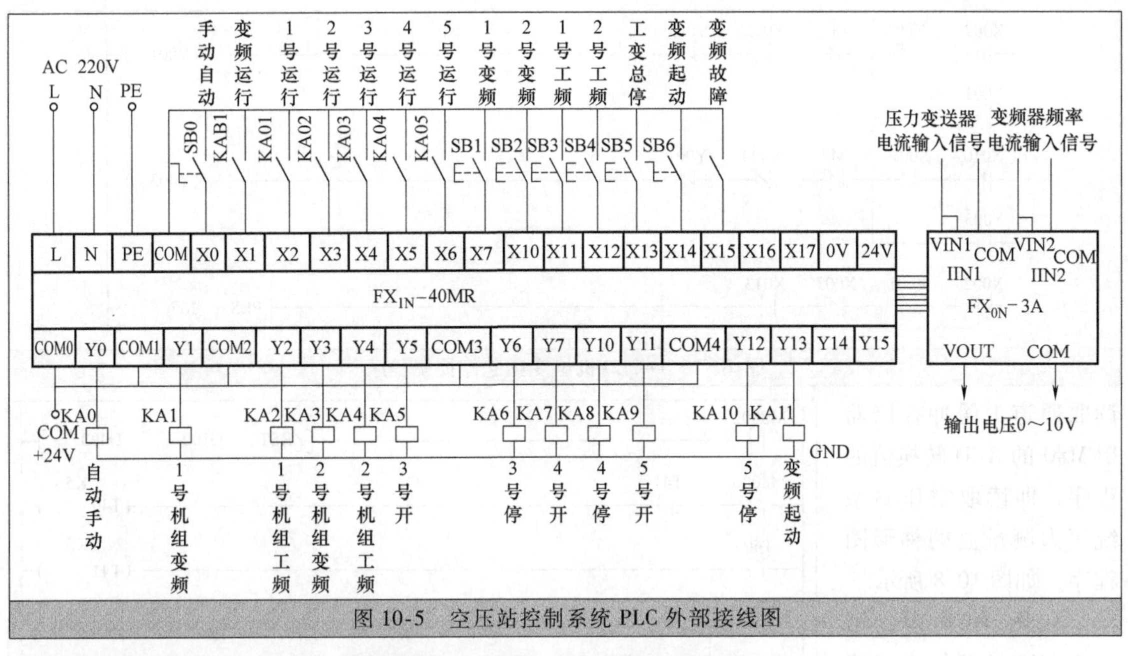

图 10-5　空压站控制系统 PLC 外部接线图

10.2.3　控制系统的程序设计和人机界面设计 ★★★

控制系统的程序主要包括空压机组逻辑控制程序、模拟量输入/输出模块读写、PID 调节运算程序和 PLC 与变频器串行通信程序等。

1.　空压机组逻辑控制程序的设计

在进行控制系统的程序设计时，除了应满足 10.2.2 节“1. 系统的主要控制要求”中各机组起、停的逻辑控制外，在 1#、2#机组切换时还应满足下述的编程联锁等要求：

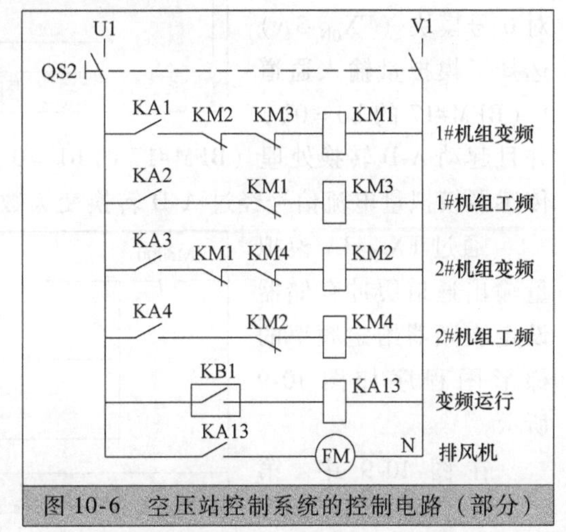

图 10-6　空压站控制系统的控制电路（部分）

1）KA1、KA3 不能同时接通，KA1、KA2 不能同时接通，KA3、KA4 不能同时接通。

2）当变频器运行时 KM1、KM2 不允许动作。

3）只有当 1#或 2#机组起动信号及运行信号到达后变频器方可起动（KA11 接通）。

4）当 1#机组运行时，禁止 KM3 操作。当 2#机组运行时，禁止 KM4 操作。KA1～KA4、KM1、KM2 等电器元件在电路中的作用如图 10-5 和图 10-6 所示。

下面只给出了 1#、2#机组变频起动控制部分的程序，如图 10-7 所示，其他机组的逻辑控制程序这里从略。

2.　模拟量输入/输出模块读、写及 PID 调节运算程序的设计

1）模拟量输入/输出模块读写。PLC 基本单元是通过特殊功能模块读指令 FROM、写指令 TO 和模拟量输入/输出模块 FX_{0N}-3A 中的缓冲存储器（BFM）交互数据的。FROM、TO 指令的使用请见第 4 章中有关介绍。FX_{0N}-3A 缓冲存储器的分配可参见第 7 章的表 7-4。

PLC 基本单元通过写指令 FROM 起动模拟量输入/输出模块 FX_{0N}-3A 通道 1 的 A-D 转换，

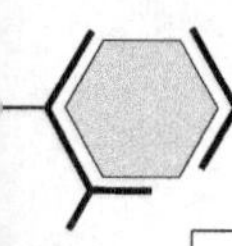


```
X007   X001   M7    Y002   Y003
-|↑|---|/|--+--|/|---|/|---|/|------------------(Y001 )
Y001        |
-| |--------+
X010   X001   M7    Y004   Y001
-|↑|---|/|--+--|/|---|/|---|/|------------------(Y003 )
Y003        |
-| |--------+
X002   X001   X003   X013
-|/|---|/|---|/|---| |------------------------[PLS  M7 ]
```

图 10-7　1#、2#机组变频起停控制程序

```
M8002
-| |--------------------------------[ZRST   D100    D400 ]
M8000   T41                                          K5
-| |----|/|-----------------------------------------(T40 )
T40                                                  K5
-| |----------------------------------------------(T41 )
T40
-| |--+-------------[TO    K0    K17    H0    K1 ]
      +-------------[TO    K0    K17    H2    K1 ]
      +-------------[FROM  K0    K0     D10   K1 ]
```

图 10-8　读写 FX_{0N}-3A 输入通道 1 的程序

读取通道 1 缓冲存储器 BFM#0 的 A/D 转换值的程序，即读取空压站系统压力测量值的梯形图程序，如图 10-8 所示。

在图 10-8 中，第二个 T40 常开触点连接的第一、二行程序表示对 0 号模块（FX_{0N}-3A）选择了模拟量输入通道 1（BFM#17 的 b0 =0），并且起动 A-D 转换处理（BFM#17 的 b1 =0→1），第三行程序表示 FX_{0N}-3A 输入通道 1 的压力传感器模拟量电流信号经过 A-D 转换变为数字量后写入到 D10 中。

通过 FX_{0N}-3A 模拟量输出通道缓冲存储器设定变频器给定频率的梯形图程序如图 10-9 所示。

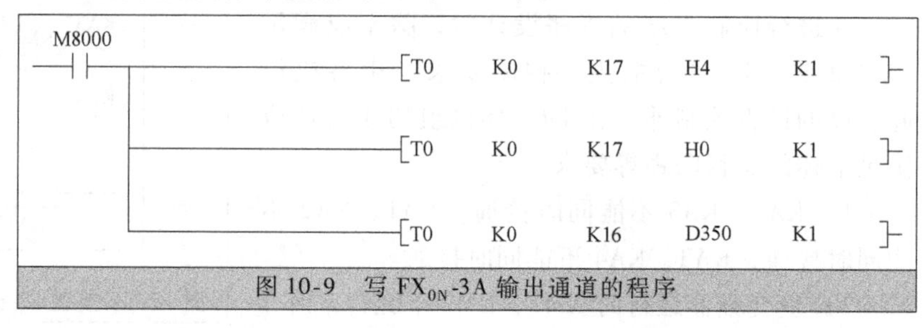

图 10-9　写 FX_{0N}-3A 输出通道的程序

在图 10-9 中，第一、二行程序表示 FX_{0N}-3A 模拟量输出通道起动 D-A 转换处理（BFM#17 的 b2 =0→1），应注意 FX_{0N}-3A 模块只有一个模拟量输出通道。在 FX_{0N}-3A 中的 BFM#16 缓冲存储器中存储了 PLC 数据寄存器 D350 中的数字量，第三行程序表示存储在 PLC 数据寄存器 D350 中的数字量，经 D-A 转换后输出与之成比例的模拟量。这里 PLC 数据寄存器存储的数字量为 0 ~ 250，对应的输出电压为 0 ~ 10V。

2）PID 调节运算程序。经 FX_{0N}-3A 模块的输入通道经 A/D 变换后进入 PLC 的压力变换数字量，经 PID 指令进行调节运算后再通过 FX_{0N}-3A 模块的输出通道送入变频器 A740 的模拟量输入端。有关 PID 调节运算程序的设计这里不再详述，读者可参见第 4 章中相关内容的介绍。

3. PLC 与变频器串行通信程序的设计

（1）硬件连接

为了实现 PLC 与变频器的 PU 接口的串行通信，PLC 需加装扩展通信板 FX_{1N}-485-BD。变

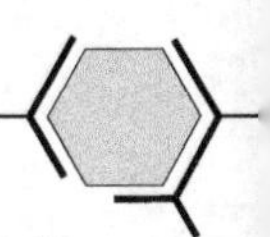

频器 A740 的 SDA 端与 PLC 扩展通信板的 RDA 端相连，变频器的 SDB 端与 PLC 扩展通信板的 RDB 端相连，变频器的 RDA 与 PLC 扩展通信板的 SDA 相连，变频器的 RDB 端与 PLC 扩展通信板的 SDB 端相连，变频器的 SG 端与 PLC 扩展通信板的 SG 相连。

（2）变频器通信参数设置

在变频器 A740 中需要设置的与 PU 接口串行通信有关的主要参数如下：

1）Pr. 79：PU 模式操作权选择，这里设置为 3，起动信号来自开关量输入端子，运行频率来自外部输入模拟信号。

2）Pr. 117：通信站号 0 ~ 31，设置变频器的站号，这里设为 1。

3）Pr. 118：通信速率，这里设定为 96，即设定的通信波特率为 9600bit/s。

4）Pr. 119：通信停止位长度，这里设定为 2。

5）Pr. 120：通信奇偶校验设定，这里设置为 2，为偶校验。

6）Pr. 121：通信再试次数，这里设置 9999，即使发生通信错误变频器也不停止。

7）Pr. 122：通信校验时间间隔，这里设置为 9999，通信校验终止。

8）Pr. 123：通信等待时间，这里设置为 9999，用通信数据设定。

9）Pr. 124：通信 CR/LF 选择，这里设置为 0，选择无 CR、LF。

应注意，参数 Pr. 122 需设置为 9999，否则当通信结束后且通信校验互锁时间到时变频器会产生报警并停止。

（3）PLC 通信格式的设置

三菱 FX 系列 PLC 在进行计算机链接（使用专用协议）和无协议通信（使用 RS 指令）时，都需要对串信通信格式特殊数据寄存器 D8120 进行设置，可参见前面 8. 2 节的相关内容介绍。设定通信格式包括通信速率、数据长度、奇偶校验、停止位长度和协议格式等。在设置了特殊数据寄存器 D8120 的通信格式后，应关掉 PLC 的电源后再重新上电。

这里 D8120 设置为十六进制数 0C8E（二进制数的 0000 1100 1000 1110，最高位为 b15，最低位为 b0），即采用无协议通信，RS-485 串口，数据长度为 7 位，偶校验，2 位停止位，波特率为 9600 bit/s，无起始符和终止符，无添加和校验码，具体内容可参见前面的表 4-31。

（4）PLC 与变频器串行通信程序的设计

PLC 与变频器串行通信程序的设计需遵循三菱变频器专用通信协议，套用通信协议中的相关格式。有关这部分具体内容读者可参考三菱变频器使用手册，这里不再详细介绍。另外，通信程序中还需要用到串行通信指令 RS、HEX→ASCII 码转换指令 ASCI、校验码指令 CCD 等，这些指令的使用读者可参见第 4 章有关应用指令的介绍或查阅三菱 FX 系列编程手册。

4. 人机界面的设计

系统的人机界面采用了触摸屏 F940，界面美观、人机对话友善。空压机控制系统的参数显示界面如图 10-10 所示。有关触摸屏的具体组态过程这里就不再详细地介绍。

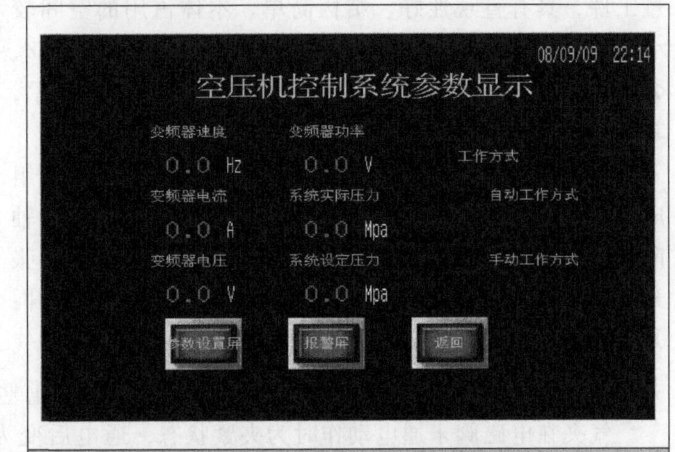

图 10-10 触摸屏参数显示画面

空压机控制系统进行改造后取得了明显的社会效益和经济效益。实际运行效果表明，大量地节约了能源，降低了运行成本，提高了供气压力的控制精度。空压机组的机械使用寿命明显延长，空压机的噪声问题得到了改善。整个控制系统运行安全、可靠、稳定，大大提高了控制系统的自动化水平。

10.3 基于PLC的机械手模型控制系统

本节介绍基于PLC的机械手模型控制系统的设计。通过这个实例力求使读者了解由晶体管输出型PLC输出高频脉冲串，经步进驱动器功率放大后驱动步进电动机以实现简易定位的开发与设计过程。

10.3.1 机械手模型控制系统概况 ★★★

机械手一般由控制系统及检测装置、驱动系统、执行机构三大部分组成，智能机械手还具有感觉系统和智能系统。机械手通过模仿人的手部动作，在控制器的指挥控制下按照给定程序、轨迹和要求，实现自动抓取、搬运和操作的自动装置。特别是在高温、高压、多粉尘、易燃、易爆、放射性等恶劣环境中以及笨重、单调、频繁的操作中，机械手可以代替人去作业，因此，它在许多领域获得了越来越多的应用。

机械手模型有机地融合了PLC、位置控制和气动技术等为一体的综合性实验仪器，是对工业、农业和医疗等领域实用机械手的高度仿真和浓缩。该机械手模型的机械结构采用了滚珠丝杠、滑杠、汽缸和气夹等机械部件，电气方面使用了步进电动机驱动器、步进电动机、传感器、开关电源和电磁阀等电子元器件，模型的主控制器则采用了晶体管输出型PLC。

1. 机械手模型动作流程

机械手型式较多，按手臂的坐标型式而言，主要有四种基本型式，分别是直角坐标式、圆柱坐标式、球坐标式和关节式等。其中，圆柱坐标式机械手又称为回转型机械手，是应用最多的一种形式，它适用于搬运和测量工件，具有直观性好、结构简单、本体占用的空间较小、动作范围较大等优点。圆柱坐标式机械手由 X、Z、Φ 三个运动组成。本机械手模型为圆柱坐标式机械手，其实物图如图10-11所示。

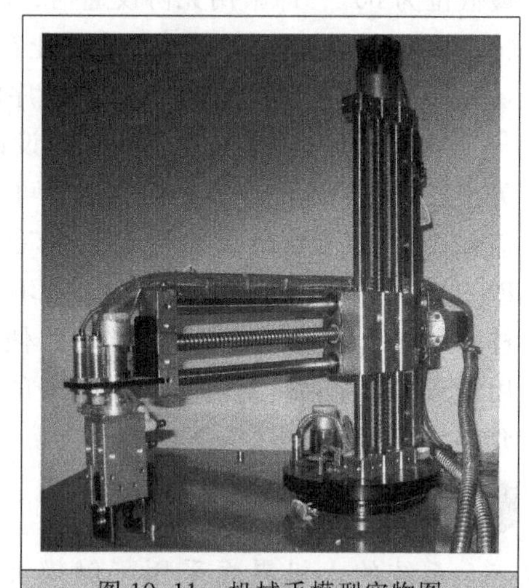
图10-11 机械手模型实物图

机械手模型开机后整个动作流程由以下几个步骤组成：①开机复位（横轴、竖轴各自回零点位置）；②横轴前进；③机械手气夹旋转到位；④气夹电磁阀动作，手张开；⑤竖轴下降；⑥电磁阀动作，手夹紧；⑦竖轴上升；⑧横轴后退；⑨底盘旋转到位；⑩横轴前进；⑪机械手气夹旋转；⑫竖轴下降；⑬气夹电磁阀动作，手张开；⑭竖轴上升；⑮回到初始位置。

气夹在电磁阀未通电动作时为夹紧状态，通电后变为张开状态。在上述动作流程步骤中，④~⑤步和⑬~⑮步为气夹电磁阀通电状态。

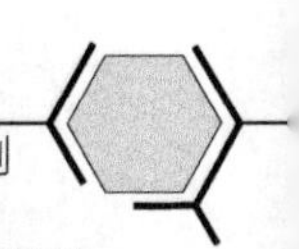

2. 工作原理简介

机械手模型控制系统为步进伺服控制系统，主要由PLC、步进电动机功率驱动器和步进电动机等组成。

1）步进伺服系统。运动控制系统中大多采用步进电动机或全数字式交流伺服电动机作为执行电动机。步进伺服系统由步进电动机功率驱动器和步进电动机等组成，步进电动机的类型主要有反应式、励磁式和混合式等。反应式步进电动机的转子上没有绕组，依靠变化的磁阻生成磁阻转矩工作。励磁式步进电动机的转子上有磁极，依靠电磁转矩工作。反应式步进电动机的应用最为广泛，它有两相、三相、多相之分，也有单段、多段之分。两相混合式步进电动机步距角一般为3.6°、1.8°，五相混合式步进电动机步距角一般为0.72°、0.36°。也有一些高性能的步进电动机步距角更小。例如，四通公司生产的一种用于慢走丝机床的步进电动机，其步距角为0.09°；德国百格拉公司生产的三相混合式步进电动机其步距角可以通过拨码开关设置为1.8°、0.9°、0.72°、0.36°、0.18°、0.09°、0.072°、0.036°，这样就兼容了两相和五相混合式步进电动机的步距角。

步进电动机的优点比较多，如可以直接实现数字控制、控制性能好、无摩擦、抗干扰能力强、误差不长期积累、具有自锁能力和保持转矩的能力等。在一般的定位控制系统中，步进电动机在实现简易定位控制的场合仍有着较为广泛的应用。

2）晶体管输出型PLC。晶体管输出型FX系列PLC的基本单元能够同时输出两组100kHz脉冲串，是低成本控制步进伺服系统的较好选择。该机械手控制系统中PLC作为控制脉冲源，通过其内部编程可以输出指定数量的脉冲信号，控制步进电动机的转角进而控制步进伺服机构（机械手）的进给量。同时通过编程可以控制步进脉冲频率即伺服机构的进给速度。

10.3.2 控制系统的硬件选型与设计 ★★★

1. 控制系统的主控制器

1）PLC机型的选择。机械手模型需采用晶体管输出型PLC，可同时输出两路脉冲到步进电动机驱动器，控制步进电动机运行。PLC机型的具体型号为三菱FX系列PLC的FX_{1N}-24MT-D（直流电源供电，14点输入/10点输出）。

2）I/O地址分配。基于PLC的机械手模型I/O地址分配见表10-1。系统中的步进功率驱动器有两个，分别实现对横轴和竖轴步进电动机的驱动。

表10-1 PLC机械手模型I/O地址分配

地址类型	I/O地址	功能说明
输入点地址	X0	气夹正转限位
	X1	气夹反转限位
	X2	基座正转限位
	X3	基座反转限位
	X4	基座旋转脉冲
	X5	X轴前限位
	X6	X轴后限位
	X7	Y轴上限位
	X10	Y轴下限位
输出点地址	Y0	驱动器一 PUL
	Y1	驱动器二 PUL
	Y2	驱动器一 DIR
	Y3	驱动器二 DIR
	Y4	气夹正转
	Y5	气夹反转
	Y6	基座反转
	Y7	基座正转
	Y10	气夹电磁阀 YV

2. 机械手模型控制系统外围器件选型

机械手模型控制系统的步进电动机驱动器和步进电动机采用了深圳雷赛机电技术开发有限公司生产的相应系列规格的产品。

1）步进电动机。步进电动机采用二相八拍混合式步进电动机。步进电动机绕组采用串联型接法，如图 10-12 所示。

2）步进电动机驱动器。步进电动机驱动器主要由电源输入部分、信号输入部分和输出部分等组成。步进电动机驱动器的电气规格、电流设定、细分设定和接线信号分别见表 10-2 ~ 表 10-5。

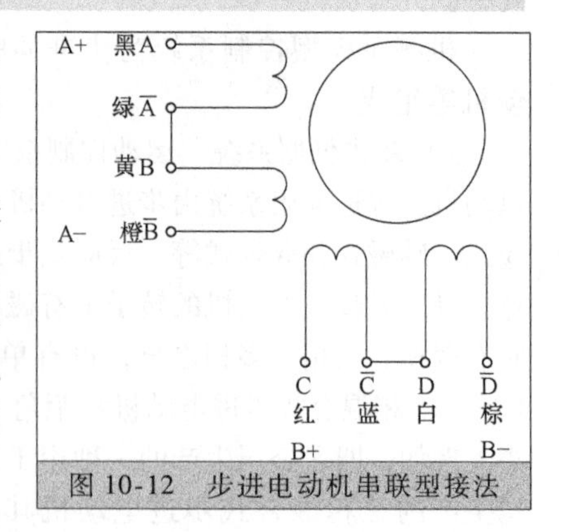

图 10-12 步进电动机串联型接法

表 10-2 步进电动机驱动器电气规格

项目	最小值	典型值	最大值	单位
供电电压	18	24	40	V
均值输出电流	0.21	1	1.50	A
逻辑输入电流	6	15	30	mA
步进脉冲响应频率	—	—	100	kHz
脉冲低电平时间	5	—	1	μs

表 10-3 步进电动机驱动器电流设定

电流值/A	SW1	SW2	SW3
0.21	OFF	ON	ON
0.42	ON	OFF	ON
0.63	OFF	OFF	ON
0.84	ON	ON	OFF
1.05	OFF	ON	OFF
1.26	ON	OFF	OFF
1.50	OFF	OFF	OFF

表 10-4 步进电动机驱动器细分设定

细分倍数	步数/圈(1.8°整步)	SW4	SW5	SW6
1	200	ON	ON	ON
2	400	OFF	ON	ON
4	800	ON	OFF	ON
8	1600	OFF	OFF	ON
16	3200	ON	ON	OFF
32	6400	OFF	ON	OFF
64	12800	OFF	ON	OFF
由外部确定	动态改细分/禁止工作	OFF	OFF	OFF

表 10-5 步进电动机驱动器接线信号

信号	功 能 说 明
PUL	脉冲信号：上升沿有效，每当脉冲由低变高时步进电动机走一步
DIR	方向信号：用于改变电动机转向，TTL 电平驱动
OPTO	光耦驱动电源
ENA	使能信号：禁止或允许驱动器工作，低电平禁止
GND	直流电源地
+V	直流电源正极，典型值 +24V
A+	电动机 A 相绕组正
A−	电动机 A 相绕组负
B+	电动机 B 相绕组正
B−	电动机 B 相绕组负

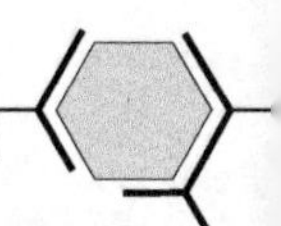

在表 10-2 ~ 表 10-4 中，带有灰色底纹的行或列为系统需要选择的典型值或默认值。

3）传感器。①接近开关。接近开关当与挡块接近时输出电平为低电平，否则为高电平。这里用于机械手旋转底盘旋转到位的检测。②行程开关。当挡块碰到开关时，常开触点闭合，当挡板离开开关时，闭合的常开触点断开。设计过程中共采用两对行程开关：横轴的前、后行程限位开关与竖轴的上、下行程开关。

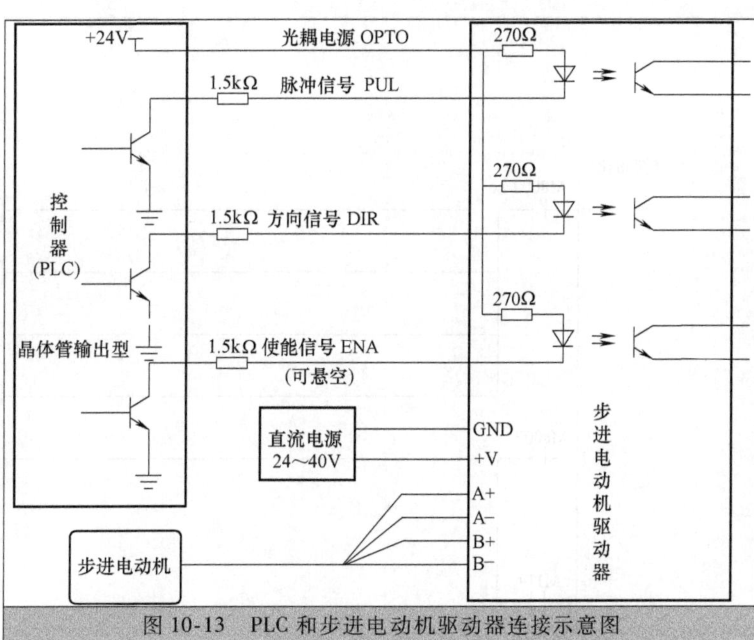

图 10-13 PLC 和步进电动机驱动器连接示意图

4）旋转编码盘。在机械手模型基座上有一旋转编码盘，在基座旋转时产生一个幅值为 24V 的脉冲信号，此脉冲信号送入 PLC 的高速计数器，可用于机械手旋转的精确定位控制。

5）直流电动机驱动单元。模型中直流电动机驱动模块是通过两个继电器线圈的通电与断电来控制基座电动机（机械手旋转）的转动方向的。

3. PLC 和步进电动机驱动器的连接

控制器（PLC）与步进电动机驱动器连接示意图如图 10-13 所示。驱动器电源由电源模块提供，驱动器信号端采用 +24V 供电，需加 1.5kΩ 限流电阻。驱动器输入端为低电平有效，应注意选择相应的输出方式（在使用不同厂商 PLC 产品时），或者加入合适的电平转换板进行电平转换。

10.3.3 控制系统的软件设计 ★★★

1. 程序设计思路及梯形图

在电气控制领域，PLC 梯形图的顺序控制设计法以其思路清晰，步骤和方法相对固定，对初学者来讲是很容易掌握的，对编程经验丰富的技术人员来说使用此种编程方法也可大大地提高编程的效率和程序的可读性、可移植性和可维护性。顺序控制梯形图的编程方式主要包括启保停的编程方式、以转换为中心的编程方式和三菱步进梯形指令的编程方式等。

另外，在三菱的 FX 系列 PLC 中有移位指令 SFTL（左移位）和 SFTR（右移位），利用这两条指令也可以实现比较简单的单序列顺序控制系统程序的设计。在使用移位指令时，将代表有关各个步的辅助继电器的常开触点和相应的转换条件组成的串联电路并联起来共同作为移位指令的移位脉冲输入信号。每当某步为活动步，且转换至下一步的转换条件成立时就会产生一个移位脉冲信号，目的操作数中为“1”的数据就会发生一次移位，这就代表进行了一次步的活动状态的转移。机械手模型控制系统的程序就采用了移位指令设计了控制系统的顺序控制梯形图。该机械手模型控制系统 PLC 梯形图程序如图 10-14 所示。

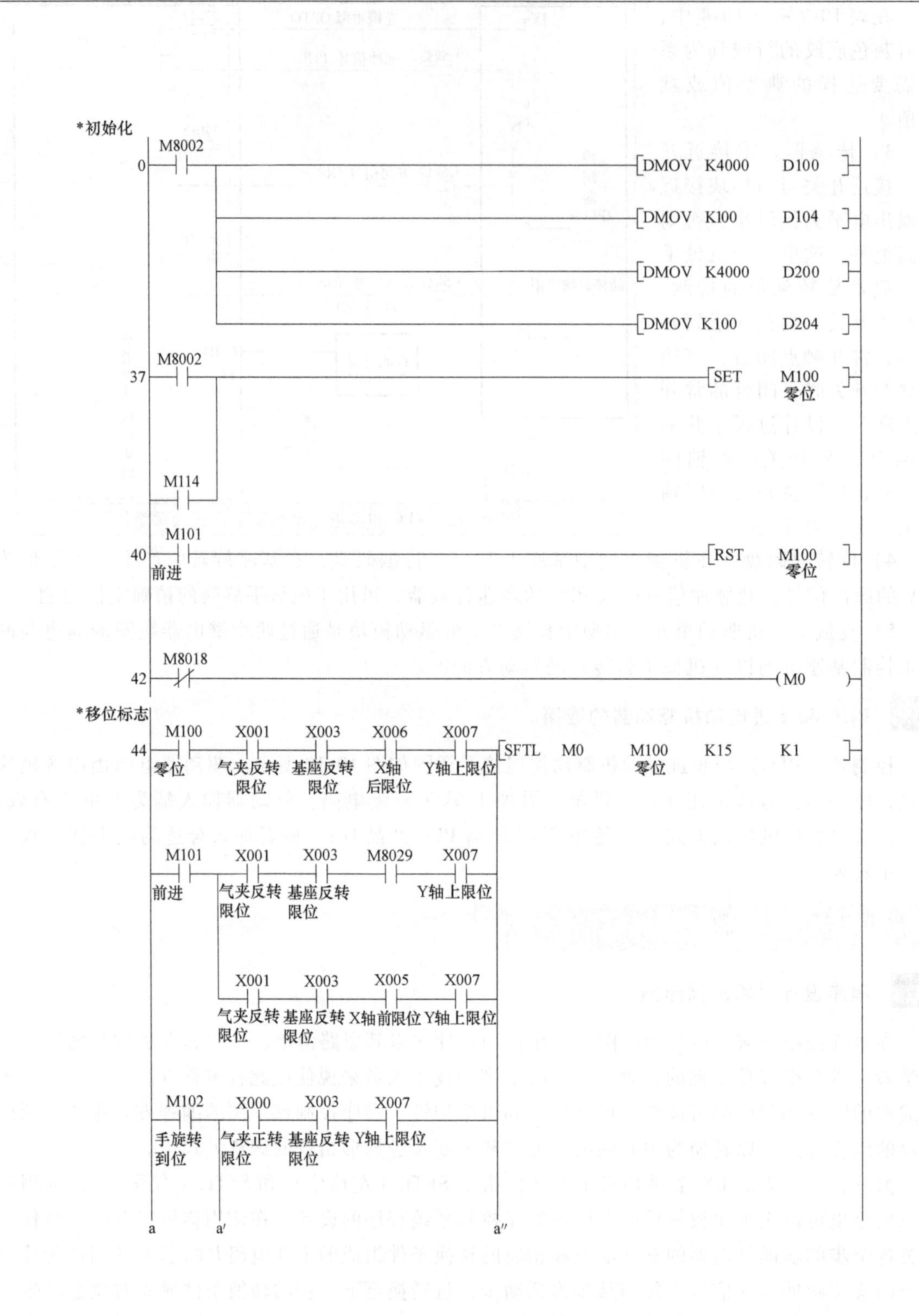

*初始化
M8002
0
DMOV K4000 D100
DMOV K100 D104
DMOV K4000 D200
DMOV K100 D204
M8002
37
SET M100
零位
M114
M101
40
前进
RST M100
零位
M8018
42
M0
*移位标志
M100 X001 X003 X006 X007
44
零位
气夹反转限位
基座反转限位
X轴后限位
Y轴上限位
SFTL M0 M100 K15 K1
零位
M101 X001 X003 M8029 X007
前进
气夹反转限位
基座反转限位
Y轴上限位
X001 X003 X005 X007
气夹反转限位
基座反转限位
X轴前限位
Y轴上限位
M102 X000 X003 X007
手旋转到位
气夹正转限位
基座反转限位
Y轴上限位
a
a′
a″

图 10-14 机械手模型

a a′ a″

X000 X003 X005 X007
气夹正转限位 基座反转限位 X轴前限位 Y轴上限位

M103 T0
电磁阀动作手张开 t1

M104 X000 X003 M8029
下降 气夹正转限位 基座反转限位

X000 X003 X005 X010
气夹正转限位 基座反转限位 X轴前限位 Y轴下限位

M105 T0
电磁阀复位,手夹紧 t1

M106 X000 X003 X007
上升 气夹正转限位 基座反转限位 Y轴上限位

X000 X003 X005 X007
气夹正转限位 基座反转限位 X轴前限位 Y轴上限位

M107 X000 X003 X006 X007
后退 气夹正转限位 基座反转限位 X轴后限位 Y轴上限位

M108 X000 X002 X006 X007
底盘旋转 气夹正转限位 基座反转限位 X轴后限位 Y轴上限位

b b′

控制系统 PLC 梯形图

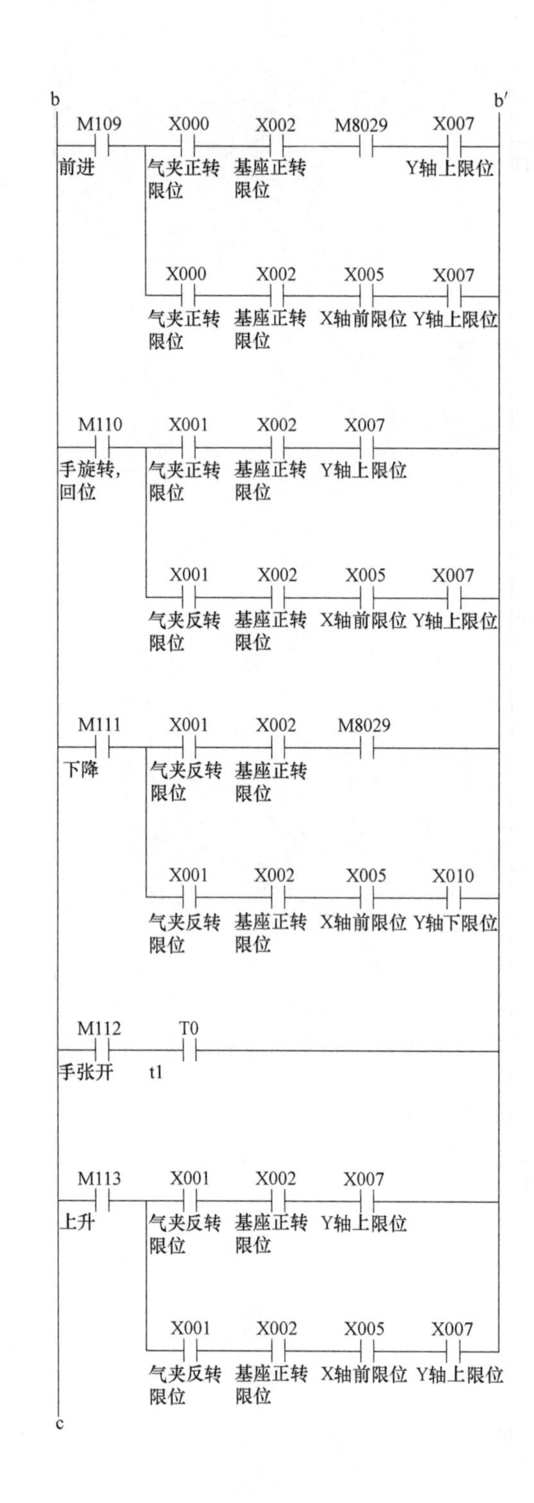

图 10-14　机械手模型控制

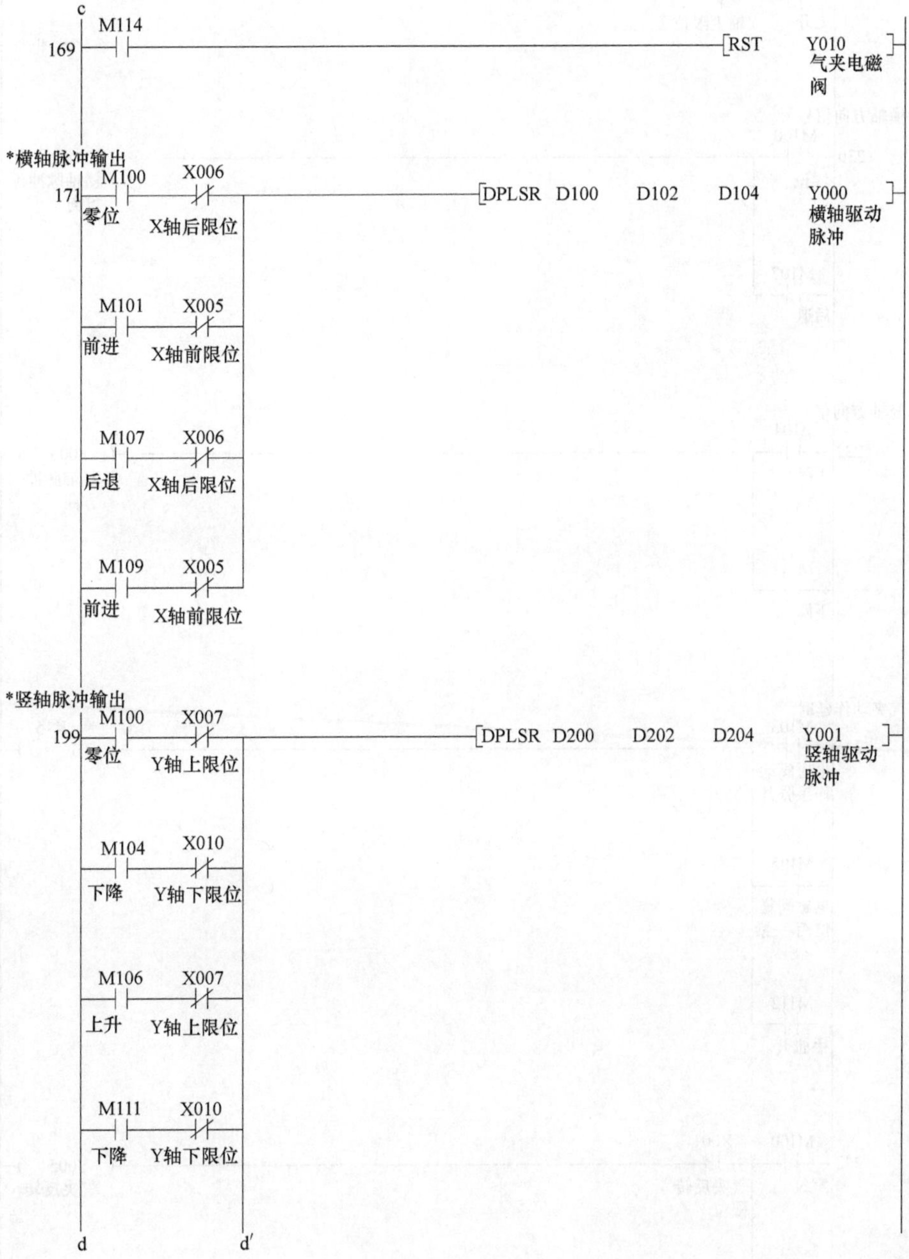

c
M114
169
RST
Y010
气夹电磁阀
*横轴脉冲输出
M100
X006
171
零位
X轴后限位
DPLSR D100 D102 D104
Y000
横轴驱动脉冲
M101
X005
前进
X轴前限位
M107
X006
后退
X轴后限位
M109
X005
前进
X轴前限位
*竖轴脉冲输出
M100
X007
199
零位
Y轴上限位
DPLSR D200 D202 D204
Y001
竖轴驱动脉冲
M104
X010
下降
Y轴下限位
M106
X007
上升
Y轴上限位
M111
X010
下降
Y轴下限位
d
d′

系统 PLC 梯形图（续）

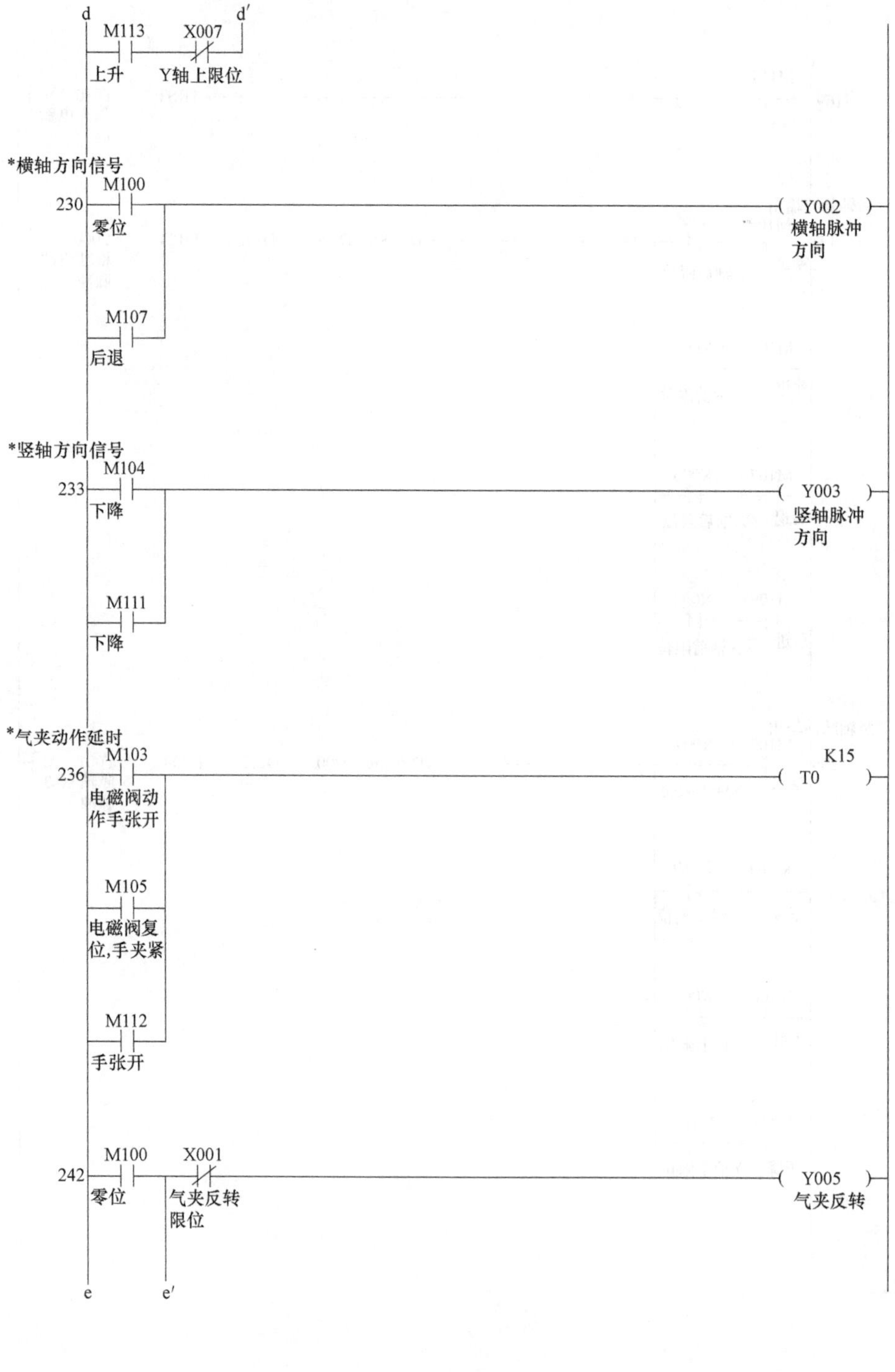

图 10-14　机械手模型控制

e e′

X003 基座反转限位 —(Y007 基座反转)

*复位脉冲

249 M100 零位 —[DMOV K500000 D102]

—[DMOV K500000 D202]

*横轴前伸

269 M101 前进 —[DMOV K320000 D102]

*手旋转到位

280 M102 手旋转到位 X000 气夹正转限位 —(Y004 气夹正转)

*电磁阀动作,手张开

283 M103 电磁阀动作,手张开 —[SET Y010 气夹电磁阀]

*竖轴下降

285 M104 下降 —[DMOV K200000 D202]

*电磁阀复位,手夹紧

296 M105 电磁阀复位,手夹紧 —[RST Y010 气夹电磁阀]

*竖轴上升

298 M106 上升 —[DMOV K500000 D202]

f

系统 PLC 梯形图（续）

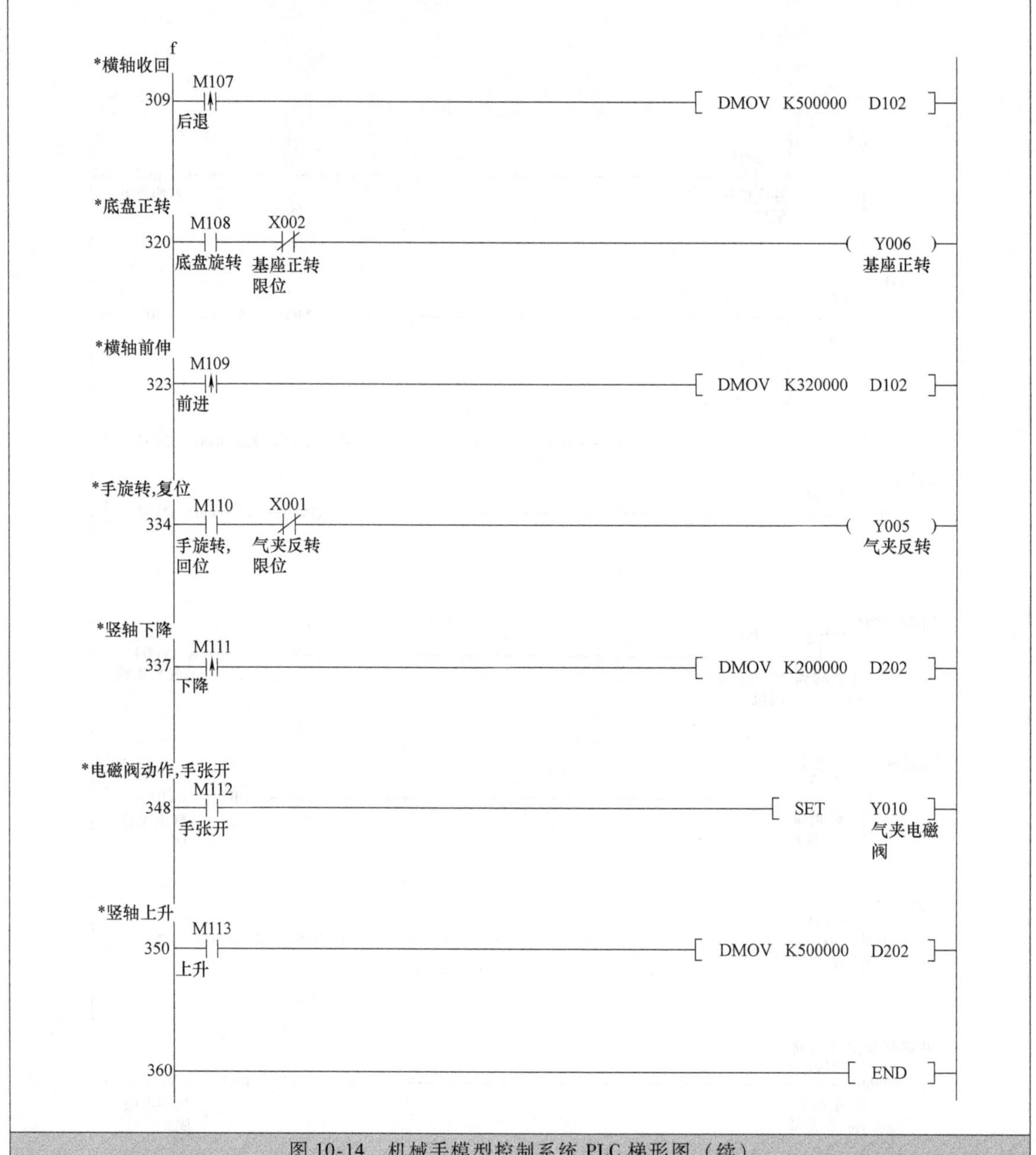

图 10-14 机械手模型控制系统 PLC 梯形图（续）

2. 程序简要说明

梯形图中主要使用一条左移位 SFTL 指令实现系统 15 个工步的活动状态转移，即步 M100 ~ 步 M114（与前面的动作流程的步骤相对应）的活动状态的转移。由图 10-14 可见，该移位指令的移位脉冲信号由多条支路并联而成，它们分别是由代表各步的辅助继电器的常开触点和转换至下一步的若干个转换条件串联而成。这些移位脉冲输入信号均为脉冲上升沿有效。系统运行后通过初始化脉冲 M8002 置位初始步 M100（回零点位置工步），在初始步 M100 为“1”时，分别实现驱动气夹反转、基座反转、横轴后退和竖轴上升等回原位动作，如果气夹反转到位、基座反转到位、横轴后退到位、竖轴上升到位等条件都满足，则代表机械手模型系统回到

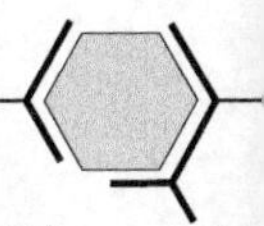

了零点位置，此时将会产生一个移位脉冲信号，在该信号的作用下，M100 的状态“1”便移入到 M101，由机械手梯形图程序可知，此时 M100 的状态变为“0”，即 M100 成为不活动步，M101 就成为系统当前的活动步（代表横轴前进工步），然后系统就进入下一个工步即横轴前进工步，依次类推。当 M113 的状态“1”转移到 M114，系统就会转移至最后一步 M114，将产生最后一个移位脉冲信号，通过与 M8002 常开触点并联的 M114 常开触点的接通使整个控制系统又回到了系统的初始步 M100。

横轴的前进、后退和竖轴的上升、下降都是通过带加减速脉冲输出指令 DPLSR（D 代表进行 32 位数据操作）来实现的。带加减速脉冲输出指令 PLSR 用于对输出脉冲进行加速，也可用于对减速的调整，即对所指定的最高频率进行定加速，直到达到所指定的输出脉冲数，再进行定减速。它的源操作数和目标操作数的类型与 PLSY 指令相同，只能用于晶体管输出型 PLC 的 Y0 和 Y1，可进行 16 位操作也可进行 32 位操作。在机械手模型控制程序中，Y0、Y1 对应横轴、竖轴高频脉冲串的输出，Y2、Y3 对应横轴、竖轴脉冲输出方向的指定。特殊辅助继电器 M8029 为应用指令执行结束标志，代表执行输出脉冲的完毕。

10.3.4 控制系统人机界面和调试注意事项 ★★★

1. 人机界面

可以选择触摸屏或上位机工控组态软件作为系统的人机界面。触摸屏可选择如上海步科电气 eView 系列触摸屏 MT510（使用 EasyBuilder 软件组态）或西门子触摸屏 K-TP178 MICRO（使用 WinCC flexible 2007 软件组态）。如果选择上位计算机安装工控组态软件作为人机界面，则可以选择像 KingView、MCGS 和力控等国产流行组态软件，它们都能够实现机械手模型运行状态的监控。触摸屏或工控组态软件的设计中可加入动画连接，如颜色变化、大小变化、水平移动、竖直移动等，以实现机械手模型监控系统形象、直观的动画效果。这些人机界面软件的使用，读者可参阅相关厂商的使用手册和组态手册。

2. 调试注意事项

调试注意事项主要如下：

1）步进电动机固有的特性使它运行在某个频率时会产生机械共振，在编写程序进行脉冲输出时，设定的频率值除细分数后应避免发生在其共振频率范围内。

2）机械手模型在连接到 PLC 时应注意输入、输出电平的连接方式。当实际使用的主控制器为晶体管漏极输出型的 PLC 时，将电平转换板加在主控制器输出端与模型输入端之间才可正常使用。

附录 »

附录 A　PLC 控制系统实验与实训

实验与实训是设计、开发一个实际 PLC 控制系统前的重要一环，在本附录列出了多个比较典型的 PLC 控制系统实验与实训题目，内容涉及开关量的逻辑控制、闭环模拟量的调节和运动控制等应用领域。希望通过这些典型题目的实际训练使读者能够尽快地熟悉 PLC 控制系统设计与开发的各个步骤和全过程。

A.1　实验部分

A.1.1　PLC 认识及基本指令的练习 ★★★

1. 实验目的

1）熟悉三菱 FX 系列 PLC 基本硬件结构。

2）熟悉通过工作模式开关改变 PLC 工作状态及程序下载和上传等常用操作。

3）熟悉并掌握三菱 FX 系列编程软件（FXGP/WIN-C 或 GX Developer 编程软件）的操作和使用。

4）通过练习实现与、或、非等开关量的逻辑运算功能，初步熟悉基本指令的编程方法。

5）掌握定时器、计数器的常用编程方法及其应用。

2. 实验器材

个人计算机、导线、PLC 主机、开关、按钮、指示灯、编程电缆、FXGP/WIN-C 编程软件或 GX Developer 编程软件和 GX-Simulator 仿真软件。

3. 实验内容及要求

1）熟悉三菱 FX 系列 PLC 的输入/输出端子、面板布局、状态显示 LED 和工作模式开关等。

2）基本逻辑指令的练习。试编写程序实现三相异步电动机的起动、点动及正反转的控制。

3）定时器扩展实验。试编写程序将定时器的定时范围扩展到 24h。

4）振荡（闪烁）电路。试编写程序输出方波振荡波形，其中高电平时间为 3s，低电平时间为 2s。

4. 实验报告要求

整理出本实验各个程序并监视记录操作时观察到的各种结果，按照指定的格式写出实验报告。

A.1.2 抢答器的设计 ★★★

1. 实验目的

1）进一步熟悉使用三菱编程环境实现指令的写入、删除、插入及程序读出等操作。

2）进一步掌握基本逻辑指令的使用方法。

3）学会用三菱 FX 系列 PLC 实现一个简单实际应用问题的编程和外部接线的方法。

4）掌握自锁、联锁控制环节的编程方法。

2. 实验器材

个人计算机、导线、PLC 主机、开关、按钮、指示灯若干、蜂鸣器、编程电缆、FXGP/WIN-C 编程软件或 GX Developer 编程软件和 GX-Simulator 仿真软件。

3. 实验内容及要求

（1）两人抢答器的设计

具体控制要求是，参赛两人抢答按钮及主持人复位按钮应各占一个输入点；主持人在宣布开始后同时按下开始按钮方可开始抢答，若有人在主持人宣布开始之前抢答则蜂鸣器鸣叫提示违例。利用指示灯显示可显示抢答者的序号。设计两人抢答器的控制程序，具体要求是，进行 PLC 输入/输出（I/O）地址分配；编写 PLC 内部程序；完成主机和输出元件（指示灯、蜂鸣器等）的接线并显示。

（2）三人（或四人）抢答器的设计

仿照两人抢答器电路的设计可进行三人（或四人）抢答器梯形图电路的设计。具体要求可参照两人抢答器的控制要求。

4. 实验报告要求

整理出本实验各个程序并监视记录操作时观察到的各种结果，按照指定的格式写出实验报告。

进一步的思考：

在以上两人及三人或四人抢答器梯形图电路设计的基础上，如果在规定时间（如 5s）无人抢答则要求以灯光闪烁报警，且抢答者再抢答无效，则如何设计程序？

A.1.3 直流电动机正、反转模拟控制 ★★★

1. 实验目的

1）熟悉直流电动机正、反转主回路的接线方法。

2）掌握用 PLC 实现控制直流电动机正、反转过程的编程方法。

2. 实验器材

个人计算机、导线、PLC 主机、开关、按钮、指示灯 2 个、编程电缆、FXGP/WIN-C 编程软件或 GX Developer 编程软件和 GX-Simulator 仿真软件。

3. 实验内容及要求

按钮 SB0、SB1 和热继电器常开触点 FR 分别接 PLC 主机的输入点 X0（起动）、X4（停止）和 X2（表示过载）；开关 SA1、SA2 分别接主机的输入点 X1（表示励磁电源的正、负极性）、X3（表示电枢电源的正、负极性）。直流电动机的正、反转运行可分别用输出点 Y1、Y2 驱动发光二极管来模拟。

具体要求是，按下起动按钮 SB0 后，直流电动机先做正向运转（用 ZZ 指示灯来模拟）。当改变励磁电源或电枢电源的极性（分别用开关 SA1 和 SA2 来模拟），可以使直流电动机进行反方向的运行（用 FZ 指示灯来模拟）。电动机从正向运转到反向运转，需要延时 6s，以防止转矩变化过大损坏电动机。

4. 实验报告要求

整理出本实验程序并监视记录操作时观察到的各种结果，按照指定的格式写出实验报告。

A. 1. 4 三相异步电动机Y/△换接起动 ★★★

相关知识回顾：

三相异步电动机进行正、反向运转及减压起动（如Y/△换接）时，有可能因为电动机容量较大或操作不当等原因使接触器主触头产生较严重的起弧现象，如果在电弧还未完全熄灭反转接触器或△联结交流接触器就闭合，则会造成三相交流电源相间短路。用 PLC 控制三相异步电动机Y/△换接起动，通过恰当的编程处理和外部电路硬件联锁控制可以避免这一问题。

1. 实验目的

1）熟悉三相异步电动机Y/△换接起动主电路的接线。

2）学会使用 PLC 实现三相异步电动机Y/△换接减压起动过程的编程及应用。

2. 实验器材

个人计算机、导线、PLC 主机、按钮、热继电器、小型中间继电器（如 MY2NJ、MY4NJ）、CJ 系列交流接触器、Y 系列三相异步电动机（0.55kW）、编程电缆、FXGP/WIN-C 编程软件或 GX Developer 编程软件和 GX-Simulator 仿真软件。

3. 实验内容及要求

SB0、SB1 和 FR 分别接 PLC 主机的输入点 X0（起动按钮）、X1（停止按钮）和 X2（电动机过载热继电器信号输入）；三相异步电动机交流接触器 KM1、KM2 和 KM3 通过中间继电器转接分别接 PLC 的输出点 Y1、Y2 和 Y3（KM1、KM3 接通时为Y联结，KM1、KM2 接通时为△联结），在连接交流接触器实物前的动作可用指示灯来模拟。具体要求是，合上起动按钮后，电动机先做星形联结起动，经延时 6s 后自动换接到△联结运转。

4. 实验报告要求

整理出本实验程序并监视记录操作时观察到的各种结果，按照指定的格式写出实验报告。

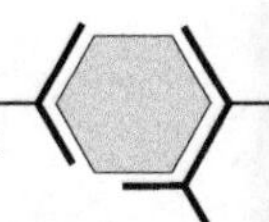

A.1.5 四级皮带运输机的控制 ★★★

1. 实验目的

通过实验掌握使用基本逻辑指令、定时器指令或有关功能指令，实现较复杂延时电路的编程、设计和调试。

2. 实验器材

个人计算机、导线、PLC 主机、按钮、指示灯（模拟电动机运行状态）多个、中间继电器若干个、交流接触器 4 个、Y 系列三相异步电动机（0.55kW）4 台、编程电缆、FXGP/WIN-C 编程软件或 GX Developer 编程软件和 GX-Simulator 仿真软件。

3. 实验内容及要求

一个四级皮带运输机传送系统组成示意图如图 A-1 所示，4 级皮带分别用 4 台三相异步电动机驱动。具体控制要求如下：当系统起动后先起动最后一级皮带运输机，经延时 10s 后再起动倒数第二级皮带运输机，依次类推，即按照逆序依次起动各级皮带（假定各级皮带运输机起动时间差均为 10s）；当系统停止时应先停止最前面一级皮带运输机，经延时 10s 再停止后第二级皮带运输机，依次类推，即按照顺序依次停止各皮带运输机。当某条皮带运输机发生故障时，该皮带运输机及其前面的皮带运输机应立即停止运行，而该皮带运输机之后的皮带运输机依次延时 10s 后相继停止运行。

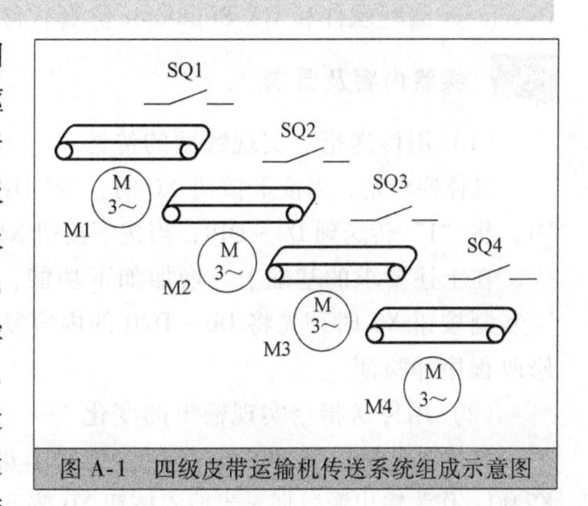

图 A-1 四级皮带运输机传送系统组成示意图

设该系统的 I/O 地址分配如下：系统起动和停止按钮为常开触点输入，分别接 PLC 的输入点 X0 和 X5；表示 4 台电动机故障的开关量输入信号 SQ1 ~ SQ4 分别接 PLC 的输入点 X1、X2、X3 和 X4。4 个交流接触器 KM1、KM2、KM3 和 KM4 分别接 PLC 的输出点 Y1、Y2、Y3 和 Y4，带动 4 台三相交流异步电动机 M1 ~ M4 运行。在实际连接三相异步电动机之前，电动机故障的设置可用开关来模拟，电动机停转或运行可用红色或绿色的指示灯来模拟。

根据上述控制要求，要求：①完成 PLC 控制系统的外部接线；②编写控制系统的 PLC 控制程序；③下载、运行和监控程序；④进行四级皮带运输机控制系统的仿真（模拟）调试运行和实际联机运行。

4. 实验报告要求

整理出本实验程序并监视记录操作时观察到的各种结果，按照规定的格式写出实验报告。

A.1.6 数据传送、比较指令实验 ★★★

相关知识回顾：

数据传送、比较类指令是 PLC 功能指令中一类基本的指令，熟练应用这些指令，将对程序的编写带来很大的方便，对提高编程水平有很大的帮助。在这些指令中，MOV 传送指令、

CMP 比较指令都是一些很常见的指令，应着重研究、熟练应用。

三菱 FX 系列 PLC 中，数据传送处理类指令有一二十条，其组成和详细使用说明可参见4.2 节。

1. 实验目的

1）通过对数据传送处理类指令的认识研究，进一步了解这些指令的基本组成、各操作数范围的设置、指令的输入、指令执行后各操作数的变化，从而熟悉指令的作用和使用方法；

2）通过应用实验内容题目的训练和编程练习，逐步学会观察程序执行结果、分析指令执行的过程以及程序调试运行的方法，从而熟悉指令的具体应用，掌握编程技巧，积累编程经验，提高编写综合程序的能力。

2. 实验器材

个人计算机、导线、PLC 主机、按钮、指示灯、编程电缆、FXGP/WIN-C 编程软件或 GX Developer 编程软件和 GX-Simulator 仿真软件。

3. 实验内容及要求

（1）用传送指令实现数据的传送

具体要求是，当按下按钮 X0 时，分别用相应的传送指令将“100”送到 D0，将“10”送到 D1，将“1”传送到 D2～D19；当按下按钮 X1 时，用区间复位指令 ZRST 将 D0～D19 复位（清 0）。

在上述要求的基础上，增加如下功能：在先后按下 X0 和 X1 实现上述数据传送后，当按下复制按钮 X2 时，先将 D0～D20 的内容复制到 D21 为首地址的区域内再实现它们的清 0，请修改程序并验证。

（2）用传送指令实现输出的变化

具体要求是，当 PLC 运行后，传送十进制常数 K85（二进制为 0101 0101）到位组合元件 K2M0，作为输出源数据。当输入按钮 X0 按下时，用传送指令将 K2M0 中的数送到 K2Y0，使输出隔位为 ON。当输入按钮 X1 按下时，用相应指令将源数据取反后送到 K2Y0，实现隔位轮换输出。

（3）用比较指令实现多重输出

具体要求是，当输入 X0 为 ON 时，计数器以每隔 2s 的速度计数。当计数值等于 100 时，M1 为 ON，Y0 为 ON；当计数值大于 100 时，M2 为 ON，Y1 为 ON；当计数值等于 200 时，Y2 为 ON。当输入 X0 为 OFF 时，计数器 C0、M0～M2 复位。

4. 实验报告要求

整理出本实验各个程序并监视记录操作时观察到的各种结果，按照指定的格式写出实验报告。

进一步的思考：

读者可根据上面实验内容题目的实验内容及要求，选择其他有关数据传送类指令（如块传送指令）进行认识和验证。

A.1.7 程序流向控制指令实验 ★★★

相关知识回顾：

程序流向控制类指令也是 PLC 功能指令中较复杂的指令之一，熟练应用这些指令将对复杂程序的编写带来很大的益处，大大地提高编程水平。这些指令中，CJ 条件跳转指令、CALL 子程序调用指令和 SRET 子程序返回指令等都是一些较常用的指令。

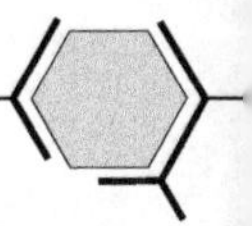

三菱 FX 系列 PLC 中，程序流向控制类指令约有 10 条，其组成和详细使用说明可参见 4.6 节。

1. 实验目的

1）通过对程序流向控制类指令的认识和研究，进一步熟悉这些指令的基本组成、各操作数范围的设置、指令的输入、指令执行后各操作数的变化以及带来程序的变化，从而熟悉指令的作用和使用方法。

2）通过对程序流向控制类指令的练习和实验题目的编程，观察程序执行的结果，分析指令执行的过程，从而熟悉具体指令的应用，掌握编程技巧并积累编程经验，提高编写综合应用程序的能力。

3）掌握功能指令的输入方法，各操作数的监测以及程序运行调试的方法。

4）练习应用 PLC 实现对一般控制对象的控制能力。

2. 实验器材

个人计算机、导线、PLC 主机、按钮、指示灯、编程电缆、FXGP/WIN-C 编程软件或 GX Developer 编程软件和 GX-Simulator 仿真软件。

3. 实验内容及要求

1）条件跳转指令的认识练习。具体要求是，当输入 X0 为 ON 时，执行条件跳转指令，Y1、Y3、Y5 为 ON；当 X1 为 ON 时，不执行条件跳转指令，Y2、Y4、Y6 为 ON。

2）子程序调用指令的认识练习。具体要求是，当输入 X0 为 ON 时，执行子程序调用指令，进入 P1 指定的子程序，若 X2 为 ON，则输出 Y0、Y2 为 ON；若 X1 为 ON，则执行子程序调用指令，进入 P2 指定的子程序，若输入 X3 为 ON，则输出 Y1、Y3 为 ON。

3）广告牌边框饰灯控制。具体要求是，该广告牌有边框饰灯 L1 ~ L16，当广告牌开始工作时，饰灯每隔 1s 从 L1 到 L16 依次正序轮流点亮，再重复依次点亮一轮，在循环两周后，又从 L16 到 L1 依次按反序每隔 1s 轮流点亮，重复进行。循环两周后，再按正序轮流点亮，重复上述过程。

4. 实验报告要求

整理出本实验各个程序并监视记录操作时观察到的各种结果，按照指定的格式写出实验报告。

A.1.8 七段数码管显示实验 ★★★

1. 实验目的

1）进一步掌握 STL、RET 指令在控制中的应用及编程方法。

2）进一步熟悉、掌握传送 MOV 指令的应用和编程方法。

3）掌握 PLC 中二进制数、十进制数之间的转换及它们在控制中的应用及编程。

2. 实验器材

个人计算机、导线、PLC 主机、按钮、七段数码管、编程电缆、FXGP/WIN-C 编程软件或 GX Developer 编程软件和 GX-Simulator 仿真软件。

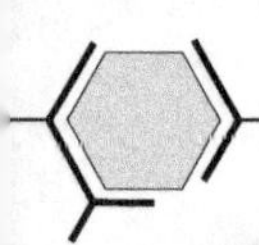

3. 实验内容及要求

七段数码管各段组成如图 A-2 所示，PLC 输出点 Y0 ~ Y6 分别驱动七段数码管的 a ~ g 段。按下启动按钮 X0 后，七段数码管开始依次显示 0、1、2、3、4、5、6、7、8 和 9，显示间隔为 1s，显示数字 9 后再返回初始显示 0，如此循环不断，直到按下停止按钮 X1。

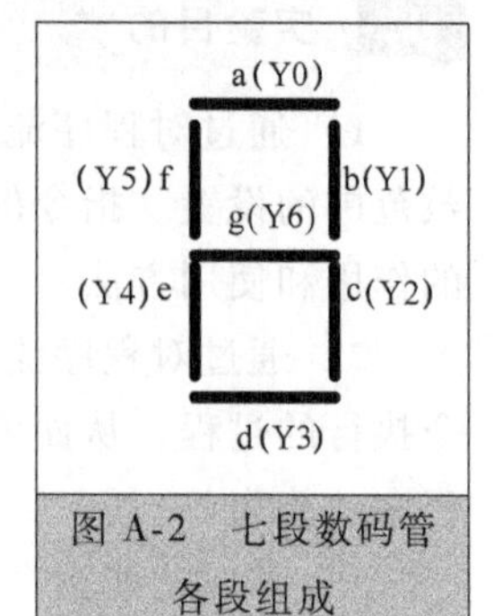

图 A-2　七段数码管各段组成

编程方法提示：要显示 0 ~ 9 各个数字只需驱动相应的输出继电器 Y0 ~ Y6（控制 a ~ g 段）为 ON 即可，即 8 位位元件组合（K2Y0，Y0 ~ Y7）中对应显示每一数字的相关段为 1 就会显示相应的数字。例如，要显示数字“1”时只需驱动 Y1（b 段）和 Y2（c 段）为 ON 即可，在显示此数字时它驱动的输出信号的二进制数为“0000 0110”，该二进制数对应的十进制数为 K6（$1 \times 2^1 + 1 \times 2^2 = 6$），可见常数 K6 正好满足显示数字“1”。编程时把 K6 用 MOV 指令传送到七段数码管输出 K2Y0 中就能对应地显示该数字。显示数字 0 ~ 9对应的十进制常数值见表 A-1。

表 A-1　显示数字 0 ~ 9 对应的十进制常数值

显示数字	输出点状态							十进制常数值
	Y6	Y5	Y4	Y3	Y2	Y1	Y0	
0	0	1	1	1	1	1	1	K63
1	0	0	0	0	1	1	0	K6
2	1	0	1	1	0	1	1	K91
3	1	0	0	1	1	1	1	K79
4	1	1	0	0	1	1	0	K102
5	1	1	0	1	1	0	1	K109
6	1	1	1	1	1	0	1	K125
7	0	0	0	0	1	1	1	K7
8	1	1	1	1	1	1	1	K127
9	1	1	0	1	1	1	1	K111

当然，实现七段数码管显示的编程方法还有很多。因为该实验题目要依次显示 0 ~ 9 十个数字，恰好对应十个显示“状态”或“步”，所以用顺序控制设计法来实现也是比较合理且比较容易的。例如，可使用步进梯形（STL）指令和步进返回（RET）指令来编写顺序控制梯形图实现七段数码管显示。

4. 实验报告要求

整理出本实验程序并监视记录操作时观察到的各种结果，按照指定的格式写出实验报告。

A. 1. 9　全自动洗衣机控制实验 ★★★

相关知识简介：波轮式全自动洗衣机的洗衣桶（外桶）和脱水桶（内桶）是以同一中心安装的。外桶固定，作为盛水用；内桶可以旋转，作为脱水（甩干）用。内桶周围有许多小孔，使内、外桶的水流相通。洗衣机的进水和排水分别由进水电磁阀和排水电磁阀控制。进水时，控制系统时进水电磁阀打开，将水注入外桶；排水时，排水电磁阀将水由外桶排到机外。洗涤和脱水由同一台电动机拖动，通过电磁离合器来控制，将动力传递给洗涤波轮或甩干桶（内桶）。电磁离合器失电，电动机带动洗涤波轮实现正反转，进行洗涤；电磁离合器得电，电动机带动内桶单向旋转，进行甩干（此时波轮不转）。水位高低由高低水位开关进行检测。

起动按钮用来起动洗衣机工作。

1. 实验目的

通过实验，训练、培养采用顺序控制梯形图编程方法解决生产及生活中实际问题的能力和有关编程思想与方法。

2. 实验器材

个人计算机、导线、PLC 主机、按钮、指示灯（模拟洗衣机运行状态）、编程电缆、FXGP/WIN-C 编程软件或 GX Developer 编程软件和 GX-Simulator 仿真软件。

3. 实验内容及要求

具体控制要求如下：按下起动按钮时，首先进水，到高水位时停止进水，开始洗涤。正转洗涤 15s，暂停 3s 后反转洗涤 15s，暂停 3s 后再正转洗涤，如此反复 30 次。洗涤结束后，开始排水，当水位下降到低水位时，进行脱水（同时排水），脱水时间为 10s。这样完成一次从进水到脱水的大循环过程。经过 3 次上述大循环后（第 2、3 次为漂洗），进行洗衣完成报警，报警 10s 后结束洗衣全过程，自动停机。

根据上述控制要求，要求：①确定 PLC 的输入/输出元件和设备，进行 I/O 地址的分配；②完成 PLC 控制系统的外部接线；③绘制控制系统的顺序功能图（SFC，或状态转移图）；④编写顺序控制梯形图程序（可以使用以转换为中心的编程方式或步进梯形 STL 指令的编程方式等）；⑤下载、运行和监控程序；⑥进行全自动洗衣机控制系统的仿真（模拟）调试运行和实际联机运行；⑦总结采用顺序控制法设计一个自动控制系统的方法和步骤。

4. 实验报告要求

整理出本实验程序并监视记录操作时观察到的各种结果，按照指定的格式写出实验报告。

A. 1. 10 十字路口交通灯控制 ★★★

1. 实验目的

通过实验练习使用有关基本逻辑指令、定时器指令与功能指令，根据一个较复杂的控制系统熟悉并掌握 PLC 各种主要编程设计方法和程序及系统的调试方法。本实验可以练习并进一步理解、掌握第 6 章介绍的各种 PLC 梯形图程序设计方法。

2. 实验器材

个人计算机、导线、PLC 主机、按钮、红色/绿色/黄色指示灯各 4 盏、编程电缆、FXGP/WIN-C 编程软件或 GX Developer 编程软件和 GX-Simulator 仿真软件。

3. 实验内容及要求

十字路口交通灯控制系统示意图如图 A-3 所示。

十字路口交通灯控制系统的具体控制要求如下：所有的信号灯受起动、停止按钮的控制。当起动按钮按下时，信号灯控制系统开始工作并周而复始地循环动作。首先是南北红灯点亮 30s，同时东西绿灯也点亮并持续 25s，25s 到时，东西绿灯以 1s 的周期闪烁（亮 0.5s，灭 0.5s），东西绿灯闪烁3s后熄灭，此时东西黄灯点亮并持续2s，2s后东西黄灯熄灭；然后，东西红灯点亮30s，同时南北绿灯亮并持续25s，25s到时，南北绿灯以1s的周期闪烁（亮0.5s，灭0.5s），南北绿灯闪烁3s后熄灭，此时南北黄灯点亮并持续2s，2s后南北黄灯熄灭。当停止按钮按下时，所有信号灯都要熄灭。

根据上述控制要求，要求：①完成PLC控制系统的外部接线；②编写控制系统的PLC控制程序；③下载、运行和监控程序；④进行十字路口交通灯控制系统的仿真（模拟）调试运行和实际联机运行；⑤进行十字路口交通灯控制系统人机界面的设计（采用工业组态软件或触摸屏）。

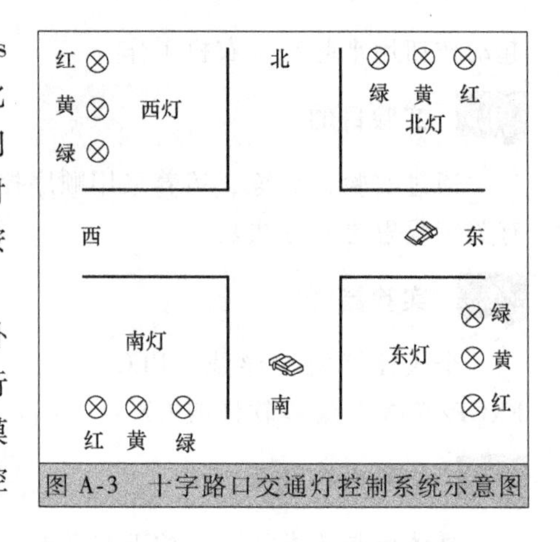

图 A-3　十字路口交通灯控制系统示意图

4. 实验报告要求

整理出本实验程序并监视记录操作时观察到的各种结果，按照指定的格式写出实验报告。

A.2　实训部分

A.2.1　自动门PLC控制系统实训 ★★★

1. 实训控制要求

在自动门的上方内外两侧均装有检测元件光电开关，当有人接近门时，光电开关输出开关量信号进入PLC，控制其开门，随后经一定延时自动关门。开门、关门的动作分为高速、低速两种。不管开门还是关门都是先要高速动作，当低速开门或低速关门限位开关动作后再转为低速动作。

自动门PLC控制系统实训具体控制要求如下：

①当有人由内到外或者由外到内通过门时，门上方的光电开关1或2将动作，自动门开门执行机构动作驱动电动机高速正转；②当自动门撞压低速开门限位开关后转为低速开门；③自动门到达开门限位开关位置后，电动机停止运行；④自动门在开门位置延时等待4s后，自动进入关门过程，关门执行机构动作驱动电动机高速反转；⑤当自动门撞压低速关门限位开关后将转为低速关门；⑥当自动门到达关门限位开关位置后，电动机停止运行；⑦在关门过程中，当有人员由外到内或由内到外通过光电检测开关1或2时，应立即停止关门，经延时0.6s后自动进入前面所述的高速开门至低速关门的控制过程；⑧在门打开后的4s等待时间内，如有人由外至内或由内至外通过光电检测开关1或2时，必须重新延时4s后再自动进入关门过程，以保证人员的安全通过；⑨除以上自动控制方式外自动门另设有手动控制方式，当按压手动操作按钮后，自动门以高速打开到达开门的限位位置后一直保持开门状态，直到按压复位按钮后自动门才以高速关闭；⑩上位计算机安装组态软件，如KingView、MCGS、力控等，实现自动门的运行状态的监控。

2. 参考设计方案

（1）硬件部分

自动门PLC控制系统主要检测元件包括门内光电开关SQ1、门外光电开关SQ2、开门位置

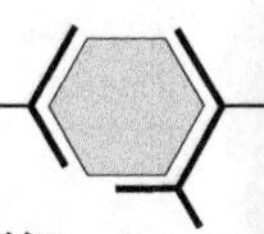

限位开关 SQ3、关门位置限位开关 SQ4、开门低速限位开关 SQ5、关门低速限位开关 SQ6 等。开门执行机构主要由正转继电器 KA1、反转继电器 KA2、正转交流接触器 KM1、反转交流接触器 KM2 和三相交流异步电动机等组成。

（2）软件部分

PLC 控制程序可以尝试练习使用顺序控制设计法进行编程。组态软件的设计中应加入动画连接，如颜色变化、大小变化、水平移动等，以实现监控系统形象、直观的动画效果。

3. 实训器材和步骤

（1）实训器材

①三菱 FX_{2N}或 FX_{1N}系列 PLC 一台；②三相交流异步电动机一台，功率为 0.55kW；③装有组态软件的计算机一台；④直流 24V 开关电源一个；⑤光电开关两个；⑥限位开关四个；⑦交流接触器两个；⑧小型中间继电器、选择开关、按钮及导线若干。

（2）实训步骤

①选择 PLC 的具体机型，进行 PLC I/O 地址分配；②画出 PLC 的外部接线图和控制系统的控制流程图；③进行系统控制程序的设计；④进行上位机组态软件的设计；⑤进行程序的离线模拟和试运行；⑥完成控制系统的连线并检查各部分的接线是否正确；⑦进行系统的联机调试和整机运行；⑧进一步优化系统的控制程序和组态程序；⑨按照指定格式编写技术文档，包括系统的原理框图、PLC 系统外部接线图、程序清单等；⑩总结在实训中遇到的问题和解决的方法，写出本次实训中的心得体会。

A.2.2 PLC 控制变频器综合实训 ★★★

1. PLC 控制变频器各种方法小结

（1）PLC 输出开关量信号控制变频器

继电器输出型或晶体管输出型 PLC 的输出端子通过控制继电器的通电、断电来实现三菱变频器正转起动 STF、反转起动 STR 端子开关量电平信号（0 或 1）的输入。PLC 可以通过内部程序控制变频器的起动、停止。另外，PLC 通过输出开关量信号控制变频器的高速（RH）、中速（RM）、低速（RL）输入端 SG 等端口分别相连，这样可以进一步控制变频器分别在高速、中速、低速等多种速度下的运行，实现交流异步电动机在各个速度上的稳定运行。

但是，因为这种方法是采用开关量实现变频器控制的，其调速输出曲线不是连续平滑的，无法实现连续、平滑的速度调节，即不能实现无级调速。这种开关量的控制方法，其调速精度是很有限的。

（2）PLC 输出模拟量信号控制变频器

PLC 通过输出 0～10V 标准电压信号或 4～20mA 的标准电流信号控制变频器。这样，在硬件上 FX_{1N}、FX_{2N}系列 PLC 的基本单元（主机）必须扩展模拟量输出模块或模拟量输出板。例如，混合型模拟量输入/输出模块 FX_{0N}-3A，或两通道输出的 FX_{2N}-2DA，或四通道输出的 FX_{2N}-4DA 模拟量输出模块，或加装 1 通道简易型 FX_{1N}-1DA-BD 模拟量扩展输出板等。

这种 PLC 控制变频器的方法程序的编写较为简单方便，调速输出曲线连续平滑、工作稳定，即可以实现无级调速。在大规模生产线中，控制电缆较长，尤其是模拟量输出模块如果采用电压输出信号控制时，线路会有较大的压降而影响系统的稳定和可靠，因此 PLC 应尽量采用电流输出信号。另外，如果控制多台变频器，需要扩展多块模拟量输出模块或模拟量输出板，成本较高、不经济。

（3）PLC 通过 RS-485 串口通信方法控制变频器

RS-485 串口通信方法主要包括无协议通信方法和 RS-485 Modbus-RTU 通信方法两种。

PLC 通过串口无协议通信控制变频器的方法是目前使用较多的一种方法，PLC 中的编程需采用串行通信 RS 指令。这种方法硬件上实现简单、成本低，最多可以控制 32 台变频器。但对于编程者来说，编程的工作量相对较大。另外，PLC 也可采用基于 Modbus 通信协议的 RS-485 通信方法来控制变频器。三菱新型 A700 系列、F700 系列变频器有 PU 端口或 RS-485 端子，可使用 Modbus-RTU 协议与 PLC 进行通信。这种基于 Modbus 通信协议的控制方式，PLC 的编程要比 RS-485 无协议通信方式简单一些，但编程工作量仍显得较大。

（4）PLC 采用现场总线通信方法控制变频器

三菱变频器内置了多种类型的现场总线通信可选件，例如用于 CC-Link 现场总线通信的 FR-A5NC 模块、用于 Profibus-DP 现场总线的 FR-A5AP（A）模块以及用于 DeviceNet 现场总线通信的 FR-A5ND 模块等。在三菱 FX 系列 PLC 一侧有对应的通信接口模块与之连接。这种控制方法通信速度快、距离远、效率高、工作可靠稳定、连接的变频器多，而且编程相对简单，但是成本造价较高。

2. 实训控制要求

（1）控制要求一：开关量实现变频器的起、停控制

具体内容如下：

①首先恢复变频器的出厂设定值；②通过操作面板设定变频器的输出频率，如 30Hz；③通过PLC 输出开关量信号进入变频器相应控制端子，实现三相交流异步电动机的正转、反转、停止控制。

（2）控制要求二：开关量实现变频器的多段速度运行

具体内容如下：

①预先设定变频器的相关参数使变频器可以在三种运行速度（高速、中速和低速）下运行，用外部输入端子进行各种速度之间的切换。三段运行速度曲线随时间变化的规律如图 A-4 所示；②通过接通、断开变频器外部开关量输入信号（RH、RM、RL）进行各种速度的选择；③选择变频器适当的操作模式。例如，选择外部操作模式（Pr. 79 = 2），或者选择 PU/外部组合操作模式（Pr. 79 = 3，4）。

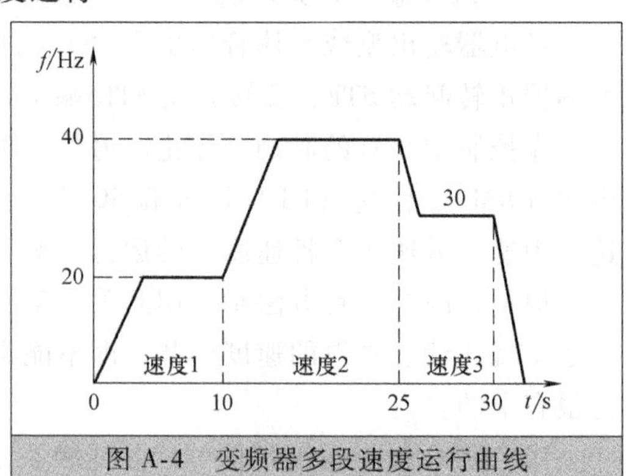

图 A-4 变频器多段速度运行曲线

（3）控制要求三：模拟量实现变频器的无级调速

具体内容如下：

①变频器模拟量输入端子接收 0 ~ 10V 模拟电压信号的控制。设变频器的输入电压与输出频率是按照线性关系变化的，变频器驱动三相交流异步电动机的最高转速为 1450r/min。通过变频器输出频率的连续变化。例如，当输入电压为 0V 时，变频器输出频率为 0Hz，对应三相交流异步电动机同步转速为 0r/min；当输入电压为 5V 时，输出频率为 25Hz，对应三相交流异

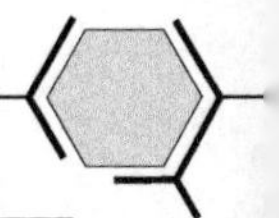

步电动机转速为 725r/min；当输入电压为 10V 时，输出频率为 50Hz，对应三相交流异步电动机最高转速为 1450r/min；②要求三相异步电动机的转速按照输入电压信号指定的函数关系曲线进行变化，如图 A-5 所示；③利用触摸屏或上位机组态软件实现变频器输出频率、电流和功率等运行参数的实时显示。

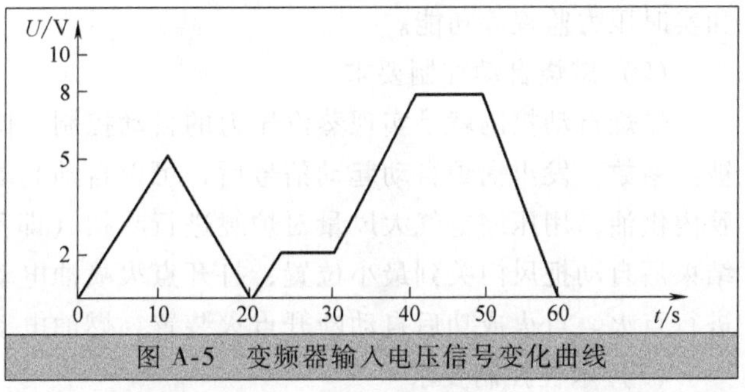

图 A-5　变频器输入电压信号变化曲线

3. 实训器材和步骤

（1）实训器材

①三菱变频器一台，如 E500 系列或 A500 系列，功率为 0.75kW；②三相交流异步电动机一台，功率 0.5kW；③三菱 FX_{1N} 或 FX_{2N} 系列 PLC 一台；④模拟量输出模块或模拟量输出扩展板一块；⑤触摸屏一台或装有组态软件的计算机一台；⑥直流 24V 开关电源一个；⑦小型中间继电器、选择开关、按钮及导线若干。

（2）实训步骤

①选择 PLC 的具体机型，进行 PLC I/O 地址分配；②画出 PLC 的外部接线图和控制系统的控制流程图；③进行系统控制程序的设计；④进行人机界面组态程序的设计；⑤进行程序的离线模拟和试运行；⑥完成控制系统的连线并检查各部分的接线是否正确；⑦进行系统的联机调试和整机运行；⑧进一步优化系统的控制程序和组态程序；⑨按照指定格式编写技术文档，包括系统的原理框图、PLC 系统外部接线图、程序清单等；⑩总结在实训中遇到的问题和解决的方法，写出本次实训中的心得体会。

A.2.3 锅炉 PLC 自动控制系统实训 ★★★

1. 实训控制要求

锅炉 PLC 控制系统主要包括以下几个环节的控制：锅炉水位的自动控制，蒸汽压力的自动控制，燃烧自动控制，系统的全自动起动、停止，联锁保护、报警和故障事件的处理等。

按照要求在 PLC 中编制程序实现给水、扫气、点火、燃烧等各环节的全自动起、停控制。锅炉定期定时维护保养的系统自动提示和超期不维护的系统自动闭锁。为了配合燃烧控制系统在起、停时应能根据要求自动起动、停止风机电动机和打开、关闭风门以完成扫气工序，并能根据燃烧情况自动控制风门开闭的大小。另外，系统能实现风机电动机故障、锅炉内压力超限联锁、燃烧发生故障等情况下的联锁控制和报警处理。

在自动工作方式下系统具体控制要求如下：

（1）蒸汽压力控制要求

采用压力传感器测量锅炉的蒸汽压力。当水位正常时，如果蒸汽压力在 0.5～0.65MPa 范围内锅炉可正常的燃烧。当锅炉负载减少，蒸汽压力上升到 0.65MPa 时锅炉即停止燃烧。若故障蒸汽压力继续上升至 0.7MPa 时，系统切断电源并发出报警。当蒸汽压力下降到 0.5MPa 以下时，锅炉可重新点火燃烧。

压力传感器测量锅炉的实际压力值经过变送器将标准模拟量信号（如 4～20mA）送入 PLC 的模拟量输入通道中，可以实现三级燃烧（大火、中火、小火）的控制、压力上限保护和实时压力监视等功能。

（2）燃烧自动控制要求

燃烧自动控制就是实现蒸汽压力的自动控制、调节。锅炉蒸汽压力是燃烧自动控制的关键被控参数。发出锅炉自动起动信号后，可以自动起动油泵和风机，并把风门调到最大而不向炉膛内供油，用压缩空气大风量对炉膛进行吹扫（即预扫气），以防止点火时发生冷爆。预扫气结束后自动把风门关到最小位置，打开点火喷油电动调节阀喷入少量燃油，同时接通点火装置进行点火。点火成功后自动断开点火装置，燃油电动调节阀保持一定开度进入正常燃烧阶段。

（3）水位控制要求

采用液位传感器对锅炉水位进行测量，可将4个水位（下下限水位、下限水位、上限水位、上上限水位）对应的开关量信号送入PLC，通过PLC控制水泵电动机以实现给水量的控制、低水位联锁、报警处理、给水水泵电动机故障时的联锁控制等。

当锅炉正常点火燃烧后，当蒸汽压力达到正常供汽压力（0.65MPa）时，首先判断水位是否在上限和下限范围内，如果在此范围内则变频器变频运行使水泵进入恒压供水状态并不断检测锅炉实时水位。当水位上升到达上限水位时，水泵应停止供水并继续检测锅炉内的水位。如果水位高于上上限水位，则需调用保护及报警子程序驱动PLC相应输出点报警，这时应排水以降低锅炉内的水位。如果水位低于上限水位高于下限水位，则可重新起动另一台水泵进行供水以使两台水泵交替轮流运行（设每台水泵运行周期均为10min，运行5min，暂停5min）。如果运行中检测到水位低于下限水位，则两只水泵应同时在工频状态下起动运行。如果水位上升至高于下限水位，则关闭其中一台水泵，另一台水泵继续在工频状态下供水，直至水位上升到高于下限水位10s以上时再使其改为变频运行。如果两台水泵在工频状态运行下水位仍继续下降并低于下下限水位，则PLC报警并控制锅炉停止鼓风压火，直至高于下下限水位时才解除鼓风停机恢复正常工作，以完成供水联锁控制。

（4）变频器控制要求

为了实现锅炉PLC控制系统中给水、燃烧控制部分的高精度控制，可考虑使用变频器驱动水泵电动机、油泵电动机，以提高整个锅炉控制系统中主要被控参数的控制精度（如压力、液位、温度等过程参数）。另外，使用变频器的节能效果也是十分显著的，其明显的节能效益使得由于使用该设备带来的控制系统成本的提高在短期内就可得到回报。

（5）安全保护和报警要求

可以实现锅炉过水位保护、高水位保护、点火失败报警和燃烧熄火报警等自动安全保护和报警功能。

（6）人机界面要求

系统具有可组态的人机界面实现主要运行参数的实时显示和起动参数的设置。

另外，除自动控制方式外应同时设置手动操作方式，以供锅炉调整、检修时使用。通过手动操作按钮可以实现系统中各主要设备的起动、停止。当系统切换到手动工作方式，手动程序中必须实现PLC的联锁控制和安全保护、报警功能以保证供水正常及锅炉的安全、可靠运行。

2. 参考设计方案

（1）硬件部分

系统控制要求，锅炉控制系统可采用FX_{2N}或FX_{1N}系列PLC，在基本单位外还需扩展模拟量输入/输出模块，如FX_{2N}-2AD、FX_{2N}-2DA、FX_{2N}-4AD、FX_{2N}-4DA等。

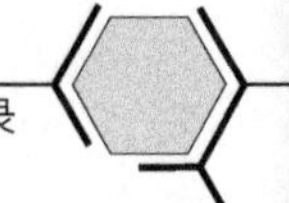

（2）软件部分

系统控制程序根据上述控制要求，整个控制程序可分为自动程序和手动程序两大部分分别编写。自动程序中可包括若干个子程序，如压力控制子程序、燃烧控制子程序、供水控制子程序、保护联锁及报警子程序等，以供在自动工作方式下执行自动程序时分别调用。

三菱 PLC 基本单元与模拟量输入/输出模块进行数据通信时，需要使用特殊功能模块读、写指令（FROM、TO 指令）。另外，如果对闭环模拟量的调节使用 PID 调节算法且在 PLC 中进行 PID 的调节、运算时，还需要使用 PID 指令。这些指令使用的详细情况可参见 4.8 和 4.9 节中相关内容的介绍。

3. 实训器材和步骤

（1）实训器材

①三菱 FX_{2N} 或 FX_{1N} 系列 PLC 一台；②变频器一台，如三菱 A500、E500 系列变频器；③三相异步电动机四台，其中水泵电动机两台、油泵电动机一台、鼓风机电动机一台；④压力传感器/变送器一个（可用电位器模拟）；⑤液位传感器四个；⑥点火装置一台（可用指示灯模拟）；⑦直流 24V 开关电源一个；⑧触摸屏一台或装有组态软件的计算机一台；⑨电磁阀及电动调节阀多个；⑩小型中间继电器、选择开关、按钮及导线若干。

（2）实训步骤

①选择 PLC 的具体机型，进行 PLC I/O 地址分配；②画出 PLC 的外部接线图和控制系统的控制流程图或顺序功能图；③选用适当的编程语言和编程方法进行系统控制程序的设计；④进行人机界面组态程序的设计；⑤进行程序的离线模拟和试运行；⑥完成控制系统的连线并检查各部分的接线是否正确；⑦进行系统的联机调试和整机运行；⑧进一步优化系统的控制程序和组态程序；⑨按照指定格式编写技术文档，包括系统的原理框图、PLC 系统外部接线图、程序清单等；⑩总结在实训中遇到的问题和解决的方法，写出本次实训中的心得体会。

A.2.4 地形扫描仪运动控制系统 ★★★

1. 控制系统构成简介及实训控制要求

（1）控制系统构成简介

地形扫描仪控制系统由测量小车（测量单元）、测桥、水平行走控制单元和系统计算机等部分组成。测量小车完成地形的纵向和横向行走与定位控制、测量控制、数据采集信号处理、测量数据和断面曲线显示、数据保存和与上位机的通信等功能。

地形扫描仪的扫描探头固定于小车的框架上，小车框架长 1.2m（X 轴）、宽 0.6m（Y 轴），即在小车框架内两个轴的运动范围为 1.2m × 0.6m。在 X 轴、Y 轴方向上由伺服运动单元带动探头扫描，扫描头的大小为 20mm × 20mm。一个扫描周期为 5min，实行匀速动态扫描，定位精度要求 1mm。一个框架范围内的测量单元结束之后，小车就沿测桥方向向前运动一个框架的长度至下一测量单元继续进行测量，反复测量多次；在完成测桥方向上整个单位长度内的地形测量工作后，再沿水平方向前进一个框架宽度的距离。地形扫描仪运动控制系统的示意图如图 A-6 所示。

（2）实训控制要求

在实训中仅要求完成测量小车框架内两个轴（X 轴和 Y 轴）的定位控制部分的设计工作，测量控制、数据采集信号处理等其他部分均不在本实训的练习范围内。因此，地形扫描仪控制

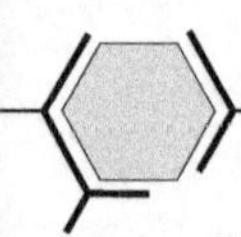

系统可以是一个基于 PLC 的步进电动机控制系统。

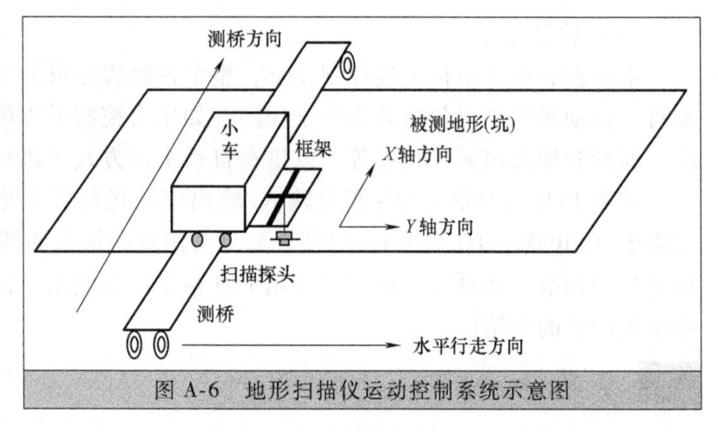

图 A-6　地形扫描仪运动控制系统示意图

其机械部分主要由 X 轴方向运动单元、Y 轴方向运动单元和沿测桥方向及沿水平行走方向的两台大型步进伺服运动单元组成。X 轴、Y 轴的伺服运动都执行点到点绝对值定位，在每个轴的机械零点位置加装接近开关，作为回零位传感器。要求选用 PLC 作为定位型伺服控制器，其输出端口可以输出一定频率和数量的脉冲串以驱动步进电动机以一定的速度实现准确的定位控制。因此，地形扫描仪运动控制系统可以是一个基于 PLC 的步进电动机控制系统。另有人机界面（HMI）作为系统监视运行窗口和进行现场重要运行参数的设置。

因该地形仪运动控制系统为多个方向的定位控制，它的完整设计较为复杂，这里只给出了两个方向定位控制系统的参考设计方案以达到 PLC 运动控制实训的基本目的，其他方向的运动控制系统的设计方案留作读者自己思考。

2. 参考设计方案

（1）硬件部分

基于 PLC 的步进电动机伺服控制系统，其机械系统主要由滚珠丝杠、光杠、丝母座等机械部件组成；电气系统主要由步进电动机、步进电动机驱动器、开关电源、接近开关、限位开关等电器元件组成。

系统主控制器可采用三菱 FX 系列小型 PLC，如 FX_{1N}、FX_{2N} 等，注意 PLC 应为晶体管输出型。当然，也可选用其他公司同档次、同功能的 PLC，如西门子 S7-200 或欧姆龙 CPM1A 的小型机等；两个轴的步进位置控制都采用点到点的绝对值定位，在每个机械的零点位置加装接近开关，作为零位传感器，另在两轴的两端极限位置加装限位开关用作行程保护；选用触摸屏（或选用安装组态软件的工控机）作为人机界面（HMI），实现系统运行监视参数的显示和重要参数的设置等。

（2）软件部分

按照系统的控制要求，可以先画出系统的顺序功能图（SFC），然后采用顺序控制设计法进行设计。

在设计具体程序时，应考虑到在三菱 FX 系列 PLC 应用指令中包括一类高速处理类的指令，利用其中的脉冲输出指令 PLSY 和带加、减速的脉冲输出指令 PLSR，可以通过晶体管输出型 PLC 的 Y0、Y1 输出端口输出两路相互独立的一系列的脉冲串，经步进驱动器功率放大后驱动步进电动机运行。有关这两条指令使用的具体情况可参见 4.7 节中相关内容的介绍。

3. 实训器材和步骤

（1）实训器材

①两轴机械运动装置一套，包括丝杠和光杠等；②晶体管输出型 PLC 一台；③触摸屏一台或装有组态软件的计算机一台；④步进电动机两台；⑤步进电动机驱动器两套；⑥直流 24V 开关电源一个；⑦接近开关、限位开关多个；⑧小型中间继电器、选择开关、按钮及导线若干。

（2）实训步骤

①选择PLC的具体机型，进行PLC I/O地址分配；②画出PLC的外部接线图和控制系统的控制流程图或顺序功能图；③选用适当的编程语言和编程方法进行系统控制程序的设计；④进行人机界面组态程序的设计；⑤进行程序的离线模拟和试运行；⑥完成控制系统的连线并检查各部分的接线是否正确；⑦进行系统的联机调试和整机运行；⑧进一步优化系统的控制程序和组态程序；⑨按照指定格式编写技术文档，包括系统的原理框图、PLC系统外部接线图、程序清单等；⑩总结在实训中遇到的问题和解决的方法，写出本次实训中的心得体会。

附录B　FX系列PLC应用指令简表

分类	FNC No.	指令助记符	功能说明	对应不同型号的PLC				
				FX_{0S}	FX_{0N}	FX_{1S}	FX_{1N}	FX_{2N} FX_{2NC}
程序流向	00	CJ	条件跳转	○	○	○	○	○
	01	CALL	子程序调用	—	—	○	○	○
	02	SRET	子程序返回	—	—	○	○	○
	03	IRET	中断返回	○	○	○	○	○
	04	EI	开中断	○	○	○	○	○
	05	DI	关中断	○	○	○	○	○
	06	FEND	主程序结束	○	○	○	○	○
	07	WDT	监视定时器刷新	○	○	○	○	○
	08	FOR	循环的起点与次数	○	○	○	○	○
	09	NEXT	循环的终点	○	○	○	○	○
传送与比较	10	CMP	比较	○	○	○	○	○
	11	ZCP	区间比较	○	○	○	○	○
	12	MOV	传送	○	○	○	○	○
	13	SMOV	位传送	—	—	—	—	○
	14	CML	取反传送	—	—	—	—	○
	15	BMOV	成批传送	—	○	○	○	○
	16	FMOV	多点传送	—	—	—	—	○
	17	XCH	交换	—	—	—	—	○
	18	BCD	二进制转换成BCD码	○	○	○	○	○
	19	BIN	BCD码转换成二进制	○	○	○	○	○
算术与逻辑运算	20	ADD	二进制加法运算	○	○	○	○	○
	21	SUB	二进制减法运算	○	○	○	○	○
	22	MUL	二进制乘法运算	○	○	○	○	○
	23	DIV	二进制除法运算	○	○	○	○	○
	24	INC	二进制加1运算	○	○	○	○	○
	25	DEC	二进制减1运算	○	○	○	○	○
	26	WAND	字逻辑与	○	○	○	○	○
	27	WOR	字逻辑或	○	○	○	○	○
	28	WXOR	字逻辑异或	○	○	○	○	○
	29	NEG	求二进制补码	—	—	—	—	○
循环与移位	30	ROR	循环右移	—	—	—	—	○
	31	ROL	循环左移	—	—	—	—	○
	32	RCR	带进位右移	—	—	—	—	○
	33	RCL	带进位左移	—	—	—	—	○
	34	SFTR	位右移	○	○	○	○	○
	35	SFTL	位左移	○	○	○	○	○
	36	WSFR	字右移	—	—	—	—	○
	37	WSFL	字左移	—	—	—	—	○
	38	SFWR	FIFO（先入先出）写入	—	—	○	○	○
	39	SFRD	FIFO（先入先出）读出	—	—	○	○	○

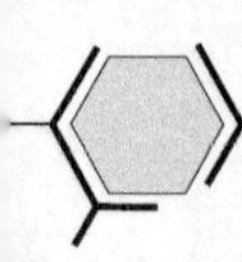

（续）

分类	FNC No.	指令助记符	功能说明	对应不同型号的 PLC				
				FX_{0S}	FX_{0N}	FX_{1S}	FX_{1N}	FX_{2N} FX_{2NC}
数据处理	40	ZRST	区间复位	○	○	○	○	○
	41	DECO	解码	○	○	○	○	○
	42	ENCO	编码	○	○	○	○	○
	43	SUM	统计 ON 位数	—	—	—	—	○
	44	BON	查询位某状态	—	—	—	—	○
	45	MEAN	求平均值	—	—	—	—	○
	46	ANS	报警器置位	—	—	—	—	○
	47	ANR	报警器复位	—	—	—	—	○
	48	SQR	求平方根	—	—	—	—	○
	49	FLT	整数与浮点数转换	—	—	—	—	○
高速处理	50	REF	输入/输出刷新	○	○	○	○	○
	51	REFF	输入滤波时间调整	—	—	—	—	○
	52	MTR	矩阵输入	—	—	○	○	○
	53	HSCS	比较置位(高速计数用)	—	○	○	○	○
	54	HSCR	比较复位(高速计数用)	—	○	○	○	○
	55	HSZ	区间比较(高速计数用)	—	—	—	—	○
	56	SPD	脉冲密度	—	—	○	○	○
	57	PLSY	指定频率脉冲输出	○	○	○	○	○
	58	PWM	脉宽调制输出	○	○	○	○	○
	59	PLSR	带加减速脉冲输出	—	—	○	○	○
方便指令	60	IST	状态初始化	○	○	○	○	○
	61	SER	数据查找	—	—	—	—	○
	62	ABSD	凸轮控制(绝对式)	—	—	○	○	○
	63	INCD	凸轮控制(增量式)	—	—	○	○	○
	64	TTMR	示教定时器	—	—	—	—	○
	65	STMR	特殊定时器	—	—	—	—	○
	66	ALT	交替输出	○	○	○	○	○
	67	RAMP	斜波信号	○	○	○	○	○
	68	ROTC	旋转工作台控制	—	—	—	—	○
	69	SORT	列表数据排序	—	—	—	—	○
外围I/O设备	70	TKY	10 键输入	—	—	—	—	○
	71	HKY	16 键输入	—	—	—	—	○
	72	DSW	BCD 数字开关输入	—	—	○	○	○
	73	SEGD	七段码译码	—	—	—	—	○
	74	SEGL	七段码分时显示	—	—	○	○	○
	75	ARWS	方向开关	—	—	—	—	○
	76	ASC	ASCII 码转换	—	—	—	—	○
	77	PR	ASCII 码打印输出	—	—	—	—	○
	78	FROM	BFM 读出	—	○	—	○	○
	79	TO	BFM 写入	—	○	—	○	○
	80	RS	串行数据传送	—	—	○	○	○
	81	PRUN	八进制位传送(#)	—	—	○	○	○
	82	ASCI	十六进制数转换成 ASCII 码	—	○	○	○	○
	83	HEX	ASCII 码转换成十六进制数	—	○	○	○	○
外围SER设备	84	CCD	校验	—	○	○	○	○
	85	VRRD	电位器变量输入	—	—	○	○	○
	86	VRSC	电位器变量区间	—	—	○	○	○
	87	—	—					
	88	PID	PID 运算	—	—	○	○	○
	89	—	—					
浮点数运算	110	ECMP	二进制浮点数比较	—	—	—	—	○
	111	EZCP	二进制浮点数区间比较	—	—	—	—	○
	118	EBCD	二进制浮点数→十进制浮点数	—	—	—	—	○
	119	EBIN	十进制浮点数→二进制浮点数	—	—	—	—	○

（续）

分类	FNC No.	指令助记符	功能说明	对应不同型号的 PLC				
				FX_{0S}	FX_{0N}	FX_{1S}	FX_{1N}	FX_{2N} FX_{2NC}
浮点数运算	120	EADD	二进制浮点数加法	—	—	—	—	○
	121	ESUB	二进制浮点数减法	—	—	—	—	○
	122	EMUL	二进制浮点数乘法	—	—	—	—	○
	123	EDIV	二进制浮点数除法	—	—	—	—	○
	127	ESQR	二进制浮点数开平方	—	—	—	—	○
	129	INT	二进制浮点数→二进制整数	—	—	—	—	○
	130	SIN	二进制浮点数 sin 运算	—	—	—	—	○
	131	COS	二进制浮点数 cos 运算	—	—	—	—	○
	132	TAN	二进制浮点数 tan 运算	—	—	—	—	○
点位控制	147	SWAP	高低字节交换	—	—	—	—	○
	155	ABS	ABS 当前值读取	—	—	○	○	—
	156	ZRN	原点回归	—	—	○	○	—
	157	PLSY	可变速的脉冲输出	—	—	○	○	—
	158	DRVI	相对位置控制	—	—	○	○	—
	159	DRVA	绝对位置控制	—	—	○	○	—
时钟运算	160	TCMP	时钟数据比较	—	—	○	○	○
	161	TZCP	时钟数据区间比较	—	—	○	○	○
	162	TADD	时钟数据加法	—	—	○	○	○
	163	TSUB	时钟数据减法	—	—	○	○	○
	166	TRD	时钟数据读出	—	—	○	○	○
	167	TWR	时钟数据写入	—	—	○	○	○
	169	HOUR	计时仪	—	—	○	○	
外围设备	170	GRY	二进制数→格雷码	—	—	—	—	○
	171	GBIN	格雷码→二进制数	—	—	—	—	○
	176	RD3A	模拟量模块（FX_{0N}-3A）读出	—	○	—	○	—
	177	WR3A	模拟量模块（FX_{0N}-3A）写入	—	○	—	○	—
触点式比较	224	LD =	（S1）=（S2）时起始触点接通	—	—	○	○	○
	225	LD >	（S1）>（S2）时起始触点接通	—	—	○	○	○
	226	LD <	（S1）<（S2）时起始触点接通	—	—	○	○	○
	228	LD < >	（S1）< >（S2）时起始触点接通	—	—	○	○	○
	229	LD≤	（S1）≤（S2）时起始触点接通	—	—	○	○	○
	230	LD≥	（S1）≥（S2）时起始触点接通	—	—	○	○	○
	232	AND =	（S1）=（S2）时串联触点接通	—	—	○	○	○
	233	AND >	（S1）>（S2）时串联触点接通	—	—	○	○	○
	234	AND <	（S1）<（S2）时串联触点接通	—	—	○	○	○
	236	AND < >	（S1）< >（S2）时串联触点接通	—	—	○	○	○
	237	AND≤	（S1）≤（S2）时串联触点接通	—	—	○	○	○
	238	AND≥	（S1）≥（S2）时串联触点接通	—	—	○	○	○
	240	OR =	（S1）=（S2）时并联触点接通	—	—	○	○	○
	241	OR >	（S1）>（S2）时并联触点接通	—	—	○	○	○
	242	OR <	（S1）<（S2）时并联触点接通	—	—	○	○	○
	244	OR < >	（S1）< >（S2）时并联触点接通	—	—	○	○	○
	245	OR≤	（S1）≤（S2）时并联触点接通	—	—	○	○	○
	246	OR≥	（S1）≥（S2）时并联触点接通	—	—	○	○	○

注：“○”表示有相应的功能或可以使用该应用指令，“—”表示无相应的功能或不能使用该应用指令。

参考文献

[1] 三菱电机. FX_{1S}、FX_{1N}、FX_{2N}、FX_{2NC}编程手册. 2001.

[2] 三菱电机. GX Developer（版本8）操作手册. 2005.

[3] 三菱电机. FR-A700系列变频器使用手册. 2005.

[4] 三菱电机. CC-link系统主站本地站模块用户手册, 2006.

[5] 三菱电机. FX系列通讯手册. 2001.

[6] 三菱电机. FX系列特殊功能模块用户手册. 2001.

[7] 廖常初. 可编程序控制器应用技术[M]. 5版. 重庆：重庆大学出版社, 2007.

[8] 钟肇新, 范建东. 可编程控制器原理及应用[M]. 3版. 广州：华南理工大学出版社, 2004.

[9] 张万忠. 可编程控制器应用技术[M]. 2版. 北京：化学工业出版社, 2005.

[10] 史国生. 电气控制与可编程控制器技术[M]. 2版. 北京：化学工业出版社, 2004.

[11] 宫淑贞, 王冬青, 徐世许. 可编程控制器原理及应用[M]. 北京：人民邮电出版社, 2002.

[12] 李建兴. 可编程控制器应用技术[M]. 北京：机械工业出版社, 2004.

[13] 高勤. 可编程控制器原理及应用（三菱机型）[M]. 北京：电子工业出版社, 2006.

[14] 范次猛. PLC编程及应用技术（三菱）[M]. 武汉：华中科技大学出版社, 2012.

[15] 岳庆来. 变频器、可编程序控制器及触摸屏综合应用技术[M]. 北京：机械工业出版社, 2007.

[16] 陈伯时. 电力拖动控制系统——运动控制系统[M]. 3版. 北京：机械工业出版社, 2004.

[17] 北京亚控科技发展有限公司. 组态王KingView使用手册, 2004年8月.

[18] 高金源. 计算机控制系统[M]. 北京：高等教育出版社, 2004.

[19] 阳宪惠. 工业数据通信与控制网络[M]. 北京：清华大学出版社, 2003.

[20] 邱公伟. 可编程控制器网络通信及应用[M]. 北京：清华大学出版社, 2001.

[21] 周明. 现场总线控制系统[M]. 北京：中国电力出版社, 2002.

[22] 张还, 刘茂升. 基于MODBUS通信的空压站PLC变频调速控制系统的设计[J]. 压缩机技术, 2009（5）：17-21.